国家科学技术学术著作出版基金资助出版

中国食用豆类品种志 第二辑

主 编 程须珍
副主编 田 静 王丽侠 陈红霖 王素华

科学出版社
北京

内 容 简 介

《中国食用豆类品种志(第二辑)》是在《中国食用豆类品种志》的基础上,对国家食用豆产业技术体系十余年培育的新品种进行的系统整理。经历多次研讨,本书共收录了418个新品种,详细介绍了这些新品种的来源、特征特性、产量表现、利用价值、栽培要点及适宜地区等内容,是一部全面、系统阐述我国食用豆类新品种的志书。

本书主要面向食用豆生产者、育种家、栽培专家及加工和商贸企业等,读者可根据本书信息因地制宜地选择相应的品种或技术,从而提高食用豆生产和科研水平。

图书在版编目(CIP)数据

中国食用豆类品种志. 第二辑 / 程须珍主编. —北京:科学出版社,2023.4

ISBN 978-7-03-074012-0

Ⅰ. ①中⋯　Ⅱ. ①程⋯　Ⅲ. ①豆类作物—种质资源—中国　Ⅳ. ①S520.292

中国版本图书馆CIP数据核字(2022)第224435号

责任编辑:陈　新　尚　册 / 责任校对:郑金红
责任印制:肖　兴 / 封面设计:无极书装

科 学 出 版 社 出版
北京东黄城根北街16号
邮政编码:100717
http://www.sciencep.com

北京九天鸿程印刷有限责任公司 印刷
科学出版社发行　各地新华书店经销

*

2023年4月第 一 版　开本:787×1092　1/16
2023年4月第一次印刷　印张:30 1/2
字数:720 000

定价:528.00元
(如有印装质量问题,我社负责调换)

《中国食用豆类品种志(第二辑)》编辑委员会

主 编
程须珍

副主编
田 静　王丽侠　陈红霖　王素华

编 委
（以姓名汉语拼音为序）

畅建武	陈国琛	陈 新	崔秀辉	葛维德
郭延平	郭中校	何玉华	季 良	孔庆全
李彩菊	刘玉皎	刘振兴	罗高玲	唐永生
万正煌	王 斌	王梅春	王述民	王学军
魏淑红	邢宝龙	徐东旭	杨晓明	尹凤祥
余东梅	张继君	张时龙	张晓艳	张耀文
周 斌	朱 旭	宗绪晓		

审稿者
（以姓名汉语拼音为序）

陈巧敏	何 宁	李 芸	任贵兴	王瑞刚
薛文通	杨 丽	张蕙杰	周素梅	朱振东

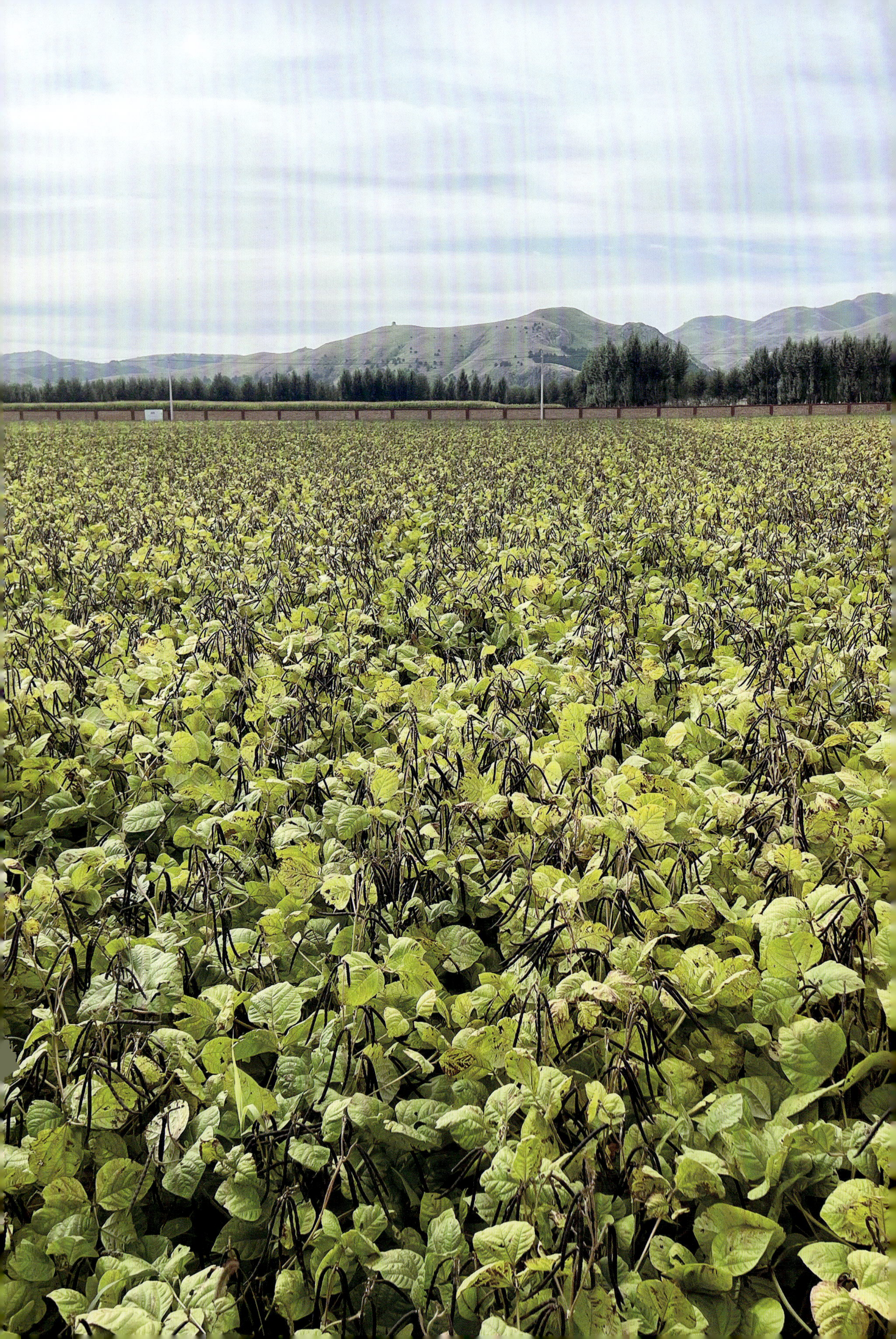

序

我国食用豆种类繁多,栽培历史悠久。食用豆类具有高蛋白、低脂肪的特点,且富含B族维生素、矿物质及多种生理活性物质,粮菜兼用、药食同源,是人类理想的营养保健食品和传统饮食品加工的优质原料,其秸秆也是畜禽重要的植物蛋白来源。食用豆类生育期短、播种适期长、抗旱耐瘠,且具有固氮养地作用。因此,食用豆类被誉为养人、养畜、养地的"三营养"作物,在改善人类膳食结构、促进农业种植结构调整、推动乡村振兴战略实施等方面具有重要作用。

种业是农业的"芯片",是保障国家粮食安全的根本。作物新品种是现代农业生产和种业发展的重要物质基础,不仅可提高产量、增强抗性、提升有益物质的含量,还可提高农业生产效率。近年来,在现代农业产业技术体系、公益性行业科研专项等国家项目的支持下,我国食用豆类在高产、多抗、专用新品种选育等方面取得了长足发展。为了促进科技成果快速转化,推动我国食用豆产业可持续发展,中国农业科学院作物科学研究所组织国内近40家食用豆育种单位、上百名科技人员,历经6年时间拍摄了数千张实物照片,汇总整理了大量的数据信息,编写了《中国食用豆类品种志(第二辑)》。

该书共收录了全国21个省(自治区、直辖市)37家育种单位十余年育成的418个新品种,包括绿豆、小豆、豌豆、蚕豆、普通菜豆、豇豆等9个豆种,在植物分类上隶属于7个属。入志品种遗传基础进一步拓宽,培育方法由原来的系统选育发展为以有性杂交为主,兼物理诱变及分子标记辅助选择等育种手段。新品种在熟性、直立性、裂荚性、营养品质与商品性、抗性、适应性等方面均得到改进,可基本解决主产区食用豆产量偏低、抗性较差、机械化生产程度低等问题。

该书重点介绍了入志品种的来源、特征特性、产量表现、利用价值、栽培要点、适宜地区等内容,此外,还对中国食用豆产业发展概况、优势产区布局规划、品种改良研究进展等作了系统介绍。该书对我国农业生产管理部门、科技人员、种植大户、加工与商贸企业等都具有重要的利用和参考价值及指导意义!

为此,在本书出版之际,应作者之邀作序,并表示祝贺!希望食用豆领域同仁进一步加强种质保护与创新利用研究,深入开展新品种普及推广工作,为食用豆产业发展和乡村振兴做出更大的贡献。

中国工程院院士 刘旭
2022年3月

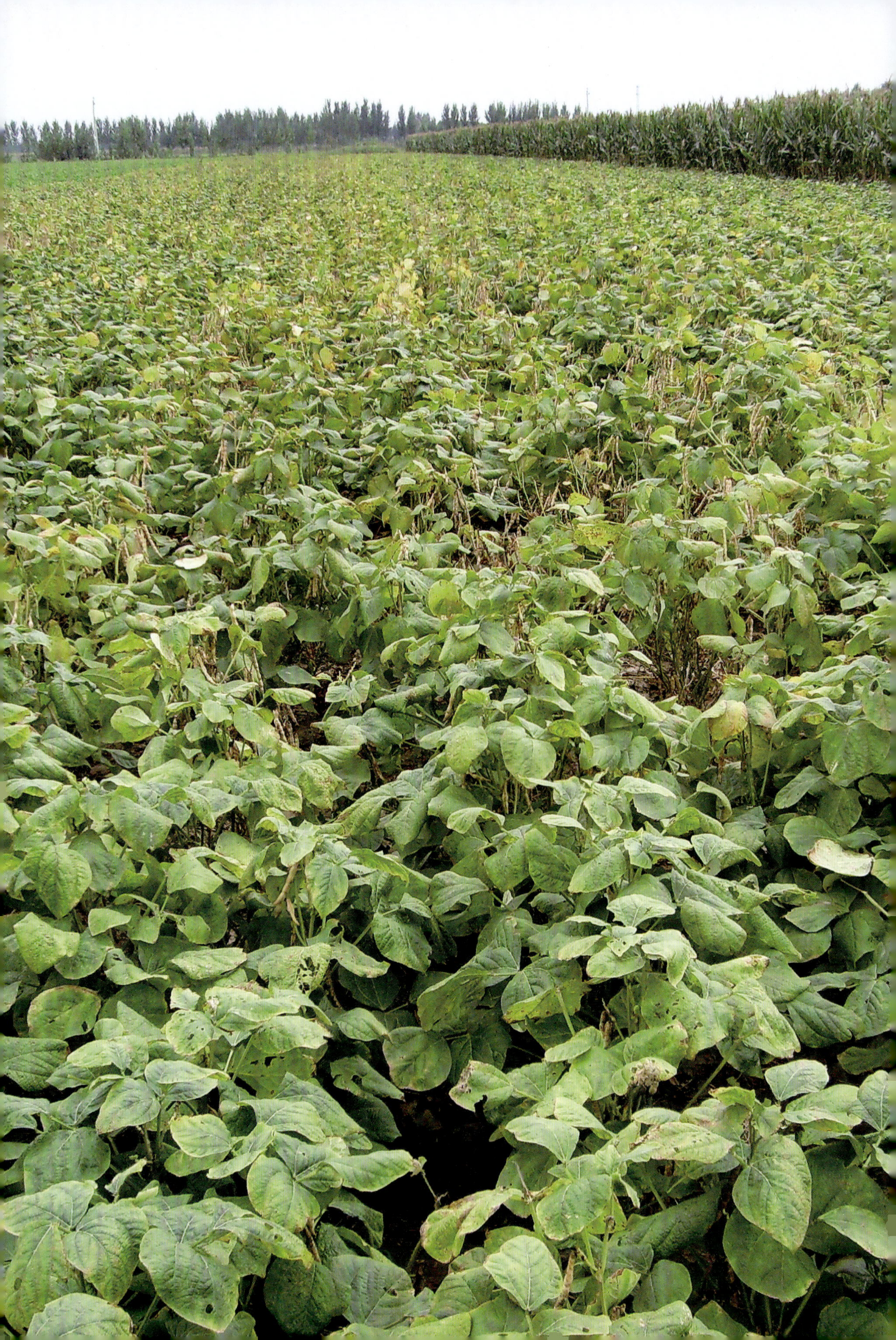

前　言

食用豆类是指除大豆以外，以收获籽粒为主，兼作蔬菜，供人类食用的各种豆类作物。目前，在我国栽培的食用豆有21个种，分布在14个属，其中豇豆属起源于亚洲，中国是绿豆、小豆、饭豆的起源和遗传多样性中心。中国是蚕豆、豌豆、绿豆、普通菜豆、小豆、豇豆等食用豆类作物的主产国，其中小豆和绿豆的种植面积、总产量、出口量均居世界前列。食用豆类不仅经济利用价值高，还是我国重要的传统出口产品，已成为偏远贫瘠地区农民脱贫致富的重要经济来源。在食用豆类中，有不少豆种生育期短、适应范围广、抗逆性强，并具有共生固氮能力，是禾谷类、棉花、薯类、幼龄果树等间作套种的适宜作物和好前茬，也是填闲救荒、改善农业生态环境等的首选作物。

近年来，随着我国农业种植结构调整和市场需求增加，食用豆类种植面积逐年增加，出口贸易也在稳步发展。随着食用豆类品种的不断更新换代，生产者将面临对传统名优品种认识不足、对新品种开发利用不够的局面。为使广大豆农和科研单位对我国食用豆类新品种有一个更加全面的了解，我们在2009年出版的《中国食用豆类品种志》基础上撰写了《中国食用豆类品种志（第二辑）》。希望本书的出版，不仅可为我国食用豆生产提供急需的优良品种和丰产栽培技术措施，还能促进我国食用豆科技成果快速转化。

为此，2019年中国农业科学院作物科学研究所就本书的编写申请了2020年度国家科学技术学术著作出版基金。为了做好本志书的编撰工作，国家食用豆产业技术研发中心分别于2015年1月、2015年12月、2017年2月、2018年1月、2019年1月等，在组织召开的体系年度工作会议上进行了专题研究和讨论，确定了《中国食用豆类品种志（第二辑）》入志品种标准、编写内容与编写人员，制定出《中国食用豆类品种志（第二辑）》编写方案和工作计划，对拟入志品种的内容介绍和照片格式作了进一步的规范，并对《中国食用豆类品种志（第二辑）》稿件进行了审核、校对和定稿等。

《中国食用豆类品种志（第二辑）》是专门介绍食用豆类新品种的志书。为确保编写质量，编委会诚邀各主要豆种知名专家确定编录品种并统一审稿，同时剔除了一些不确定的品种。至此，全书共收录21个省（自治区、直辖市）37家育种单位的418个品种，在植物分类上隶属于7属9种。

本书得以顺利完成是全国37家食用豆科研单位协同创新的结果，凝聚了从事食用豆类种质资源和遗传育种、栽培与土肥、病虫害防控、营养品质等研究的几代科技人员的心血及汗水。各协作单位在编写过程中还得到了国家农作物品种审定委员会、国家小宗粮豆品种鉴定委员会、中国作物学会食用豆专业委员会、农业农村部非主要农作物品种登记办公室，以及各省（自治区、直辖市）品种和种子管理部门的支持；本书的出版得到了农业农村部现代农业产业技术体系、公益性行业科研专项、农作物种质资源保护等项目及国家科学技术学术著作出版基金的支持；科学出版社工作人员对文稿做了认真细致的编辑加工，保证了出版质量。在此书出版之际，谨向本书所有参与撰写、修改、审校的各位专家表示衷心感谢！

  由于编者经验不足，书中如有不足之处，敬请读者批评指正。

编 者

2022年3月

编辑说明

1. 编入本书的品种包括：①现实生产中应用的推广品种或栽培比较广泛的地方品种及新审（认、鉴）定、登记的改良品种；②有利用价值的高代品系；③目前生产上零星栽培，但曾是过去的推广品种和过去栽培面积较大的地方品种；④稀有珍贵的名优品种和具有特殊用途的品种；⑤引进的国外优良品种；⑥商贸品种；等等。

2. 本书所列品种的排列顺序，基本上按照食用豆种类，根据入志品种数量由多到少的顺序排列，相同数量的则按豆种汉语拼音顺序排列；品种以省（自治区、直辖市）为单位，按行政区划排列；在每一省（自治区、直辖市）内，有两个以上育种单位的则按所在地行政区划排列；在每一个育种单位内，先排审（认、鉴）定、登记或已经命名的品种（按名称汉语拼音顺序排列），再排非审（认、鉴）定、登记品种（按全国统一编号顺序排列）。若有些品种的分布超出省（自治区、直辖市）或地（市）界，则归在其主要分布省（自治区、直辖市）或地（市）内，在其他省（自治区、直辖市）或地（市）不再重复介绍。

3. 品种名称标题均用审（认、鉴）定、登记时或习惯用的名称，并注明品种来源、原品系代号或别名和全国统一编号。由于地方品种同名或数字编号较多，为了避免混淆，一般在名称前面加原产地或有代表性的地名，作为品种名称的组成部分。

4. 品种介绍是本书的主体，每个品种的介绍包括品种名称、品种来源、特征特性、产量表现、利用价值、栽培要点、适宜地区7个部分。品种的某些性状，如植株的高矮，抗倒伏性的强弱，开花、成熟的早晚等因素，受自然条件影响较大，由于缺少在同一条件下的鉴定资料，有关品种性状的记载标准是根据生产地区或其邻近研究单位的观察资料而定的。品种的营养品质，如蛋白质和淀粉含量等，是品种审（认、鉴）定、登记或资源鉴定时的检测结果，由于样品来源和分析方法上的差异，各省（自治区、直辖市）品质分析的结果可能会有一些偏差，仅供参考。

5. 书中涉及的单位名称中，品种选育单位均采用本书编写时的单位名称，如中国农业科学院作物科学研究所、原中国农业科学院作物品种资源研究所，现一律用前者；对于育种单位从以前原有而现已撤销或改组的机构引进的品种或亲本材料，则冠以"原"字，如原中国农业科学院作物品种资源研究所。单位名称一律采用全称，如河北省农林科学院粮油作物研究所等。

6. 对于以前从国外或外地引进，现已在国内或本地区大面积种植，并已通过国家或地方有关品种管理部门审（认、鉴）定、登记的相同来源的品种予以保留，但全国统一编号只有一个。

7. 本志所收录品种都列出了全国统一编号，作为永久编号，供各地应用和查考。

8. 为便于读者了解我国食用豆类品种概貌，首先概述了我国食用豆类品种的整体情况，然后分章介绍了绿豆、小豆、豌豆、蚕豆、普通菜豆、豇豆等豆种。此外，还编制了附表，在附表中列出了所收录食用豆类品种的豆种、品种名称、品种来源、育种单位、全国统一编号、品种审（认、鉴）定或登记编号、种皮颜色、百粒重等信息，以备查考。

9. 品种性状调查与分级标准，以2005~2012年分别由中国农业出版社和中国农业科学技术出版社出版的各种食用豆种质资源描述规范和数据标准进行调查记载与规范化整理，如《绿豆种质资源描述规范和数据标准》等，尽可能保持品种性状的完整性和一致性。

10. 本书照片均为彩照，绝大多数品种由成熟植株、花、豆荚、籽粒和大田生长情况5张照片组成。

11. 书中涉及的地名，叙述过去情况时，使用本书编写时的地名，并附有现在地名；叙述目前情况时，则以国务院公布的最新行政区划为准。

12. 本书著作权归主编单位，全部资料属于主编和参编单位，若引用本书资料，需经主编单位同意，否则视为侵权。

品种特征特性术语解释及标准说明

1. 本书所叙述的品种特征特性主要以原产地或其附近地区所表现的结果为准。在特殊条件下所表现的情况另加说明，在性状表现程度如长短、强弱、大小、多少等的分级归类上一般均按以下规定叙述，在规定以外者，可结合一般印象加以衡量比较。
2. 食用豆类品种按豆种分类，豆种以入志品种数量和汉语拼音字母排序，下面以绿豆、小豆为例进行说明。
   （1）绿豆：指所有的绿豆品种，如中绿6号、冀绿7号、晋绿豆7号、白绿11号等。
   （2）小豆：指所有的小豆品种，如中红6号、冀红15号、吉红8号、白红7号等。
3. 幼茎颜色：指出苗时幼茎的颜色，分为紫、绿两类。
4. 叶色：于盛花期用目测比较，以主茎中上部完全展开叶片为观测对象，分为浅绿、绿、深绿三类。
5. 叶形：于盛花期用目测比较，以主茎中上部完全展开的中间小叶为观测对象。按照相关豆种种质资源描述规范和数据标准，确定该品种的叶片形状。
6. 叶片大小：于盛花期用目测比较，以主茎中上部完全展开叶片为观测对象，分为大、中、小三类。
7. 花色：指开花当天花冠的颜色。按照相关食用豆种质资源描述规范和数据标准确定该品种的花色。
8. 成熟茎颜色：指盛花期主茎的颜色，分为紫、绿紫、绿三类。
9. 株高：从子叶节或地面到最后一片复叶叶柄着生处的高度。每小区调查10株，以平均数（单位：cm）表示。
10. 主茎节数：从子叶节算起，到顶端最后一片复叶的实际节数。
11. 主茎分枝数：指主茎上的一级分枝（以长出两片叶子以上分枝为准）数量。
12. 生长习性：指植株生长的状况，在花荚期记载，分为以下三类。
    （1）直立型：植株生长健壮，茎秆直立向上生长。
    （2）半蔓生型：植株生长较弱，茎、枝细长，出现轻度爬蔓或缠绕。
    （3）蔓生型：植株生长较柔弱，茎、枝细长爬蔓，呈强度缠绕，匍匐于地面。
13. 结荚习性：指植株结荚的状况，分为有限、无限两类。按照相关食用豆种种质资源描述规范和数据标准确定该品种的结荚习性。
14. 单株荚数：指单个植株上的成熟豆荚数，每小区调查10株，以平均数（单位：个）表示。
15. 荚色：指成熟时豆荚的颜色。按照相关食用豆种种质资源描述规范和数据标准确定该品种的豆荚颜色。

16. 荚形：指成熟时豆荚的形状。按照相关食用豆种种质资源描述规范和数据标准确定该品种的豆荚形状。

17. 荚长：指成熟时豆荚的长度，从样株中随机取10个豆荚测其长度，以平均数（单位：cm）表示。

18. 荚宽：指成熟时豆荚的宽度，从样株中随机取10个豆荚测其宽度，以平均数（单位：cm）表示。

19. 裂荚性：根据品种成熟后的实际裂荚情况，分为强、中、弱三级。

（1）强：全部植株尚未成熟，自然裂荚者为强。

（2）中：介于强和弱之间为中等。

（3）弱：成熟后用手碰撞豆荚不裂者为弱。

20. 单荚粒数：指成熟时单个豆荚的籽粒数，从样株中随机取10个豆荚数其粒数，以平均数（单位：粒）表示。

21. 粒色：指成熟时籽粒的颜色。按照相关食用豆种种质资源描述规范和数据标准确定该品种的籽粒颜色。

22. 粒形：指成熟时籽粒的形状。按照相关食用豆种种质资源描述规范和数据标准确定该品种的籽粒形状。

23. 种皮光泽：指成熟时种皮的光泽。按照相关食用豆种种质资源描述规范和数据标准确定该品种的种皮光泽类别。

24. 百粒重：以风干后的成熟籽粒为观测对象，从清选后的种子中随机取样，重复测定两次，每个重复为100粒种子，误差小于5%时求其平均数（单位：g），精确到0.1g。按照相关食用豆种种质资源描述规范和数据标准确定该品种籽粒大小级别。

25. 籽粒均匀度：以当年收获的籽粒为调查对象，用目测方法，观察发育正常的籽粒大小、粒形、粒色、饱满程度的一致性。根据观测结果，确定籽粒均匀程度，分为均匀、中等、不均匀三类。

26. 硬实率：指不能正常吸水膨胀、不易煮烂的籽粒所占的百分比。

27. 单株产量：指成熟后单个植株上的籽粒重量。随机取样10株，脱粒，称其干籽粒的总重量，以平均数（单位：g）表示，精确到0.1g。

28. 每公顷产量：将小区实际产量折合成每公顷产量（单位：kg/hm^2）。根据本豆种实际产量水平，分为高、中、低三级。

29. 生育期：指播种翌日至成熟时的天数。按照相关食用豆种种质资源描述规范和数据标准确定该品种的熟性级别，分早、中、晚。

30. 耐旱性：在天气或土壤干旱条件下，植株忍耐或抵抗水分胁迫的能力。根据植株生长速度、叶片萎缩程度及籽粒形成和发育状况等目测或比较判定，分为高耐（HT）、耐（T）、中耐（MT）、弱耐（S）、不耐（HS）五级，或强、中、弱三级。

31. 耐涝性：在降雨或土壤水分过多条件下，植株忍耐和抵抗多湿、水涝的能力。根据植株生长发育变化及产量等目测或比较判定，分为高耐（HT）、耐（T）、中耐（MT）、弱耐（S）、不耐（HS）五级，或强、中、弱三级。

32. 耐盐性：在盐性土壤条件下，植株忍耐盐分胁迫的能力。根据植株生育表现目测或比较判定，分为高耐（HT）、耐（T）、中耐（MT）、弱耐（S）、不耐（HS）五级，或强、中、弱三级。

33. 耐寒性：在寒冷条件下，植株忍耐和抵抗低温的能力。根据植株生育表现目测或比较判定，分为高耐（HT）、耐（T）、中耐（MT）、弱耐（S）、不耐（HS）五级，或强、中、弱三级。

34. 抗倒伏性：指植株抗倒伏的能力。在成熟期或遇到暴风雨之后调查，根据植株的田间倾斜程度和倾斜植株的比例判定抗倒伏性级别，至少应有2年的观察结果。根据观察结果，分为强、中、弱三级。

（1）强：植株直立，无倾斜；或30%以内的植株倾斜，倾斜30°角以内。

（2）中：倒伏较重，30%～70%的植株倾斜，或有缠绕现象；倾斜30°～70°角。

（3）弱：倒伏严重，70%以上植株倾斜，或呈缠绕状态匍匐于地面，倾斜70°角以上。

35. 耐阴性：在间作套种条件下，根据植株生育表现，分为强、中、弱三级。

（1）强：植株生育正常，无徒长现象。

（2）中：介于强和弱之间。

（3）弱：植株生育失常，有徒长甚至蔓生状态。

36. 抗病性：对危害根、叶、茎、荚的病害，如根腐病、叶斑病、病毒病、锈病、白粉病、角斑病等，根据植株染病程度，按照相关食用豆种质资源描述规范和数据标准确定该品种的抗病级别，或分为强、中、弱三级。

37. 抗虫性：对为害根、叶、茎、荚、籽粒的害虫，如地老虎、蚜虫、红蜘蛛、潜叶蝇、豆荚螟、豆野螟、豆象等，根据受害植株数和受害程度，按照相关食用豆种质资源描述规范和数据标准确定该品种的抗虫级别，或分为强、中、弱三级。

38. 品质：根据籽粒色泽、整齐度、饱满度、虫蛀粒、病斑粒、完全粒的多少，以及蛋白质和淀粉含量、特殊利用价值等性状综合评定，分为优异、优良、中等、较差、差五级。

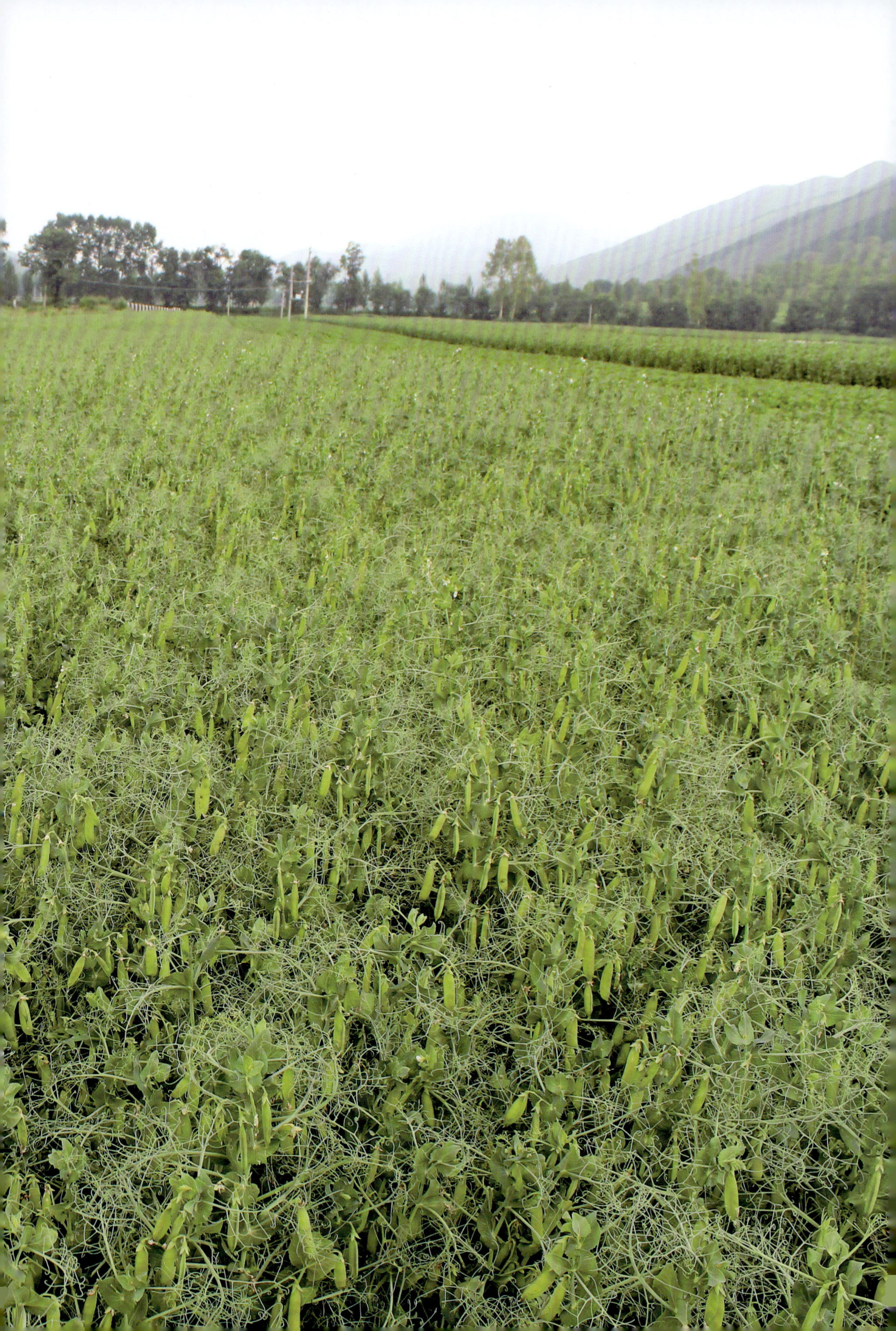

目 录

序

前言

编辑说明

品种特征特性术语解释及标准说明

第一章　中国食用豆类品种概述 1

第二章　绿豆 13

第三章　小豆 138

第四章　豌豆 232

第五章　蚕豆 294

第六章　普通菜豆 354

第七章　豇豆 410

第八章　其他豆种 437

参考文献 444

附表 447

索引 468

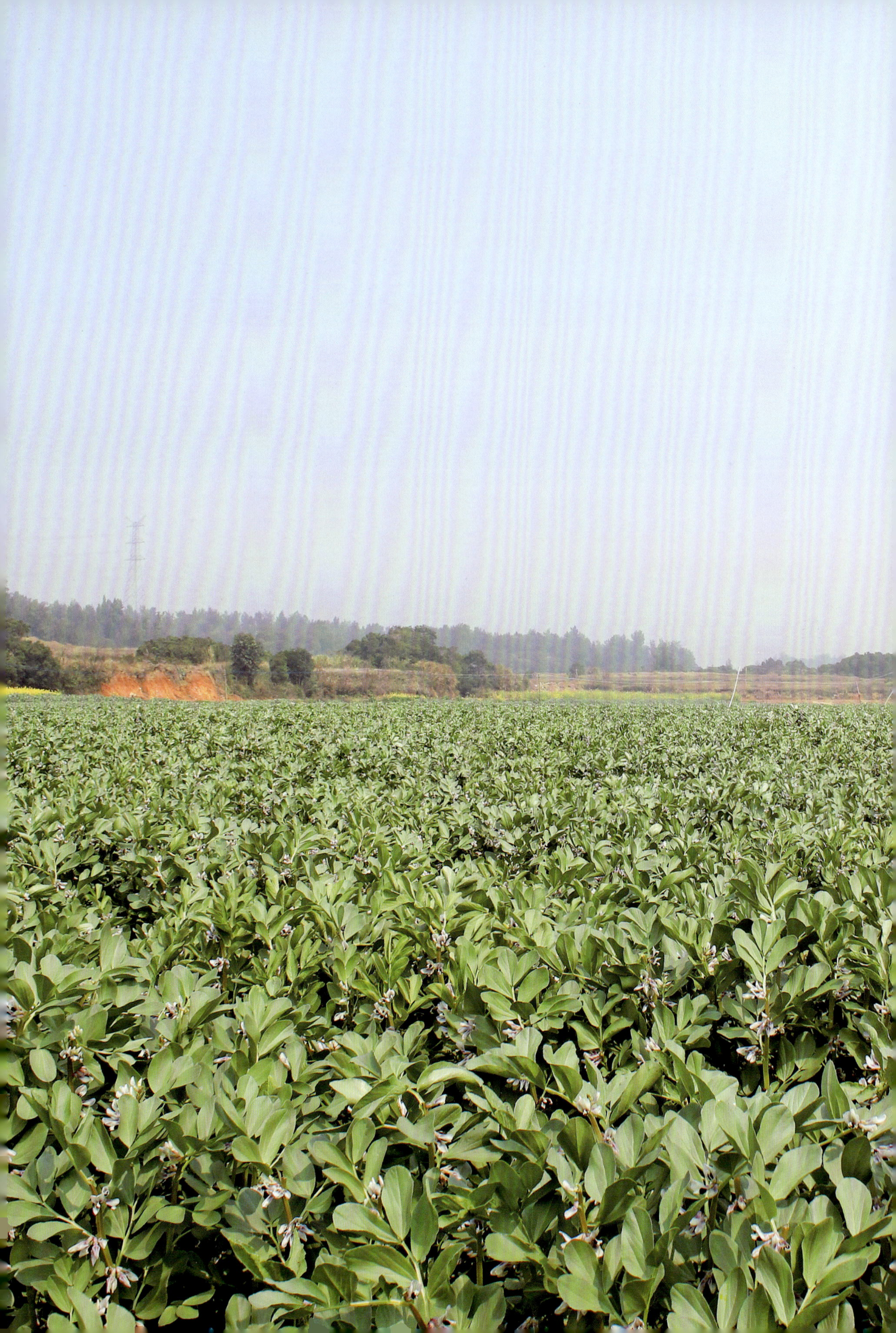

第一章
中国食用豆类品种概述

  食用豆类是指除大豆以外，以收获籽粒为主，兼作蔬菜，供人类食用的豆类作物的总称。食用豆类属豆科（Leguminosae）蝶形花亚科（Papilionoideae），多为一年生或越年生，也有多年生。中国栽培的食用豆类有蚕豆、豌豆、小扁豆、山黧豆、羽扇豆、鹰嘴豆、藊豆、普通菜豆、多花菜豆、利马豆、乌头叶菜豆、绿豆、黑吉豆、小豆、饭豆、豇豆、黎豆、刀豆、葫芦巴、木豆、瓜尔豆、四棱豆22个豆种，在植物分类上隶属于14个属（程须珍和王述民，2009）。本书共收录9个豆种，包括绿豆、小豆、豌豆、蚕豆、普通菜豆、豇豆、鹰嘴豆、羽扇豆和利马豆，在植物分类上隶属于7个属。

  中国食用豆种类较多，根据出苗时子叶节伸长状况，可分为子叶出土（绿豆、普通菜豆、豇豆、利马豆、羽扇豆、藊豆等）、子叶不出土（蚕豆、豌豆、小豆、饭豆、小扁豆、鹰嘴豆、多花菜豆、木豆、四棱豆等）两种类型；根据生长季节，可分为冷季豆类（蚕豆、豌豆、鹰嘴豆、羽扇豆、小扁豆等）、暖季豆类（普通菜豆、多花菜豆、利马豆、藊豆）和热季豆类（绿豆、小豆、豇豆、饭豆、黑吉豆、木豆、四棱豆等）三种类型；根据光周期反应，可分为长日性食用豆类（冷季豆类）、短日性食用豆类（热季豆类和暖季豆类）（程须珍和王述民，2009）。

一、中国食用豆生产概况

（一）食用豆在国民经济发展中的重要地位

  食用豆类营养丰富，是人类和畜禽主要的植物蛋白质来源，与其根系共生的根瘤菌能固定空气中的氮素进而培肥土壤，因此被誉为养人、养畜、养地的"三营养"作物，在人民生活和国民经济发展中占有重要地位。我国是世界上食用豆种类最多的国家，其中原产于中国的绿豆、小豆种植面积、总产量和出口量均居世界首位，蚕豆生产量约占世界总量的40%，豌豆生产量占13%左右。我国食用豆类种植遍及全国各省（自治区、直辖市），其主要产区集中在东北、西北、华北和西南等生态条件较差的山区丘陵地带（林汝法，2012）。由于特殊的地理位置、环境等，中国生产的食用豆类质量上乘，且无污染、无农药残留，在国际市场上久享盛誉，具有较强的价格优势，是当地农民重要的经济来源和经济欠发达地区农民脱贫致富的首选作物（程须珍和王述民，2009）。

  食用豆类高蛋白、低脂肪，并含有丰富的B族维生素、多种矿物质及其他生理活性物质，具有清热解暑、消炎解毒、保肝明目、降血脂、调血糖、抗氧化、防癌变、补气血等多种保健功能，属粮菜兼用、药食同源作物，是人类理想的营养保健食品和传统食品加工的优质原料。随着人们生活水平和保健意识的提高，食用豆类消费量和出口量逐年上升。

我国食用豆种类繁多、分布广泛、特性各异，在长期的栽培驯化过程中形成了对某种生态环境的特殊适应能力。例如，蚕豆、豌豆适宜于高寒地区与非豆科作物轮作倒茬及南方冬季稻茬填闲种植，鹰嘴豆适宜于特干旱贫瘠土壤冷季栽培，绿豆、小豆、普通菜豆、豇豆、利马豆等适宜于温带和暖温带夏季与非豆科作物轮作倒茬或间作套种，四棱豆等适宜于热带夏季与非豆科作物轮作倒茬或间作套种，木豆适宜于长江流域及南方各省份荒山荒坡地区与其他热带作物轮作倒茬或间作套种等。因此，食用豆类被视为与非豆科作物倒茬轮作、填闲复种、间作套（混）种等的最佳组合，是当前农业种植结构调整和培肥地力的理想作物。

（二）中国食用豆产业发展概况

食用豆类具有生育期短、播种适期长、抗旱、耐瘠、固氮养地、适应性强、易于栽培管理等特点，是可持续农业发展的重要组成部分。但在我国，除绿豆、蚕豆、小豆外，其余食用豆类的生产情况没有正式的分类统计数据。据调查，20世纪50~60年代我国食用豆类种植面积约为570万hm^2，总产量在350万t左右，单产在600kg/hm^2左右；70年代，由于主要粮食作物的大力发展，食用豆类种植面积由最初的430万hm^2逐渐减少到320万hm^2，但单产明显提高到880~990kg/hm^2，总产量在400万t左右；到80年代种植面积逐年持续减少，但单产不断上升，尤其是80年代后期，种植面积约为260万hm^2，但新品种的引进与培育使单产显著提高，达到1100kg/hm^2。20世纪90年代以后到21世纪初，随着我国农业种植结构调整和人们对健康营养的需求，食用豆类生产逐渐恢复发展。据不完全统计，2002年我国食用豆播种面积、总产量分别达到382万hm^2、590万t，单产为1544.5kg/hm^2；2004年播种面积约为321万hm^2，总产量为588.2万t，播种面积占豆类总种植面积的26%，总产量占豆类总产的25%（程须珍和王述民，2009；程须珍，2016）。

2008年国家食用豆产业技术体系建设正式启动，有力地推动了我国食用豆产业的快速发展。特别是2015年农业部提出了"一控两减三基本"的发展目标和镰刀湾地区玉米调减政策的出台，进一步促进了食用豆产业的发展。据统计，2010~2017年我国主要食用豆种植面积平均约为350万hm^2，总产量为520万t，约占全国粮食作物总产量的1.1%。种植面积较大的省份有内蒙古、黑龙江、云南、四川、吉林、山西、贵州、甘肃、河北、江苏、河南等（陈红霖等，2021）。

绿豆是我国传统食用豆类作物，常年种植面积在80万hm^2左右，面积最大年份2011年达93.3万hm^2，总产量约为100万t，平均单产1200~1400kg/hm^2，主产区主要在吉林、内蒙古、河南、陕西、河北、山西、黑龙江等地。其中，北方春播区绿豆种植面积约占全国的70%，主要分布在东北三省和内蒙古，如黑龙江的大庆、齐齐哈尔，吉林的松原、白城、四平，辽宁的阜新、朝阳，内蒙古的兴安盟、通辽、赤峰等，以及陕西的榆林、河北的张家口、山西的大同等地；北方夏播区和南方秋播区绿豆种植面积约占全国的30%（程须珍，2016）。绿豆是我国食用豆类中主要出口豆种，常年出口量在13万t左右，其中2009年出口量最高，达到了27.4万t，之后，2011年为11.46万t，2012年为13.4万t，2013年为12.04万t，2014~2016年每年维持在10.8万t左右，2017年增加到14.75万t，2018年为13.07万t。由于国内种植成本及需求的增加，我国绿豆在出口的同时，进口量也在逐年增加。据统计，2014年我国进口绿豆1.5万t，2015年进口3.79万t，2016年进口2.94万t，2017年进口2.91万t，2018年进口量增加到8.9万t。

我国是世界上最大的小豆生产国，年种植面积约为25万hm^2，总产量约为35万t，平均单产约1450kg/hm^2；种植面积较大的省份为黑龙江、吉林、内蒙古、江苏、辽宁和河北；出口量常年约为6.0万t，其中1994年出口量达到11.86万t，2013年为6.29万t，2014年为5.6万t，2015年为4.63万t，2016年为5.3万t，2017年为5.55万t，2018年为5.3万t。近年来，我国小豆种植面积基本稳定。其中，2016年我国小豆种植面积增加到27万hm^2，总产量达到40万t。但是各省份播种面积和产量差异较大。其中，东北三省和内蒙古是我国小豆的主产省份，其产量约占全国小豆总产的69%；河北、江苏、四川三省合计产量约占全国小豆总产的13%（田静，2016）。

豌豆是我国主要食用豆类作物，主要产区分为春播区和秋播区，收获类型分为干豌豆和鲜食豌豆。其中，干豌豆年种植面积为70万~90万hm²，年产量为100万~120万t，占世界总面积的13%左右，总产占11.5%，单产为1440kg/hm²，低于世界1710kg/hm²的平均水平。中国鲜食豌豆收获面积占世界的19%，总产占24.3%，单产为9200kg/hm²，高于世界8100kg/hm²的平均水平。我国豌豆生产分布于全国各省份，干豌豆产区主要分布在四川、云南、贵州、重庆、江苏、浙江、湖北、湖南、河南、甘肃、内蒙古、青海等20多个省份，鲜食豌豆主产区位于全国主要大中城市近郊，以长江中下游的湖南、湖北、江苏、浙江、安徽、上海等地为主。由于市场需求增加，近年来我国鲜食豌豆种植面积快速增长。另外，豌豆粉丝、豌豆蛋白等加工业的发展使我国豌豆需求量逐年增长，而国产豌豆远不能满足需求，因此进口量逐年增加。据统计，我国自21世纪初开始进口豌豆，由2005年进口24.1万t到2015年进口90.3万t，较2005年增长了2.75倍；2016年进口量超过100万t，2017年进口量128.6万t，2018年进口量为144.3万t。中国进口的豌豆主要用于深加工，用豌豆作原料生产豌豆蛋白、豌豆淀粉和豌豆纤维，以及用以上成品进一步加工成其他食品。颗粒饲料是豌豆加工的另外一个产品，特别是肉鸽饲料方面对豌豆的需求逐年增长（宗绪晓，2016）。

蚕豆是我国种植面积最大的食用豆类，近年来年种植面积约为90万hm²，总产量为150万t，产区主要在云南、四川、江苏、贵州、湖北、河南、重庆、浙江、甘肃、湖南、安徽、河北、青海、广东、福建、江西等省份。蚕豆属冷季豆类，分春播和秋播两大栽培类型，面积分别占14%和86%，其中云南、四川和贵州种植面积占全国种植面积的55%，江苏、浙江、江西、湖北和湖南占33%，青海、甘肃和河北占10%，其他省份占2%。近年来，我国干蚕豆种植面积和占世界种植面积的比例都呈下降趋势，其中1961年占66%，1990年占52%，2005年占39%。但鲜食蚕豆呈迅速发展态势，据统计，我国目前鲜食蚕豆种植面积在26.7万hm²左右。蚕豆曾是我国传统的出口商品，1994年出口量最多，达41.04万t，自21世纪初出口量明显下降，其中2001~2010年出口量在2.1万~4.37万t，平均约为2.95万t；自2011年起出口量显著下降，到2015年仅为9950t，2011~2019年平均出口量1.28万t，出口优势逐渐减弱（包世英，2016）。

普通菜豆主要分布在我国东北、华北、西北和西南的高寒、冷凉地区，近年来种植面积为70万hm²，一般单产为1400kg/hm²，高产地区可达1500~1875kg/hm²。我国普通菜豆生产发展较快，种植面积从1990年的27万hm²发展到2014年的60万hm²，总产量在120万t左右，仅次于印度、巴西；出口量从20世纪80年代初的6000t增加到2011年的75.8万t。近年来，由于种植成本增加，我国普通菜豆的价格优势逐渐降低，出口量逐年减少。据统计，2013年出口量降为62.16万t，2014年仅为34.36万t，2016年略有增长，为43.13万t，但2017年又降到27.08万t（王述民，2016）。

豇豆在我国栽培历史悠久，全国各地都有种植，主要集中在河北、山西、内蒙古、辽宁、吉林、安徽、山东、河南、湖北、湖南、广西、陕西等省份的丘陵山区，但大多为零星种植。我国豇豆种植面积及产量等尚无完整的统计数据，联合国粮食及农业组织（Food and Agriculture Organization of the United Nations，FAO）数据显示：我国近五年豇豆的年种植面积和总产量相对稳定，其中种植面积为1.3万~1.5万hm²，总产量在1.5万t左右。近年来，随着干旱等极端气候的频繁发生，豇豆在干旱半干旱地区如山西、内蒙古、辽宁、吉林、陕西等地的种植面积有扩大趋势。另外，南方各省份豇豆与幼林果树套种发展迅速（陈新，2016）。

（三）中国食用豆种植区域

我国食用豆分布地域辽阔，有植物生长的地方几乎都有食用豆类栽培，但不同地区栽培的食用豆种类有所不同（程须珍和王述民，2009；陈红霖等，2021）。

1. 根据生态区域大致可分为六大产区

东北产区：以普通菜豆、绿豆、小豆、豇豆、豌豆为主，其中普通菜豆主要分布在黑龙江，绿豆、小豆主要分布在辽宁、吉林、黑龙江等省，豇豆主要分布在辽宁及吉林西部、内蒙古东部等地，豌豆主要分布在辽宁。

华北产区：以绿豆、小豆、普通菜豆、豌豆、蚕豆、豇豆为主，主要分布在河北、山西、内蒙古等省份。

华东产区：以绿豆、蚕豆、豌豆为主，其中绿豆主要分布在江苏、安徽、山东等省份，蚕豆、豌豆主要分布在江苏、浙江、安徽、江西等省份。

中南产区：以绿豆、蚕豆、豌豆、豇豆为主，其中绿豆主要分布在河南、湖北等省份，蚕豆主要分布在湖北、湖南等省份，豌豆主要分布在湖北等省份，豇豆主要分布在河南等省份。

西南产区：以蚕豆、豌豆、普通菜豆为主，其产区主要在重庆、四川、贵州、云南等省份。

西北产区：以蚕豆、豌豆、绿豆、普通菜豆、小豆、豇豆为主，其中蚕豆主要分布在甘肃、青海、新疆等省份，豌豆主要分布在陕西、甘肃、青海、宁夏等省份，绿豆、小豆、豇豆主要分布在陕西等省份，普通菜豆主要分布在陕西、新疆等省份。

2. 按照豆种分为六大食用豆产区

按照豆种我国食用豆种植区域可分为绿豆、小豆、蚕豆、豌豆、普通菜豆、豇豆六大主要食用豆产区。在六大产区中，绿豆产区主要分布在河北、山西、内蒙古、辽宁、吉林、黑龙江、安徽、山东、河南、陕西等省份；小豆产区主要分布在河北、山西、内蒙古、辽宁、吉林、黑龙江、陕西等省份；蚕豆产区主要分布在河北、内蒙古、江苏、浙江、湖北、重庆、四川、贵州、云南、甘肃、青海等省份；豌豆产区主要分布在河北、山西、内蒙古、辽宁、江苏、浙江、山东、湖北、重庆、四川、贵州、云南、陕西、甘肃、青海、宁夏等省份；普通菜豆产区主要分布在河北、山西、内蒙古、黑龙江、四川、贵州、云南、陕西、新疆等省份；豇豆产区主要分布在河北、山西、内蒙古、辽宁、吉林、江苏、河南、陕西等省份。

3. 中国食用豆优势产区

（1）绿豆

东北春绿豆区：包括内蒙古东部3市1盟和辽宁、吉林、黑龙江等省份，优势产区在内蒙古自治区赤峰市的阿鲁科尔沁旗、巴林左旗、巴林右旗、翁牛特旗、敖汉旗等，通辽市的扎鲁特旗、奈曼旗等，兴安盟的科尔沁右翼中旗、扎赉特旗、突泉县等；辽宁省阜新市的阜新蒙古族自治县、彰武县等，朝阳市的建平县、喀喇沁左翼蒙古族自治县、凌源市等；吉林省白城市的洮北区、镇赉县、通榆县、洮南市、大安市，松原市的长岭县、乾安县等；黑龙江省齐齐哈尔市的泰来县、龙江县、甘南县等，大庆市的杜尔伯特蒙古族自治县（简称杜蒙县）、大同区、肇源县等。

长城沿线春绿豆区：包括河北、山西、内蒙古、陕西等省份，优势产区在河北省张家口市的阳原县、蔚县等，承德市的丰宁满族自治县等；山西省大同市的阳高县、天镇县、云州区等，朔州市的怀仁市等，忻州市的保德县等，吕梁市的兴县、临县等；内蒙古自治区呼和浩特市的赛罕区、土默特左旗、托克托县、和林格尔县、清水河县等，包头市的土默特右旗等，乌兰察布市的凉城县等，鄂尔多斯市的达拉特旗、准格尔旗、乌审旗等；陕西省榆林市的榆阳区、神木市、府谷县、横山区、佳县、子洲县等。

北方夏绿豆区：包括江苏、安徽、山东、河南、河北南部、山西南部和陕西中部地区，优势产区在江苏省徐州市的沛县、新沂市等，南通市的启东市、海门区等，连云港市的东海县、灌云县等，淮安市涟水县等；安徽省蚌埠市的五河县、固镇县等，淮北市的濉溪县等，滁州市的明光市、定远县、凤阳县等，阜阳市的阜南县、颍上县等，宿州市的埇桥区、泗县等，亳州市的涡阳县、利辛县等；山东省济南市的章丘区等，潍坊市的临朐县、昌乐县等，临沂市的兰陵县、费县，东营市的垦利区、广饶县等，菏泽市的曹县、鄄城县、定陶区等；河南省洛阳市的汝阳县、宜阳县、洛宁县等，三门峡市的渑池县、卢氏县等，南阳市的宛城区、方城县、镇平县、社旗县、唐河县、邓州市等；河北省石家庄市的井陉矿区、平山县、灵寿县等，唐山市的玉田县、遵化市、迁西县、迁安市等，邯郸市的永年区、馆陶县等，邢台市的巨鹿县、南宫市等，衡水市的故城县、景县等，保定市的高阳县、蠡县等；山西省运城市的盐湖区、临猗县、万荣县、夏县等，临汾市的尧都区、襄汾县、侯马市等；陕西省铜川市的耀州区等，宝鸡市的陈仓区、陇县、千阳县等，渭南市的大荔县、合阳县、澄城县、蒲城县、富平县、韩城市等，汉中市的城固县、宁强县，安康市的汉滨区、汉阴县等，商洛市的洛南县、镇安县等。

（2）小豆

东北春小豆区：包括吉林、黑龙江和内蒙古东部3市1盟，优势产区在吉林省长春市的农安县、九台区等，延边朝鲜族自治州的敦化市、安图县等；黑龙江省哈尔滨市的巴彦县、尚志市等，齐齐哈尔市的依安县、富裕县、拜泉县、讷河市等，鸡西市的虎林市、密山市等，鹤岗市的萝北县、绥滨县等，双鸭山市的宝清县、饶河县等，大庆市的肇源县、林甸县等，伊春市的嘉荫县、铁力市等，佳木斯市的汤原县等，绥化市的北林区、明水县、海伦市等；内蒙古自治区赤峰市的林西县、敖汉旗等，通辽市的奈曼旗、扎鲁特旗等，呼伦贝尔市的阿荣旗、莫力达瓦达斡尔族自治旗等，兴安盟的扎赉特旗、突泉县、科右前旗等。

黄土高原春小豆区：包括山西中部、陕西北部和甘肃东部，优势产区在山西省大同市的云州区等，晋中市的寿阳县等，忻州市的忻府区、定襄县、原平市等，吕梁市的临县、岚县等，临汾市的浮山县、翼城县等，朔州市的朔城区等；陕西省延安市的安塞区、甘泉县等，榆林市的佳县、神木市、横山区、米脂县等；甘肃省庆阳市的华池县、环县等。

华北夏小豆区：包括北京、天津、河北、山西等省份，优势产区在北京市的房山区、通州区、顺义区等；天津市的武清区、蓟州区等；河北省石家庄市的高邑县、井陉矿区、赞皇县、平山县等，唐山市的迁安市、玉田县、遵化市、迁西县等，保定市的易县、雄县等，廊坊市的文安县、霸州市等，衡水市的故城县、景县等；山西省运城市的盐湖区、临猗县、闻喜县、新绛县、绛县、夏县等，临汾市的曲沃县、翼城县、襄汾县、侯马市等。

（3）豌豆

西北春豌豆区：包括甘肃、青海、宁夏等省份及西藏、陕西、新疆部分地区，优势产区在甘肃省兰州市的永登县、皋兰县等，白银市的会宁县等，天水市的秦安县，武威市的古浪县、天祝藏族自治县等，张掖市的民乐县等，平凉市的静宁县等，定西市的安定区、通渭县、陇西县、临洮县等，临夏回族自治州的康乐县等，甘南藏族自治州的迭部县等；青海省西宁市的大通回族土族自治县、湟中区等，海东市的互助土族自治县、化隆回族自治县等；宁夏回族自治区固原市的西吉县、隆德县等；西藏自治区拉萨市的堆龙德庆区、墨竹工卡县等，昌都地区的八宿县等，日喀则市的江孜县等，林芝市的波密县、察隅县等，山南市的乃东区、贡嘎县、加查县等；陕西省渭南市的蒲城县、富平县等，延安市的安塞区、志丹县、吴起县等，榆林市的榆阳区、靖边县、定边县、横山区等；新疆维吾尔自治区昌吉回族自治州的木垒哈萨克自治县等。

华北春豌豆区：包括河北坝上和东部沿海及内蒙古中西部地区，优势产区在河北省唐山市的乐亭县等，秦皇岛市的昌黎县等，张家口市的张北县、康保县、沽源县、尚义县等；内蒙古自治区乌兰察布市的化德县、商都县、兴和县、凉城县、丰镇市等。

西南秋豌豆区：包括重庆、四川、贵州、云南、西藏等省份，优势产区在重庆市的合川区、潼南区、铜梁区、巫山县等；四川省成都市的简阳市、龙泉驿区、青白江区、金堂县、双流区等，自贡市的富顺县等，攀枝花市的仁和区、米易县、盐边县等，泸州市的合江县、叙永县、古蔺县等，德阳市的中江县等，绵阳市的三台县、平武县等，内江市的东兴区、威远县、资中县等，乐山市的犍为县等，南充市的高坪区、嘉陵区、南部县、仪陇县、西充县等，眉山市的仁寿县等，宜宾市的叙州区、长宁县、屏山县等，广安市的广安区、岳池县、武胜县等，达州市的达川区、宣汉县、大竹县、渠县等，资阳市的雁江区、安岳县、乐至县；贵州省六盘水市的水城区、盘州市，遵义市的播州区、桐梓县等，安顺市的普定县、镇宁布依族苗族自治县、关岭布依族苗族自治县等，毕节市的大方县、黔西市、金沙县、织金县、纳雍县、威宁彝族回族苗族自治县等；云南省曲靖市的麒麟区、马龙区、罗平县、富源县、会泽县、宣威市等，玉溪市的华宁县、易门县、峨山彝族自治县、新平彝族傣族自治县等，昭通市的巧家县、永善县、镇雄县、彝良县、水富市等，丽江市的永胜县、宁蒗彝族自治县等，普洱市的墨江哈尼族自治县、景东彝族自治县、澜沧拉祜族自治县等，临沧市的永德县、镇康县、双江拉祜族佤族布朗族傣族自治县、耿马傣族佤族自治县、沧源佤族自治县等，楚雄彝族自治州的双柏县、姚安县、大姚县、武定县等，红河哈尼族彝族自治州的屏边苗族自治县、建水县、元阳县、金平苗族瑶族傣族自治县等，文山壮族苗族自治州的西畴县、麻栗坡县、马关县、丘北县、广南县等，大理白族自治州的漾濞彝族自治县、祥云县、宾川县、弥渡县、南涧彝族自治县、巍山彝族回族自治县、云龙县、洱源县、剑川县、鹤庆县等，德宏傣族景颇族自治州的盈江县、陇川县等，怒江傈僳族自治州的泸水市、福贡县、贡山独龙族怒族自治县、兰坪白族普米族自治县，迪庆藏族自治州的香格里拉市、德钦县、维西傈僳族自治县等。

（4）蚕豆

西北春蚕豆区：包括甘肃、青海、宁夏等省份，优势产区在甘肃省兰州市的永登县、皋兰县、榆中县等，天水市的清水县、武山县、张家川回族自治县等，武威市的天祝藏族自治县等，张掖市的民乐县等，定西市的渭源县、临洮县、漳县、岷县等，陇南市的武都区、宕昌县等，临夏回族自治州的临夏县、康乐县、和政县、积石山保安族东乡族撒拉族自治县等，甘南藏族自治州的临潭县、卓尼县等；青海省西宁市的大通回族土族自治县、湟中、湟源县等，海东市的互助土族自治县等，海南藏族自治州的共和县等；宁夏回族自治区固原市的原州区、隆德县等；新疆维吾尔自治区伊犁哈萨克自治州的昭苏县等。

华北春蚕豆区：包括内蒙古中部及河北北部，优势产区在内蒙古自治区乌兰察布市的化德县、商都县、兴和县、凉城县、丰镇市；河北省张家口市的张北县、康保县、尚义县、沽源县、崇礼区等。

西南冬蚕豆区：包括重庆、四川、贵州、云南、西藏等省份，优势产区在重庆市的万州区、江津区、合川区、永川区、荣昌区、巫山县等；四川省成都市的简阳市、金堂县、双流区等，自贡市的荣县、富顺县等，内江市的东兴区、资中县等，南充市的嘉陵区、南部县、仪陇县等，达州市的达川区、宣汉县、大竹县等，阿坝藏族羌族自治州的小金县等，凉山彝族自治州的西昌市；贵州省安顺市的镇宁布依族苗族自治县、关岭布依族苗族自治县等，毕节市的纳雍县、织金县等；云南省曲靖市的麒麟区、陆良县、富源县等，楚雄州的双柏县、姚安县、武定县等，红河哈尼族彝族自治州的蒙自市、弥勒市、泸西县等，大理白族自治州的大理市、祥云县、弥渡县、巍山彝族回族自治县、洱源县等；西藏自治区拉萨市的曲水县等，昌都市的芒康县等，山南市的乃东区、贡嘎县、加查县等。

东南冬蚕豆区：包括江苏、浙江、安徽、福建、江西、湖北、湖南等省份，优势产区在江苏省南通市的如东县、启东市、如皋市、通州区、海门区等，盐城市的大丰区等；浙江省宁波市的宁海县、慈溪市等，温州市的苍南县、乐清市等，台州市的椒江区、温岭市等，丽水市的莲都区、松阳县等；安徽省合肥市的肥东县等，芜湖市的无为市，安庆市的宿松县、望江县等，阜阳市的颍州区、太和县、颍上县等，六安市的金安区等，亳州市的利辛县等，宣城市的广德市等；福建省福州市的连江县、福清市、长乐区等，莆田市的涵江区、秀屿区、仙游县等，泉州市的惠安县、晋江市，宁德市的霞浦县、福鼎市等；江西省景德镇市的乐平市等，赣州市的于都县、会昌县、瑞金市等，吉安市的永丰县、泰和县、永新县等，上饶市的横峰县、德兴市等；湖北省黄石市的大冶市等，十堰市的郧阳区、竹溪县、房县等，宜昌市的秭归县、兴山县等，襄阳市的襄城区、谷城县等，孝感市的汉川市等，恩施土家族苗族自治州的建始县、巴东县、咸丰县等；湖南省岳阳市的华容县等，常德市的汉寿县等，益阳市的南县等。

（5）普通菜豆

东北普通菜豆产区：包括内蒙古东部3市1盟及吉林、黑龙江等省份，优势产区在内蒙古自治区赤峰市的林西县等，呼伦贝尔市的阿荣旗、莫力达瓦达斡尔族自治旗、鄂伦春自治旗、扎兰屯市等，兴安盟的扎赉特旗等；吉林省长春市的榆树市、农安县等，白城市的镇赉县、洮南市等，延边朝鲜族自治州的敦化市等；黑龙江省齐齐哈尔市的依安县、富裕县、克山县、拜泉县、讷河市等，黑河市的嫩江市、北安市、五大连池市等，大兴安岭地区的呼玛县等。

北方普通菜豆产区：包括河北、山西、陕西等省及内蒙古自治区中部的长城沿线地区，优势产区在河北省张家口市的张北县、康保县、沽源县、尚义县等；山西省大同市的阳高县、天镇县、浑源县等，忻州市的宁武县、神池县、五寨县、岢岚县等；陕西省延安市的安塞区、吴起县等，榆林市的榆阳区、神木市、横山区、靖边县、定边县、绥德县、佳县等；内蒙古自治区乌兰察布市的化德县、商都县、兴和县、凉城县、丰镇市等。

新疆普通菜豆产区：包括新疆维吾尔自治区阿勒泰地区的阿勒泰市、布尔津县、富蕴县、哈巴河县等，昌吉回族自治州的奇台县、木垒哈萨克自治县等。

西南普通菜豆产区：包括重庆、四川、贵州、云南等省份，优势产区在重庆市的黔江区、巫山县、武隆区等；四川省雅安市的汉源县、石棉县、宝兴县等，凉山彝族自治州的盐源县、布拖县、昭觉县等；贵州省六盘水市的水城区等，毕节市的大方县、织金县、纳雍县、威宁彝族回族苗族自治县、赫章县等；云南省昆明市的东川区、禄劝彝族苗族自治县等，曲靖市的马龙区、罗平县、富源县、会泽县、宣威市等，玉溪市的华宁县、易门县、峨山彝族自治县、新平彝族傣族自治县等，昭通市的巧家县、永善县、镇雄县、彝良县、水富市等，丽江市的永胜县、宁蒗彝族自治县等，普洱市的墨江哈尼族自治县、景东彝族自治县、澜沧拉祜族自治县等，临沧市的永德县、镇康县、双江拉祜族佤族布朗族傣族自治县、耿马傣族佤族自治县、沧源佤族自治县等，楚雄彝族自治州的双柏县、姚安县、大姚县、武定县等，红河哈尼族彝族自治州的屏边苗族自治县、建水县、元阳县、金平苗族瑶族傣族自治县等，文山壮族苗族自治州的西畴县、麻栗坡县、马关县、丘北县、广南县等，大理白族自治州的漾濞彝族自治县、宾川县、弥渡县、南涧彝族自治县、巍山彝族回族自治县、云龙县、洱源县、剑川县、鹤庆县等，德宏傣族景颇族自治州的盈江县、陇川县等，怒江傈僳族自治州的泸水市、福贡县、贡山独龙族怒族自治县、兰坪白族普米族自治县，迪庆藏族自治州的香格里拉市、德钦县、维西傈僳族自治县。

（6）豇豆

从种植区域和生长季节来看，豇豆与绿豆、小豆等的种植区域比较类似，主要分为春播区和夏播区。其中，东北地区、西北丘陵山区以春播为主，优势产区主要集中在吉林与辽宁的西部、内蒙古东部及山西、陕西等地；华北及以南地区多为夏播，优势产区主要集中在河南、湖北、贵州、江西、广西等省份。由于多为零星种植，豇豆优势产区布局规划尚不完善。

二、中国食用豆类品种选育情况

（一）入志品种的基本情况

《中国食用豆类品种志（第二辑）》收录了中国农业科学院作物科学研究所（北京）及全

国20个省（自治区、直辖市）提供的418个品种，包括育成品种411个（占入志品种总数的98.32%），其中国审（鉴）定品种46个（占育成品种总数的11.19%），省审（认、鉴）定、登记品种276个（占育成品种总数的67.15%），高代品系89份（占育成品种总数的21.66%）。另外，还有地方品种提纯3个，占入志品种总数的0.72%；国外引进品种4个（其中国家级鉴定1个、省级登记3个），占入志品种总数的0.96%。

从入志品种的育成方法来看，杂交选育是食用豆育种的主要方法，在入志品种中有304个，占入志品种总数的72.72%；系统选育次之，在入志品种中有93个，占入志品种总数的22.25%；诱变育种再次之，在入志品种中有14个（其中航天诱变育种5个、辐射诱变育种2个），占入志品种总数的3.35%。

（二）各豆种入志品种数量

入志品种以绿豆最多，共123个，占入志品种总数的29.42%，分布在15个省份，包括河北（30个）、北京（20个）、吉林（18个）、江苏（13个）、山西（7个）、山东（7个）、黑龙江（6个）、河南（5个）、辽宁（4个）、安徽（3个）、重庆（3个）、内蒙古（2个）、湖北（2个）、广西（2个）、陕西（1个）。其中，杂交选育101个，占绿豆入志品种总数的82.11%；系统选育15个，占12.19%；诱变育种7个（包括航天诱变育种5个、辐射诱变育种2个），占5.70%。

小豆入志品种共92个，占入志品种总数的22.01%，分布在9个省份，包括河北（23个）、北京（18个）、吉林（13个）、江苏（13个）、山西（8个）、黑龙江（7个）、辽宁（6个）、广西（2个）、重庆（2个）。其中，杂交选育78个，占小豆入志品种总数的84.78%；系统选育10个，占10.87%；诱变育种3个，占3.26%；地方品种提纯1个，占1.09%。

豌豆入志品种60个，占入志品种总数的14.35%，分布在12个省份，包括甘肃（17个）、云南（15个）、辽宁（6个）、江苏（5个）、山西（4个）、四川（4个）、河北（2个）、安徽（2个）、青海（2个）、山东（1个）、湖北（1个）、广西（1个）。其中，杂交选育38个，占豌豆入志品种总数的63.33%；系统选育22个，占36.67%。

蚕豆入志品种58个，占入志品种总数的13.88%，分布在10个省份，包括云南（26个）、甘肃（9个）、江苏（6个）、青海（6个）、四川（5个）、重庆（2个）、河北（1个）、安徽（1个）、湖北（1个）、贵州（1个）。其中，杂交选育47个，占蚕豆入志品种总数的81.03%；系统选育11个，占18.97%。

普通菜豆入志品种54个，占入志品种总数的12.92%，分布在10个省份，包括黑龙江（22个）、山西（8个）、贵州（6个）、江苏（4个）、北京（3个）、河北（2个）、吉林（4个）、重庆（2个）、新疆（2个）、内蒙古（1个）。其中，杂交选育25个，占普通菜豆入志品种的46.29%；系统选育20个，占37.04%；诱变育种和国外引种各4个，分别占7.41%；地方品种提纯1个，占1.85%。

豇豆入志品种26个，占入志品种总数的6.22%，分布在6个省份，包括北京（10个）、江苏（7个）、吉林（3个）、广西（3个）、河北（2个）、辽宁（1个）。其中，杂交选育15个，占豇豆入志品种总数的57.69%；系统选育11个，占42.31%。

其他豆类品种5个，占入志品种总数的1.20%，包括鹰嘴豆2个、羽扇豆2个、利马豆1个，均来自云南。其中，鹰嘴豆和羽扇豆均为系统选育，利马豆为地方品种提纯。

另外，2009年出版的《中国食用豆类品种志》共收录了来自中国农业科学院作物科学研究所及全国20个省（自治区、直辖市）43家育种（品种改良）单位提供的380个品种，分布于8个属13个豆种，其中绿豆100个、小豆73个、蚕豆64个、普通菜豆57个、豌豆41个、豇豆19个、木豆7个、多花菜豆5个、利马豆5个、鹰嘴豆3个、藊豆2个、饭豆2个、小扁豆2个。

《中国食用豆类品种志》两辑合计收录品种共798个，分布于9个属14个豆种，包括绿豆

223个、小豆165个、蚕豆122个、普通菜豆111个、豌豆101个、豇豆45个、木豆7个、多花菜豆5个、利马豆6个、鹰嘴豆5个、藊豆2个、饭豆2个、小扁豆2个、羽扇豆2个。

（三）食用豆类育种（品种改良）单位概况

  近年来，我国食用豆类育种（品种改良）工作有了突飞猛进的发展。入志品种的育种（品种改良）单位共37家，分布于21个省（自治区、直辖市），其中北京市有1家育种单位，中国农业科学院作物科学研究所提供品种51个，占总数的12.20%；河北省有4家育种单位，提供品种60个，占14.35%，包括河北省农林科学院粮油作物研究所26个、河北省保定市农业科学院22个、河北省张家口市农业科学院10个、河北省唐山市农业科学院2个；山西省有3家育种单位，提供品种27个，占6.46%，包括山西省农业科学院作物科学研究所（现为山西农业大学农学院）5个、山西省农业科学院农作物品种资源研究所（现为山西农业大学农业基因资源研究中心）7个、山西省农业科学院（现为山西农业大学）高寒区作物研究所15个；内蒙古自治区有1家育种单位，内蒙古自治区农牧业科学院提供3个，占0.72%；辽宁省有2家育种单位，提供品种17个，占4.07%，包括辽宁省农业科学院作物研究所8个、辽宁省经济作物研究所9个；吉林省有2家育种单位，提供品种38个，占9.09%，包括吉林省农业科学院作物资源研究所（原吉林省农业科学院作物育种研究所）17个、吉林省白城市农业科学院21个；黑龙江省有3家育种单位，提供品种35个，占8.37%，包括黑龙江省农业科学院作物资源研究所（原黑龙江省农业科学院作物育种研究所）24个、黑龙江省农业科学院齐齐哈尔分院10个、黑龙江省农业科学院克山分院1个；江苏省有2家育种单位，提供品种48个，占11.48%，包括江苏省农业科学院35个、江苏沿江地区农业科学研究所13个；安徽省有1家育种单位，安徽省农业科学院作物研究所提供品种6个，占1.44%；山东省有2家育种单位，提供品种8个，占1.91%，包括山东省青岛市农业科学研究院1个、山东省潍坊市农业科学院7个；河南省有1家育种单位，南阳市农业科学院提供品种5个，占1.20%；湖北省有1家育种单位，湖北省农业科学院粮食作物研究所提供品种4个，占0.96%；广西壮族自治区有1家育种单位，广西壮族自治区农业科学院水稻研究所提供品种8个，占1.91%；重庆市有1家育种单位，重庆市农业科学院提供成品种10个，占2.39%；四川省有1个育种单位，四川省农业科学院作物研究所提供品种8个，占1.91%；贵州省有1家育种单位，贵州省毕节市农业科学研究所提供品种7个，占1.67%；云南省有3家育种单位，提供品种46个，占11.00%，包括云南省农业科学院粮食作物研究所32个、云南省曲靖市农业科学院2个、云南省大理白族自治州农业科学推广研究院12个；陕西省有1家育种单位，陕西省榆林市横山区农业技术推广中心提供品种1个，占0.24%；甘肃省有4家育种单位，提供品种26个，占6.22%，包括甘肃省农业科学院作物研究所5个、甘肃省白银市农业科学研究所4个、甘肃省定西市农业科学研究院8个、甘肃省临夏回族自治州农业科学研究所9个；青海省有1家育种单位，青海省农林科学院提供品种8个，占1.91%；新疆维吾尔自治区有1家育种单位，新疆农业科学院粮食作物研究所提供品种2个，占0.48%。在37家育种单位中，以国家和省（自治区、直辖市）农业科研院所起主导作用，其中国家农业科研机构1个，育成品种51个，占总数12.20%；省（自治区、直辖市）农业科学院研究所20个，育成品种235个，占56.22%；地（市）农业科学院研究所15个，育成品种131个，占31.34%；另外，还有1个县级农业技术推广中心参与了1个食用豆类品种改良工作，占0.24%。

三、我国食用豆品种改良研究进展

（一）食用豆品种改良历程

  我国食用豆品种改良始于20世纪70年代末的种质资源搜集、评价鉴定、繁种入库等工作，改良方法以地方品种的提纯复壮、系统选育、杂交选育和辐射诱变育种为主,改良的食用豆类主要包括绿豆、小豆、蚕豆、豌豆、普通菜豆、豇豆等(程须珍和王述民,2009)。其品种改良历程大致分为以下4个阶段:第一个阶段是1978~1985年,以地方品种提纯复壮和系统选育为主;第二个阶段是1986~1990年,以国外引种和系统选育为主、杂交选育为辅;第三个阶段是1991~2007年,以杂交选育和系统选育为主、辐射诱变育种为辅;第四个阶段是2008年至今,以杂交选育为主、诱变育种为辅,分子标记辅助选择开始在食用豆上应用。针对生产上存在的主要问题,有关科技人员利用国内外优异种质作为亲本材料,采用有性杂交和物理化学诱变方法,培育出了一批更适合于我国不同地区种植的优良品种和有特殊利用价值的创新材料。

据不完全统计,在2016年之前已通过国家小宗粮豆品种鉴定委员会鉴定的食用豆类品种有70个,其中绿豆品种22个、普通菜豆品种19个、小豆品种15个、豌豆品种6个、蚕豆品种4个、豇豆品种4个。通过有关省(自治区、直辖市)农作物品种审定委员会审(认、鉴)定、登记的品种有300多个。在入志的品种中,生产上种植面积较大的品种有中绿10号、冀绿13号、潍绿4号、中红6号、冀红9218、冀红8937、保876-16、保8824-17、陇豌1号、草原25、草原26、临蚕5号、品芸2号、龙芸豆5号等。育成品种在产量、主要农艺性状、适应性、抗性等方面的改良上取得了较大进展。

(1)新品种产量水平显著提高

一般增产幅度在10%左右,提升了食用豆的整体产量水平。

(2)新品种主要农艺性状得到改进

新品种主要在早熟性、直立生长习性、裂荚性、籽粒大小及外观品质等方面得到了改进,在提升产量和改善品质等方面发挥了较大作用。

(3)新品种适应性更广

食用豆类在我国属于小宗作物,与大宗作物相比,生产规模小,品种改良进展缓慢,地区间品种交流机会少,生产用种以农民自留自繁为主,在特定的生态环境条件下形成了特殊的适应能力,就品种本身而言适应范围相对较窄。通过品种改良培育出一批适应性广的食用豆新品种。

(4)新品种抗性改良有了突破性进展

病虫害是影响食用豆类产量和品质的重要因素,中国食用豆类常发生的病害主要有根腐病、病毒病、叶斑病、锈病、白粉病等,常发生的虫害主要有地下害虫、蚜虫、红蜘蛛、豆野螟、豆荚螟、豆象等。近年来,食用豆类抗性评价鉴定及创新利用研究取得突破性进展,培育出一批农艺性状优良的抗病虫新品种。

(5)新品种遗传基础逐步拓宽

在入志的418个品种中,有411个是通过杂交选育、系统选育、诱变育种而成的,其中322个品种已通过省级及以上品种管理部门审(认、鉴)定、登记,89个为高代品系;国外引进品种4个;地方品种提纯3个。

(二)食用豆种质资源研究进展

种质资源保护、优异种质鉴定和发掘取得新进展。农作物种质资源保护项目对中国食用豆种质资源研究学科的发展起到了关键性作用,尤其是在国家食用豆产业技术体系的持续稳定支持下,中国食用豆种质资源保护、优异种质鉴定和发掘及基础性研究取得突破性进展。据不完全统计,10余年来,中国新收集、引进、鉴定国内外种质资源1.5万余份,已完成主要农艺性状鉴定并编入《中国食用豆类品种资源目录》,入国家作物种质库保存的有18个豆种40 926份。其中,绿豆(含黑吉豆)6955份、普通菜豆6642份、豌豆5977份、蚕豆5858份、小豆5570份、豇豆4335份、饭豆2139份、其他豆种3450份。同时,对其中部分种质进行了品质分析、抗逆性鉴定、遗传多样性分析及重要农艺性状基因挖掘等。系统评价3万多份食用豆种质资源,构建了绿豆（陈红霖等，2020；刘长友等，2008）、小豆（白鹏等，2014；王丽侠等，2013）、蚕豆（姜俊烨等，2014；刘玉皎和侯万伟，2011）、豌豆（宗绪晓，2009）、普通菜豆（龙珏臣等，2019；王兰芬等，2016）和豇豆（公丹等，2020）等核心种质，并开展了绿豆（Chen et al.，2015a）、小豆（Chen et al.，2015b）、蚕豆（Wang et al.，2012）、豌豆（Zong et al.，2009）、普通菜豆（Zhang et al.，2008）、豇豆（Chen et al.，2017a）的遗传多样性研究，基本厘清了各豆种种质资源的群体结构。通过大规模田间自然鉴定和室内鉴定，发掘出一批具有特殊利用价值的优异种质，包括抗豆象、抗叶斑病、抗根腐病、抗细菌性疫病绿豆，抗豆象、抗丝核菌根腐病、抗白粉病、抗炭腐病小豆，抗赤斑病蚕豆，抗白粉病、抗枯萎病豌豆，抗镰孢菌枯萎病、抗炭疽病普通菜豆等。其中，抗豆象绿豆、抗叶斑病绿豆等在中国食用豆种质资源中尚属首次发现。

（三）功能基因发掘平台的构建推动原始创新能力持续提高

随着基因组学的发展，普通菜豆、绿豆、小豆、豇豆和豌豆的基因组相继被破译，食用豆基因挖掘及分子标记辅助育种等研究取得了一定的进展，缩短了与大宗作物的差距。目前，已定位和克隆了绿豆抗豆象 *PGIP2*（Chotechung et al.，2016）、绿豆抗白粉病 *VrMLO12*（Yundaeng et al.，2020）、绿豆抗叶斑病 *VrTAF5*（Yundaeng et al.，2021）、普通菜豆抗炭疽病 *Co-1HY*（Chen et al.，2017b）、普通菜豆抗镰孢菌枯萎病 *PvPOX1*（Xue et al.，2017）、绿豆抗旱及耐盐 *VrDREB2A*（Chen et al.，2016）和普通菜豆耐盐 *PvP5CS*（Chen et al.，2009）等基因或数量性状基因座（QTL）位点，并挖掘出种质资源中蕴含的大量优异等位基因，如豌豆抗白粉病 *er1*（Sun et al.，2016）、绿豆抗豆象 *VrPGIP1*（Kaewwongwal et al.，2017）等。构建了精细的普通菜豆单倍型图谱，采用全基因组关联分析，在普通菜豆中鉴定出了与产量、花期、籽粒特性、抗病性等主要农艺性状紧密相关的遗传位点（Wu et al.，2020）。基因组测序和单倍型图谱的相继完成为食用豆的基因发掘与遗传改良研究提供了大量的表型数据及基因型数据，将推动食用豆全基因组选择育种的发展（陈红霖等，2021）。

（四）育种技术创新取得突破性进展

为了明确不同食用豆种间的杂交亲和性，国内科学家开展了豇豆属食用豆远缘杂交育种。通过杂交、幼胚拯救、桥梁亲本利用、分子标记辅助选择等途径，转移多个优异基因、聚合多项优异性状、提高抗性水平等育种与种质创新技术，提高了育种效率和育种水平。通过幼胚拯救技术获得了小豆/饭豆的高代分离群体，鉴定出高抗豆象小豆材料。利用桥梁亲本琉球豇豆实现了小豆和饭豆遗传物质的融合。通过远缘杂交获得了绿豆和黑吉豆的杂交后代。开发了抗豆象基因 *VrPGIP2* 的功能标记，利用此标记可以对抗豆象后代材料在苗期进行选择，既免除了大量费时费力的抗豆象鉴定工作，又可对育种材料进行早代选择，并对目标基因进行精准的逐代跟踪。另外，绿豆和豌豆等诱变育种与创新技术也取得了较大进展，筛选出一批高产、抗病、耐寒、柱头外露等突变体（陈红霖等，2021）。

（五）品种权保护与品种登记工作成效显著

10多年来，国家食用豆产业技术体系专家以传统手段为主、现代育种技术为辅，育成通过省级及以上品种管理部门审（认、鉴）定、登记的食用豆新品种320多个。其中，国家级农作物品种管理部门审（鉴）定品种47个，包括绿豆13个、小豆11个、蚕豆2个、豌豆7个、普通菜豆8个、豇豆6个。另外，中绿16号、冀绿7号、冀绿9号、中红6号、冀红15号、青海13号、云豆470、云豌1号等20多个品种获得新品种保护权。自2017年起，对蚕豆、豌豆实行了品种登记制度，截至2019年底共登记豌豆品种128个、蚕豆品种68个，其中国家食用豆产业技术体系建设平台育成豌豆品种11个、蚕豆品种13个（陈红霖等，2021）。

四、新品种在我国食用豆产业发展中的作用

新品种在我国食用豆产业持续健康发展中起到了重要作用，特别是自国家食用豆产业技术体系建设以来，新品种选育与应用进入快速发展阶段，新品种在保障农业持续增收、种植业结构调整、产业扶贫及乡村振兴等方面发挥了重要作用（程须珍和王述民，2009）。

（一）新品种保障了偏远贫困地区粮食安全

地方品种在我国食用豆生产中发挥了重要作用，但随着种植年代久远、气候环境变化及人为因素影响，地方品种产量低、生育期长、蔓生、炸荚落粒等混杂退化现象逐渐加重，制约了我国食用豆产业的发展，进行品种改良、加快品种更替成为产业发展的首要任务。食用豆新品种的育成与应用解决了生产上高产、多抗、优质专用、适宜机械化生产等品种缺乏的问题。新品种较地方品种平均增产幅度为12%～38.6%。通过辐射应用，目前全国已有90%的产区的主栽品种已由传统的农家种更替为新选育的优良品种，带动了我国食用豆产业的快速发展，同时，保障了偏远贫困地区农业持续增收和粮食安全，为产业转型升级提供了物质保障。

（二）新品种助力产业扶贫、乡村振兴及县域经济发展

新品种在示范应用中，国家食用豆产业技术体系结合食用豆优势主产区与国家重点贫困区域，充分发挥新品种的增产增收作用，在燕山—太行山区、吕梁山区、大兴安岭南麓山区、大别山区、秦巴山区、滇桂黔石漠化区、乌蒙山区、滇西边境山区、六盘山区、四省涉藏州县、南疆三地州、三峡库区、毕节试验区，以及江苏、山东革命老区等开展科技扶贫工作。并结合县域经济和产业发展瓶颈，积极对接地方政府、龙头企业、种植大户和农民合作社，结合新品种示范和科技扶贫，建立试验示范基地200多万亩（1亩≈667m^2，后文同），辐射带动1000多万亩，先后在贫困地区示范推广了中绿5号、白绿8号、中红6号、冀红16号、凤豆6号、青蚕14号、中豌6号、云豌18号等新品种及配套的地膜覆盖、间作套种、机械化生产等新技术，产业扶贫及乡村振兴取得显著成效，打造和培育了一批产业扶贫新典型。

（三）突破性新品种选育助推产业再上新台阶

针对我国食用豆种类多、抗病虫能力差、加工和出口专用品种缺乏等产业问题，近年来，以高产、多抗、适宜机械化生产新品种选育为首要任务，通过多年多生态区多领域联合攻关，利用传统育种与分子生物技术相结合的方法，培育出一批通过国家和省级审（认、鉴）定、登记，适宜不同生态区种植的抗病（根腐病、褐斑病、白粉病、枯萎病、细菌性疫病、病毒病等）、抗虫（豆象等）、耐旱、耐寒，以及适于间作套种、机械化作业、出口专用的食用豆新品种。

例如，适宜东北区出口专用及机械化生产品种有龙芸豆5号、白绿8号、白红3号等；适宜华北区间作套种品种有中绿5号、冀红352等；适宜西北区抗旱耐瘠品种有青蚕14号、临蚕6号、定豌4号、陇豌6号等；适宜南方区抗病、耐寒及稻茬免耕品种有云豆早7号、云豌4号、中绿5号等；鲜食品种有通蚕鲜8号、云豌18号、陇豌7号等；抗豆象品种有中绿3号、中绿6号、苏抗4号等；豆沙加工专用品种有品芸2号、中绿10号等；蜜渍豆加工专用品种有红芸豆；芽菜专用品种有潍绿5号、辽绿8号等；苗菜专用品种有张豌6号、定豌3号、陇豌9号等。

以上新品种的普及和应用，有效解决了我国食用豆品种混杂、产量低、抗性差、品质欠佳等突出问题。通过示范展示及推广应用，新品种在全国30多个省份得以推广应用，主产区新品种普及率达到80%，增产12%～38.6%，有效保障了食用豆产业发展的品牌化、专用化和优质化，在我国食用豆优势产区布局和产业结构调整中发挥了重要作用。

第二章 绿豆

绿豆是豆科（Leguminosae）蝶形花亚科（Papilionoideae）菜豆族（Phaseoleae）豇豆属（Vigna）中的一个栽培种，属一年生草本、自花授粉植物。绿豆学名 *Vigna radiata*，种下有 *V. radiata* var. *radiata* 和 *V. radiata* var. *sublobata* 两个变种。绿豆英文名 mung bean 或 green gram，别名菉豆、植豆、文豆等。绿豆染色体数 $2n=2x=22$。绿豆出苗时子叶出土。

中国是绿豆起源地之一，在云南、广西、河南、山东、湖北、河北、吉林、辽宁等地均发现并采集到绿豆的野生种及其不同的野生类型。绿豆在中国已有2000多年的栽培历史，在南北朝农书《齐民要术》中，就有其栽培经验的记载；明朝李时珍的《本草纲目》及其他古医书中，对绿豆的药用价值有了较详细的记载。绿豆在温带、亚热带和热带高海拔地区广泛种植，最早由印度传入中南半岛、爪哇岛等地，后经马达加斯加进入非洲大陆，近代才引入非洲的中部和东部地区；16世纪进入欧洲，由此又传入美洲；约于17世纪从中国传入日本。

世界上绿豆主要产区在亚洲、非洲、欧洲，美洲也有少量种植，其中以印度、中国、泰国、缅甸、印度尼西亚、巴基斯坦、菲律宾、斯里兰卡、孟加拉国、尼泊尔、澳大利亚、埃塞俄比亚等国栽培较多。中国绿豆常年种植面积在80万hm^2左右，总产量约为100万t，产区主要集中在黄河与淮河流域、长江下游及东北、华北地区。近年来，以内蒙古、吉林、山西、河南种植较多，其次是安徽、黑龙江、湖北、湖南、陕西、广西、四川、重庆、河北。据不完全统计，近年全球绿豆种植面积约为800万hm^2，其中，印度绿豆年种植面积约为380万hm^2，单产较低，只有420kg/hm^2；缅甸年种植面积约为120万hm^2，单产在1300kg/hm^2左右；泰国年种植面积为27万hm^2，总产量为32万t；印度尼西亚年种植面积为23万hm^2，总产量为27万t。

中国曾是世界上最大的绿豆出口国，近年出口量在13万t左右，以陕西榆林绿豆、吉林白城绿豆、内蒙古绿豆、河南绿豆、张家口鹦哥绿豆出口量较大。主要出口国和地区为日本、越南、美国、韩国、加拿大、菲律宾与中国台湾等。其中，年出口日本约4.5万t，占日本绿豆进口量的90%左右。

绿豆种质资源是绿豆品种改良、遗传理论及生物技术研究和农业生产的重要物质基础。全世界搜集和保存绿豆种质资源3万多份，其中亚洲蔬菜研究与发展中心－亚洲中心（ARC-AVRDC）6929份、印度4325多份、美国3931份、菲律宾1623份、俄罗斯877份。中国绿豆种质资源丰富，目前已收集到国内外绿豆种质资源7500余份，其中约7000份已完成农艺性状鉴定并编入《中国食用豆类品种资源目录》，6955份已送交国家作物种质库长期保存，并对部分种质资源进行了抗病（虫）性、抗逆性及品质性状等评价鉴定，筛选出一批丰产、品质优良、抗病（虫）、抗逆性强、适应性广的优良种质。

我国绿豆品种改良工作开始于20世纪70年代，到20世纪末选育出绿豆新品种24个，其中系统选育品种占66.67%。自21世纪初，国家级、省部级及部分地市级科研单位开始了较大规模的杂交选育工作，到2007年育成绿豆新品种34个，其中杂交选育品种达到61.76%。2008年国家食用豆产业技术体系正式启动后，绿豆新品种培育进入发展快车道。截至2020年，已培育出通过省级及以上农作物审（认、鉴）定、登记的绿豆新品种94个，包括杂交选育品种85个（占90.43%）、诱变育成品种7个，其他为系统选育品种。

现编入本志的绿豆品种共123个，均为育成品种，包括杂交选育101个、系统选育15个、诱变育种7个（包括航天诱变育种5个、辐射诱变育种2个）；通过有关品种管理部门审（认、鉴）定、登记的品种93个，其中，通过国家级农作物审（鉴）定的品种13个，通过省级农作物审（认、鉴）定、登记的品种80个；高代品系30个。入志品种分布在21家育种单位，其中中国农业科学院作物科学研究所20个、河北省农林科学院粮油作物研究所14个、河北省保定市农业科学院12个、河北省张家口市农业科学院4个、山西省农业科学院作物科学研究所3个、山西省农业科学院高寒区作物研究所4个、内蒙古自治区农牧业科学院植物保护研究所2个、辽宁省农业科学院作物研究所3个、辽宁省经济作物研究所1个、吉林省农业科学院作物资源研究所（原吉林省农业科学院作物育种研究所）9个、吉林省白城市农业科学院9个、黑龙江省农业科学院齐齐哈尔分院6个、江苏省农业科学院12个、江苏沿江地区农业科学研究所1个、安徽省农业科学院作物研究所3个、山东省潍坊市农业科学院7个、河南省南阳市农业科学院5个、湖北省农业科学院粮食作物研究所2个、广西壮族自治区农业科学院水稻研究所2个、重庆市农业科学院3个、陕西省榆林市横山区农业技术推广中心1个。

1 中绿6号

【品种来源】 中国农业科学院作物科学研究所于1999年以品绿5558为母本、中绿2号为父本杂交选育而成，原品系代号：2004-108-8。2009年通过北京市种子管理站鉴定，鉴定编号：京品鉴杂2009001。全国统一编号：C06560。

【特征特性】 早熟品种，夏播生育期70d。有限结荚习性，株型紧凑，植株直立、抗倒伏，幼茎绿色，株高60.0cm，主茎分枝2~3个。复叶卵圆形，花黄色。单株荚数20.0个，多者可达40个以上，荚长10.0cm，圆筒形，成熟荚黑色，单荚粒数10~12粒。籽粒长圆柱形，种皮绿色有光泽，百粒重6.5~7.0g。干籽粒蛋白质含量24.29%，淀粉含量51.16%。结荚集中，成熟一致不炸荚，适于机械收获。室内鉴定：抗豆象。田间自然鉴定：抗叶斑病、白粉病、锈病，抗旱，耐涝，耐瘠薄，耐盐碱能力强。

【产量表现】 产量一般为1350.0~1950.0kg/hm²。2007~2008年北京市区域试验平均产量1642.5kg/hm²，比对照（中绿1号）增产22.1%。2009年北京市绿豆品种生产试验产量2218.5kg/hm²，比对照（中绿1号）增产22.3%。

【利用价值】 抗豆象，可减少豆象对仓储绿豆的危害。适于芽菜生产、原粮出口、饮食品加工等。

【栽培要点】 北方春播在4月下旬至5月上中旬，麦茬绿豆播种越早越好。在华北地区夏播以5月下旬至6月中下旬为宜。播前应适当整地，施足底肥。一般播种量22.5~30.0kg/hm²，播种深度3~4cm，行距40~50cm，株距10~15cm，种植密度12万~18万株/hm²。选择中等肥力地块，忌重茬。第一片复叶展开后间苗，第二片复叶展开后定苗。及时中耕除草，并在开花前适当培土。适时喷药，防治蚜虫、红蜘蛛、豆荚螟等。夏播地块，如播种前未施基肥，应结合整地施氮磷钾复合肥225~300kg/hm²，或在分枝期追施尿素75kg/hm²。如花期遇旱，应适当灌水。及时收获，在生长期较长的地区，可实行分批采收，并结合打药进行叶面喷肥，以提高产量和品质。

【适宜地区】 适宜北京及生态条件类似地区种植。

撰稿人：程须珍　王素华　王丽侠

2 中绿7号

【品种来源】 中国农业科学院作物科学研究所于2005年以品绿5558为母本、中绿2号为父本杂交选育而成，原品系代号：2004-108-1。2013年通过北京市种子管理站鉴定，鉴定编号：京品鉴杂2013020。全国统一编号：C06561。

【特征特性】 早熟品种，夏播生育期70d。有限结荚习性，株型紧凑，植株直立抗倒伏，幼茎绿色，株高60.0cm，主茎分枝2～3个。复叶卵圆形，花黄色。单株荚数20.0个，多者可达40个以上，荚长10.0cm，圆筒形，成熟荚黑色，单荚粒数10～12粒。籽粒长圆柱形，种皮绿色有光泽，百粒重6.5g。干籽粒蛋白质含量24.02%，淀粉含量45.11%。结荚集中，成熟一致不炸荚，适于机械收获。室内鉴定：抗豆象。田间自然鉴定：抗根腐病、白粉病、叶斑病，抗逆性较强。

【产量表现】 产量一般为1350.0～1950.0kg/hm²。2007～2008年北京市区域试验平均产量1798.5kg/hm²，比对照（中绿1号）增产12.1%。2013年北京市绿豆品种生产试验产量1633.5kg/hm²，比对照（中绿1号）增产7.3%。

【利用价值】 抗豆象，可减少豆象对仓储绿豆的危害。适于芽菜生产、原粮出口、饮食品加工等。

【栽培要点】 北方春播在4月下旬至5月上中旬，麦茬绿豆播种越早越好。在华北地区夏播以5月下旬至6月中下旬为宜。播前应适当整地，施足底肥。一般播种量22.5～30.0kg/hm²，播种深度3～4cm，行距40～50cm，株距10～15cm，种植密度12万～18万株/hm²。选择中等肥力地块，忌重茬。第一片复叶展开后间苗，第二片复叶展开后定苗。及时中耕除草，并在开花前适当培土。适时喷药，防治蚜虫、红蜘蛛、豆荚螟等。夏播地块，如播种前未施基肥，应结合整地施氮磷钾复合肥225～300kg/hm²，或在分枝期追施尿素75kg/hm²。如花期遇旱，应适当灌水。及时收获，在生长期较长的地区，可实行分批采收，并结合打药进行叶面喷肥，以提高产量和品质。

【适宜地区】 适宜北京、河北、山西、内蒙古等绿豆产区夏播种植。

撰稿人：程须珍　王素华　王丽侠

3 中绿8号

【品种来源】 中国农业科学院作物科学研究所于2006年通过航天诱变育种技术，利用返回式航天器对CN36种子进行搭载处理，经系统选育而成，原品系代号：品绿2008-117。2011年通过北京市种子管理站鉴定，鉴定编号：京品鉴杂2011027。全国统一编号：C06562。

【特征特性】 早熟品种，夏播生育期70~80d。有限结荚习性，株型紧凑，植株直立、抗倒伏，幼茎绿色，株高60.0cm，主茎分枝2~4个。复叶卵圆形，花黄色。单株荚数20~30个，多者可达50个以上，荚长10.0cm，圆筒形，成熟荚黑色，单荚粒数10~11粒。籽粒长圆柱形，种皮绿色有光泽，百粒重7.2g。干籽粒蛋白质含量22.27%，淀粉含量45.10%。结荚集中，成熟一致不炸荚，适于机械收获。适于麦后复播或间作套种。田间自然鉴定：抗叶斑病、白粉病、锈病，耐旱、耐涝、耐瘠薄性强。

【产量表现】 产量一般为1650.0~2250.0kg/hm²。2009~2010年北京市区域试验平均产量2280.8kg/hm²，比对照（中绿1号）增产17.9%。2011年北京市绿豆品种生产试验产量1515.9kg/hm²，比对照（中绿1号）增产7.7%。

【利用价值】 适于芽菜生产、原粮出口、饮食品加工等。

【栽培要点】 北方春播在4月下旬至5月上中旬，麦茬绿豆播种越早越好。在华北地区夏播以5月下旬至6月中下旬为宜。播前应适当整地，施足底肥。一般播种量22.5~30.0kg/hm²，播种深度3~4cm，行距40~50cm，株距10~15cm，种植密度12万~18万株/hm²。选择中等肥力地块，忌重茬。第一片复叶展开后间苗，第二片复叶展开后定苗。及时中耕除草，并在开花前适当培土。适时喷药，防治蚜虫、红蜘蛛、豆荚螟等。夏播地块，如播种前未施基肥，应结合整地施氮磷钾复合肥225~300kg/hm²，或在分枝期追施尿素75kg/hm²。如花期遇旱，应适当灌水。及时收获，在生长期较长的地区，可实行分批采收，并结合打药进行叶面喷肥，以提高产量和品质。

【适宜地区】 适宜北京及生态条件类似地区种植。

撰稿人：程须珍 王素华 王丽侠

4 中绿9号

【品种来源】 中国农业科学院作物科学研究所于2002年以中绿2号为母本、CN60为父本杂交选育而成,原品系代号:品绿2006-119。2011年通过北京市种子管理站鉴定,鉴定编号:京品鉴杂2011028。全国统一编号:C06563。

【特征特性】 早熟品种,夏播生育期70~80d。有限结荚习性,株型紧凑,植株直立、抗倒伏,幼茎绿色,株高55.0~60.0cm,主茎分枝2~3个。复叶卵圆形,花黄色。单株荚数20~40个,荚长10.0cm,圆筒形,成熟荚黑褐色,单荚粒数10.0粒。籽粒长圆柱形,种皮绿色有光泽,百粒重7.5g。干籽粒蛋白质含量23.76%,淀粉含量45.48%。结荚集中,成熟一致不炸荚,适于机械收获。适于麦后复播或间作套种。田间自然鉴定:抗叶斑病、白粉病、锈病,耐旱、耐涝、耐瘠薄性强。

【产量表现】 产量一般为1650.0~2250.0kg/hm²。2009~2010年北京市区域试验平均产量1700.3kg/hm²,比对照(中绿1号)增产18.7%。2011年北京市绿豆品种生产试验产量1479.2kg/hm²,比对照(中绿1号)增产5.1%。

【利用价值】 适于芽菜生产、原粮出口、饮食品加工等。

【栽培要点】 北方春播在4月下旬至5月上中旬,麦茬绿豆播种越早越好。在华北地区夏播以5月下旬至6月中下旬为宜。播前应适当整地,施足底肥。一般播种量22.5~30.0kg/hm²,播种深度3~4cm,行距40~50cm,株距10~15cm,种植密度12万~18万株/hm²。选择中等肥力地块,忌重茬。第一片复叶展开后间苗,第二片复叶展开后定苗。及时中耕除草,并在开花前适当培土。适时喷药,防治蚜虫、红蜘蛛、豆荚螟等。夏播地块,如播种前未施基肥,应结合整地施氮磷钾复合肥225~300kg/hm²,或在分枝期追施尿素75kg/hm²。如花期遇旱,应适当灌水。及时收获,在生长期较长的地区,可实行分批采收,并结合打药进行叶面喷肥,以提高产量和品质。

【适宜地区】 适宜北京及生态条件类似地区种植。

撰稿人: 程须珍　王素华　王丽侠

5 中绿10号

【品种来源】 中国农业科学院作物科学研究所于2004年以冀绿2号为母本、VC2917A为父本杂交选育而成，原品系代号：品绿2003-150。2009年、2012年分别通过北京市种子管理站、河南省种子管理站鉴定，鉴定编号：京品鉴杂2009002、豫品鉴绿2012002。全国统一编号：C06564。

【特征特性】 特早熟品种，夏播生育期60~70d。有限结荚习性，株型紧凑，植株直立、抗倒伏，幼茎紫色，株高50.0~60.0cm，主茎分枝2~3个。复叶卵圆形，花黄色。单株荚数20~40个，荚长10.0cm，圆筒形，成熟荚黑色，单荚粒数9~11粒。籽粒长圆柱形，种皮绿色有光泽，百粒重6.5g。干籽粒蛋白质含量25.11%，淀粉含量51.66%。结荚集中，成熟一致不炸荚，适于机械收获。适于麦后复播或间作套种。

【产量表现】 产量一般为1650.0~1950.0kg/hm²。2007~2008年北京市区域试验平均产量2199.0kg/hm²，比对照（中绿1号）增产21.3%。2009年北京市绿豆品种生产试验产量1735.5kg/hm²，比对照（中绿1号）增产35.1%。

【利用价值】 高蛋白品种。适于芽菜生产、原粮出口、蛋白与饮食品加工等。

【栽培要点】 北方春播在4月下旬至5月上中旬，麦茬绿豆播种越早越好。在华北地区夏播以5月下旬至6月中下旬为宜。播前应适当整地，施足底肥。一般播种量22.5~30.0kg/hm²，播种深度3~4cm，行距40~50cm，株距10~15cm，种植密度12万~18万株/hm²。选择中等肥力地块，忌重茬。第一片复叶展开后间苗，第二片复叶展开后定苗。及时中耕除草，并在开花前适当培土。适时喷药，防治蚜虫、红蜘蛛、豆荚螟等。夏播地块，如播种前未施基肥，应结合整地施氮磷钾复合肥225~300kg/hm²，或在分枝期追施尿素75kg/hm²。如花期遇旱，应适当灌水。及时收获，在生长期较长的地区，可实行分批采收，并结合打药进行叶面喷肥，以提高产量和品质。

【适宜地区】 适宜北京、河北、陕西、山西、辽宁、吉林、内蒙古、江苏等绿豆产区夏播种植。

撰稿人：程须珍　王素华　王丽侠

6 中绿11号

【品种来源】 中国农业科学院作物科学研究所于2001年以北京品种D0245-1为母本、亚洲蔬菜研究与发展中心绿豆品种VC2917A为父本杂交选育而成，原品系代号：品绿21559-1。2010年通过黑龙江省农作物品种审定委员会审定，审定编号：黑登记2010004。全国统一编号：C06565。

【特征特性】 早熟品种，夏播生育期70d。有限结荚习性，株型紧凑，植株直立、抗倒伏，幼茎绿色，株高60.0~70.0cm，主茎分枝2~3个。复叶卵圆形，花黄色。单株荚数20~40个，荚长10.0cm，圆筒形，成熟荚黑色，单荚粒数9~11粒。籽粒长圆柱形，种皮绿色有光泽，百粒重6.5g。干籽粒蛋白质含量25.86%，淀粉含量50.14%。结荚集中，成熟一致不炸荚，适于机械收获。

【产量表现】 产量一般为1950.0~2250.0kg/hm^2。2007~2008年黑龙江省区域试验平均产量1952.5kg/hm^2，比对照（绿丰5号）增产13.3%。2009年黑龙江省绿豆品种生产试验产量2503.9kg/hm^2，比对照（绿丰5号）增产15.3%。

【利用价值】 高蛋白品种。适于芽菜生产、原粮出口、蛋白与饮食品加工等。

【栽培要点】 北方春播在4月下旬至5月上中旬，麦茬绿豆播种越早越好。在华北地区夏播以5月下旬至6月中下旬为宜。播前应适当整地，施足底肥。一般播种量22.5~30.0kg/hm^2，播种深度3~4cm，行距40~50cm，株距10~15cm，种植密度12万~18万株/hm^2。选择中等肥力地块，忌重茬。第一片复叶展开后间苗，第二片复叶展开后定苗。及时中耕除草，并在开花前适当培土。适时喷药，防治蚜虫、红蜘蛛、豆荚螟等。夏播地块，如播种前未施基肥，应结合整地施氮磷钾复合肥225~300kg/hm^2，或在分枝期追施尿素75kg/hm^2。如花期遇旱，应适当灌水。及时收获，在生长期较长的地区，可实行分批采收，并结合打药进行叶面喷肥，以提高产量和品质。

【适宜地区】 适宜北京、河北、陕西、山西、辽宁、吉林、内蒙古、黑龙江第三和第四积温带等绿豆产区夏播种植。

撰稿人：程须珍　王素华　王丽侠　张亚芝

7　中绿12号

【品种来源】　中国农业科学院作物科学研究所于2006年通过航天诱变育种技术，利用返回式航天器对中绿2号种子进行搭载处理，经系统选育而成，原品系代号：品绿08109。2010年通过北京市种子管理站鉴定，鉴定编号：京品鉴杂2010022。全国统一编号：C06566。

【特征特性】　早熟品种，夏播生育期75d。有限结荚习性，株型紧凑，植株直立、抗倒伏，幼茎绿色，株高50.0～60.0cm，主茎分枝2～3个。复叶卵圆形，花黄色。单株荚数30.0个，多者可达50个以上。荚长9.0cm，圆筒形，成熟荚黑色，单荚粒数9～11粒。籽粒长圆柱形，种皮绿色有光泽，百粒重6.5g。干籽粒蛋白质含量23.08%，淀粉含量46.82%。结荚集中，成熟一致不炸荚，适于机械收获。适于麦后复播或间作套种。田间自然鉴定：抗病毒病和叶斑病。

【产量表现】　产量一般为1800.0kg/hm^2。2009～2010年北京市区域试验平均产量1932.0kg/hm^2，比对照（中绿1号）增产10.5%。2010年北京市绿豆品种生产试验产量2295.5kg/hm^2，比对照（中绿1号）增产12.4%。

【利用价值】　适于芽菜生产、原粮出口、饮食品加工等。

【栽培要点】　北方春播在4月下旬至5月上中旬，麦茬绿豆播种越早越好。在华北地区夏播以5月下旬至6月中下旬为宜。播前应适当整地，施足底肥。一般播种量22.5～30.0kg/hm^2，播种深度3～4cm，行距40～50cm，株距10～15cm，种植密度12万～18万株/hm^2。选择中等肥力地块，忌重茬。第一片复叶展开后间苗，第二片复叶展开后定苗。及时中耕除草，并在开花前适当培土。适时喷药，防治蚜虫、红蜘蛛、豆荚螟等。夏播地块，如播种前未施基肥，应结合整地施氮磷钾复合肥225～300kg/hm^2，或在分枝期追施尿素75kg/hm^2。如花期遇旱，应适当灌水。及时收获，在生长期较长的地区，可实行分批采收，并结合打药进行叶面喷肥，以提高产量和品质。

【适宜地区】　适宜北京、河北、陕西、山西、辽宁、吉林、内蒙古、江苏等绿豆产区夏播种植。

撰稿人：程须珍　王素华　王丽侠

8 中绿13号

【品种来源】 中国农业科学院作物科学研究所于2006年通过航天诱变育种技术,利用返回式航天器对黑珍珠种子进行搭载处理,经系统选育而成,原品系代号:品绿08118。2010年通过北京市种子管理站鉴定,鉴定编号:京品鉴杂2010023。全国统一编号:C06567。

【特征特性】 早熟品种,夏播生育期75d。有限结荚习性,株型紧凑,植株直立,幼茎紫色,株高50.0cm,主茎分枝4~5个。复叶卵圆形,花黄色。单株荚数30.0个,多者可达50个以上。荚长8.5cm,圆筒形,成熟荚黑褐色,单荚粒数12~14粒。籽粒长圆柱形,种皮黑色有光泽,百粒重6.5g。干籽粒蛋白质含量21.78%,淀粉含量48.16%。抗性好。

【产量表现】 产量一般为1800.0kg/hm²。2009~2010年北京市区域试验平均产量1941.0kg/hm²,比对照(中绿1号)增产12.7%。2010年北京市绿豆品种生产试验产量2170.5kg/hm²,比对照(中绿1号)增产6.2%。

【利用价值】 黑绿豆品种,具有特殊的营养价值,可满足市场不同需求。

【栽培要点】 北方春播在4月下旬至5月上中旬,麦茬绿豆播种越早越好。在华北地区夏播以5月下旬至6月中下旬为宜。播前应适当整地,施足底肥。一般播种量22.5~30.0kg/hm²,播种深度3~4cm,行距40~50cm,株距10~15cm,种植密度12万~18万株/hm²。选择中等肥力地块,忌重茬。第一片复叶展开后间苗,第二片复叶展开后定苗。及时中耕除草,并在开花前适当培土。适时喷药,防治蚜虫、红蜘蛛、豆荚螟等。夏播地块,如播种前未施基肥,应结合整地施氮磷钾复合肥225~300kg/hm²,或在分枝期追施尿素75kg/hm²。如花期遇旱,应适当灌水。及时收获,在生长期较长的地区,可实行分批采收,并结合打药进行叶面喷肥,以提高产量和品质。

【适宜地区】 适宜北京、河北、陕西、山西、辽宁、吉林、内蒙古、江苏等绿豆产区夏播种植。

撰稿人:程须珍 王素华 王丽侠

9 中绿14

【品种来源】 中国农业科学院作物科学研究所于2004年以明绿245为母本、中绿2号为父本杂交选育而成，原品系代号：品绿0902。2012年通过北京市种子管理站鉴定，鉴定编号：京品鉴杂2012032。全国统一编号：C06568。

【特征特性】 中早熟品种，夏播生育期70d。有限结荚习性，株型紧凑，植株直立，幼茎紫色，株高65.0cm，主茎分枝2～3个。复叶卵圆形，花黄色。单株荚数20～40个，荚长9.0cm，圆筒形，成熟荚黑色，单荚粒数9～12粒。籽粒长圆柱形，种皮绿色有光泽，百粒重7.0g。干籽粒蛋白质含量22.00%，淀粉含量47.83%。结荚集中，成熟一致不炸荚，适于机械收获。适于麦后复播或间作套种。

【产量表现】 产量一般为1800.0kg/hm^2。2008～2009年北京市区域试验平均产量1848.0kg/hm^2，比对照（中绿1号）增产10.8%。2012年北京市绿豆品种生产试验产量1746.5kg/hm^2，比对照（中绿1号）增产5.5%。

【利用价值】 适于芽菜生产、原粮出口、饮食品加工等。

【栽培要点】 北方春播在4月下旬至5月上中旬，麦茬绿豆播种越早越好。在华北地区夏播以5月下旬至6月中下旬为宜。播前应适当整地，施足底肥。一般播种量22.5～30.0kg/hm^2，播种深度3～4cm，行距40～50cm，株距10～15cm，种植密度12万～18万株/hm^2。选择中等肥力地块，忌重茬。第一片复叶展开后间苗，第二片复叶展开后定苗。及时中耕除草，并在开花前适当培土。适时喷药，防治蚜虫、红蜘蛛、豆荚螟等。夏播地块，如播种前未施基肥，应结合整地施氮磷钾复合肥225～300kg/hm^2，或在分枝期追施尿素75kg/hm^2。如花期遇旱，应适当灌水。及时收获，在生长期较长的地区，可实行分批采收，并结合打药进行叶面喷肥，以提高产量和品质。

【适宜地区】 适宜北京、河北、陕西、山西、辽宁、吉林、内蒙古、江苏等绿豆产区夏播种植。

撰稿人：程须珍　王素华　王丽侠

10　中绿15

【品种来源】　中国农业科学院作物科学研究所于2006年通过航天诱变育种技术，利用返回式航天器对中绿2号种子进行搭载处理，经系统选育而成，原品系代号：品绿2008-108。2014年通过重庆市农作物品种审定委员会审定，审定编号：渝品审鉴2014009。全国统一编号：C07472。

【特征特性】　中早熟品种，夏播生育期76d。有限结荚习性，株型紧凑，植株直立、抗倒伏，幼茎绿色，株高70.0cm，主茎分枝3.2个。复叶卵圆形，花黄色。单株荚数20～40个，荚长9.3cm，圆筒形，成熟荚黑色，单荚粒数11.0粒。籽粒长圆柱形，种皮绿色有光泽，百粒重6.3g。干籽粒蛋白质含量23.40%，淀粉含量49.20%。结荚集中，不炸荚。田间自然鉴定：抗病毒病、根腐病和锈病。

【产量表现】　产量一般为1800.0kg/hm²。2011～2012年重庆市区域试验平均产量1848.0kg/hm²，比对照（中绿1号）增产18.6%。2013年重庆市绿豆品种生产试验平均产量1843.5kg/hm²，比对照（中绿1号）增产19.3%。

【利用价值】　适于芽菜生产、原粮出口、饮食品加工等。

【栽培要点】　北方春播在4月下旬至5月上中旬，麦茬绿豆播种越早越好。在华北地区夏播以5月下旬至6月中下旬为宜。播前应适当整地，施足底肥。一般播种量22.5～30.0kg/hm²，播种深度3～4cm，行距40～50cm，株距10～15cm，种植密度12万～18万株/hm²。选择中等肥力地块，忌重茬。第一片复叶展开后间苗，第二片复叶展开后定苗。及时中耕除草，并在开花前适当培土。适时喷药，防治蚜虫、红蜘蛛、豆荚螟等。夏播地块，如播种前未施基肥，应结合整地施氮磷钾复合肥225～300kg/hm²，或在分枝期追施尿素75kg/hm²。如花期遇旱，应适当灌水。及时收获，在生长期较长的地区，可实行分批采收，并结合打药进行叶面喷肥，以提高产量和品质。

【适宜地区】　适宜北京、重庆、陕西、山西、辽宁、吉林、内蒙古、江苏等绿豆产区夏播种植。

撰稿人：程须珍　王素华　王丽侠　陈红霖　张继君

11　中绿16号

【品种来源】　中国农业科学院作物科学研究所于2003年以中绿1号为母本、山西绿豆为父本杂交选育而成，原品系代号：品绿0910。2014年通过北京市种子管理站鉴定，鉴定编号：京品鉴杂2014026。全国统一编号：C07473。

【特征特性】　中早熟品种，夏播生育期75d。有限结荚习性，株型紧凑，植株直立、抗倒伏，幼茎绿色，株高55.0cm，主茎分枝3～4个。复叶卵圆形，花黄色。单株荚数20～40个，荚长10.0cm，扁圆形，成熟荚黑色，单荚粒数11.0粒。籽粒长圆柱形，种皮黄色有光泽，百粒重7.3g。干籽粒蛋白质含量24.77%，淀粉含量50.55%。结荚集中，不炸荚。田间自然鉴定：抗病毒病、根腐病和锈病。

【产量表现】　产量一般为1831.5kg/hm^2。2012～2013年北京市区域试验平均产量1786.5kg/hm^2，比对照（中绿1号）增产11.7%。2014年北京市绿豆品种生产试验平均产量1750.5kg/hm^2，比对照（中绿1号）增产11.6%。

【利用价值】　黄绿豆，高蛋白品种，具有特殊的营养价值，可满足市场不同需求。

【栽培要点】　北方春播在4月下旬至5月上中旬，麦茬绿豆播种越早越好。在华北地区夏播以5月下旬至6月中下旬为宜。播前应适当整地，施足底肥。一般播种量22.5～30.0kg/hm^2，播种深度3～4cm，行距40～50cm，株距10～15cm，种植密度12万～18万株/hm^2。选择中等肥力地块，忌重茬。第一片复叶展开后间苗，第二片复叶展开后定苗。及时中耕除草，并在开花前适当培土。适时喷药，防治蚜虫、红蜘蛛、豆荚螟等。夏播地块，如播种前未施基肥，应结合整地施氮磷钾复合肥225～300kg/hm^2，或在分枝期追施尿素75kg/hm^2。如花期遇旱，应适当灌水。及时收获，在生长期较长的地区，可实行分批采收，并结合打药进行叶面喷肥，以提高产量和品质。

【适宜地区】　适宜北京、河南、陕西、山西、辽宁、吉林、内蒙古、江苏等绿豆产区夏播种植。

撰稿人：程须珍　王素华　王丽侠　陈红霖

12 中绿17号

【品种来源】 中国农业科学院作物科学研究所于2003年以中绿1号为母本、河南黑绿豆为父本杂交选育而成，原品系代号：品绿0802。2014年通过北京市种子管理站鉴定，鉴定编号：京品鉴杂2014027。全国统一编号：C07474。

【特征特性】 中早熟品种，夏播生育期70d。有限结荚习性，株型紧凑，植株直立、抗倒伏，幼茎绿色，株高60.0cm，主茎分枝3~4个。复叶卵圆形，花黄色。单株荚数30.0个，荚长10.0cm，扁圆形，成熟荚黑色，单荚粒数11.0粒。籽粒长圆柱形，种皮黑色有光泽，百粒重7.5g。干籽粒蛋白质含量24.57%，淀粉含量54.03%。结荚集中，不炸荚。抗性较好。

【产量表现】 产量一般为1863.5kg/hm^2。2012~2013年北京市区域试验平均产量1809.8kg/hm^2，比对照（中绿1号）增产13.1%。2014年北京市绿豆品种生产试验平均产量1734.5kg/hm^2，比对照（中绿1号）增产10.5%。

【利用价值】 黑绿豆，高蛋白、高淀粉品种，具有特殊的营养价值，可满足市场不同需求。

【栽培要点】 北方春播在4月下旬至5月上中旬，麦茬绿豆播种越早越好。在华北地区夏播以5月下旬至6月中下旬为宜。播前应适当整地，施足底肥。一般播种量22.5~30.0kg/hm^2，播种深度3~4cm，行距40~50cm，株距10~15cm，种植密度12万~18万株/hm^2。选择中等肥力地块，忌重茬。第一片复叶展开后间苗，第二片复叶展开后定苗。及时中耕除草，并在开花前适当培土。适时喷药，防治蚜虫、红蜘蛛、豆荚螟等。夏播地块，如播种前未施基肥，应结合整地施氮磷钾复合肥225~300kg/hm^2，或在分枝期追施尿素75kg/hm^2。如花期遇旱，应适当灌水。及时收获，在生长期较长的地区，可实行分批采收，并结合打药进行叶面喷肥，以提高产量和品质。

【适宜地区】 适宜北京、河南、陕西、山西、辽宁、吉林、内蒙古、江苏等绿豆产区夏播种植。

撰稿人：程须珍　王素华　王丽侠　陈红霖

13　中绿18号

【品种来源】　中国农业科学院作物科学研究所于2003年从河南汝阳绿豆中系统选育而成，原品系代号：品绿2916。2014年通过北京市种子管理站鉴定，鉴定编号：京品鉴杂2014028。全国统一编号：C07475。

【特征特性】　中早熟品种，夏播生育期70d。有限结荚习性，株型紧凑，植株直立，幼茎绿色，株高60.0cm，主茎分枝3～4个。复叶卵圆形，花黄色。单株荚数25.0个，荚长10.0cm，扁圆形，成熟荚黑色，单荚粒数10～13粒。籽粒长圆柱形，种皮蓝青色有光泽，百粒重6.5g。干籽粒蛋白质含量25.12%，淀粉含量53.83%。结荚集中，不炸荚。抗性较好。

【产量表现】　产量一般为1863.5kg/hm²。2012～2013年北京市区域试验平均产量1732.5kg/hm²，比对照（中绿1号）增产10.0%。2014年北京市绿豆品种生产试验平均产量1647.0kg/hm²，比对照（中绿1号）增产5.1%。

【利用价值】　蓝青绿豆，高蛋白品种，具有特殊的营养价值，可满足市场不同需求。

【栽培要点】　北方春播在4月下旬至5月上中旬，麦茬绿豆播种越早越好。在华北地区夏播以5月下旬至6月中下旬为宜。播前应适当整地，施足底肥。一般播种量22.5～30.0kg/hm²，播种深度3～4cm，行距40～50cm，株距10～15cm，种植密度12万～18万株/hm²。选择中等肥力地块，忌重茬。第一片复叶展开后间苗，第二片复叶展开后定苗。及时中耕除草，并在开花前适当培土。适时喷药，防治蚜虫、红蜘蛛、豆荚螟等。夏播地块，如播种前未施基肥，应结合整地施氮磷钾复合肥225～300kg/hm²，或在分枝期追施尿素75kg/hm²。如花期遇旱，应适当灌水。及时收获，在生长期较长的地区，可实行分批采收，并结合打药进行叶面喷肥，以提高产量和品质。

【适宜地区】　适宜北京、河南、陕西、山西、辽宁、吉林、内蒙古、江苏等绿豆产区夏播种植。

撰稿人：程须珍　王素华　王丽侠　陈红霖

14 中绿19号

【品种来源】 中国农业科学院作物科学研究所于2003年从宁夏陶乐绿豆中选育而成,原品系代号:品绿3502。2014年通过北京市种子管理站鉴定,鉴定编号:京品鉴杂2014029。全国统一编号:C07476。

【特征特性】 中早熟品种,夏播生育期70d。有限结荚习性,株型紧凑,植株直立,幼茎紫色,株高50.0cm,主茎分枝3~4个。复叶卵圆形,花黄色。单株荚数25.0个,荚长9.0cm,扁圆形,成熟荚黑色,单荚粒数10.0粒。籽粒长圆柱形,种皮褐色有光泽,百粒重6.5g。干籽粒蛋白质含量25.23%,淀粉含量53.65%。结荚集中,不炸荚。抗性较好。

【产量表现】 产量一般为1863.5kg/hm²。2012~2013年北京市区域试验平均产量1758.0kg/hm²,比对照(中绿1号)增产6.4%。2014年北京市绿豆品种生产试验平均产量1648.5kg/hm²,比对照(中绿1号)增产5.1%。

【利用价值】 褐绿豆,高蛋白品种,具有特殊的营养价值,可满足市场不同需求。

【栽培要点】 北方春播在4月下旬至5月上中旬,麦茬绿豆播种越早越好。在华北地区夏播以5月下旬至6月中下旬为宜。播前应适当整地,施足底肥。一般播种量22.5~30.0kg/hm²,播种深度3~4cm,行距40~50cm,株距10~15cm,种植密度12万~18万株/hm²。选择中等肥力地块,忌重茬。第一片复叶展开后间苗,第二片复叶展开后定苗。及时中耕除草,并在开花前适当培土。适时喷药,防治蚜虫、红蜘蛛、豆荚螟等。夏播地块,如播种前未施基肥,应结合整地施氮磷钾复合肥225~300kg/hm²,或在分枝期追施尿素75kg/hm²。如花期遇旱,应适当灌水。及时收获,在生长期较长的地区,可实行分批采收,并结合打药进行叶面喷肥,以提高产量和品质。

【适宜地区】 适宜北京、宁夏、陕西、山西、辽宁等绿豆产区夏播种植。

撰稿人: 程须珍　王素华　王丽侠　陈红霖

15　中绿20

【品种来源】　中国农业科学院作物科学研究所于2007年以冀绿2号为母本、D0992为父本杂交选育而成，原品系代号：品绿12-503。2016年通过北京市种子管理站鉴定，鉴定编号：京品鉴杂2016076。全国统一编号：C07477。

【特征特性】　早熟品种，夏播生育期65d。有限结荚习性，株型紧凑，植株直立、抗倒伏，幼茎紫色，株高55.0cm，主茎分枝3～4个。复叶卵圆形，花黄色。单株荚数30.0个，荚长9.0cm，扁圆形，成熟荚黑色，单荚粒数11.0粒。籽粒长圆柱形，种皮绿色有光泽，百粒重6.0g。干籽粒蛋白质含量25.98%，淀粉含量46.31%。结荚集中，成熟一致，适应性强，稳产性好。适于麦后复播。田间自然鉴定：抗叶斑病、病毒病，耐旱，耐涝，耐瘠薄。

【产量表现】　产量一般为1839.0kg/hm²。2014～2016年北京市区域试验平均产量1799.0kg/hm²，比对照（中绿1号）增产11.6%。2016年北京市绿豆品种生产试验平均产量1663.5kg/hm²，比对照（中绿1号）增产8.9%。

【利用价值】　高蛋白品种。适于芽菜生产、原粮出口、饮食品加工等。

【栽培要点】　北方春播在4月下旬至5月上中旬，麦茬绿豆播种越早越好。在华北地区夏播以5月下旬至6月中下旬为宜。播前应适当整地，施足底肥。一般播种量22.5～30.0kg/hm²，播种深度3～4cm，行距40～50cm，株距10～15cm，种植密度12万～18万株/hm²。选择中等肥力地块，忌重茬。第一片复叶展开后间苗，第二片复叶展开后定苗。及时中耕除草，并在开花前适当培土。适时喷药，防治蚜虫、红蜘蛛、豆荚螟等。夏播地块，如播种前未施基肥，应结合整地施氮磷钾复合肥225～300kg/hm²，或在分枝期追施尿素75kg/hm²。如花期遇旱，应适当灌水。及时收获，在生长期较长的地区，可实行分批采收，并结合打药进行叶面喷肥，以提高产量和品质。

【适宜地区】　适宜北京、河南、陕西、山西、辽宁、吉林、内蒙古、江苏等绿豆产区夏播种植。

撰稿人：程须珍　王素华　王丽侠　陈红霖

16 中绿21

【品种来源】 中国农业科学院作物科学研究所于2007年以冀绿7号为母本、D0811为父本杂交选育而成，原品系代号：品绿12-508。2016年通过北京市种子管理站鉴定，鉴定编号：京品鉴杂2016077。全国统一编号：C07478。

【特征特性】 早熟品种，夏播生育期65d。有限结荚习性，株型紧凑，植株直立、抗倒伏，幼茎紫色，株高50.0cm，主茎分枝3~4个。复叶卵圆形，花黄色。单株荚数35.0个，荚长10.0cm，扁圆形，成熟荚黑色，单荚粒数10.0粒。籽粒长圆柱形，种皮绿色有光泽，百粒重6.2g。干籽粒蛋白质含量26.56%，淀粉含量46.78%。结荚集中，成熟一致，适应性强，稳产性好。适于麦后复播。田间自然鉴定：抗叶斑病、病毒病，耐旱，耐涝，耐瘠薄。

【产量表现】 产量一般为1825.5kg/hm²。2014~2016年北京市区域试验平均产量1791.0kg/hm²，比对照（中绿1号）增产10.8%。2016年北京市绿豆品种生产试验平均产量1678.5kg/hm²，比对照（中绿1号）增产9.9%。

【利用价值】 高蛋白品种。适于芽菜生产、原粮出口、饮食品加工等。

【栽培要点】 北方春播在4月下旬至5月上中旬，麦茬绿豆播种越早越好。在华北地区夏播以5月下旬至6月中下旬为宜。播前应适当整地，施足底肥。一般播种量22.5~30.0kg/hm²，播种深度3~4cm，行距40~50cm，株距10~15cm，种植密度12万~18万株/hm²。选择中等肥力地块，忌重茬。第一片复叶展开后间苗，第二片复叶展开后定苗。及时中耕除草，并在开花前适当培土。适时喷药，防治蚜虫、红蜘蛛、豆荚螟等。夏播地块，如播种前未施基肥，应结合整地施氮磷钾复合肥225~300kg/hm²，或在分枝期追施尿素75kg/hm²。如花期遇旱，应适当灌水。及时收获，在生长期较长的地区，可实行分批采收，并结合打药进行叶面喷肥，以提高产量和品质。

【适宜地区】 适宜北京、河南、陕西、山西、辽宁、吉林、内蒙古、江苏等绿豆产区夏播种植。

撰稿人：程须珍　王素华　王丽侠　陈红霖

17 中绿22

【品种来源】 中国农业科学院作物科学研究所于2007年以C1799/中绿1号为母本、C2914为父本杂交选育而成，原品系代号：品绿13-H718。2016年通过北京市种子管理站鉴定，鉴定编号：京品鉴杂2016078。全国统一编号：C07479。

【特征特性】 中早熟品种，夏播生育期70d。有限结荚习性，株型紧凑，植株直立、抗倒伏，幼茎紫色，株高60.0cm，主茎分枝3~4个。复叶卵圆形，花黄色。单株荚数30.0个，荚长10.0cm，扁圆形，成熟荚黑色，单荚粒数11.0粒。籽粒长圆柱形，种皮蓝青色有光泽，百粒重5.8g。干籽粒蛋白质含量25.40%，淀粉含量48.76%。抗性较好。

【产量表现】 产量一般为1405.5kg/hm²。2014~2016年北京市区域试验平均产量1484.0kg/hm²，比对照（中绿1号）增产5.3%。2016年北京市绿豆品种生产试验平均产量1626.0kg/hm²，比对照（中绿1号）增产6.5%。

【利用价值】 蓝青绿豆，高蛋白品种，具有特殊的营养价值，可满足市场不同需求。

【栽培要点】 北方春播在4月下旬至5月上中旬，麦茬绿豆播种越早越好。在华北地区夏播以5月下旬至6月中下旬为宜。播前应适当整地，施足底肥。一般播种量22.5~30.0kg/hm²，播种深度3~4cm，行距40~50cm，株距10~15cm，种植密度12万~18万株/hm²。选择中等肥力地块，忌重茬。第一片复叶展开后间苗，第二片复叶展开后定苗。及时中耕除草，并在开花前适当培土。适时喷药，防治蚜虫、红蜘蛛、豆荚螟等。夏播地块，如播种前未施基肥，应结合整地施氮磷钾复合肥225~300kg/hm²，或在分枝期追施尿素75kg/hm²。如花期遇旱，应适当灌水。及时收获，在生长期较长的地区，可实行分批采收，并结合打药进行叶面喷肥，以提高产量和品质。

【适宜地区】 适宜北京、河南、陕西、山西、辽宁、吉林、内蒙古、江苏等绿豆产区夏播种植。

撰稿人：程须珍　王素华　王丽侠　陈红霖

18 中绿23

【品种来源】 中国农业科学院作物科学研究所于2007年以冀绿2号为母本、VC2917A为父本杂交选育而成，原品系代号：品绿2011-06。2020年通过中国作物学会鉴定，鉴定编号：国品鉴绿豆2020001。全国统一编号：C07480。

【特征特性】 中早熟品种，夏播生育期75d。有限结荚习性，株型紧凑，植株直立、抗倒伏，幼茎紫色，株高50.0cm，主茎分枝3.2个。复叶卵圆形，花黄色。单株荚数30.0个，多者可达50个以上。荚长9.0cm，扁圆形，成熟荚黑色，单荚粒数10.8粒。籽粒长圆柱形，种皮绿色有光泽，百粒重6.5g。干籽粒蛋白质含量26.32%，淀粉含量51.22%，脂肪含量0.47%。田间自然鉴定：抗根腐病、叶斑病、病毒病、白粉病，耐旱、耐瘠薄。

【产量表现】 产量一般为1969.1kg/hm^2，最高可达2703.0kg/hm^2。2016~2017年绿豆新品种联合鉴定试验平均产量1613.0kg/hm^2，较对照（中绿5号）增产13.8%。2018年绿豆联合鉴定生产试验平均产量1696.1kg/hm^2，较对照（中绿5号）增产16.9%。

【利用价值】 高蛋白品种。适于芽菜生产、原粮出口、饮食品加工等。

【栽培要点】 北方春播在4月下旬至5月上中旬，麦茬绿豆播种越早越好。在华北地区夏播以5月下旬至6月中下旬为宜。播前应适当整地，施足底肥。一般播种量22.5~30.0kg/hm^2，播种深度3~4cm，行距40~50cm，株距10~15cm，种植密度12万~18万株/hm^2。选择中等肥力地块，忌重茬。第一片复叶展开后间苗，第二片复叶展开后定苗。及时中耕除草，并在开花前适当培土。适时喷药，防治蚜虫、红蜘蛛、豆荚螟等。夏播地块，如播种前未施基肥，应结合整地施氮磷钾复合肥225~300kg/hm^2，或在分枝期追施尿素75kg/hm^2。如花期遇旱，应适当灌水。及时收获，在生长期较长的地区，可实行分批采收，并结合打药进行叶面喷肥，以提高产量和品质。

【适宜地区】 适宜在北方春播区的吉林白城、新疆乌鲁木齐、河北张家口；北方夏播区的北京，河北石家庄、保定；南方区的重庆、安徽合肥、广西南宁、江苏南京、河南南阳等区域种植。

撰稿人：程须珍　王素华　王丽侠　陈红霖

19　品绿08106

【品种来源】 中国农业科学院作物科学研究所于2002年以VC1973A为母本、VC1628A为父本杂交选育而成，原品系代号：08106。全国统一编号：C07481。

【特征特性】 早熟品种，夏播生育期72d。有限结荚习性，株型紧凑，植株直立、抗倒伏，幼茎绿色，株高62.9cm，主茎分枝2～3个。复叶卵圆形，花黄色。单株荚数25.7个，多者可达40个以上，荚长9.0cm，扁圆形，成熟荚黑色，单荚粒数10.1粒。籽粒长圆柱形，种皮绿色有光泽，百粒重6.4g。干籽粒蛋白质含量22.96%，淀粉含量46.14%。结荚集中，成熟一致不炸荚，适于机械收获。田间自然鉴定：抗叶斑病、白粉病、锈病，耐旱，耐涝，耐瘠薄，耐盐碱性强。

【产量表现】 产量一般为1607.6kg/hm^2，2012年北京市区域试验平均产量1669.5kg/hm^2，比对照（中绿1号）增产33.1%。

【利用价值】 适于芽菜生产、原粮出口、饮食品加工等。

【栽培要点】 北方春播在4月下旬至5月上中旬，麦茬绿豆播种越早越好。在华北地区夏播以5月下旬至6月中下旬为宜。播前应适当整地，施足底肥。一般播种量22.5～30.0kg/hm^2，播种深度3～4cm，行距40～50cm，株距10～15cm，种植密度12万～18万株/hm^2。选择中等肥力地块，忌重茬。第一片复叶展开后间苗，第二片复叶展开后定苗。及时中耕除草，并在开花前适当培土。适时喷药，防治蚜虫、红蜘蛛、豆荚螟等。夏播地块，如播种前未施基肥，应结合整地施氮磷钾复合肥225～300kg/hm^2，或在分枝期追施尿素75kg/hm^2。如花期遇旱，应适当灌水。及时收获，在生长期较长的地区，可实行分批采收，并结合打药进行叶面喷肥，以提高产量和品质。

【适宜地区】 适宜北京及生态条件类似地区种植。

撰稿人：程须珍　王素华　王丽侠　陈红霖

20　品绿08116

【品种来源】 中国农业科学院作物科学研究所于2006年通过航天诱变育种技术，利用返回式航天器对CN36种子进行搭载处理，经系统选育而成，原品系代号：品绿2008-116。全国统一编号：C07482。

【特征特性】 早熟品种，夏播生育期80d。有限结荚习性，株型紧凑，植株直立、抗倒伏，幼茎绿色，株高66.0cm，主茎分枝2～4个。复叶卵圆形，花黄色。单株荚数20～30个，多者可达40个以上，荚长11.1cm，扁圆形，成熟荚黑色，单荚粒数11.2粒。籽粒长圆柱形，种皮绿色有光泽，百粒重6.6g。干籽粒蛋白质含量24.00%，淀粉含量46.85%。结荚集中，成熟一致不炸荚，适于机械收获。适于麦后复播或间作套种。田间自然鉴定：抗叶斑病、白粉病、锈病，耐旱、耐涝、耐瘠薄性强。

【产量表现】 产量一般为1450.0kg/hm²。

【利用价值】 适于芽菜生产、原粮出口、饮食品加工等。

【栽培要点】 北方春播在4月下旬至5月上中旬，麦茬绿豆播种越早越好。在华北地区夏播以5月下旬至6月中下旬为宜。播前应适当整地，施足底肥。一般播种量22.5～30.0kg/hm²，播种深度3～4cm，行距40～50cm，株距10～15cm，种植密度12万～18万株/hm²。选择中等肥力地块，忌重茬。第一片复叶展开后间苗，第二片复叶展开后定苗。及时中耕除草，并在开花前适当培土。适时喷药，防治蚜虫、红蜘蛛、豆荚螟等。夏播地块，如播种前未施基肥，应结合整地施氮磷钾复合肥225～300kg/hm²，或在分枝期追施尿素75kg/hm²。如花期遇旱，应适当灌水。及时收获，在生长期较长的地区，可实行分批采收，并结合打药进行叶面喷肥，以提高产量和品质。

【适宜地区】 适宜北京及生态条件类似地区种植。

撰稿人：程须珍　王素华　王丽侠　陈红霖

21 冀绿7号

【品种来源】 河北省农林科学院粮油作物研究所于1998年以河南优资92-53为母本、冀绿2号为父本杂交选育而成，原品系代号：9802反-34-5。2007年通过河北省科学技术厅登记，省级登记号：20070220。2012年通过内蒙古自治区农作物品种审定委员会认定，认定编号：蒙认豆2012002号。2013年通过重庆市农作物品种审定委员会鉴定，鉴定编号：渝品审鉴2013004。2013年通过新疆维吾尔自治区非主要农作物品种登记办公室登记，登记编号：新农登字（2013）第30号。全国统一编号：C06383。

【特征特性】 早熟品种，夏播生育期65d，春播生育期85d。有限结荚习性，株型紧凑，直立生长，幼茎紫红色，成熟茎绿色，夏播株高55.0cm，春播株高50.0cm。主茎分枝3.6个，主茎节数8.2节，复叶卵圆形、浓绿色，叶片较大，花浅黄色。单株荚数24.7个，荚长10.1cm，圆筒形，成熟荚黑色，单荚粒数11.0粒。籽粒长圆柱形，种皮绿色有光泽，百粒重6.8g，籽粒较大。干籽粒蛋白质含量20.93%，淀粉含量45.58%。结荚集中，成熟一致不炸荚，适于一次性收获。田间自然鉴定：抗病毒病、叶斑病，耐旱，抗倒伏，耐瘠性较强。

【产量表现】 2004~2005年河北省绿豆品种区域试验平均产量1633.8kg/hm^2，较对照（冀绿2号）增产20.5%，居所有参试品种第一位。2005年生产试验平均产量1526.3kg/hm^2，较对照（冀绿2号）增产26.2%。

【利用价值】 适于原粮出口、生产豆芽及淀粉加工。

【栽培要点】 夏播播期6月15~25日，最迟不晚于7月15日。春播播期5月10~20日。播种量22.5~30.0kg/hm^2，播种深度3~5cm，行距40~50cm，种植密度：高水肥地12.0万~15.0万株/hm^2，干旱贫瘠地可增至16.5万~18.0万株/hm^2。苗期间苗后、现蕾期和盛花期及时防治蚜虫、地老虎、棉铃虫、红蜘蛛、豆荚螟、蓟马、造桥虫、豆天蛾等。苗期不旱不浇水，花荚期视苗情、墒情和气候情况及时浇水。80%的荚成熟时收获。收获后及时晾晒、脱粒及清选，籽粒含水量低于14.0%时入库贮藏，并及时熏蒸或冷藏处理以防止豆象为害。适宜平作或间作套种。同一地块连续种植2~3年后注意倒茬。

【适宜地区】 适宜河北、辽宁、吉林、山东、河南、湖北等省份春播、夏播种植。

撰稿人：范保杰　田　静　刘长友　曹志敏

22 冀绿9号

【品种来源】 河北省农林科学院粮油作物研究所于1998年以冀绿2号为母本、河南黑绿豆为父本杂交选育而成，原品系代号：9832-4。2007年通过河北省科学技术厅登记，省级登记号：20070219。2013年通过新疆维吾尔自治区非主要农作物品种登记办公室登记，登记编号：新农登字（2013）第31号。全国统一编号：C06385。

【特征特性】 早熟品种，夏播生育期65d，春播生育期80d，有限结荚习性，株型紧凑，直立生长，幼茎紫红色，成熟茎绿色，夏播株高48.0cm，春播株高43.0cm。主茎分枝3.6个，主茎节数8.3节，复叶卵圆形、浓绿色，中等大小，花浅黄色。单株荚数24.6个，荚长9.1cm，圆筒形，成熟荚黑色，单荚粒数10.6粒。籽粒长圆柱形，种皮黑色有光泽，百粒重5.2g。干籽粒蛋白质含量21.90%，淀粉含量39.28%。结荚集中，成熟一致不炸荚。抗倒伏性强。

【产量表现】 2004～2005年河北省绿豆区域试验平均产量1343.6kg/hm²，较对照（冀绿2号）减产0.9%。2005年生产试验，平均产量1234.8kg/hm²，较对照（冀绿2号）减产2.2%，减产不显著。

【利用价值】 粒用型，具有营养价值高、药用价值高等特点，是理想的营养及保健食品。

【栽培要点】 夏播播期6月15～25日，最迟不晚于7月15日。春播播期5月10～20日。播种量15.0～22.5kg/hm²，播种深度3～5cm，行距40～50cm，种植密度：高水肥地12万～15万株/hm²，干旱贫瘠地可增至18万～21万株/hm²。苗期间苗后、现蕾期和盛花期及时防治蚜虫、地老虎、棉铃虫、红蜘蛛、豆荚螟、蓟马、造桥虫、豆天蛾等。苗期不旱不浇水，花荚期视苗情、墒情和气候情况及时浇水。80%荚成熟时收获。收获后及时晾晒、脱粒及清选，籽粒含水量低于14%时入库贮藏，并及时熏蒸或冷藏处理以防止豆象为害。适宜平作或间作套种。同一地块连续种植2～3年后注意倒茬。

【适宜地区】 适宜河北、辽宁、吉林、山东、河南、湖北等省份春播、夏播种植。

撰稿人：范保杰　田　静　刘长友　曹志敏

23 冀绿10号

【品种来源】 河北省农林科学院粮油作物研究所于1998年以冀绿2号为母本、优资92-53为父本杂交选育而成,原品系代号:冀绿9802-19-2。2012年9月通过国家小宗粮豆品种鉴定委员会鉴定,鉴定编号:国品鉴杂2012002。全国统一编号:C06639。

【特征特性】 早熟品种,夏播生育期68d,春播生育期80d。有限结荚习性,直立生长,幼茎紫红色,成熟茎绿色,株高46.5cm。主茎分枝3.1个,主茎节数10.0节,复叶卵圆形、浓绿色,叶片较大,花浅黄色。单株荚数23.6个,荚长9.5cm,圆筒形,成熟荚黑色,单荚粒数10.2粒。籽粒长圆柱形,种皮绿色有光泽,百粒重6.0g。干籽粒蛋白质含量27.50%,淀粉含量58.20%。结荚集中,成熟一致不炸荚,适于一次性收获。田间自然鉴定:抗病毒病、叶斑病和白粉病。

【产量表现】 2009~2011年国家绿豆品种区域试验(夏播组)平均产量1682.9kg/hm^2,比对照(白绿522)增产42.6%,居第一位。2011年生产试验平均产量1621.5kg/hm^2,比对照(白绿522)平均增产22.1%,比当地对照增产18.9%。

【利用价值】 适于生产豆芽、原粮出口、淀粉加工。

【栽培要点】 夏播播期6月15~25日,最迟不晚于7月25日,春播播期4月10日至5月20日。播种量15.0~22.5kg/hm^2,播种深度3~5cm,行距40~50cm。种植密度:高水肥地12万~15万株/hm^2,干旱贫瘠地可增至16.5万株/hm^2。苗期间苗后、现蕾期和盛花期及时防治蚜虫、地老虎、棉铃虫、红蜘蛛、豆荚螟、造桥虫、豆天蛾等。苗期不旱不浇水,花荚期视苗情、墒情和气候情况及时浇水。80%荚成熟时收获。收获后及时晾晒、脱粒及清选,籽粒含水量低于14%时可入库贮藏,并及时熏蒸或冷藏处理以防止豆象为害。同一地块连续种植2~3年后注意倒茬。

【适宜地区】 适宜黑龙江西部、吉林中北部、辽宁中北部、内蒙古东南部、山西中部、陕西北部等春播区,北京西南部、河北中部、江苏东南部、河南、江西中部等夏播区种植。

撰稿人:范保杰 田 静 刘长友 曹志敏

24 冀黑绿12号

【品种来源】 河北省农林科学院粮油作物研究所于2003年以冀绿9号为母本、冀绿7号为父本杂交选育而成，原品系代号：冀黑绿15-5。2013年5月通过重庆市农作物品种审定委员会鉴定，鉴定编号：渝品审鉴2013003。全国统一编号：C07483。

【特征特性】 早熟品种，夏播生育期68d，春播生育期72d。有限结荚习性，株型紧凑，直立生长，幼茎紫红色，成熟茎绿色，夏播株高50.0cm，春播株高46.5cm。主茎分枝3.0个，主茎节数8.9节，复叶卵圆形、浓绿色，叶片较大，花浅黄色。单株荚数31.5个，荚长8.9cm，圆筒形，成熟荚黑色，单荚粒数10.8粒。籽粒长圆柱形，种皮黑色有光泽，百粒重5.8g。干籽粒蛋白质含量25.46%，淀粉含量53.36%。成熟一致，结荚集中，不炸荚，适于一次性收获。田间自然鉴定：抗病毒病、叶斑病和白粉病。

【产量表现】 2011~2012年重庆市绿豆品种区域试验平均产量2140.5kg/hm²，比对照（地方品种）增产52.4%。2012年生产试验平均产量1857.0kg/hm²，比对照（地方品种）平均增产51.3%。

【利用价值】 适于生产豆芽、原粮出口、作为高档礼品。

【栽培要点】 夏播播期6月15~25日，最迟不晚于7月25日，春播播期4月10日至5月20日。播种量15.0~22.5kg/hm²，播种深度3~5cm，行距40~50cm。种植密度：高水肥地12万~15万株/hm²，干旱贫瘠地可增至16.5万株/hm²。苗期间苗后、现蕾期、盛花期及时防治蚜虫、地老虎、棉铃虫、红蜘蛛、豆荚螟、造桥虫、豆天蛾等。苗期不旱不浇水，花荚期视苗情、墒情和气候情况及时浇水。80%荚成熟时收获。收获后及时晾晒、脱粒及清选，籽粒含水量低于14%时可入库贮藏，并及时熏蒸或冷藏处理以防止豆象为害。同一地块连续种植2~3年后注意倒茬。

【适宜地区】 适宜河北、重庆、安徽、山东等地区种植。

撰稿人：范保杰　田　静　刘长友　曹志敏

25 冀绿13号

【品种来源】 河北省农林科学院粮油作物研究所于2003年以冀绿9901为母本、豫绿87-238为父本杂交选育而成，原品系代号：冀绿0312-6-1。2015年5月通过国家小宗粮豆品种鉴定委员会鉴定，鉴定编号：国品鉴杂2015024。全国统一编号：C07466。

【特征特性】 早熟品种，夏播生育期70d，春播生育期80d。有限结荚习性，直立生长，幼茎紫红色，成熟茎绿色，株高44.9～55.7cm。主茎分枝2.2～4.6个，主茎节数8.0～11.1节，复叶卵圆形、浓绿色，叶片较大，花浅黄色。单株荚数25.4～36.2个，荚长8.9～9.9cm，圆筒形，成熟荚黑色，单荚粒数9.6～11.1粒。籽粒长圆柱形，种皮绿色有光泽，百粒重5.7～6.3g。干籽粒蛋白质含量20.57%～22.17%，淀粉含量57.02%～60.02%，脂肪含量1.63%～1.77%。成熟一致，结荚集中，不炸荚，适于一次性收获。田间自然鉴定：抗病毒病、叶斑病和白粉病。

【产量表现】 2012～2014年国家绿豆品种区域试验，夏播组平均产量1897.1kg/hm^2，比对照（保绿942）增产5.3%，居14个参试品种的第一位，最高产量达2912.1kg/hm^2；春播组平均产量1707.5kg/hm^2，比对照（白绿522）增产16.8%，最高产量2749.1kg/hm^2。

【利用价值】 适于生产豆芽、原粮出口、淀粉加工。

【栽培要点】 夏播播期6月15～25日，最迟不晚于7月25日，春播播期4月10日至5月20日。播种量15.0～22.5kg/hm^2，播种深度3～5cm，行距40～50cm。种植密度：高水肥地12万～15万株/hm^2，干旱贫瘠地可增至16.5万株/hm^2。苗期间苗后、现蕾期和盛花期及时防治蚜虫、地老虎、棉铃虫、红蜘蛛、豆荚螟、造桥虫、豆天蛾等。苗期不旱不浇水，花荚期视苗情、墒情和气候情况及时浇水。80%荚成熟时收获。收获后及时晾晒、脱粒及清选，籽粒含水量低于14%时可入库贮藏，并及时熏蒸或冷藏处理以防止豆象为害。同一地块连续种植2～3年后注意倒茬。

【适宜地区】 适宜黑龙江西部、吉林中北部、辽宁中北部、内蒙古东南部、山西中部、陕西北部等春播区，北京西南部、河北中部、江苏东南部、山东中北部、江西中部等夏播区种植。

撰稿人：范保杰　田　静　刘长友　曹志敏

26 冀绿15号

【品种来源】 河北省农林科学院粮油作物研究所于2005年以抗豆象绿豆资源4为母本、保942-34为父本杂交选育而成，原品系代号：冀绿0509-12。2018年1月通过河北省科学技术厅登记，省级登记号：20180062。全国统一编号：C07467。

【特征特性】 早熟品种，夏播生育期67d。有限结荚习性，直立生长，幼茎绿色，成熟茎绿色，株高54.2cm。主茎分枝3.6个，主茎节数10.5节，复叶卵圆形、浓绿色，叶片较大，花浅黄色。单株荚数33.5个，荚长10.4cm，圆筒形，成熟荚黑色，单荚粒数11.2粒。籽粒长圆柱形，种皮绿色有光泽，百粒重5.6g。干籽粒蛋白质含量22.96%，淀粉含量47.24%。成熟一致，结荚集中，不炸荚，适于一次性收获。田间自然鉴定：抗病毒病、叶斑病和白粉病。室内接种鉴定：高抗绿豆象和四纹豆象。

【产量表现】 2014~2015年河北省绿豆品种区域试验平均产量1837.6kg/hm^2，比对照（保942-34）增产0.3%。2015年生产试验平均产量1892.2kg/hm^2，比对照（保942-34）增产0.4%。田间检测平均产量2011.4kg/hm^2，比对照（保942-34）增产7.8%。

【利用价值】 适于生产豆芽、原粮出口、淀粉加工。

【栽培要点】 夏播播期6月15~25日，最迟不晚于7月25日，春播播期4月10日至5月20日。播种量15.0~22.5kg/hm^2，播种深度3~5cm，行距40~50cm。种植密度：高水肥地12万~15万株/hm^2，干旱贫瘠地可增至16.5万株/hm^2。苗期间苗后、现蕾期和盛花期及时防治蚜虫、地老虎、棉铃虫、红蜘蛛、豆荚螟、造桥虫、豆天蛾等。苗期不旱不浇水，花荚期视苗情、墒情和气候情况及时浇水。80%荚成熟时收获。收获后及时晾晒、脱粒及清选，籽粒含水量低于14%时可入库贮藏。同一地块连续种植2~3年后注意倒茬。

【适宜地区】 适宜北京、天津、河北、山东、河南、辽宁、吉林、陕西、内蒙古等省份春播区和夏播区种植。

撰稿人：范保杰　田　静　刘长友　曹志敏

27　冀绿17号

【品种来源】 河北省农林科学院粮油作物研究所于2007年以抗豆象资源V1128为母本、感豆象品种冀绿7号为父本杂交选育而成，原品系代号：冀绿0713-3。2019年8月通过河北省科学技术厅登记，省级登记号：20191695。全国统一编号：C07468。

【特征特性】 早熟品种，生育期69d。有限结荚习性，直立生长，抗倒伏性强，幼茎绿色，成熟茎绿色，株高64.6cm。主茎分枝4.1个，主茎节数11.2节，复叶卵圆形、浓绿色，叶片较大，花浅黄色。单株荚数31.1个，荚长10.9cm，圆筒形，成熟荚黑色，单荚粒数10.9粒。籽粒长圆柱形，种皮绿色有光泽，百粒重5.9g。干籽粒蛋白质含量25.20%，淀粉含量47.98%，脂肪含量0.48%。成熟一致，结荚集中，不炸荚，适于一次性收获。田间自然鉴定：抗病毒病、叶斑病和白粉病。室内接种鉴定：高抗豆象和四纹豆象。

【产量表现】 2017～2018年河北省绿豆品种区域试验平均产量1862.4kg/hm^2，较对照（保绿942）增产11.5%；生产试验平均产量1764.0kg/hm^2，较对照（保绿942）增产14.1%。田间检测平均产量1934.1kg/hm^2，较对照平均增产23.2%。

【利用价值】 适于生产豆芽、原粮出口、淀粉加工。

【栽培要点】 夏播播期6月15～25日，最迟不晚于7月25日，春播播期4月10日至5月20日。播种量15.0～22.5kg/hm^2，播种深度3～5cm，行距40～50cm。种植密度：高水肥地12万～15万株/hm^2，干旱贫瘠地可增至16.5万株/hm^2。苗期间苗后、现蕾期和盛花期及时防治蚜虫、地老虎、棉铃虫、红蜘蛛、豆荚螟、造桥虫、豆天蛾等。苗期不旱不浇水，花荚期视苗情、墒情和气候情况及时浇水。80%荚成熟时收获。收获后及时晾晒、脱粒及清选，籽粒含水量低于14%时可入库贮藏。同一地块连续种植2～3年后注意倒茬。

【适宜地区】 适宜在河北省的廊坊、保定、邯郸、石家庄等地种植。

撰稿人：范保杰　田　静　刘长友　曹志敏

28 冀绿19号

【品种来源】 河北省农林科学院粮油作物研究所于2008年以品系9814-4-3/豫绿2号的F_1代为母本，保942-34/优资92-53的F_1代为父本杂交选育而成，原品系代号：冀绿HNZ0810-2-2。2020年5月通过河北省科学技术厅登记，省级登记号：20200564。全国统一编号：C07469。

【特征特性】 早熟品种，夏播生育期68d，春播生育期81d。有限结荚习性，直立生长，抗倒伏性极强，幼茎紫红色，成熟茎绿色，株高61.4cm。主茎分枝3.0个，主茎节数10.3节，复叶卵圆形、浓绿色，叶片较大，花浅黄色。单株荚数25.3个，荚长11.0cm，圆筒形，成熟荚黑色，单荚粒数13.2粒。籽粒长圆柱形，种皮绿色有光泽，百粒重7.1g。干籽粒蛋白质含量23.60%，淀粉含量49.36%。成熟一致，结荚集中，株型紧凑，结荚高度19.8cm，分枝角度38°，不炸荚，非常适于机械一次性收获。田间自然鉴定：抗病毒病、叶斑病和白粉病。

【产量表现】 2017～2018年河北省绿豆区域试验平均产量1867.5kg/hm²，较对照（保绿942）增产11.8%；生产试验平均产量1786.5kg/hm²，较对照（保绿942）增产15.9%。田间检测产量1865.6kg/hm²，较对照（保绿942）增产18.7%。

【利用价值】 适于生产豆芽、原粮出口、淀粉加工。

【栽培要点】 夏播播期6月15～25日，最迟不晚于7月25日，春播播期4月10日至5月20日。播种量15.0～22.5kg/hm²，播种深度3～5cm，行距40～50cm。种植密度：高水肥地12万～15万株/hm²，干旱贫瘠地可增至16.5万株/hm²。苗期间苗后、现蕾期和盛花期及时防治蚜虫、地老虎、棉铃虫、红蜘蛛、豆荚螟、造桥虫、豆天蛾等。苗期不旱不浇水，花荚期视苗情、墒情和气候情况及时浇水。80%荚成熟时收获。收获后及时晾晒、脱粒及清选，籽粒含水量低于14%时可入库贮藏，并及时熏蒸或冷藏处理以防止豆象为害。同一地块连续种植2～3年后注意倒茬。

【适宜地区】 适宜河北、河南、山东、山西、陕西、吉林、辽宁、内蒙古等春播区和夏播区种植。

撰稿人：范保杰　田　静　刘长友　曹志敏

29 冀绿20号

【品种来源】 河北省农林科学院粮油作物研究所于2008年以保942-34为母本、潍9002-341为父本杂交选育而成，原品系代号：冀绿0816毛-3。2020年1月通过中国作物学会鉴定，鉴定编号：国品鉴绿豆2020002。全国统一编号：C07470。

【特征特性】 春播生育期80d，夏播生育期67d。有限结荚习性，直立生长，抗倒伏性强，幼茎紫红色，成熟茎绿色，株高50.1cm。主茎分枝2.9个，主茎节数12.8节，复叶卵圆形、浓绿色，叶片较大，花浅黄色。单株荚数24.3个，荚长10.3cm，圆筒形，成熟荚黑色，单荚粒数9.4粒，百粒重7.7g，籽粒大，饱满整齐，种皮绿色无光泽。干籽粒蛋白质含量25.00%，淀粉含量49.56%。成熟一致，结荚集中，不炸荚，适于一次性收获。两年春播区田间自然鉴定：抗细菌性晕疫病。

【产量表现】 2016~2017年国家食用豆产业技术体系绿豆新品系联合鉴定试验平均产量1764.6kg/hm^2，较对照（中绿5号）增产31.1%，居所有参试品种第一位。其中，北方春播区平均产量1737.9kg/hm^2，较对照（中绿5号）增产31.1%；北方夏播区平均产量1557.9kg/hm^2，较对照（中绿5号）增产50.0%；南方区平均产量2045.1kg/hm^2，较对照（中绿5号）增产10.3%。生产试验平均产量1987.5kg/hm^2，较对照增产30.9%。

【利用价值】 适于生产豆芽、原粮出口、淀粉加工。

【栽培要点】 夏播播期6月15~25日，最迟不晚于7月25日，春播播期4月10日至5月20日。播种量15.0~22.5kg/hm^2，播种深度3~5cm，行距40~50cm。种植密度：高水肥地12万~15万株/hm^2，干旱贫瘠地可增至16.5万株/hm^2。苗期间苗后、现蕾期和盛花期及时防治蚜虫、地老虎、棉铃虫、红蜘蛛、豆荚螟、造桥虫、豆天蛾等。苗期不旱不浇水，花荚期视苗情、墒情和气候情况及时浇水。80%荚成熟时收获。收获后及时晾晒、脱粒及清选，籽粒含水量低于14%时可入库贮藏，并及时熏蒸或冷藏处理以防止豆象为害。同一地块连续种植2~3年后注意倒茬。

【适宜地区】 北方春播区的吉林长春、辽宁沈阳、内蒙古呼和浩特、陕西榆林、新疆乌鲁木齐、河北张家口、山西大同等地；北方夏播区的北京房山、河北石家庄、山西太原、山东青岛等地；南方区的重庆、合肥等地。

撰稿人：范保杰　田　静　刘长友　曹志敏

30 冀绿0204

【品种来源】 河北省农林科学院粮油作物研究所于2002年以品系9802反-10为母本、冀绿2号为父本杂交选育而成，原品系代号：冀绿0204。全国统一编号：C07484。

【特征特性】 早熟品种，生育期74d。有限结荚习性，直立生长，抗倒伏性强，幼茎紫红色，成熟茎绿色，株高49.9cm。主茎分枝2.7个，复叶卵圆形、浓绿色，叶片较大，花浅黄色。单株荚数24.9个，荚圆筒形，成熟荚黑色，单荚粒数11.2粒。籽粒长圆柱形，种皮绿色有光泽，百粒重5.8g。成熟一致，结荚集中，不炸荚，适于一次性收获。田间自然鉴定：抗病毒病、叶斑病和白粉病。

【产量表现】 2013～2014年在国家食用豆产业技术体系绿豆新品系联合鉴定试验，平均产量1401.6kg/hm^2。

【利用价值】 适于生产豆芽、原粮出口、淀粉加工。

【栽培要点】 夏播播期6月15～25日，最迟不晚于7月25日；春播播期4月10日至5月20日。播种量15.0～22.5kg/hm^2，播种深度3～5cm，行距40～50cm。种植密度：高水肥地12万～15万株/hm^2，干旱贫瘠地可增至16.5万株/hm^2。苗期间苗后、现蕾期和盛花期及时防治蚜虫、地老虎、棉铃虫、红蜘蛛、豆荚螟、造桥虫、豆天蛾等。苗期不旱不浇水，花荚期视苗情、墒情和气候情况及时浇水。80%荚成熟时收获。收获后及时晾晒、脱粒及清选，籽粒含水量低于14%时可入库贮藏，并及时熏蒸或冷藏处理以防止豆象为害。同一地块连续种植2～3年后注意倒茬。

【适宜地区】 该品种在安徽合肥、河南南阳、新疆乌鲁木齐等地表现很好。

撰稿人：范保杰　田　静　刘长友　曹志敏

31 冀绿0514

【品种来源】 河北省农林科学院粮油作物研究所于2005年以抗豆象资源V1128为母本、品系9802-19-2为父本杂交选育而成，原品系代号：0514-2-1。全国统一编号：C07485。

【特征特性】 早熟品种，生育期73d。有限结荚习性，直立生长，抗倒伏性强，幼茎紫红色，成熟茎绿色，株高49.9cm。主茎分枝2.2个，复叶卵圆形、浓绿色，叶片较大，花浅黄色。单株荚数24.3个，荚圆筒形，成熟荚黑色，单荚粒数10.9粒。籽粒长圆柱形，种皮绿色有光泽，百粒重6.8g。成熟一致，结荚集中，不炸荚，适于一次性收获。田间自然鉴定：抗病毒病、叶斑病和白粉病。

【产量表现】 2013~2014年国家食用豆产业技术体系绿豆新品系联合鉴定试验，平均产量1674.8kg/hm^2，居所有参试品种第一位。

【利用价值】 适于生产豆芽、原粮出口、淀粉加工。

【栽培要点】 夏播播期6月15~25日，最迟不晚于7月25日，春播播期4月10日至5月20日，夏播区播期5月中旬。播种量15.0~22.5kg/hm^2，播种深度3~5cm，行距40~50cm。种植密度：高水肥地12万~15万株/hm^2，干旱贫瘠地可增至16.5万株/hm^2。苗期间苗后、现蕾期和盛花期及时防治蚜虫、地老虎、棉铃虫、红蜘蛛、豆荚螟、造桥虫、豆天蛾等。苗期不旱不浇水，花荚期视苗情、墒情和气候情况及时浇水。80%荚成熟时收获。收获后及时晾晒、脱粒及清选，籽粒含水量低于14%时可入库贮藏，并及时熏蒸或冷藏处理以防止豆象为害。同一地块连续种植2~3年后注意倒茬。

【适宜地区】 适宜在安徽合肥、河南南阳、新疆乌鲁木齐、河北石家庄等地种植。

撰稿人：田　静　范保杰　刘长友　曹志敏

32　冀绿0713-4

【品种来源】 河北省农林科学院粮油作物研究所于2007年以品系0504-1为母本、冀绿7号为父本杂交、回交选育而成，原品系代号：0713-4。全国统一编号：C07486。

【特征特性】 早熟品种，夏播生育期68d。有限结荚习性，直立生长，幼茎绿色，成熟茎绿色，株高62.7cm。主茎分枝3.9个，主茎节数10.6节，复叶卵圆形、浓绿色，叶片较大，花浅黄色。单株荚数33.5个，荚长11.1cm，圆筒形，成熟荚黑色，单荚粒数11.2粒。籽粒长圆柱形，种皮绿色有光泽，百粒重5.5g。成熟一致，结荚集中，不炸荚，适于一次性收获。田间自然鉴定：抗病毒病、叶斑病和白粉病。室内接种鉴定：高抗豆象和四纹豆象。

【产量表现】 2017～2018年河北省绿豆区域试验平均产量1831.6kg/hm²，较对照（保绿942）增产9.6%。

【利用价值】 适于生产豆芽、原粮出口、淀粉加工。

【栽培要点】 夏播播期6月15～25日，最迟不晚于7月25日，春播播期4月10日至5月20日。播种量15.0～22.5kg/hm²，播种深度3～5cm，行距40～50cm。种植密度：高水肥地12万～15万株/hm²，干旱贫瘠地可增至16.5万株/hm²。苗期间苗后、现蕾期和盛花期及时防治蚜虫、地老虎、棉铃虫、红蜘蛛、豆荚螟、造桥虫、豆天蛾等。苗期不旱不浇水，花荚期视苗情、墒情和气候情况及时浇水。80%荚成熟时收获。收获后及时晾晒、脱粒及清选，籽粒含水量低于14%时可入库贮藏。同一地块连续种植2～3年后注意倒茬。

【适宜地区】 该品种在河北省保定、廊坊、张家口、邯郸等地表现很好。

撰稿人：范保杰　田　静　刘长友　曹志敏

33 冀绿0802

【品种来源】 河北省农林科学院粮油作物研究所于2008年以品系9820-14-4为母本、冀绿2号为父本杂交选育而成，原品系代号：0802-4-2-1-2-1。全国统一编号：C07487。

【特征特性】 早熟品种，夏播生育期65d。有限结荚习性，直立生长，抗倒伏性强，幼茎紫红色，成熟茎绿色，株高64.6cm。主茎分枝4.3个，复叶卵圆形、浓绿色，叶片较大，花浅黄色。单株荚数25.3个，荚圆筒形，成熟荚黑色，荚长9.5cm，单荚粒数12.7粒。籽粒长圆柱形，种皮绿色有光泽，百粒重5.6g。成熟一致，结荚集中，不炸荚，适于一次性收获。田间自然鉴定：抗病毒病、叶斑病和白粉病。

【产量表现】 2018年在绿豆新品系产量比较鉴定试验中，平均产量1577.9kg/hm²，较对照（冀绿7号）增产25.7%，居24个参试品种的第二位。

【利用价值】 适于生产豆芽、原粮出口、淀粉加工。

【栽培要点】 夏播播期6月15～25日，最迟不晚于7月25日，春播播期4月10日至5月20日，夏播区播期5月中旬。播种量15.0～22.5kg/hm²，播种深度3～5cm，行距40～50cm。种植密度：高水肥地12万～15万株/hm²，干旱贫瘠地可增至16.5万株/hm²。苗期间苗后、现蕾期和盛花期及时防治蚜虫、地老虎、棉铃虫、红蜘蛛、豆荚螟、造桥虫、豆天蛾等。苗期不旱不浇水，花荚期视苗情、墒情和气候情况及时浇水。80%荚成熟时收获。收获后及时晾晒、脱粒及清选，籽粒含水量低于14%时可入库贮藏，并及时熏蒸或冷藏处理以防止豆象为害。同一地块连续种植2～3年后注意倒茬。

【适宜地区】 该品种在内蒙古、河南、山东、河北等地表现很好。

撰稿人：范保杰　田　静　刘长友　曹志敏

34　冀绿1023

【品种来源】 河北省农林科学院粮油作物研究所于2010年以品系9803-1-3-5-1为母本、优资92-53为父本杂交选育而成，原品系代号：HN1023-7-2。全国统一编号：C07488。

【特征特性】 早熟品种，夏播生育期69d。有限结荚习性，直立生长，抗倒伏性强，幼茎紫红色，成熟茎绿色，株高68.0cm。主茎分枝1.9个，复叶卵圆形、浓绿色，叶片较大，花浅黄色。单株荚数24.8个，荚圆筒形，成熟荚黑色，荚长10.0cm，单荚粒数9.5粒。籽粒长圆柱形，种皮绿色有光泽，百粒重6.5g。13个试点干籽粒蛋白质平均含量25.03%，最高可达27.50%，为高蛋白种质。成熟一致，结荚集中，不炸荚，适于一次性收获。田间自然鉴定：抗病毒病、叶斑病和白粉病。

【产量表现】 2017年绿豆新品系产量比较鉴定试验平均产量1991.7kg/hm²，居所有参试品种的第3位。

【利用价值】 高蛋白品种。适于生产豆芽、原粮出口等。

【栽培要点】 夏播播期6月15～25日，最迟不晚于7月25日，春播播期4月10日至5月20日。夏播区播期5月中旬。播种量15.0～22.5kg/hm²，播种深度3～5cm，行距40～50cm。种植密度：高水肥地12万～15万株/hm²，干旱贫瘠地可增至16.5万株/hm²。苗期间苗后、现蕾期和盛花期及时防治蚜虫、地老虎、棉铃虫、红蜘蛛、豆荚螟、造桥虫、豆天蛾等。苗期不旱不浇水，花荚期视苗情、墒情和气候情况及时浇水。80%荚成熟时收获。收获后及时晾晒、脱粒及清选，籽粒含水量低于14%时可入库贮藏，并及时熏蒸或冷藏处理以防止豆象为害。同一地块连续种植2～3年后注意倒茬。

【适宜地区】 该品种在吉林、内蒙古、河南、山东、河北等地表现很好。

撰稿人：范保杰　田　静　刘长友　曹志敏

35　宝绿1号

【品种来源】 河北省保定市农业科学院、陕西省宝鸡市农业科学研究所共同选育而成。宝绿1号是1998年以冀绿2号/绿丰3号的F_3代为母本、保M887-1为父本杂交选育而成的，原品系代号：保9808-16。2014年通过陕西省农作物品种审定委员会审定，审定编号：陕绿登字2013001号。全国统一编号：C06443。

【特征特性】 夏播生育期61d。株型直立、紧凑，顶部结荚，复叶浓绿，花黄色，成熟荚黑色，种皮绿色有光泽。结荚集中，成熟一致，不落荚，不炸荚，适于一次性收获。前期稳健生长，后期不早衰。株高47.1cm，主茎分枝4.2个，主茎节数10.9节，单株荚数25.7个，荚长9.8cm，单荚粒数10.8粒，百粒重5.9g。2008年农业部食品质量监督检验测试中心（杨凌）测定：干籽粒蛋白质含量25.17%，淀粉含量47.65%，脂肪含量1.16%。

【产量表现】 2006~2008年参加国家绿豆夏播组区域试验，3年33点次平均产量1558.4kg/hm²。2011~2012年参加陕西省绿豆夏播组区域试验，两年8点次平均产量1653.0kg/hm²，比对照（秦豆6号）增产19.1%。2012年陕西省生产试验平均产量1707.0kg/hm²，比对照（秦豆6号）增产13.2%。

【利用价值】 适于生产豆芽和加工豆沙。

【栽培要点】 夏播区播期一般6月15日，最晚不超过7月15日。种植密度视播期、地力条件而定，中水肥地一般为12万~15万株/hm²，播种量22.5~30.0kg/hm²，播种深度约3cm，足墒下种。一般播种前施氮磷钾复合肥450kg/hm²或磷酸二铵225~300kg/hm²。苗期注意防治蚜虫、红蜘蛛，花荚期防治棉铃虫、豆荚螟、蓟马等。80%豆荚成熟时收获，收获后及时熏蒸或冷藏处理以防止豆象为害。

【适宜地区】 可单作或与高秆作物间作套种。适宜在河北石家庄、保定，广西南宁，山东潍坊，河南安阳及陕西关中地区种植。

撰稿人：李彩菊　柳术杰　周洪妹　崔　强

36 宝绿2号

【品种来源】 河北省保定市农业科学院、宝鸡市农业科学研究所共同选育而成。宝绿2号是1998年以冀绿2号为母本、C225为父本杂交选育而成的，原品系代号：保绿9815-36。2014年通过陕西省农作物品种审定委员会审定，审定编号：陕绿登字2013002号。全国统一编号：C06439。

【特征特性】 夏播生育期61d。株型直立、紧凑，顶部结荚，复叶浓绿，花黄色，成熟荚黑色，种皮绿色有光泽。结荚集中，成熟一致，不落荚，不炸荚，适于一次性收获。前期生长迅速，中后期不早衰。株高46.8cm，主茎分枝4.2个，主茎节数10.7节，单株荚数26.6个，荚长9.6cm，单荚粒数11.2粒，百粒重5.6g。2008年农业部食品质量监督检验测试中心（杨凌）测定：干籽粒蛋白质含量25.31%，淀粉含量46.52%，脂肪含量1.12%。

【产量表现】 2006～2008年参加国家绿豆夏播组区域试验，3年33点次平均产量1551.5kg/hm²。2011～2012年参加陕西省绿豆夏播组区域试验，两年8点次平均产量1608.0kg/hm²，比对照（秦豆6号）增产17.1%。2012年陕西省生产试验平均产量1669.5kg/hm²，比对照（秦豆6号）增产12.1%。

【利用价值】 适于生产豆芽和加工豆沙。

【栽培要点】 夏播区播期一般为6月15日，最晚不超过7月15日。种植密度视播期、地力条件而定，中水肥地一般为12万～15万株/hm²，播种量22.5～30.0kg/hm²，播种深度3cm左右，足墒下种。一般播种前施氮磷钾复合肥450kg/hm²或磷酸二铵225～300kg/hm²。苗期注意防治蚜虫、红蜘蛛，花荚期防治棉铃虫、豆荚螟、蓟马等。80%豆荚成熟时收获，收获后及时熏蒸或冷藏处理以防止豆象为害。

【适宜地区】 可单作或与高秆作物间作套种，适宜在北京、河北保定、陕西岐山、广西南宁、江苏如皋及陕西关中地区种植。

撰稿人：李彩菊　柳术杰　周洪妹　崔强

37 冀绿11号

【品种来源】 河北省保定市农业科学院于2001年以冀绿2号为母本、郑90-1为父本杂交选育而成,原品系代号:保绿200143-10。2011年11月通过河北省科学技术厅登记,省级登记号:20113041。全国统一编号:C0006638。

【特征特性】 早熟品种,夏播生育期65d,春播生育期74d。有限结荚习性,株型紧凑,直立生长,幼茎紫色,成熟茎绿色,夏播株高52.5cm。主茎分枝3.7个,主茎节数9.8节,复叶卵圆形,花黄色。单株荚数22.2个,荚长10.3cm,圆筒形,成熟荚黑褐色,单荚粒数11.3粒。籽粒短圆柱形,种皮绿色有光泽,百粒重5.8g。干籽粒蛋白质含量21.66%,淀粉含量53.58%。结荚集中,成熟一致,不落荚,不炸荚。前期稳健生长,后期不早衰。

【产量表现】 2008~2009年河北省区域试验,两年12点次平均产量1456.5kg/hm^2,比对照(保942-34)增产13.17%,居所有参试品种首位。2009年河北省生产试验,在5个试点全部增产,平均产量1521.0kg/hm^2,比对照(保942-34)增产17.1%。

【利用价值】 适于生产豆芽和加工豆沙。

【栽培要点】 早熟绿豆品种,适宜播种期范围大,春播、夏播均可,可平播也可间作。春播于地温稳定在14℃以上时即可播种;夏播于6月15日以后播种。播种量15.0~22.5kg/hm^2,播种深度3~4cm,行距50cm,株距视留苗密度而定,单株留苗,中水肥地留苗12万~15万株/hm^2。随水肥条件增高或降低,留苗密度应酌情减少或增加。苗期注意防治蚜虫,花荚期注意防治棉铃虫、豆荚螟等。70%~80%豆荚成熟时收获。收获后及时熏蒸或冷藏处理以防止豆象为害。

【适宜地区】 适宜在河北、河南、山东、辽宁、内蒙古等适宜生态区种植。

撰稿人:李彩菊　柳术杰　周洪妹　崔　强

38 冀绿14号

【品种来源】 河北省保定市农业科学院于2000年以保865-18-9为母本、冀绿2号为父本杂交选育而成，原品系代号：保绿200117-9。2015年通过国家小宗粮豆品种鉴定委员会鉴定，鉴定编号：国品鉴杂2015026。全国统一编号：C07489。

【特征特性】 株型直立、紧凑，顶部结荚，复叶浓绿，花黄色，成熟荚黑色，籽粒短圆柱形，种皮绿色有光泽。不落荚，不炸荚，前期稳健生长，后期不早衰。夏播生育期67～68d，株高43.5～48.7cm，主茎分枝2.7～3.0个，主茎节数9.7～10.4节，单株荚数22.3～23.7个，荚长9.2～9.5cm，单荚粒数10.2～10.8粒，百粒重5.6～6.0g。2012年农业部食品质量监督检验测试中心（杨凌）测定：干籽粒蛋白质含量27.70%，淀粉含量56.10%，脂肪含量0.90%。

【产量表现】 2009～2011年参加国家绿豆品种（夏播组）区域试验平均产量1512.2kg/hm^2，比对照（白绿522）增产28.1%。2013年生产试验平均产量1789.1kg/hm^2，较统一对照（白绿522）增产14.43%。在河北石家庄、保定、陕西宝鸡、河南郑州、安阳、山东潍坊、江西吉安等试点表现较好。

【利用价值】 适于生产豆芽和加工豆沙。

【栽培要点】 播期：夏播区一般于6月15日左右播种，最晚不超过7月15日。种植密度视播期、地力条件而定，一般早播宜稀，晚播宜密；高水肥地宜稀，低水肥地宜密。中水肥地一般留苗12万～15万株/hm^2，播种量22.5～30.0kg/hm^2，播种深度3cm左右，一定要足墒下种，以确保全苗。第二片三出复叶展开时按密度要求定苗。绿豆耐瘠薄，但施肥能显著提高产量，特别是在瘠薄地。有条件的地块，一般播种前施氮磷钾复合肥450kg/hm^{2}或磷酸二铵225～300kg/hm^2。绿豆耐旱，一般年份不用浇水，但特殊干旱年份应在花荚期及时浇水防旱。苗期注意防治蚜虫、红蜘蛛，花荚期注意防治棉铃虫、豆荚螟、蓟马等。80%豆荚成熟时收获，收获后及时熏蒸或冷藏处理以防止豆象为害。

【适宜地区】 可单作或与高秆作物间作套种，既适宜水肥地种植，又适宜旱薄地种植。适宜在北京房山，河北石家庄、保定，陕西宝鸡，河南郑州、安阳，山东潍坊，江西吉安等绿豆种植区推广。

撰稿人：李彩菊　柳术杰　周洪妹　崔　强

39 冀绿16号

【品种来源】 河北省保定市农业科学院于2006年以保绿200143-10为母本、保绿942为父本杂交选育而成，原品系代号：保绿200621-14。2018年通过河北省科学技术厅登记，省级登记号：20180817。全国统一编号：C07490。

【特征特性】 夏播生育期67d。株型直立、紧凑，抗倒伏，有限生长，顶部结荚。株高54.5cm。复叶浓绿，主茎分枝3.6个，主茎节数10.6节。幼荚绿色，成熟荚黑色，荚圆筒形，单株荚数35.6个，荚长10.0cm，单荚粒数11.2粒。籽粒短圆柱形，种皮绿色有光泽，百粒重5.9g。干籽粒蛋白质含量23.87%，淀粉含量49.73%，脂肪含量0.66%。根系发达，抗倒伏，适应性强，抗逆性强，适合不同水肥条件夏播种植。

【产量表现】 河北省区域试验平均产量达到2118.0kg/hm², 较对照（保绿942）增产15.56%，区域试验最高产量达到3013.2kg/hm²；生产试验平均产量2478.0kg/hm², 较对照（保绿942）增产31.4%；田间检测平均产量2192.3kg/hm²，比对照（保绿942）增产17.44%。

【利用价值】 适于生产豆芽和加工豆沙。

【栽培要点】 适宜播种期范围大，春播、夏播均可。春播区于地温稳定在14℃以上时即可播种，夏播区一般在6月15日左右播种，最晚不超过7月15日。播种量15.0～22.5kg/hm²，播种深度3cm，行距0.5m，株距视留苗密度而定，单株留苗，中水肥地留苗10.5万～12.0万株/hm²。随水肥条件增高或降低，留苗密度应相应酌情减少或增加。苗期注意防治蚜虫，花荚期注意防治棉铃虫、豆荚螟等。70%～80%豆荚成熟时收获。收获后及时熏蒸或冷藏处理以防止豆象为害。

【适宜地区】 可单作或与高秆作物间作套种。适宜在河北、河南、陕西、安徽、山东、辽宁、内蒙古等适宜生态区种植。

撰稿人：李彩菊　柳术杰　周洪妹　崔　强

40 冀绿21号

【品种来源】 河北省保定市农业科学院于2005年以保绿200153-7为母本、冀绿2号为父本杂交选育而成，原品系代号：保绿200520-2。2020年通过河北省科学技术厅登记，省级登记号：20210704。全国统一编号：C06743。

【特征特性】 早熟，夏播生育期64d。株型直立抗倒伏，结荚集中，成熟一致，复叶浓绿，花黄色，成熟荚黑色。籽粒短圆柱形，种皮黑色有光泽。不落荚，不炸荚。株高62.5cm，主茎分枝3.0个，主茎节数9.3节，单株荚数28.0个，荚长9.9cm，单荚粒数10.2粒，百粒重6.8g，籽粒较大，商品性较好。2019年河北省农作物品种品质检测中心测定：干籽粒蛋白质含量22.90%，淀粉含量50.18%，脂肪含量1.10%。试验、示范表明：直立抗倒伏，高产稳产性能好；具有较好的适应性，可广泛引种。

【产量表现】 2013~2014年河北省区域试验平均产量1959.2kg/hm^2，较对照（保绿942）增产6.90%。2015~2016年国家绿豆夏播组区域试验平均产量1894.3kg/hm^2，比对照（保绿942）增产7.55%。该品种丰产性好，适应性较强。

【利用价值】 适于生产豆芽和加工豆沙。

【栽培要点】 为早熟品种，春播、夏播均可，可单作或与高秆作物间作套种。北方春播区于地温稳定在14℃以上时即可播种；夏播6月15日以后播种。播种量15.0~22.5kg/hm^2，播种深度3cm左右，行距0.5m，株距视留苗密度而定，单株留苗，留苗密度应掌握"早播宜稀、晚播宜密、高水肥地宜稀、低水肥地宜密"的原则。一般中水肥地春播留苗12万株/hm^2，中水肥地夏播留苗12万~15万株/hm^2。随水肥条件增高或降低，留苗密度应相应酌情减少或增加。苗期注意防治蚜虫，花荚期注意防治棉铃虫、豆荚螟等。后期注意防治叶斑病，当70%~80%豆荚成熟时收获。收获后及时熏蒸或冷藏处理以防止豆象为害。

【适宜地区】 适宜在河北保定，河南安阳、郑州、洛阳，山东淄博，江苏南京、如皋，江西吉安，黑龙江哈尔滨，吉林公主岭等适宜生态区种植。

撰稿人：李彩菊　柳术杰　周洪妹　崔　强

41　保绿200621-18

【品种来源】 河北省保定市农业科学院于2006年以保绿200143-10为母本、保绿942为父本杂交选育而成，原品系代号：保绿200621-18。全国统一编号：C06742。

【特征特性】 夏播生育期70d。株型直立、抗倒伏，有限生长，顶部结荚。株高54.8cm。复叶浓绿，主茎分枝3.2个，主茎节数10.3节。幼荚绿色，成熟荚黑色，荚圆筒形，单株荚数27.6个，荚长10.1cm，单荚粒数10.1粒。籽粒短圆柱形，种皮绿色有光泽，百粒重6.6g，商品性好。直立、抗倒伏，适应性强，抗逆性强，适合不同水肥条件夏播种植。

【产量表现】 河北省区域试验两年平均产量1708.0kg/hm^2，较对照（保绿942）增产6.2%；生产试验平均产量1743.2kg/hm^2，较对照（保绿942）增产15.5%；田间检测平均产量2108.7kg/hm^2，比对照（保绿942）增产12.9%。

【利用价值】 适于生产豆芽和加工豆沙。

【栽培要点】 适宜播种期范围大，春播、夏播均可。春播区于地温稳定在14℃以上时即可播种，夏播区一般在6月15日左右播种，最晚不超过7月15日。播种量15.0～22.5kg/hm^2，播种深度3cm，行距0.5m，株距视留苗密度而定，单株留苗，中水肥地留苗10.5万～12.0万株/hm^2。随水肥条件增高或降低，留苗密度应相应酌情减少或增加。苗期注意防治蚜虫，花荚期注意防治棉铃虫、豆荚螟等。80%豆荚成熟时收获。收获后及时熏蒸或冷藏处理以防止豆象为害。

【适宜地区】 可单作或与高秆作物间作套种，适宜在河北、河南、安徽、山东、辽宁、内蒙古等适宜生态区种植。

撰稿人：李彩菊　柳术杰　周洪妹　崔　强

42　保绿201321-7

【品种来源】　河北省保定市农业科学院于2013年以冀绿0514为母本、冀绿11号为父本杂交选育而成，原品系代号：保绿201321-7。全国统一编号：C07491。

【特征特性】　夏播生育期68d。株型直立、抗倒伏，顶部结荚，复叶浓绿，花黄色，成熟荚黑色，籽粒短圆柱形，种皮绿色有光泽。结荚集中，成熟一致，不落荚，不炸荚，适于一次性收获。株高63.0cm，主茎分枝4.7个，主茎节数9.8节，单株荚数27.9个，荚长9.6cm，单荚粒数10.6粒，百粒重6.5g。具有一定的耐旱、耐涝、耐瘠薄性；稳产性能好；具有良好的适应性，可广泛引种种植。

【产量表现】　2019~2020年河北省绿豆区域试验平均产量1765.5kg/hm^2，较对照（保绿942）增产6.7%。生产试验在石家庄、保定、廊坊、唐山、张家口均表现增产，平均产量1750.5kg/hm^2，增产11.9%。该品种丰产性好，适应性较强。

【利用价值】　适于生产豆芽和加工豆沙。

【栽培要点】　属早熟品种，适宜播种期范围大，春播、夏播均可，可单作或与高秆作物间作套种。北方春播区当地温稳定在14℃以上时即可播种；夏播区于6月15以后播种。播种量15.0~22.5kg/hm^2，播种深度3cm，行距0.5m，株距视留苗密度而定，单株留苗，中水肥地留苗10.5万~12.0万株/hm^2。随水肥条件增高或降低，留苗密度应相应酌情减少或增加。苗期注意防治蚜虫，花荚期注意防治棉铃虫、豆荚螟、蓟马等。70%~80%豆荚成熟时收获。收获后及时熏蒸或冷藏处理以防止豆象为害。

【适宜地区】　适宜在河北、河南、辽宁、山西等适宜生态区种植。

撰稿人：李彩菊　柳术杰　周洪妹　崔　强

43 冀绿22号

【品种来源】 河北省保定市农业科学院于2008年以保绿200409-16为母本、保绿200143-10为父本杂交选育而成，原品系代号：保绿200810-1。2020年通过河北省科学技术厅登记，省级登记号：20210705。全国统一编号：C06738。

【特征特性】 夏播生育期71d。株型直立、抗倒伏，有限生长，顶部结荚。株高64.9cm。复叶浓绿，主茎分枝3.8个，主茎节数10.8节。幼荚绿色，成熟荚黑色，荚圆筒形，单株荚数29.2个，荚长9.6cm，单荚粒数11.2粒。籽粒短圆柱形，种皮绿色有光泽，百粒重6.6g，商品性好。2019年河北省农作物品种品质检测中心测定：干籽粒蛋白质含量23.00%，淀粉含量49.97%，脂肪含量0.97%。直立、抗倒伏，适应性强，抗逆性强，适宜不同水肥条件种植。

【产量表现】 河北省区域试验两年平均产量1938.4kg/hm²，较对照（保绿942）增产16.0%；生产试验平均产量1890.0kg/hm²，较对照（保绿942）增产22.7%；田间检测平均产量1905.3kg/hm²，比对照（保绿942）增产21.3%。

【利用价值】 适于生产豆芽和加工豆沙。

【栽培要点】 适宜播种期范围大，春播、夏播均可。春播区当地温稳定在14℃以上时即可播种，夏播区一般在6月15日左右播种，最晚不超过7月15日。播种量15.0～22.5kg/hm²，播种深度3cm，行距0.5m，株距视留苗密度而定，单株留苗，中水肥地留苗10.5万～12.0万株/hm²。随水肥条件增高或降低，留苗密度应相应酌情减少或增加。苗期注意防治蚜虫，花荚期注意防治棉铃虫、豆荚螟、蓟马等。80%豆荚成熟时收获。收获后及时熏蒸或冷藏处理以防止豆象为害。

【适宜地区】 可单作或与高秆作物间作套种，适宜在河北、河南、广西、新疆等适宜生态区种植。

撰稿人：李彩菊　柳术杰　周洪妹　崔　强

44　保绿201012-7

【品种来源】 河北省保定市农业科学院于2010年以保绿200143-10为母本、保绿942/安07-3B的F_3代材料为父本杂交选育而成，原品系代号：保绿201012-7。全国统一编号：C06739。

【特征特性】 夏播生育期65d。株型直立、抗倒伏，有限生长，顶部结荚。株高67.0cm。复叶浓绿，主茎分枝4.1个，主茎节数11.7节。幼荚绿色，成熟荚黑色，荚圆筒形，单株荚数29.8个，荚长9.6cm，单荚粒数11.2粒。籽粒短圆柱形，种皮绿色有光泽，百粒重6.0g，商品性好。直立、抗倒伏，适应性强，抗逆性强，适合不同水肥条件种植。

【产量表现】 河北省区域试验两年平均产量1889.4kg/hm^2，较对照（保绿942）增产13.1%。在国家食用豆产业技术体系联合鉴定试验中，2016年平均产量1447.5kg/hm^2，2017年平均产量1692.2kg/hm^2。

【利用价值】 适于生产豆芽和加工豆沙。

【栽培要点】 适宜播种期范围大，春播、夏播均可。春播区当地温稳定在14℃以上时即可播种，夏播区一般在6月15日播种，最晚不超过7月15日。播种量15.0~22.5kg/hm^2。播种深度3cm，行距0.5m，株距视留苗密度而定，单株留苗，中水肥地留苗10.5万~12.0万株/hm^2。随水肥条件增高或降低，留苗密度应相应酌情减少或增加。苗期注意防治蚜虫，花荚期注意防治棉铃虫、豆荚螟等。80%豆荚成熟时收获。收获后及时熏蒸或冷藏处理以防止豆象为害。

【适宜地区】 可单作或与高秆作物间作套种，适宜在北京、河北、河南、江苏、广西、吉林等适宜生态区种植。

撰稿人：李彩菊　柳术杰　周洪妹　崔　强

45　保绿201322-3

【品种来源】 河北省保定市农业科学院于2013年以冀绿0514为母本、冀绿2号为父本杂交选育而成，原品系代号：保绿201322-3。全国统一编号：C07492。

【特征特性】 早熟，夏播生育期61d。株型直立抗倒，结荚集中，成熟一致，复叶浓绿，花黄色，成熟荚黑色。籽粒短圆柱形，种皮绿色有光泽。不落荚，不炸荚。株高70.0cm，主茎分枝2.9个，主茎节数7.9节，单株荚数20.8个，荚长9.4cm，单荚粒数9.8粒，百粒重6.6g，籽粒较大，商品性较好。直立、抗倒伏、高产稳产；具有较好的适应性，可广泛引种。

【产量表现】 2018年产量比较试验平均产量1361.0kg/hm², 较对照（保绿942）增产6.9%。多点示范平均产量1578～2105kg/hm²。丰产性好，适应性较强。

【利用价值】 适于生产豆芽和加工豆沙。

【栽培要点】 为早熟品种，春播、夏播均可，可单作或与高秆作物间作套种。北方春播区当地温稳定在14℃以上时即可播种；夏播在小麦收获以后播种，最晚不晚于7月20日。播种量15.0～22.5kg/hm²，播种深度3cm，行距0.5m，株距视留苗密度而定，单株留苗，留苗密度应掌握"早播宜稀、晚播宜密，高水肥地宜稀、低水肥地宜密"的原则。一般中水肥地春播留苗12万株/hm²，中水肥地夏播留苗12万～15万株/hm²。随水肥条件增高或降低，留苗密度应相应酌情减少或增加。苗期注意防治蚜虫，花荚期注意防治棉铃虫、豆荚螟、钻心虫、蓟马等。70%～80%豆荚成熟时收获。收获后及时熏蒸或冷藏处理以防止豆象为害。

【适宜地区】 适宜在河北、山东、陕西、辽宁等地适宜生态区种植。

撰稿人：李彩菊　柳术杰　周洪妹　崔　强

46 保绿201323-3

【品种来源】 河北省保定市农业科学院以冀绿0514为母本、冀绿7号为父本杂交选育而成，原品系代号：保绿201323-3。全国统一编号：C07493。

【特征特性】 早熟，夏播生育期61d。株型直立抗倒，结荚集中，成熟一致，复叶浓绿，花黄色，成熟荚黑色。籽粒短圆柱形，种皮绿色有光泽。不落荚，不炸荚。株高63.0cm，主茎分枝3.4个，主茎节数8.0节，单株荚数29.0个，荚长10.2cm，单荚粒数8.9粒，百粒重6.7g，籽粒较大，商品性较好。直立、抗倒伏，高产稳产性好；具有较好的适应性，可广泛引种。

【产量表现】 2018年产量比较试验平均产量1387.0kg/hm²，较对照（保绿942）增产7.9%。多点示范平均产量1626.0～2195.0kg/hm²。丰产性好，适应性较强。

【利用价值】 适于生产豆芽和加工豆沙。

【栽培要点】 为早熟品种，春播、夏播均可，可单作或与高秆作物间作套种。北方春播区当地温稳定在14℃以上时即可播种；夏播在小麦收获以后播种，最晚不晚于7月20日。播种量15.0～22.5kg/hm²，播种深度3cm，行距0.5m，株距视留苗密度而定，单株留苗，留苗密度应掌握"早播宜稀、晚播宜密，高水肥地宜稀，低水肥地宜密"的原则。一般中水肥地春播留苗12万株/hm²，中水肥地夏播留苗12万～15万株/hm²。随水肥条件增高或降低，留苗密度应相应酌情减少或增加。苗期注意防治蚜虫，花荚期注意防治棉铃虫、豆荚螟、钻心虫、蓟马等。70%～80%豆荚成熟时收获。收获后及时熏蒸或冷藏处理以防止豆象为害。

【适宜地区】 适宜在河北、河南、山东、吉林等适宜生态区种植。

撰稿人：李彩菊　柳术杰　周洪妹　崔　强

47　张绿1号

【品种来源】 河北省张家口市农业科学院于1999年以绿豆92-9为母本、当地名优品种张家口鹦哥绿豆为父本杂交选育而成，原品系代号：99-10-5。2013年通过河北省科学技术厅登记，省级登记号：20133148。全国统一编号：C07494。

【特征特性】 中早熟品种，春播生育期95d。无限结荚习性，株型紧凑，植株半蔓生，幼茎紫色，株高60.0~70.0cm，主茎分枝4~6个。复叶卵圆形，花黄绿色。单株荚数23~28个，荚长11.0cm，扁圆形，成熟荚黑色，单荚粒数9~11粒。籽粒短圆柱形，种皮绿色有光泽，百粒重6.5g。干籽粒蛋白质含量25.88%，淀粉含量54.26%，脂肪含量0.87%。结荚集中，成熟一致不炸荚。抗旱，耐瘠，抗病性好，适应性强。

【产量表现】 产量一般为1800.0~2100.0kg/hm²，高者可达2700.0kg/hm²。2004~2005年鉴定圃试验平均产量1789.5kg/hm²，比对照（张家口鹦哥绿豆）增产16.1%。2006~2008年品种比较试验平均产量1813.5kg/hm²，比对照（张家口鹦哥绿豆）增产13.6%。2009~2010年张家口市区域试验，5个试点两年平均产量1326.0kg/hm²，比对照（张家口鹦哥绿豆）增产19.9%。2011年张家口市生产试验在张家口市农业科学院沙岭子试验基地、蔚县原种场、阳原县马圈堡乡3个试点的平均产量1042.5kg/hm²，比对照（张家口鹦哥绿豆）增产11.4%。

【利用价值】 适于原粮出口、生产芽菜及豆沙、粉丝等食品加工。

【栽培要点】 冀北春播在5月中下旬播种，最晚不超过6月10日，以玉米茬较好。播前应适当整地，施足底肥，结合整地施氮磷钾复合肥225~300kg/hm²。一般播种量30.0~37.5kg/hm²，播种深度3~4cm，行距40~50cm，株距15~20cm，种植密度12万~16万株/hm²。选择中等肥力地块，忌重茬。第一片复叶展开后间苗，第二片复叶展开后定苗。及时中耕除草，并在开花前适当培土。适时喷药，防治蚜虫、红蜘蛛等。如花期遇旱，应适当灌水。70%以上荚果变黑时收获。收获后及时熏蒸或冷藏处理以防止豆象为害。

【适宜地区】 适宜在冀北春播绿豆区及类似生态类型区种植。

撰稿人：徐东旭　高运青　任红晓

48 冀张绿2号

【品种来源】 河北省张家口市农业科学院于2006年开始从蔚县传统农家种系统选育而成，原品系代号：200616-4-1。2016年通过河北省科学技术厅登记，省级登记号：20161134。全国统一编号：C07495。

【特征特性】 中早熟品种，春播生育期90d。无限结荚习性，株型紧凑，植株半蔓生，幼茎紫色，株高54.9cm，主茎分枝4.4个。复叶卵圆形，花黄绿色。单株荚数36.6个，荚长12.9cm，羊角形，成熟荚黑色，单荚粒数12.3粒。籽粒短圆柱形，种皮绿色有光泽，百粒重5.6g。干籽粒蛋白质含量22.61%，淀粉含量56.64%，脂肪含量1.24%。结荚集中，成熟一致不炸荚。耐旱、耐瘠，抗病性好，适应性强。

【产量表现】 产量一般为2000.0kg/hm^2，高者可达2700.0kg/hm^2。2009～2010年品种比较试验平均产量1998.0kg/hm^2，比对照（张家口鹦哥绿豆）增产18.9%。2011～2012年张家口市区域试验，6个试点两年平均产量1897.5kg/hm^2，比对照（张家口鹦哥绿豆）增产48.4%。

【利用价值】 适于原粮出口、生产芽菜及豆沙、粉丝等食品加工。

【栽培要点】 冀北春播在5月中下旬播种，最晚不超过6月10日，以玉米茬较好。播前应适当整地，施足底肥，结合整地施氮磷钾复合肥225～300kg/hm^2。一般播种量30.0～37.5kg/hm^2，播种深度3～4cm，行距40～50cm，株距15～20cm，种植密度12万～16万株/hm^2。选择中等肥力地块，忌重茬。第一片复叶展开后间苗，第二片复叶展开后定苗。及时中耕除草，并在开花前适当培土。适时喷药，防治蚜虫、红蜘蛛等。如花期遇旱，应适当灌水。田间70%荚果变黑时一次性收获。收获后及时熏蒸或冷藏处理以防止豆象为害。

【适宜地区】 适宜在冀北春播绿豆区及类似生态类型区种植。

撰稿人：徐东旭　赵　芳　任红晓

49 鹦哥1号

【品种来源】 河北省张家口市农业科学院于2007年以C0377为母本、蔚县绿豆为父本杂交选育而成，原品系代号：201121-7-8。2019年通过河北省科学技术厅登记，省级登记号：20192573。全国统一编号：C07496。

【特征特性】 中早熟品种，春播生育期89d。无限结荚习性，株型紧凑，植株直立，幼茎绿色，株高82.1cm，主茎分枝2.1个。复叶卵圆形，花黄绿色。单株荚数25.4个，荚长9.5cm，扁圆形，成熟荚黑色，单荚粒数10.9粒。籽粒短圆柱形，种皮绿色有光泽，百粒重4.2g。干籽粒蛋白质含量21.61%，淀粉含量56.03%，脂肪含量1.07%。结荚集中，成熟一致不炸荚。耐旱、耐瘠，抗病性好，适应性强。

【产量表现】 产量一般为1800.0kg/hm²。2014~2015年品种比较试验平均产量2137.5kg/hm²，较对照（张家口鹦哥绿豆）增产20.3%。2016~2017年张家口市区域试验，5个试点两年平均产量1806.0kg/hm²，较对照（张家口鹦哥绿豆）增产22.6%。2017年张家口市生产试验在张家口市农业科学院坝下试验基地、阳原县、宣化区、赤城县、涿鹿县5个试点平均产量1716.0kg/hm²，较对照（张家口鹦哥绿豆）增产18.1%。

【利用价值】 适于原粮出口、生产芽菜及豆沙、粉丝等食品加工。

【栽培要点】 北方春播在5月中下旬播种，最晚不超过6月10日，以玉米茬较好。播前应适当整地，施足底肥，结合整地施氮磷钾复合肥225~300kg/hm²。一般播种量30.0~37.5kg/hm²，播种深度3~4cm，行距40~50cm，株距15~20cm，每穴1~2株，种植密度20万株/hm²。选择中等肥力地块，忌重茬。第一片复叶展开后间苗，第二片复叶展开后定苗。及时中耕除草，并在开花前适当培土。适时喷药，防治蚜虫、红蜘蛛等。如花期遇旱，应适当灌水。70%以上荚果变黑时收获。收获后及时熏蒸或冷藏处理以防止豆象为害。

【适宜地区】 适宜在冀北春播绿豆区及类似生态类型区种植。

撰稿人：徐东旭　高运青　郑丽珍

50 鹦哥2号

【品种来源】 河北省张家口市农业科学院于2012年以绿豆9910-5-1（张绿1号）经过辐射选出的品系9910-5-1-86-27-33为母本、白绿8号为父本杂交选育而成，原品系代号：201203-105-13。2019年通过河北省科学技术厅登记，省级登记号：20192574。全国统一编号：C07497。

【特征特性】 中早熟品种，春播生育期90d。无限结荚习性，株型紧凑，植株半蔓生，幼茎紫色，株高73.7cm，主茎分枝3.7个。复叶卵圆形，花黄绿色。单株荚数22.3个，荚长15.9cm，扁圆形，成熟荚黑色，单荚粒数16.1粒。籽粒短圆柱形，种皮绿色有光泽，百粒重7.3g。干籽粒蛋白质含量21.84%，淀粉含量58.19%，脂肪含量1.26%。结荚集中，成熟一致不炸荚。耐旱，耐瘠，抗病性好，适应性强。

【产量表现】 产量一般为2100.0kg/hm²。2016~2017年品种比较试验平均产量2121.0kg/hm²，较对照（张家口鹦哥绿豆）增产52.2%。2017~2018年张家口市区域试验，5个试点两年平均产量2161.5kg/hm²，较对照（张家口鹦哥绿豆）增产46.8%。2018年张家口市生产试验在张家口市农业科学院坝下试验基地、阳原县、宣化区、赤城县、涿鹿县5个试点平均产量2110.5kg/hm²，较对照（张家口鹦哥绿豆）增产42.8%。

【利用价值】 适于原粮出口、生产芽菜及豆沙、粉丝等食品加工。

【栽培要点】 北方春播在5月中下旬播种，最晚不超过6月10日，以玉米茬较好。播前应适当整地，施足底肥，结合整地施氮磷钾复合肥225~300kg/hm²。一般播种量30.0~37.5kg/hm²，播种深度3~4cm，行距40~50cm，株距15~20cm，种植密度12万~16万株/hm²。选择中等肥力地块，忌重茬。第一片复叶展开后间苗，第二片复叶展开后定苗。及时中耕除草，并在开花前适当培土。适时喷药，防治蚜虫、红蜘蛛等。如花期遇旱，应适当灌水。70%以上荚果变黑时收获。收获后及时熏蒸或冷藏处理以防止豆象为害。

【适宜地区】 适宜在冀北春播绿豆区及类似生态类型区种植。

撰稿人：徐东旭　高运青　李妹彤

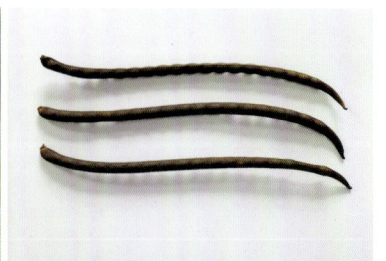

51 晋绿豆7号

【品种来源】 山西省农业科学院作物科学研究所于1998年开始以NM92为母本、VC1973A/TC1966为父本杂交选育而成，原品系代号：B28。2011年5月通过山西省农作物品种审定委员会认定，认定编号：晋审绿（认）2011001。2015年和晋绿豆3号共同获得山西省科技进步奖二等奖。全国统一编号：C07498。

【特征特性】 该品种在太原春播生育期95d，属中熟种。田间植株长势整齐一致，茎秆直立，生长势中等。植株直立，株高50.0cm。幼茎绿色，成熟茎绿色，主茎节数10节，主茎分枝2~3个。复叶卵圆形，花黄色，成熟荚黑色、圆筒形。单株荚数28.8个，单荚粒数10.6粒，籽粒圆柱形，种皮绿色有光泽，百粒重6.5g。干籽粒蛋白质含量22.42%，淀粉含量53.76%，脂肪含量1.11%。抗病性较好，高抗豆象。

【产量表现】 2008~2009年山西省生产试验，2008年平均产量1110.0kg/hm^2，比对照（晋绿豆1号）增产14.2%；2009年平均产量1703.0kg/hm^2，比对照（晋绿豆1号）增产13.7%；两年平均产量1406.5kg/hm^2，比对照（晋绿豆1号）增产14.0%。

【利用价值】 粒大、商品性好、高抗豆象，适宜原粮出口。

【栽培要点】 播种前精选种子，精细整地，施足底肥，忌重茬和白菜茬。播种期在5月中下旬，麦后复播越早越好。播种量15~30kg/hm^2，播种深度3~5cm，行距40~50cm，种植密度12万~15万株/hm^2。自出苗至开花，中耕除草2~3次。特别应注意花荚期的水肥管理。苗期注意防治蚜虫、地老虎、红蜘蛛，花荚期及时防治豆荚螟、蚜虫、叶斑病。田间80%豆荚成熟时收获，建议成熟一批，采摘一批。

【适宜地区】 可在黄淮地区春播、夏播种植。

撰稿人：张耀文　赵雪英　朱慧珺

52 晋绿豆8号

【品种来源】 山西省农业科学院作物科学研究所于1999年开始以串辐-1为母本、VC1973A为父本杂交选育而成，原品系代号：9908-34。2014年5月通过山西省农作物品种审定委员会认定，认定编号：晋审绿（认）2014001。全国统一编号：C07499。

【特征特性】 该品种在太原春播生育期85d，属中熟种。田间植株长势整齐一致，茎秆直立，生长势中等。植株直立，株高50.0cm。幼茎绿色，成熟茎绿色，茎有绒毛，主茎节数9~10节，主茎分枝2~3个。复叶卵圆形、浓绿，花黄色，成熟荚黑色、圆筒形。单株荚数20.0个，单荚粒数9~10粒，籽粒圆柱形，种皮绿色有光泽，百粒重6.5g。干籽粒蛋白质含量23.95%，淀粉含量50.98%，脂肪含量1.61%。田间观察有一定的耐旱性。

【产量表现】 2012~2013年山西省区域试验，2012年平均产量1244.0kg/hm²，比对照（晋绿豆3号）增产12.7%；2013年平均产量1419.0kg/hm²，比对照（晋绿豆3号）增产12.2%；两年平均产量1331.0kg/hm²，比对照（晋绿豆3号）增产12.5%。

【利用价值】 粒色鲜艳，品质优良，商品性好；豆芽菜品质优良，芽体粗壮白嫩，甜脆可口；做绿豆汤易煮烂，口味清香。

【栽培要点】 播种前精选种子，精细整地，施足底肥，忌重茬和白菜茬。北部春播区一般在5月中下旬播种，南部夏播区麦收后抢墒播种。播种量15~30kg/hm²，播种深度3~5cm，行距40~50cm，种植密度12万~15万株/hm²。自出苗至开花，中耕除草2~3次。特别注意花荚期的水肥管理。苗期注意防治蚜虫、地老虎、红蜘蛛，花荚期及时防治豆荚螟、蚜虫及叶斑病。田间90%以上豆荚成熟时一次性收获，收获后及时晾晒、脱粒、入库。

【适宜地区】 可在黄淮地区春播、夏播种植。

撰稿人：张耀文　赵雪英　朱慧珺

53　晋绿1009-2

【品种来源】　山西省农业科学院作物科学研究所于2010年以晋绿豆1号为母本、早绿1号为父本杂交选育而成，原品系代号：1009-2-5。全国统一编号：C07500。

【特征特性】　该品种在太原春播生育期85~95d，夏播生育期75~80d。田间植株长势整齐一致，茎秆直立，生长势中等。植株直立，株型紧凑，株高50.0cm。幼茎紫色，成熟茎绿色，主茎节数10节，主茎分枝2~3个。复叶卵圆形，花黄色，成熟荚黑色、弓形。单株荚数23.8个，单荚粒数10.6粒，籽粒圆柱形，种皮绿色有光泽，百粒重6.5g。干籽粒蛋白质含量24.65%，淀粉含量58.20%，脂肪含量0.65%。

【产量表现】　2017~2018年山西省区域试验，2017年平均产量1204.5kg/hm^2，比对照（晋绿豆3号）增产3.6%；2018年平均产量1315.5kg/hm^2，比对照（晋绿豆3号）增产7.1%；两年平均产量1260.0kg/hm^2，比对照（晋绿豆3号）增产5.4%。

【利用价值】　粒大、粒色鲜艳、商品性好，适宜原粮出口和粮用。

【栽培要点】　播种前精选种子，精细整地，施足底肥，忌重茬和白菜茬。播种期5月中下旬，麦后复播越早越好。播种量15~30kg/hm^2，播种深度3~5cm，行距40~50cm，种植密度12万~15万株/hm^2。自出苗至开花，中耕除草2~3次。特别注意花荚期的水肥管理。苗期注意防治蚜虫、地老虎、红蜘蛛，花荚期及时防治豆荚螟、蚜虫及细菌性晕疫病。田间90%豆荚成熟时可以一次性收获。

【适宜地区】　可在山西省中、北部春播，南部复播种植。

撰稿人：张耀文　赵雪英　朱慧珺

54 晋绿豆9号

【品种来源】 山西省农业科学院高寒区作物研究所于2004年从大同灵丘县小明绿豆中系统选育而成，原品系代号：06-L选。2015年通过山西省农作物品种审定委员会认定，认定编号：晋审绿（认）2015001。全国统一编号：C07501。

【特征特性】 中晚熟品种，生育期98d。亚有限结荚习性，株型紧凑，结荚集中、直立、抗倒伏，幼茎紫色，成熟茎绿色，株高56.0cm，主茎分枝3～4个，主茎节数11节，复叶卵圆形，花黄色，单株荚数30.0个，多者可达50个以上，荚长8.9cm，成熟荚黑褐色、圆筒形，单荚粒数12～14粒，籽粒短圆柱形，种皮绿色有光泽，百粒重5.2～6.2g。农业农村部谷物及制品质量监督检验测试中心（哈尔滨）检测：干籽粒蛋白质含量24.39%，淀粉含量52.35%，脂肪含量1.21%。结荚集中，成熟一致不炸荚，适宜机械收获，抗逆性强，适应性广，稳产性好，后期不早衰。

【产量表现】 产量一般为1800～2100kg/hm^2，高者可达2250kg/hm^{2}以上。2010～2011年所内品种比较试验平均产量1724.6kg/hm^2，比对照（晋绿豆3号）增产15.2%。2012～2013年参加山西省早熟组区域试验，两年平均产量1288.5kg/hm^2，比对照（晋绿豆3号）增产8.8%。2012～2013年10点次全部增产，试点增产率达100%。

【利用价值】 籽粒中等，粒色鲜艳，品质优良，商品性好，营养价值高，可用于加工豆芽、豆粉、绿豆茶等粗、精、深产品。

【栽培要点】 适期播种、适度密植，采用腐熟有机肥与氮磷钾复合肥混施作底肥，适度增加微肥、菌肥，采用根瘤菌拌种最佳，北方春播在5月中下旬为宜，适宜密度15万～18万株/hm^2，行距45～50cm，株距12～15cm。夏播适宜密度12万～15万株/hm^2，播种量22.5～30.0kg/hm^2。足墒播种，保全苗，五叶期中耕培土防倒伏。初花期随水施尿素25～105kg/hm^2，并及时防治地老虎、蚜虫、红蜘蛛、豆荚螟及细菌性晕疫病等。注意克服花期干旱，避免连作重茬。

【适宜地区】 适宜在山西、陕西、内蒙古、黑龙江、吉林、辽宁等地种植。

撰稿人：邢宝龙　刘支平

55 同绿5号

【品种来源】 山西省农业科学院高寒区作物研究所于2011年以9911-4为母本、冀绿1号为父本杂交选育而成,原品系代号:同111411。2021年通过山西省农作物品种审定委员会认定,认定编号:晋认杂粮202105。全国统一编号:C07502。

【特征特性】 中熟品种,春播区生育期90d。有限结荚习性,株型直立,株高75.2cm,主茎分枝2.8个,主茎节数9.0节。复叶卵圆形,幼茎紫色,成熟茎绿色,花黄色,荚黑褐色,单株荚数30.0个,多者可达50个以上,荚长12.5cm,扁圆形,单荚粒数14.2粒,籽粒圆柱形,种皮绿色无光泽,百粒重5.3g,具有结荚部位高、成熟一致不倒伏、株型直立易机收、抗逆性强、适应性广、丰产性好等优点。2020年农业农村部谷物及制品质量监督检验测试中心(哈尔滨)检测:干籽粒蛋白质(干基)含量25.8%,淀粉(干基)含量48.16%,脂肪(干基)含量0.9%。

【产量表现】 产量一般为1125.0~1500.0kg/hm²。2017~2018年参加品种比较试验,2017年比对照(晋绿9号)增产26.3%,排名第三位;2018年比对照(晋绿9号)增产15.8%,排名第二位。2019~2021年参加国家食用豆产业技术体系绿豆新品系联合鉴定试验,在大同综合试验站两年平均产量1552.5kg/hm²。

【利用价值】 籽粒中等,粒色绿,无光泽,品质优良,商品性好(淀粉含量较高,蒸后粉沙性好),营养价值高,故常用来做成豆沙,亦可用于各种粗、精、深产品的加工。

【栽培要点】 适合中等或中等偏上地力中等密度栽培,春播适宜密度15万~20万株/hm²。晋北春播以5月下旬为宜(可避开病虫害高发期),足墒播种,保全苗,注意克服花期干旱,避免连作重茬。因其株型直立,可进行机械收割。

【适宜地区】 晋北春播,晋中、晋南复播及类似生态区栽培种植。

撰稿人:邢宝龙　刘　飞

56 同绿6号

【品种来源】 山西省农业科学院高寒区作物研究所于2011年以LD23为母本、冀绿9239-8为父本杂交选育而成，原品系代号：LD1127522。2021年通过山西省农作物品种审定委员会认定，认定编号：晋认杂粮202106。全国统一编号：C07503。

【特征特性】 该品系生育期90～110d，株型直立，亚有限结荚习性，株高76.4cm，主茎分枝3.8个，主茎节数10.6节，单株荚数51.0个，单荚粒数12.1粒，荚长10.9cm，百粒重6.2g，种皮绿色有光泽，成熟荚黑褐色、圆筒形，具有结荚部位高、成熟一致不倒伏、株型直立易机收、抗耐性强、适应性广、丰产性好等优点。2020年农业农村部谷物及制品质量监督检验测试中心（哈尔滨）测定：干籽粒蛋白质（干基）含量25.1%，淀粉（干基）含量47.24%，脂肪（干基）含量1.3%。

【产量表现】 产量一般为1100.0～1450.0kg/hm²。2018～2019年参加山西省绿豆新品种自主联合区域试验，2018年平均产量1495.0kg/hm²，比对照（晋绿豆7号）增产9.2%；2019年平均产量1450.0kg/hm²，比对照（晋绿豆7号）增产10.9%；两年平均产量1472.5kg/hm²，比对照（晋绿豆7号）增产10.0%。

【利用价值】 籽粒较小，粒色鲜艳，品质优良，商品性好，营养价值高，可用于各种粗、精、深产品的加工。

【栽培要点】 适合中等或中等偏上地力中等密度栽培，春播适宜密度15万～20万株/hm²。晋北春播以5月下旬为宜（可避开病虫害高发期），足墒播种，保全苗，注意克服花期干旱，避免连作重茬。因其株型直立，可进行机械收割。

【适宜地区】 晋北春播，晋中、晋南复播及类似生态区栽培种植。

撰稿人：邢宝龙　刘飞

57 黄荚绿

【品种来源】 山西省农业科学院高寒区作物研究所于2011~2021年以品系LD18为母本、冀绿9239-8为父本杂交选育而成，原品系代号：LD1127521（黄荚）。2021年通过山西省农作物品种审定委员会认定，认定编号：晋认杂粮202104。2022年被选为山西省农业生产主推品种。全国统一编号：C07504。

【特征特性】 中晚熟品种，生育期110d，亚有限结荚习性，株型紧凑，结荚集中，结荚部位高，适宜机械化管理，幼茎浅紫色，叶柄紫色，株型直立，株高64.9cm，主茎分枝4.2个，主茎节数9.3节，复叶圆形，花黄色，单株荚数37.1个，单荚粒数12.0粒，荚长10.9cm，成熟荚黄白色、圆筒形，籽粒短圆柱形，种皮绿色有光泽，百粒重5.2g。农业农村部谷物及制品质量监督检验测试中心（哈尔滨）检测：干籽粒蛋白质含量22.77%，淀粉含量51.59%，脂肪含量1.59%。具有结荚部位高、成熟一致不倒伏、株型直立易机收、抗逆性强、适应性广、丰产性好等优点。

【产量表现】 产量一般为1950.0~2100.0kg/hm²，高者可达2250.0kg/hm²以上。2017~2018年品种比较试验平均产量2019.0kg/hm²，比对照（晋绿豆9号）增产18.4%。2019~2020年参加山西省区域试验及生产试验，两年10点次全部增产，平均产量1986.0kg/hm²，比对照增产10.6%。

【利用价值】 籽粒中等，粒色鲜艳，碧绿有光泽，品质优良，商品性好，营养价值高，可用于加工豆芽、豆粉、绿豆茶等粗、精、深产品。

【栽培要点】 适期播种、适度密植，采用腐熟有机肥与氮磷钾复合肥混施作底肥，适度增加微肥、菌肥，采用根瘤菌拌种最佳，北方春播以5月中下旬为宜，适宜密度15万~18万株/hm²，行距45~50cm，株距12~15cm。夏播适宜密度12万~15万株/hm²，播种量22.5~30.0kg/hm²。足墒播种，保全苗，五叶期中耕培土防倒伏。初花期随水施尿素25~105kg/hm²，并及时防治地老虎、蚜虫、红蜘蛛、豆荚螟及细菌性晕疫病等。注意克服花期干旱，避免连作重茬。

【适宜地区】 适应性广，全国各绿豆产区均可种植，在山西、陕西、内蒙古、黑龙江、吉林、辽宁等地表现较好。

撰稿人：邢宝龙　刘支平

58 科绿1号

【品种来源】 内蒙古自治区农牧业科学院植物保护研究所于2009年从包头大明绿豆（C04786）中系统选育而成的耐旱、高产绿豆新品种。2012年通过内蒙古自治区农作物品种审定委员会品种认定，认定编号：蒙认豆2012001号。全国统一编号：C06653。

【特征特性】 生育期100d，有限结荚习性，株型紧凑，直立生长。幼茎绿色，株高64.3cm，主茎分枝3.5个，主茎节数9.0节，单株荚数31.4个，单荚粒数11.6粒，百粒重6.4g，荚圆筒形，成熟荚黑色，籽粒圆柱形，种皮绿色有光泽，属大粒、高产品种。干籽粒蛋白质含量21.82%，淀粉含量57.27%。田间自然鉴定：耐旱、耐瘠，适应性强。

【产量表现】 2010~2011年参加内蒙古自治区绿豆品种区域试验，两年平均产量1567.0kg/hm^2，比对照（白绿522）增产8.7%。2011年在进行第二年区域试验的同时参加了内蒙古自治区绿豆品种生产试验，表现出较好的增产潜力。

【利用价值】 籽粒饱满、整齐、色泽浓绿，发芽率高，适于芽菜生产和其他食品加工。

【栽培要点】 ①播种期：5月中旬至6月上旬，内蒙古东部区可采用垄上开沟条播或点播的方式播种；中西部区采用平作一机双行带状方式播种。播种量15~20kg/hm^2。覆土深度一般为3~5cm，播后镇压保墒。②种植密度：遵照"肥地宜稀、薄地宜密"的原则。行距50cm，株距10~15cm，种植密度13万~20万株/hm^2。③施肥：在播种的同时，采用播种机自带施肥装置施入种肥。根据土壤肥力条件和品种特性合理控制施肥量。一般氮磷钾复合肥150~200kg/hm^{2}作种肥。④田间管理：生育期间，一般在开花结荚前要进行中耕除草2~3次。在开花期结合灌水追施尿素等氮肥50~80kg/hm^2。在生育中后期，若遇到干旱要及时灌水，以防落花、落荚。在整个生育期间，尤其要注意防治地老虎、蚜虫、红蜘蛛、豆荚螟及细菌性晕疫病等。

【适宜地区】 内蒙古呼和浩特市、乌兰察布市、赤峰市、通辽市、兴安盟等绿豆产区。

撰稿人：孔庆全　赵存虎　贺小勇　陈文晋

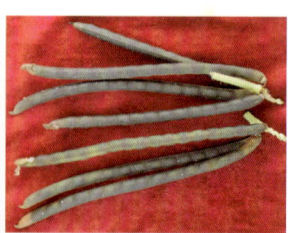

59 科绿2号

【品种来源】 内蒙古自治区农牧业科学院植物保护研究所于2013年从地方品种土城绿豆（C04795）中系统选育而成的大粒、高产绿豆新品种，原品系代号：TL11。2020年9月通过中国作物学会品种鉴定，鉴定编号：国品鉴绿豆2020003。全国统一编号：C0007505。

【特征特性】 生育期87d，有限结荚习性，株型紧凑，直立生长，幼茎紫红色，成熟茎绿色，株高66.4cm，主茎分枝4.1个，主茎节数8.6节，单株荚数19.1个，荚长10.9cm，单荚粒数12.2粒，百粒重5.5g。复叶卵圆形、绿色，叶片较大，花浅黄色。荚圆筒形，成熟荚黑色，籽粒长圆柱形，种皮绿色有光泽，属大粒、高产品种。干籽粒蛋白质含量16.75%，淀粉含量59.00%，脂肪含量1.21%。该品种具有直立、早熟、高产、大粒的特点，且结荚部位较高，适宜机械收割。

【产量表现】 2013年品种比较试验平均产量1813.0kg/hm²，比对照（白绿522）增产9.4%，居参试品种第一位。2014～2015年内蒙古绿豆品种区域试验平均产量1431kg/hm²，比对照（白绿522）增产6.3%，居参试品种首位。试验结果表明，该品种具有早熟、高产、大粒、抗细菌性病害等优点。

【利用价值】 籽粒饱满、整齐、色泽浓绿，发芽率高，适于芽菜生产和其他食品加工。

【栽培要点】 ①播种期：5月15日至6月10日。②种植密度：12万～15万株/hm²。③施肥：以有机肥为主，有条件的地区播种时可施种肥氮磷钾复合肥75～120kg/hm²。④注意事项：该品种为耐水肥品种，抗旱性一般，有条件的地区在花荚期视土壤墒情结合追肥，浇水1～2次。

【适宜地区】 内蒙古自治区呼和浩特市、乌兰察布市、赤峰市、通辽市、兴安盟等绿豆产区。

撰稿人：孔庆全　赵存虎　贺小勇　陈文晋　田晓燕

60 辽绿9号

【品种来源】 辽宁省农业科学院作物研究所于2003年从大明绿的混杂群体中选育优良变异单株，经几年系统选育而成，原品系代号：系选株行-63。2012年通过辽宁省非主要农作物品种备案办公室审定，审定编号：辽备杂粮［2011］67号。全国统一编号：C07506。

【特征特性】 中熟品种，春播生育期85d。半有限结荚习性，株型半蔓生，幼茎紫色，株高75.0cm，主茎分枝3.9个，单株荚数23.5个，荚长11.2cm，成熟荚黑色，单荚粒数10.6粒，单株粒重11.5g，籽粒长圆柱形，种皮绿色有光泽，百粒重6.2g。抗病性、抗逆性强，耐瘠薄，适应性强。农业农村部农产品质量监督检验测试中心（沈阳）测定：干籽粒蛋白质含量26.40%，淀粉含量62.00%，脂肪含量0.90%，符合国家制定的蛋白质含量20%以上的优质品质标准。

【产量表现】 2011年辽宁省区域试验平均产量1252.4kg/hm^2，居第二位，比对照（辽绿8号）增产6.1%，6个试点中有4个试点增产。

【利用价值】 粒大，粒色鲜艳，皮薄，品质优良，商品价值高。

【栽培要点】 春播期为5月下旬至6月中旬。播种量15～20kg/hm^2。行距50～60cm，株距15～20cm，每穴留苗1株，种植密度12万～15万株/hm^2。绿豆苗期需肥较少，花荚期需肥较多，在施足基肥的前提下施种肥磷酸二铵150kg/hm^2。加强田间管理，及时中耕除草，苗期注意防治蚜虫，花荚期注意防治豆荚螟。为提高产量，成熟时及时采摘、晾晒。大面积种植时，应在全田豆荚70%成熟时一次性收获。

【适宜地区】 适宜在辽宁省大部分地区种植。

撰稿人：赵 阳 庄 艳 葛维德

61 辽绿10号

【品种来源】 辽宁省农业科学院作物研究所于2006年对辽绿6号进行 ^{60}Co-γ 射线照射，辐射剂量2.0kGy，选择优良单株，经几年系统选育而成，原品系代号：V2.0-8-2。2012年通过辽宁省非主要农作物品种备案办公室审定，审定编号：辽备杂粮［2011］68号。全国统一编号：C06651。

【特征特性】 中熟品种，春播生育期85d。半有限结荚习性，株型半蔓生，幼茎紫色，株高99.8cm，主茎分枝4.2个，单株荚数27.7个，荚长12.0cm，成熟荚黑褐色，单荚粒数11.1粒，单株粒重15.0g，籽粒长圆柱形，种皮绿色有光泽，百粒重6.3g。抗病性、抗逆性强，耐瘠薄，适应性强。农业农村部农产品质量监督检验测试中心（沈阳）测定：干籽粒蛋白质含量25.40%，淀粉含量60.60%，脂肪含量0.90%，符合国家制定的蛋白质含量20%以上的优质品质标准。

【产量表现】 2011年辽宁省区域试验平均产量1337.3kg/hm^2，居第一位，比对照（辽绿8号）增产13.3%，6个试点中有5个试点增产。

【利用价值】 粒大，粒色鲜艳，皮薄，品质优良，商品价值高。

【栽培要点】 春播期为5月下旬至6月中旬。播种量15～20kg/hm^2。行距50～60cm，株距15～20cm，每穴留苗1株，种植密度12万～15万株/hm^2。绿豆苗期需肥较少，花荚期需肥较多，在施足基肥的前提下施种肥磷酸二铵150kg/hm^2。加强田间管理，及时中耕除草，苗期注意防治蚜虫，花荚期注意防治豆荚螟。为提高产量，成熟时及时采摘、晾晒。大面积种植时，应在全田豆荚70%成熟时一次性收获。

【适宜地区】 适宜在辽宁省大部分地区种植。

撰稿人：赵　阳　庄　艳　葛维德

62　辽绿11

【品种来源】 辽宁省农业科学院作物研究所于2006年对辽绿6号进行^{60}Co-γ射线照射，辐射剂量2.3kGy，选择优良单株，经几年系统选育而成，原品系代号：FL2.3-4-1。2014年通过辽宁省非主要农作物品种备案办公室审定，审定编号：辽备杂粮2013002。全国统一编号：C06678。

【特征特性】 中熟品种，春播生育期82d。半有限结荚习性，株型半蔓生，幼茎紫色，株高83.0cm，主茎分枝3.6个，单株荚数24.5个，荚长10.7cm，成熟荚黑色，单荚粒数10.9粒，单株粒重13.1g。籽粒长圆柱形，种皮绿色有光泽，百粒重5.9g。田间自然鉴定：抗病、抗逆性强，耐瘠薄，适应性强。

【产量表现】 2013年辽宁省杂粮备案品种区域试验平均产量1727.1kg/hm^2，居第3位，比对照（辽绿8号）增产6.6%，在7个试点中有5个试点增产。其中，阜新试验点增产25.1%，沈阳试验点增产9.8%，铁岭试验点增产6.3%，锦州试验点增产2.1%，丹东试验点增产1.0%。

【利用价值】 高产稳产，品质好，籽粒大小均匀。

【栽培要点】 春播期为5月下旬至6月中旬。播种量15～20kg/hm^2。行距50～60cm，株距15～20cm，每穴留苗1株，种植密度12万～15万株/hm^2。绿豆苗期需肥较少，花荚期需肥较多，在施足基肥的前提下施种肥磷酸二铵150kg/hm^2。加强田间管理，及时中耕除草，苗期注意防治蚜虫，花荚期注意防治豆荚螟。为提高产量，成熟时及时采摘、晾晒。大面积种植时，应在全田豆荚70%成熟时一次性收获。

【适宜地区】 适宜在辽宁省大部分地区种植。

撰稿人：葛维德　薛仁风　赵　阳

63 辽绿29

【品种来源】 辽宁省经济作物研究所于2007年以阜绿2号为母本、保942-34为父本杂交选育而成，原品系代号：07-2。2013年通过辽宁省非主要农作物品种审定委员会审定备案，备案编号：辽备杂粮2013003。全国统一编号：C06679。

【特征特性】 早熟品种，生育期80d。有限结荚习性，株型紧凑，植株直立抗倒伏，幼茎绿色，株高75.0cm，主茎分枝3～6个。复叶卵圆形，花黄色。单株荚数25.0个，多者可达35个以上，荚长10.5cm，荚弓形，成熟荚黑褐色，单荚粒数10～12粒。籽粒长圆柱形，种皮绿色有光泽，百粒重6.2g。农业农村部农产品质量监督检验测试中心（沈阳）测试：干籽粒蛋白质含量25.60%，淀粉含量60.90%，脂肪含量1.10%。结荚集中，成熟一致不炸荚，适于机械统一收获。田间自然鉴定：抗叶斑病、白粉病，耐旱，耐瘠，适应性广，适播期较长。

【产量表现】 产量一般为1500.0～2250.0kg/hm²，高者可达2700.0kg/hm²以上。2013年辽宁省杂粮备案品种区域试验平均产量1727.1kg/hm²，居参试品种第二位，比对照（辽绿8号）增产6.6%，7个试点中有5个试点增产。

【利用价值】 适于生产绿豆芽、淀粉、豆沙和糕点加工、煮粥煮汤等。

【栽培要点】 在平地、坡地均可种植，还可与禾本科作物及幼龄果树间作套种，在辽宁西北部地区种植一茬绿豆，播种期为5月20日至6月20日。在辽宁东南部地区作为下茬，播种期为6月25日至7月2日，不能晚于7月10日，播种深度3～4cm，播种量15～20kg/hm²，行距40～50cm，株距8～12cm，种植密度15万～20万株/hm²，忌重茬。机械播种后1～2d，可用除草剂封闭防治杂草。生长发育前期注意防治蚜虫，后期注意防止豆象为害。当田间豆荚90%以上变黑褐时及时收获，以免落粒损失。

【适宜地区】 适宜在辽宁、吉林、河北及内蒙古等地区种植。

撰稿人：赵 秋 何伟锋 王洪皓 乔 辉

64 吉绿5号

【品种来源】 吉林省农业科学院作物育种研究所于1999年以大鹦哥绿为母本、绿豆103为父本杂交选育而成，原品系代号：JL5382。2009年通过吉林省农作物品种审定委员会登记，登记编号：吉登绿2009003。全国统一编号：C06507。

【特征特性】 晚熟品种，春播出苗至成熟99d。无限结荚习性，半蔓生。幼茎紫色，株高63.7cm，主茎分枝3.0个。复叶卵圆形，花黄色。单株荚数25.6个，荚长11.8cm，羊角形，成熟荚黑色，单荚粒数13.0粒。籽粒长圆柱形，种皮绿色有光泽，百粒重6.6g。干籽粒蛋白质含量23.96%，淀粉含量56.89%，脂肪含量1.27%。适应性广；田间自然鉴定：抗叶部病害，耐旱性强。

【产量表现】 2005～2006年品种预备试验平均产量1505.5kg/hm^2，比对照（白绿6号）增产11.2%。2007～2008年吉林省区域试验平均产量1725.0kg/hm^2，比对照（白绿6号）增产12.3%。吉林省生产试验平均产量1459.7kg/hm^2，比对照（白绿6号）增产21.2%。

【利用价值】 适于原粮出口，生产粉丝、豆沙等。

【栽培要点】 适宜播种期为5月中旬，播种量20～30kg/hm^2，种植密度15万株/hm^{2}左右，中等土壤肥力条件下施种肥氮磷钾复合肥150～250kg/hm^2，及时中耕除草，防治病虫害。收获后及时熏蒸或冷藏处理以防止豆象为害。

【适宜地区】 适宜在吉林省的中西部地区及辽宁、黑龙江、内蒙古等邻近种植区种植。

撰稿人：郭中校　徐　宁

65　吉绿6号

【品种来源】 吉林省农业科学院作物育种研究所于1997年以农家品种7008为母本、白绿522为父本杂交选育而成，原品系代号：洮97104。2010年通过吉林省农作物品种审定委员会登记，登记编号：吉登绿豆2010002。全国统一编号：C06508。

【特征特性】 晚熟品种，春播出苗至成熟97d。无限结荚习性，半蔓生。幼茎紫色，株高61.1cm，主茎分枝3.0个。复叶椭圆形，花黄色。单株荚数19.3个，荚长11.3cm，羊角形，成熟荚黑色，单荚粒数12.5粒。籽粒长圆柱形，种皮绿色有光泽，百粒重7.1g。干籽粒蛋白质含量24.98%，淀粉含量55.66%，脂肪含量1.12%。适应性广；田间自然鉴定：抗根腐病，中抗叶斑病，感蚜虫。

【产量表现】 2005～2006年产量比较试验平均产量1865.5kg/hm^2，比对照（白绿6号）增产15.7%。2007～2008年吉林省区域试验平均产量1491.2kg/hm^2，比对照增产7.1%。2008～2009年吉林省生产试验平均产量1241.4kg/hm^2，比对照增产12.9%。

【利用价值】 适于原粮出口，生产粉丝、豆沙等。

【栽培要点】 适宜播种期为5月10日至6月1日，播种量20～30kg/hm^2，播种深度3～4cm，行距60～70cm，株距10～15cm。一般施用基肥（氮磷钾复合肥）150kg/hm^2，中后期如长势较好可不再追肥，如发现田间群体偏弱而预计不能封垄的地块，及时追施氮磷钾复合肥100kg/hm^2。苗期防治地老虎、蚜虫，中期防治钻心虫、豆荚螟。

【适宜地区】 适宜在吉林省及内蒙古、黑龙江等邻近地区种植。

撰稿人：郭中校　徐　宁

66 吉绿7号

【品种来源】 吉林省农业科学院作物育种研究所于1995年以白925为母本、高阳绿豆为父本杂交选育而成，原品系代号：JL5375。2010年通过吉林省农作物品种审定委员会登记，登记编号：吉登绿豆2010003。全国统一编号：C06509。

【特征特性】 晚熟品种，春播出苗至成熟94d。无限结荚习性，半蔓生。幼茎紫色，株高58.1cm，主茎分枝2.2个。复叶心脏形，花黄色。单株荚数13.6个，荚长11.8cm，羊角形，成熟荚黑褐色，单荚粒数16.3粒。籽粒长圆柱形，种皮绿色有光泽，百粒重6.7g。干籽粒蛋白质含量25.33%，淀粉含量55.01%，脂肪含量1.03%。适应性广；田间自然鉴定：高抗病毒病和叶斑病。

【产量表现】 2005~2006年产量比较试验平均产量1570.6kg/hm^2，比对照（白绿6号）增产13.0%。2007~2009年吉林省区域试验平均产量1495.9kg/hm^2，比对照增产10.2%。2008~2009年吉林省生产试验平均产量1324.1kg/hm^2，比对照增产22.3%。

【利用价值】 适于原粮出口，生产粉丝、豆沙等。

【栽培要点】 5月中下旬播种，播种量25kg/hm^2，行距60~70cm，株距10~20cm，种植密度11万~15万株/hm^2。整地的同时增施适量农家肥，中等土壤肥力条件下，施种肥氮磷钾复合肥150~250kg/hm^2，及时中耕除草，防治病虫害。

【适宜地区】 适宜在吉林省各地区种植。

撰稿人：郭中校　徐宁

67 吉绿8号

【品种来源】 吉林省农业科学院作物育种研究所于2001年从内蒙古引进的绿豆农家品种中系统选育而成，原品系代号：TL01038-9。2011年通过吉林省农作物品种审定委员会登记，登记编号：吉登绿豆2011003。全国统一编号：C06510。

【特征特性】 中早熟品种，春播出苗至成熟75d。无限结荚习性，半蔓生。幼茎紫色，株高43.4cm，主茎分枝1.9个。复叶卵圆形，花黄色。单株荚数26.8个，荚长7.6cm，圆筒形，成熟荚黑褐色，单荚粒数12.6粒。籽粒短圆形，种皮绿色有光泽，百粒重3.8g。干籽粒蛋白质含量25.12%，淀粉含量55.93%，脂肪含量0.89%。适应性广；田间自然鉴定：抗根腐病和叶斑病。

【产量表现】 2008～2010年吉林省区域试验平均产量1152.6kg/hm^2，比对照增产10.0%。2009～2010年吉林省生产试验平均产量1169.2kg/hm^2，比对照增产9.2%。

【利用价值】 适于生产豆芽、粉丝、豆沙等。

【栽培要点】 5月中下旬播种，种植密度15万～20万株/hm^2，播种量约20kg/hm^2，施足基肥，播种的同时施入种肥，一般施氮磷钾复合肥150～250kg/hm^2。忌与豆科作物连作。苗期一般中耕3次，中耕时结合培土。在整个生育期间，要注意防治蚜虫、红蜘蛛等。收获后及时熏蒸或冷藏处理以防止豆象为害。

【适宜地区】 适宜在吉林省西部绿豆主产区种植。

撰稿人：郭中校　徐　宁

68 吉绿9号

【品种来源】 吉林省农业科学院作物育种研究所于2003年以白绿522为母本、自选材料T62-2为父本杂交选育而成，原品系代号：TL03047。2013年通过吉林省农作物品种审定委员会登记，登记编号：吉登绿豆2013002。全国统一编号：C07507。

【特征特性】 中熟品种，春播出苗至成熟90d。无限结荚习性，半蔓生。幼茎紫色，株高64.3cm，主茎分枝2.6个。复叶卵圆形，花黄色。单株荚数15.0个，荚长13.0cm，羊角形，成熟荚黑褐色，单荚粒数12.3粒。籽粒长圆柱形，种皮绿色有光泽，百粒重6.8g。干籽粒蛋白质含量24.72%，淀粉含量51.80%。适应性广；田间自然鉴定：抗叶斑病和霜霉病。

【产量表现】 2011~2012年吉林省区域试验平均产量1429.9kg/hm^2，比对照（白绿6号）增产14.0%。2012年吉林省生产试验平均产量1685.1kg/hm^2，比对照增产23.1%。

【利用价值】 适于原粮出口，生产粉丝、豆沙等。

【栽培要点】 5月中下旬播种，播种量16~20kg/hm^2，种植密度12万~16万株/hm^2，行距50~70cm，株距10~15cm。按照"肥地略稀、薄地略密"的原则留苗。整地的同时增施适量农家肥，中等土壤肥力条件下，施种肥氮磷钾复合肥150~250kg/hm^2。忌与豆科作物连作。苗期一般中耕2~3次，中耕时结合培土。在整个生育期间，要注意防治蚜虫、红蜘蛛等为害。

【适宜地区】 适宜在吉林省西部绿豆主产区种植。

撰稿人：郭中校　徐　宁

69　吉绿10号

【品种来源】 吉林省农业科学院作物资源研究所于2005年从河北省引进的农家品种中系统选育而成，原品系代号：JLE-01。2014年通过吉林省农作物品种审定委员会登记，登记编号：吉登绿豆2014002。全国统一编号：C07508。

【特征特性】 中熟品种，春播出苗至成熟86d。有限结荚习性，直立生长，株型紧凑。幼茎紫色，株高66.7cm，主茎分枝2.5个，主茎节数8.3节。单株荚数25.8个，荚长9.7cm，圆筒形，成熟荚黑色，单荚粒数12.9粒。籽粒短圆柱形，种皮绿色有光泽，百粒重5.1g。干籽粒蛋白质含量23.60%，淀粉含量51.03%。适应性广；田间自然鉴定：抗叶斑病和根腐病。

【产量表现】 2012~2013年吉林省区域试验平均产量1353.5kg/hm^2，比对照增产20.0%。2013年吉林省生产试验平均产量达到1532.6kg/hm^2，比对照增产35.3%。

【利用价值】 适于原粮出口，生产豆芽、粉丝、豆沙等。

【栽培要点】 5月中下旬播种，播种量16~20kg/hm^2，种植密度12万~20万株/hm^2，行距50~60cm，株距10~15cm。按照"肥地略稀、薄地略密"的原则留苗。整地的同时，增施适量农家肥，中等土壤肥力条件下，施种肥氮磷钾复合肥150~250kg/hm^2。忌与豆科作物连作。苗期一般中耕2~3次，中耕时结合培土。在整个生育期间，要注意防治蚜虫、红蜘蛛等。

【适宜地区】 适宜在吉林省西部绿豆主产区种植。

撰稿人：郭中校　徐　宁

70 吉绿11号

【品种来源】 吉林省农业科学院作物资源研究所于2005年以农家品种5号为母本、白绿522为父本杂交选育而成，原品系代号：JL02039。2014年通过吉林省农作物品种审定委员会登记，登记编号：吉登绿豆2014001。全国统一编号：C07509。

【特征特性】 中熟品种，春播出苗至成熟89d。无限结荚习性，半蔓生。幼茎紫色，株高63.4cm，主茎分枝2.5个。单株荚数14.3个，荚长12.3cm，羊角形，成熟荚黑色，单荚粒数12.6粒。籽粒长圆柱形，种皮绿色有光泽，百粒重6.2g。干籽粒蛋白质含量24.26%，淀粉含量53.12%。适应性广；田间自然鉴定：抗叶斑病和根腐病。

【产量表现】 2011~2012年吉林省区域试验平均产量1351.4kg/hm^2，比对照（白绿6号）增产8.2%。2013年吉林省生产试验平均产量1450.7kg/hm^2，比对照（白绿6号）增产6.0%。

【利用价值】 适于原粮出口，生产豆芽、粉丝、豆沙等。

【栽培要点】 5月中下旬播种，播种深度3~5cm，覆土不宜太厚。播种量20kg/hm^2，种植密度14万~18万株/hm^2。按照"肥地略稀、薄地略密"的原则留苗。整地的同时，增施适量农家肥，中等土壤肥力条件下，施种肥氮磷钾复合肥150~250kg/hm^2。忌与豆科作物连作。苗期一般中耕2~3次，中耕时结合培土。在整个生育期间，要注意防治蚜虫、红蜘蛛等。收获后及时熏蒸或冷藏处理以防止豆象为害。

【适宜地区】 适宜在吉林省绿豆主产区种植。

撰稿人：郭中校　徐　宁

71　吉绿12号

【品种来源】 吉林省农业科学院作物资源研究所于2005年以自选材料T62-2为母本，以丰产性、稳产性优良的白绿522为父本杂交选育而成，原品系代号：JL03068。2015年通过吉林省农作物品种审定委员会登记，登记编号：吉登绿豆2015003。全国统一编号：C07510。

【特征特性】 晚熟品种，春播出苗至成熟93d。无限结荚习性，半蔓生。幼茎紫色，株高66.4cm，主茎分枝2.7个。单株荚数13.3个，荚长12.1cm，羊角形，成熟荚黑褐色，单荚粒数13.3粒。籽粒长圆柱形，种皮绿色有光泽，百粒重6.3g。干籽粒蛋白质含量27.50%，淀粉含量53.90%。适应性广；田间自然鉴定：抗叶斑病和根腐病。

【产量表现】 2012~2013年吉林省区域试验平均产量1404.7kg/hm^2，比对照（白绿6号）增产10.6%。2014年吉林省生产试验平均产量1443.9kg/hm^2，比对照（白绿6号）增产30.3%。

【利用价值】 适于原粮出口，生产豆芽、粉丝、豆沙等。

【栽培要点】 5月中下旬播种，播种深度3~5cm，覆土不宜太厚。播种量20kg/hm^2，种植密度14万~18万株/hm^2。按照"肥地略稀、薄地略密"的原则留苗。整地的同时增施适量农家肥，中等土壤肥力条件下，施种肥氮磷钾复合肥150~250kg/hm^2。忌与豆科作物连作。苗期一般中耕2~3次，中耕时结合培土。在整个生育期间，要注意防治蚜虫、红蜘蛛等。收获后及时熏蒸或冷藏处理以防止豆象为害。

【适宜地区】 适宜在吉林省绿豆主产区种植。

撰稿人：郭中校　徐　宁

72 吉绿13号

【品种来源】 吉林省农业科学院作物资源研究所于2006年以河北省引进的农家直立型品种JLE为母本、自选材料WY.MR-1为父本杂交选育而成，原品系代号：JL201215。2016年通过吉林省农作物品种审定委员会登记，登记编号：吉登绿豆2016001。全国统一编号：C07511。

【特征特性】 中熟品种，春播出苗至成熟83d。有限结荚习性，直立型。幼茎紫色，株高50.0cm，主茎分枝1.5个。单株荚数25.4个，荚长9.1cm，圆筒形，成熟荚黑褐色，单荚粒数10.2粒。籽粒短圆柱形，种皮绿色有光泽，百粒重5.7g。干籽粒蛋白质含量24.00%，淀粉含量50.40%。适应性广；田间自然鉴定：抗叶斑病和根腐病。

【产量表现】 2013年、2015年吉林省区域试验平均产量1355.0kg/hm^2，比对照（白绿6号）增产12.0%。2015年吉林省生产试验平均产量1311.7kg/hm^2，比对照（白绿6号）增产2.7%。

【利用价值】 适于原粮出口，生产豆芽、粉丝、豆沙等。

【栽培要点】 5月中下旬播种，播种深度3~5cm，覆土不宜太厚。播种量16~20kg/hm^2，种植密度15万~20万株/hm^2。按照"肥地略稀、薄地略密"的原则留苗。整地的同时增施适量农家肥，中等土壤肥力条件下，施种肥氮磷钾复合肥150~250kg/hm^2。忌与豆科作物连作。苗期一般中耕2~3次，中耕时结合培土。在整个生育期间，要注意防治蚜虫、红蜘蛛等。收获后及时熏蒸或冷藏处理以防止豆象为害。

【适宜地区】 适宜在吉林省绿豆主产区种植。

撰稿人：郭中校　徐　宁

73 白绿8号

【品种来源】 吉林省白城市农业科学院于1990年以外引材料88012为母本、大鹦哥绿925为父本杂交选育而成,原品系代号:BL94103。2002年通过吉林省农作物品种审定委员会审定,审定编号:吉审绿2002002。2013年3月通过国家小宗粮豆品种鉴定委员会鉴定,鉴定编号:国品鉴杂2013005。全国统一编号:C05787。

【特征特性】 早熟品种,生育期85~89d。植株半蔓生,亚有限结荚习性,幼茎紫色,花蕾绿带紫色,花黄带紫色,成熟茎绿色,复叶卵圆形,成熟荚黑色,荚弓形,株高48.1~64.2cm,主茎分枝3.4~3.6个,主茎节数8.1~10.5节,单株荚数26.1~27.4个,荚长10.8~11.3cm,单荚粒数11.1~11.7粒,百粒重6.4~6.8g。粒形长圆柱形,种皮绿色有光泽,种脐白色,籽粒色泽明亮鲜艳、商品性能好。籽粒蛋白质(干基)含量27.60%,淀粉(干基)含量56.50%,脂肪(干基)含量1.30%。适应性广;田间自然鉴定:抗叶斑病、菌核病等主要病害,耐旱,耐瘠。

【产量表现】 2009~2011年参加国家绿豆(春播组)品种区域试验,3年12个试验点36个点次有23个点次增产,增产点比率63.9%,平均产量1519.4kg/hm^2,比对照(白绿522)增产5.9%。在2011年国家绿豆生产试验中,该品种在内蒙古达拉特旗、陕西榆林、黑龙江哈尔滨、吉林白城试点均较统一对照(白绿522)和当地对照(白绿6号)表现为增产。4个试验点生产试验,增产点比率100%,平均产量1741.5kg/hm^2,比统一对照(白绿522)增产17.1%。

【利用价值】 出口专用品种,粒大饱满、整齐、色泽鲜艳,商品性好,适于生产豆芽。

【栽培要点】 ①播种:5月15日至6月10日播种为宜。播种量15~20kg/hm^2。条播或点播,覆土3~5cm,稍晾后镇压保墒。忌重茬或迎茬。②种植密度:行距60cm,株距10~15cm,一般保苗14万~18万株/hm^2。③施肥:在中等土壤肥力条件下,施适量农家肥,同时施磷酸二铵100~150kg/hm^2、硫酸钾50kg/hm^{2}作种肥。④田间管理:第一片复叶出现时间苗,2~3片复叶时定苗。7月中旬之前完成3次中耕除草。苗期注意防治蚜虫、红蜘蛛及根腐病等,花荚期及时防治叶斑病等。结合打药进行叶面喷肥,对提高产量和品质很有效。花荚期遇干旱应及时灌水。田间80%以上豆荚成熟后,在早晨露水下去之前一次性收获。收获后及时晾晒、脱粒、清选,入库保存,防止豆象为害。

【适宜地区】 黑龙江哈尔滨、吉林白城、内蒙古达拉特旗、陕西榆林、河北张家口、山西大同、辽宁沈阳等地。

撰稿人:尹凤祥 梁 杰 尹智超 郭文云

74 白绿9号

【品种来源】 由吉林省白城市农业科学院育成，1994年以鹦哥绿925为母本、外引材料88071为父本杂交选育而成，原品系代号：BL94108-3。2008年通过吉林省农作物品种审定委员会登记，登记编号：吉登绿2008001。2020年通过中国作物学会食用豆专业委员会品种鉴定，鉴定编号：国品鉴绿豆2020006。全国统一编号：C06396。

【特征特性】 播种至成熟全生育日期98d，需有效积温2120℃。植株半蔓生，无限结荚习性，幼茎为绿紫色，花蕾为绿带紫色。株高64.3cm，主茎分枝3.0个，单株荚数29.0个，单荚粒数12.3粒，荚长11.9cm，成熟荚黑褐色；百粒重6.9g，籽粒长圆柱形，种皮绿色有光泽。干籽粒蛋白质含量25.90%。适应性广；田间自然鉴定：抗叶斑病和根腐病，耐旱，耐瘠。

【产量表现】 2006～2007年吉林省食用豆品种联合区域试验10个点次两年平均产量1587.0kg/hm², 比对照（白绿6号）增产11.6%, 试点增产率100%。2007年吉林省绿豆生产试验中4个试验点平均产量1498.5kg/hm², 比对照增产12.3%, 试点增产率100%。2016～2017年国家食用豆产业技术体系食用豆品种联合鉴定试验平均产量1594.5kg/hm², 比对照（中绿5号）增产17.2%, 试点增产率100%。2018年联合鉴定生产试验6个试点平均产量1761.5kg/hm², 比对照（中绿5号）增产28.2%, 试点增产率66.7%。

【利用价值】 粒大饱满、整齐、色泽鲜艳，商品性好，适于生豆芽用。

【栽培要点】 适宜播种期以5月上旬至6月上旬为宜，播种量19.5kg/hm²左右。可采用垄上开沟条播或点播的方式播种，覆土深度一般为3～5cm，稍晾后镇压保墒。株距10～15cm，种植密度13.5万～18.0万株/hm²。整地时增施适量农家肥，播种的同时施入种肥磷酸二铵100.5～120.0kg/hm²、硫酸钾60.0～79.5kg/hm²。在生育期间，一般在开花结荚前要进行中耕除草2～3次。在开花期结合封垄追施硝酸铵、尿素等氮肥40.5～60.0kg/hm²、硫酸钾19.5～30.0kg/hm²。分枝期至开花期喷施磷酸二氢钾和含铁、镁、钼等多元微肥2～3次，对提高产量和品质很有效。在整个生育期间，尤其要注意防治蚜虫、红蜘蛛及根腐病、细菌性晕疫病等。花荚期遇干旱应及时灌水。田间80%以上豆荚成熟后，在早晨露水下去之前一次性收获。收获后及时晾晒、脱粒并入库保存，防止豆象为害。

【适宜地区】 适宜吉林白城、长春，辽宁沈阳，黑龙江哈尔滨、齐齐哈尔，河北张家口，山西大同，陕西榆林，内蒙古呼和浩特和新疆乌鲁木齐等地种植。

撰稿人：尹凤祥 梁 杰 尹智超 郭文云

75 白绿10号

【品种来源】 由吉林省白城市农业科学院育成，1995年以大鹦哥绿为母本、中绿1号为父本杂交选育而成，原品系代号：BL9598-1。2010年1月通过吉林省农作物品种审定委员会登记，登记编号：吉登绿豆2010001。全国统一编号：C05724。

【特征特性】 早熟品种，从出苗至成熟生育日数95d，需有效积温2230℃。植株半蔓生，无限结荚习性，株高59.4cm，主茎分枝2.6个；单株荚数17.6个，单荚粒数12.6粒，荚长10.9cm，成熟荚黑褐色；籽粒长圆柱形，种皮绿色有光泽，百粒重6.6g。干籽粒蛋白质含量24.79%。适应性广；田间自然鉴定：抗叶斑病和根腐病，耐旱性强。

【产量表现】 2007年吉林省区域试验5个试点平均产量1870.1kg/hm^2，比对照（白绿6号）增产11.3%；2008年吉林省区域试验6个试点平均产量1267.3kg/hm^2，比对照（白绿6号）增产4.9%；2009年吉林省区域试验5个点次平均产量1425.9kg/hm^2，比对照（白绿6号）增产10.8%；三年吉林省区域试验16个点次平均产量1521.1kg/hm^2，比对照（白绿6号）增产9.0%。2009年生产试验平均产量1281.8kg/hm^2，比对照增产30.6%。

【利用价值】 粒大、种皮深绿色、皮薄，品质优良，商品价值高，适于芽菜生产。

【栽培要点】 5月中下旬播种，播种量20kg/hm^{2}左右。行距60cm，株距8～15cm，种植密度17万～20万株/hm^2。忌重茬或迎茬。施适量农家肥，种肥施用磷酸二铵100～150kg/hm^2、尿素30～65kg/hm^2、磷酸钾50～85kg/hm^2。

【适宜地区】 适宜吉林省西部地区种植。

撰稿人：尹凤祥 梁 杰 尹智超 郭文云

76 白绿11号

【品种来源】 由吉林省白城市农业科学院育成，1995年以农家品种88071为母本、中绿1号为父本杂交选育而成，原品系代号：BL9237-8。2011年2月通过吉林省农作物品种审定委员会登记，登记编号：吉登绿豆2011001。全国统一编号：C06646。

【特征特性】 早熟品种，从出苗至成熟87d。植株直立，有限结荚习性；株高54.8cm，主茎分枝1.8个；单株荚数19.6个，单荚粒数12.9粒，荚长8.8cm，成熟荚黑褐色；籽粒短圆柱形，种皮绿色有光泽，百粒重4.8g。干籽粒蛋白质含量25.60%。适应性广；田间自然鉴定：抗叶斑病和根腐病，耐旱性强。直立、抗倒伏，适合机械化作业。

【产量表现】 2009年吉林省食用豆品种联合区域试验平均产量1629.2kg/hm^2，比对照（白绿6号）增产27.7%；2010年吉林省食用豆品种联合区域试验平均产量1471.4kg/hm^2，比对照（白绿6号）增产10.2%；两年吉林省区域试验平均产量1550.3kg/hm^2，比对照（白绿6号）增产18.7%。2010年生产试验平均产量1616.2kg/hm^2，比对照（白绿6号）增产10.7%。

【利用价值】 籽粒整齐、饱满，出芽率高，适于豆芽生产。做绿豆汤易煮烂、口味清香。

【栽培要点】 5月中旬至6月上旬播种为宜，播种量15~20kg/hm^2。行距60cm，株距8~10cm，种植密度18万~25万株/hm^2。施适量农家肥，种肥施用磷酸二铵100~150kg/hm^2、尿素45~65kg/hm^2、磷酸钾50~90kg/hm^2。

【适宜地区】 适宜吉林省及气候条件相近的邻近省份种植。

撰稿人：尹凤祥　梁　杰　尹智超　郭文云

77　白绿12号

【品种来源】　吉林省白城市农业科学院于2000年以绿豆522为母本、VC1978A为父本杂交选育而成，原品系代号：大鹦哥绿9859。2012年3月通过吉林省农作物品种审定委员会登记，登记编号：吉登绿豆2012001。全国统一编号：C05247。

【特征特性】　早熟品种，出苗至成熟85d。植株直立，幼茎紫色，复叶卵圆形；株高58.8cm，主茎分枝2.4个；单株荚数22.8个，单荚粒数11.6粒，荚长9.2cm，成熟荚黑褐色；籽粒短圆柱形，种皮绿色有光泽，百粒重5.2g。干籽粒蛋白质含量26.36%，淀粉含量51.51%，脂肪含量1.14%。田间自然鉴定：抗叶斑病和根腐病。直立、抗倒伏，适合机械化作业。

【产量表现】　2010年吉林省食用豆品种联合区域试验平均产量1468.1kg/hm^2，比对照（白绿6号）增产9.9%；2011年吉林省食用豆品种联合区域试验平均产量1248.2kg/hm^2，比对照（白绿6号）增产8.9%；两年吉林省区域试验平均产量1358.2kg/hm^2，比对照（白绿6号）增产9.5%。2010年生产试验平均产量1558.2kg/hm^2，比对照（白绿6号）增产9.35%。

【利用价值】　籽粒整齐、饱满，色泽鲜艳，出芽率高，适于豆芽生产。高蛋白类型，营养价值高。

【栽培要点】　一般在5月中旬至6月上旬播种，播种量20kg/hm^2。种植密度16万～20万株/hm^2，行距60cm，株距10～15cm。整地时施入适量农家肥，播种时施入磷酸二铵100～200kg/hm^2，尿素50～80kg/hm^2，磷酸钾70～100kg/hm^{2}作种肥。开花结荚前要进行中耕除草2～3次。在生育中后期，若遇到干旱要及时灌水，以防落花、落荚。在整个生育期间，尤其要注意防治蚜虫、红蜘蛛及根腐病、细菌性晕疫病等。

【适宜地区】　适宜吉林省各地区及邻近省份种植。

撰稿人：尹凤祥　梁　杰　尹智超　郭文云

78 白绿13

【品种来源】 由吉林省白城市农业科学院育成，2002年以大鹦哥绿925为母本、外引材料88071-2为父本杂交选育而成，原品系代号：BL93686-1。2013年3月通过吉林省农作物品种审定委员会登记，登记编号：吉登绿豆2013001。全国统一编号：C05784。

【特征特性】 早熟品种，出苗至成熟88d。植株直立，幼茎紫色，花蕾绿带紫色；复叶卵圆形；株高58.6cm，主茎分枝2.3个，单株荚数17.0个，单荚粒数12.0粒，荚长11.6cm，成熟荚黑褐色；籽粒短圆柱形，种皮绿色有光泽；百粒重5.4g。田间自然鉴定：高抗根腐病和抗叶斑病，直立、抗倒伏，耐旱，耐瘠薄。适合机械化作业。

【产量表现】 2011年吉林省食用豆品种联合区域试验平均产量1189.7kg/hm^2，比对照（白绿6号）增产3.8%；2012年吉林省食用豆品种联合区域试验平均产量1656.0kg/hm^2，比对照（白绿6号）增产21.4%；两年吉林省区域试验平均产量1415.0kg/hm^2，比对照（白绿6号）增产12.6%，试点增产率83%。2012年生产试验平均产量1587.4kg/hm^2，比对照（白绿6号）增产19.7%，试点增产率100%。

【利用价值】 籽粒整齐、饱满、色泽鲜艳，出芽率高，适合芽菜生产。芽菜品质优良、甜脆可口，做绿豆汤易煮烂、口味清香。

【栽培要点】 ①播期：一般在5月中旬至6月上旬播种，播种量15～20kg/hm^2。可采用垄上开沟条播或点播的方式播种。覆土深度一般为3～5cm，稍晾后镇压保墒。②种植密度：行距60～70cm，株距8～12cm，种植密度18万～25万株/hm^2。③施肥：整地时施入适量农家肥，播种时施入磷酸二铵100～200kg/hm^2、磷酸钾50kg/hm^{2}作种肥。④田间管理：一般在开花结荚前要进行中耕除草2～3次。在开花期结合封垄追施硝酸铵、尿素等氮肥45～65kg/hm^2。在生育中后期，若遇到干旱要及时灌水，以防落花、落荚。在整个生育期间，尤其要注意防治蚜虫、红蜘蛛及根腐病、细菌性晕疫病等。

【适宜地区】 适宜吉林省及气候条件相近的邻近省份种植。

撰稿人：尹凤祥　梁　杰　尹智超　郭文云

79 白绿14号

【品种来源】 吉林省白城市农业科学院于2002年以白绿522为母本、中绿2号为父本杂交选育而成,原品系代号:BL11-561。2015年2月通过吉林省农作物品种审定委员会登记,登记编号:吉登绿豆2015001。全国统一编号:C07512。

【特征特性】 早熟品种,出苗至成熟88d。植株直立,幼茎紫色,花蕾绿带紫色;株高62.7cm,主茎分枝3.0个,主茎节数8.3节;单株荚数16.2个,单荚粒数13.3粒,成熟荚黑褐色;籽粒短圆柱形,种皮绿色有光泽;百粒重6.7g。干籽粒蛋白质含量26.77%,淀粉含量54.39%,脂肪含量1.11%。田间自然鉴定:高抗病毒病,抗叶斑病和霜霉病。

【产量表现】 2013年吉林省食用豆品种联合区域试验平均产量1314.0kg/hm²,比对照(白绿6号)增产10.7%;2014年吉林省食用豆品种联合区域试验平均产量1454.2kg/hm²,比对照(白绿6号)增产16.9%;两年吉林省区域试验平均产量1384.1kg/hm²,比对照(白绿6号)增产13.9%。2014年生产试验平均产量1408.3kg/hm²,比对照(白绿6号)增产27.1%。

【利用价值】 粒大整齐、色泽鲜艳,豆芽菜品质优良、甜脆可口,做绿豆汤易煮烂、口味清香。高蛋白类型,营养价值高。

【栽培要点】 ①播种:5月中旬至6月上旬,播种量15~25kg/hm²。②种植密度:行距60cm,株距10~15cm,种植密度16万~20万株/hm²。③选地:适合中等地力砂壤土质,pH在8.0以下。④施肥:整地时增施适量农家肥。播种的同时施磷酸二铵100~200kg/hm²、尿素30~70kg/hm²、硫酸钾50~80kg/hm²作种肥。

【适宜地区】 适宜吉林省及气候条件相近的邻近省份种植。

撰稿人:尹凤祥 梁 杰 尹智超 郭文云

80 白绿15号

【品种来源】 吉林省白城市农业科学院于2006年以白绿6号为母本、中绿2号为父本杂交选育而成，原品系代号：BL11-556。2016年3月通过吉林省农作物品种审定委员会登记，登记编号：吉登绿豆2016002。全国统一编号：C07513。

【特征特性】 早熟品种，出苗至成熟86d。植株直立，幼茎紫色，花蕾绿带紫色；株高57.2cm，主茎分枝3.5个，主茎节数8.5节；单株荚数17.4个，单荚粒数12.0粒，成熟荚黑色；籽粒短圆柱形，种皮绿色有光泽，百粒重7.3g。干籽粒蛋白质含量25.63%，淀粉含量49.74%，脂肪含量1.04%。田间自然鉴定：高抗根腐病和抗叶斑病，直立、抗倒伏、耐旱、耐瘠薄。适合机械化作业。

【产量表现】 2014年吉林省食用豆品种联合区域试验7个点次均增产，平均产量1345.4kg/hm^2，比对照（白绿6号）增产8.1%；2015年吉林省食用豆品种联合区域试验7个点次中6个点次增产，平均产量1366.4kg/hm^2，比对照（白绿6号）增产10.7%；两年吉林省区域试验14个点次中13个点次增产，平均产量1355.9kg/hm^2，比对照（白绿6号）增产9.4%。2015年生产试验5个点次均增产，平均产量1479.4kg/hm^2，比对照（白绿6号）增产15.9%。

【利用价值】 粒大、整齐、饱满，色泽鲜艳，出芽率高，适合豆芽菜生产。豆芽菜粗壮、品质优良、甜脆可口，做绿豆汤易煮烂、口味清香。

【栽培要点】 一般在5月中下旬播种，播种量15～25kg/hm^2。行距60～70cm，株距10～15cm，种植密度15万～20万株/hm^2。整地时施入适量农家肥，播种时施入磷酸二铵150～200kg/hm^2、尿素35～75kg/hm^2、硫酸钾50～100kg/hm^{2}作种肥。在开花结荚前要进行中耕除草2～3次。在生育中后期，若遇到干旱要及时灌水，以防落花、落荚。在整个生育期间，尤其要注意防治蚜虫、红蜘蛛及根腐病、细菌性晕疫病等。

【适宜地区】 适宜吉林省及气候条件相近的邻近省份种植。

撰稿人：尹凤祥 梁 杰 尹智超 郭文云

81 大鹦哥绿985

【品种来源】 由吉林省白城市农业科学院育成，1993年以外引材料88071-2为母本、大鹦哥绿925为父本杂交选育而成，原品系代号：BL985-1。2009年通过吉林省农作物品种审定委员会登记，登记编号：吉登绿2009001。全国统一编号：C07514。

【特征特性】 从播种至成熟生育日数98d，需有效积温约2130℃。植株直立，无限结荚习性，幼茎绿色，花蕾绿色。株高65.7cm，主茎分枝2.6个，单株荚数18.0个，单荚粒数13.6粒，荚长11.2cm。百粒重6.6g，籽粒长圆柱形，种皮绿色有光泽。粗蛋白质含量25.10%。适应性广；田间自然鉴定：抗叶斑病和根腐病，抗旱性强。

【产量表现】 2007～2008年吉林省食用豆品种联合区域试验平均产量1756.8kg/hm^2，比对照（白绿6号）增产14.7%。2007年生产试验5点次平均产量1417.5kg/hm^2，比对照（白绿6号）增产16.4%。在高水肥条件下产量可达2250.0kg/hm^{2}以上。

【利用价值】 粒大、饱满、整齐、色泽鲜艳，商品性好，适于生产豆芽。

【栽培要点】 ①播种：适宜播种期为5月上旬至下旬，播种量20kg/hm^{2}左右。②种植密度：行距60～70cm，株距10～15cm，种植密度14万～18万株/hm^2。③施肥：增施适量农家肥，配合施足底肥。播种的同时施入磷酸二铵100～150kg/hm^2、磷酸钾50kg/hm^2。在开花期结合封垄追施硝酸铵、尿素等氮肥45～65kg/hm^2。

【适宜地区】 适宜吉林省西部，内蒙古、黑龙江等地种植。

撰稿人：尹凤祥　梁　杰　尹智超　郭文云

82 嫩绿1号

【品种来源】 黑龙江省农业科学院齐齐哈尔分院（原嫩江县农业科学研究所）于1994年以8302为母本、82101为父本杂交选育而成，原品系代号：012-79。2006年通过国家小宗粮豆品种鉴定委员会鉴定，鉴定编号：国品鉴杂2006018。全国统一编号：C05633。

【特征特性】 生育期88~94d，需要≥10℃活动积温2400℃。属明绿豆类型，籽粒长圆柱形，种皮绿色有光泽，百粒重6.3~6.7g。幼茎绿色，株高54.0~79.0cm，主茎分枝5个，主茎节数10节。单株荚数30.0个，荚长10.0~12.0cm，扁圆形，成熟荚黑褐色，单荚粒数12.0粒，无限结荚习性。复叶卵圆形，花黄色。干籽粒蛋白质含量22.67%，淀粉含量52.26%，脂肪含量1.53%，可溶性糖含量3.19%。

【产量表现】 2004~2005年国家东北组区域试验，13个点两年平均产量1776.7kg/hm²，比对照（白绿522）增产14.2%，排名第一位。2004~2005年国家西北组区域试验，21个点两年平均产量1228.3kg/hm²，比对照（冀绿2号）增产14.2%，排名第二位。2005年同时进行生产试验，7个点平均产量1767.0kg/hm²，较统一对照（白绿522）平均增产10.4%，较当地品种平均增产5.9%。

【利用价值】 粒大、粒色鲜艳、皮薄，品质优良，商品价值高，豆芽菜品质优良、甜脆可口，做绿豆汤易煮烂、口味清香。

【栽培要点】 选择平岗地土壤透水性良好的地块为宜，播种前要精细整地。黑龙江省5月15~20日播种，最迟不晚于5月25日，播种量22.5kg/hm²，播种深度3~4cm，播后镇压。为了使绿豆群体分布均匀，在三叶期间苗，种植密度15万~17万株/hm²。适时喷药，防治蚜虫、红蜘蛛、豆荚螟等。如花期遇旱，应适当灌水。绿豆前期生长缓慢，需中耕除草2~3次，后期增施磷钾肥，提高结荚率，促进种子饱满。及时收获，在生长期较长的地区，可实行分批采收，并结合打药进行叶面喷肥，以提高产量和品质。

【适宜地区】 适宜我国东北及西北地区种植，优质产区为东北地区（包括黑龙江、吉林、辽宁、内蒙古东部地区）。

撰稿人：王 成 曾玲玲 卢 环 刘 峰 崔秀辉

83 嫩绿2号

【品种来源】 黑龙江省农业科学院齐齐哈尔分院于1990年以绿丰1号为母本、D0809（中绿1号）为父本杂交选育而成，原品系代号：04-97。2012年通过黑龙江省农作物品种审定委员会登记，登记编号：黑登记2012004。全国统一编号：C06645。

【特征特性】 属明绿豆类型，生育期90d。籽粒长圆柱形，种皮绿色有光泽，百粒重6.5g。植株直立，幼茎绿色，株高51.2cm，主茎分枝4.0个，主茎节数7.0节。单株荚数14.0个，荚长11.5cm，荚圆筒形，成熟荚黑褐色，单荚粒数12.0粒，有限结荚习性。花黄色，复叶卵圆形。适应性强，生长旺盛，耐旱，抗根腐病、白粉病和叶斑病。农业农村部农产品质量监督检验测试中心（哈尔滨）测定：干籽粒蛋白质含量24.01%，淀粉含量51.49%，脂肪含量1.3%。

【产量表现】 2009~2010年黑龙江省区域试验两年10个点平均产量650.5kg/hm^2，比对照（绿丰3号）增产12.6%。2011年生产试验5个点平均产量1641.7kg/hm^2，较对照（绿丰3号）增产12.9%。

【利用价值】 粒大、粒色鲜艳、皮薄，品质优良，商品价值高，豆芽菜品质优良、甜脆可口，做绿豆汤易煮烂、口味清香。

【栽培要点】 选择平岗地土壤透水性良好的地块为宜，忌重茬和迎茬，实行3年以上轮作。播种前要精细整地。黑龙江省5月15~20日播种，最迟5月25日，播种量22.5kg/hm^2，播种深度3~4cm，播后镇压。为了使绿豆群体分布均匀，在三叶期间苗，间小留大，种植密度20万株/hm^2。适时喷药，防治蚜虫、红蜘蛛、豆荚螟等。如花期遇旱，应适当灌水。绿豆前期生长缓慢，需中耕除草2~3次。掌握"底肥足、苗肥轻、花荚肥重"的追肥原则，提倡施用有机肥，结合翻地施入适量农家肥，种肥施磷酸二铵约100kg/hm^2。根据田间长势和种肥施用情况来确定追肥量，追肥以磷钾肥为主，氮肥少施，提高结荚率，促使种子饱满。及时收获，在生长期较长的地区，可实行分批采收，并结合打药进行叶面喷肥，以提高产量和品质。

【适宜地区】 适宜我国东北及西北地区种植。

撰稿人：王 成 曾玲玲 卢 环 刘 峰 崔秀辉

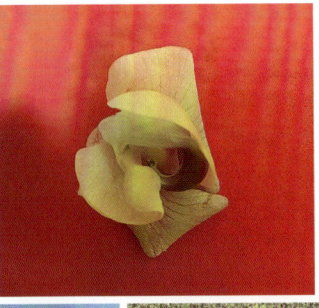

84 嫩绿3号

【品种来源】 黑龙江省农业科学院齐齐哈尔分院于2009年以012-96为母本、中绿11号为父本杂交选育而成，原品系代号：122-225。2020年通过中国作物学会食用豆专业委员会品种鉴定，鉴定编号：国品鉴绿豆2020007。全国统一编号：C07515。

【特征特性】 中熟品种，春播生育期105d。有限结荚习性，株型紧凑，植株直立、抗倒伏，幼茎绿色，株高70.0cm，主茎分枝2.5个。复叶卵圆形，花黄色。单株荚数30.4个，荚长11.8cm，圆筒形，成熟荚黑色，单荚粒数11.6粒。籽粒长圆柱形，种皮绿色无光泽，百粒重7.2g。农业农村部农产品质量监督检验测试中心（哈尔滨）测定：蛋白质（干基）含量26.31%，淀粉（干基）含量36.1%，脂肪（干基）含量1.2%。结荚集中，成熟一致不炸荚，适于机械收获。适应性强，生长旺盛，耐旱，抗根腐病、白粉病和叶斑病。

【产量表现】 2016年区域试验5个点平均产量1100.9kg/hm²，2017年区域试验5个点平均产量1756.7kg/hm²，两年平均产量1270.1kg/hm²。

【利用价值】 粒大，品质优良，商品价值高，适宜芽菜生产。

【栽培要点】 黑龙江省5月15~20日播种，最迟6月5日，播种量18.8kg/hm²。为了使绿豆群体分布均匀，在三叶期适当间苗，种植15万~18万株/hm²，田间注意防治蚜虫。绿豆前期生长缓慢，需中耕除草2~3次，后期增施磷钾肥，提高结荚率，促进种子饱满。在雨水较多、施肥过多（尤其氮肥）和播种过早的情况下，容易徒长，应及时摘心，控制徒长，增加结荚数。

【适宜地区】 主要适宜黑龙江第一、第二积温带春播。

撰稿人：王 成 曾玲玲 卢 环 刘 峰 崔秀辉

85　嫩绿4号

【品种来源】　黑龙江省农业科学院齐齐哈尔分院于2011年以012-96为母本、中绿11号为父本杂交选育而成，原品系代号：142-139。全国统一编号：C07516。

【特征特性】　早熟品种，春播生育期97d。有限结荚习性，株型紧凑，植株直立、抗倒伏，幼茎绿色，株高38.0cm，主茎分枝1.4个。复叶卵圆形，花黄色。单株荚数24.0个，荚长10.0cm，圆筒形，成熟荚黑褐色，单荚粒数11.6粒。籽粒长圆柱形，种皮绿色有光泽，百粒重6.4g。农业农村部农产品质量监督检验测试中心（哈尔滨）测定：干籽粒蛋白质含量25.0%，淀粉含量51.2%，脂肪含量1.1%。结荚集中，成熟一致不炸荚。适应性强，生长旺盛，耐旱，抗根腐病、白粉病和叶斑病。

【产量表现】　2016年区域试验5个点平均产量986.3kg/hm^2，2017年区域试验5个点平均产量1076.9kg/hm^2，两年区域试验平均产量1031.6kg/hm^2。

【利用价值】　籽粒小，品质优良，商品价值高，适宜芽菜生产。

【栽培要点】　选择平岗地土壤透水性良好的地块为宜，播种前要精细整地。黑龙江省5月15～20日播种，最迟6月5日，播种量15.0kg/hm^2。在三叶期适当间苗，种植密度20万～25万株/hm^2，田间注意防治蚜虫。绿豆前期生长缓慢，需中耕除草2～3次，后期增施磷钾肥，提高结荚率，促进种子饱满。在雨水较多、施肥过多（尤其氮肥）和播种过早的情况下，容易徒长，应及时摘心，控制徒长，增加结荚数。

【适宜地区】　主要适宜黑龙江第三、第四积温带春播。

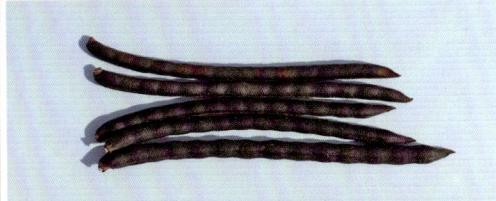

撰稿人：王　成　曾玲玲　卢　环　刘　峰　崔秀辉

86 嫩绿7号

【品种来源】 黑龙江省农业科学院齐齐哈尔分院于2008年从白绿8号中系统选育而成,原品系代号:132-346。全国统一编号:C07517。

【特征特性】 中熟品种,春播生育期105d。有限结荚习性,株型紧凑,植株直立、抗倒伏,幼茎紫色,株高72.5cm,主茎分枝2.5个。复叶卵圆形,花黄色。单株荚数20.4个,荚长11.0cm,圆筒形,成熟荚黑色,单荚粒数11.2粒。籽粒长圆柱形,种皮绿色有光泽,百粒重6.8g。农业农村部农产品质量监督检验测试中心(哈尔滨)测定:干籽粒蛋白质含量24.3%,淀粉含量51.0%,脂肪含量1.4%。结荚集中,成熟一致不炸荚,适于机械收获。适应性强,生长旺盛,耐旱,抗病性强。

【产量表现】 2017年区域试验5个点平均产量1750.0kg/hm^2,2018年区域试验平均产量1656.7kg/hm^2,两年区域试验平均产量1703.2kg/hm^2。

【利用价值】 粒大,品质优良,商品价值高,适宜芽菜生产。

【栽培要点】 选择平岗地土壤透水性良好的地块为宜,播种前要精细整地。黑龙江省5月15~20日播种,最迟6月5日,播种量15.0kg/hm^2。为了使绿豆群体分布均匀,在三叶期适当间苗,种植密度20万~25万株/hm^2,田间注意防治蚜虫。绿豆前期生长缓慢,需中耕除草2~3次,后期增施磷钾肥,提高结荚率,促进种子饱满。在雨水较多、施肥过多(尤其氮肥)和播种过早的情况下,容易徒长,应及时摘心,控制徒长,增加结荚数。

【适宜地区】 主要适宜黑龙江第一、第二积温带春播。

撰稿人:王 成 曾玲玲 卢 环 刘 峰 崔秀辉

87 嫩绿8号

【品种来源】 黑龙江省农业科学院齐齐哈尔分院于2006年以绿丰3号为母本、3737A为父本杂交选育而成，原品系代号：112-285。全国统一编号：C07518。

【特征特性】 中熟品种，春播生育期105d。有限结荚习性，株型紧凑，植株直立、抗倒伏，幼茎紫色，株高65.2cm，主茎分枝2.2个。复叶卵圆形，花黄色。单株荚数21.4个，荚长11.5cm，圆筒形，成熟荚黑色，单荚粒数10.7粒。籽粒长圆柱形，种皮绿色有光泽，百粒重6.4g。农业农村部农产品质量监督检验测试中心（哈尔滨）测定：干籽粒蛋白质含量25.1%，淀粉含量50.6%，脂肪含量1.0%。结荚集中，成熟一致不炸荚，适于机械收获。

【产量表现】 2017年区域试验5个点平均产量1600.9kg/hm²，2018年区域试验平均产量1756.7kg/hm²，两年区域试验平均产量1678.8kg/hm²。

【利用价值】 粒大，品质优良，商品价值高，适宜芽豆生产。

【栽培要点】 选择平岗地土壤透水性良好的地块为宜，播种前要精细整地。黑龙江省5月15~20日播种，最迟6月5日，播种量15.0kg/hm²。为了使绿豆群体分布均匀，在三叶期适当间苗，种植密度20万~25万株/hm²，田间注意防治蚜虫。绿豆前期生长缓慢，需中耕除草2~3次，后期增施磷钾肥，提高结荚率，促进种子饱满。在雨水较多、施肥过多（尤其氮肥）和播种过早的情况下，容易徒长，应及时摘心，控制徒长，增加结荚数。

【适宜地区】 主要适宜黑龙江第一、第二积温带春播。

撰稿人：王 成 曾玲玲 卢 环 刘 峰 崔秀辉

88 苏绿2号

【品种来源】 江苏省农业科学院于1997年以中绿1号为母本、以抗豆象VC2709为父本杂交选育而成，原品系代号：苏绿04-23。2011年通过江苏省农作物品种审定委员会鉴定，鉴定编号：苏鉴绿豆201101。全国统一编号：C06649。

【特征特性】 中早熟品种，夏播生育期84d。有限结荚习性，株型紧凑，植株直立、抗倒伏，幼茎紫色，夏播株高78.0cm，主茎分枝2~3个。复叶卵圆形，花黄色。单株荚数30.0个，多者可达40个以上，荚长10.0cm，扁圆形，成熟荚黑色，单荚粒数9~12粒。籽粒长圆柱形，种皮绿色有光泽，百粒重6.2g。结荚集中，成熟一致不炸荚，适于机械收获。抗叶斑病、白粉病，耐旱性、耐寒性较好，后期不早衰。

【产量表现】 产量一般为1800.0~2250.0kg/hm^2，高者可达3000.0kg/hm^{2}以上。2008~2009年参加江苏省夏播绿豆区域试验，两年平均产量2053.8kg/hm^2，较对照（苏绿1号）增产12.2%。2010年生产试验平均产量1976.0kg/hm^2，较对照（苏绿1号）增产19.4%。

【利用价值】 粒大、粒色鲜艳、皮薄，品质优良，商品价值高，豆芽菜品质优良、甜脆可口，做绿豆汤易煮烂、口味清香。

【栽培要点】 江淮地区播种期可从4月中旬到8月5日，淮北地区播种期可至7月底。行株距春播为75cm×15cm，夏播为60cm×10cm，穴播2~3粒，播种量22.5~30.0kg/hm^2。在中等肥力田块种植，用25%氮磷钾复合肥600kg/hm^{2}或45%氮磷钾复合肥450kg/hm^{2}作基肥，开花期用225kg/hm^{2}尿素作促花肥。晴天下午1时，如绿豆叶片明显披垂，应在下午采用沟灌法灌水，待畦面有薄水层时，立即排除积水。

【适宜地区】 在南方各绿豆产区都能种植，春播、夏播均可，不仅适于麦后复播，更适合与玉米、棉花、甘薯等作物间作套种，以在中上等肥水条件下种植为最佳。

撰稿人：陈 新 袁星星 薛晨晨 闫 强

89 苏绿3号

【品种来源】 江苏省农业科学院于1997年以Korea7为母本、中绿1号为父本杂交选育而成,原品系代号:苏黄05-18。2011年通过江苏省农作物品种审定委员会鉴定,鉴定编号:苏鉴绿豆201102。全国统一编号:C07519。

【特征特性】 中早熟品种,夏播生育期88d。有限结荚习性,株型紧凑、植株直立、抗倒伏,幼茎紫色,夏播株高88.0cm,主茎分枝2~3个。复叶卵圆形,花黄色。单株荚数28.0个,多者可达30个以上,荚长9.0cm,扁圆形,成熟荚黑色,单荚粒数8~10粒。籽粒长圆柱形,种皮黄色有光泽,百粒重6.3g。耐旱性、耐寒性较好,后期不早衰。

【产量表现】 产量一般为1800.0~2000.0kg/hm², 高者可达2500.0kg/hm²以上。2008~2009年参加江苏省夏播绿豆区域试验,两年平均产量1831.5kg/hm²,与对照(苏绿1号)相当。2010年生产试验平均产量1740.0kg/hm²,较对照(苏绿1号)增产5.2%。

【利用价值】 粒大、粒色鲜艳、皮薄,品质优良,商品价值高,豆芽菜品质优良、甜脆可口,做绿豆汤易煮烂、口味清香。

【栽培要点】 江淮地区播种期可从4月中旬到8月5日,淮北地区播种期可至7月底。行株距春播为75cm×15cm、夏播为60cm×10cm,穴播2~3粒,播种量22.5~30.0kg/hm²。在中等肥力田块种植,用25%氮磷钾复合肥600kg/hm²或45%氮磷钾复合肥450kg/hm²作基肥,开花期用225kg/hm²尿素作促花肥。晴天下午1时,如绿豆叶片明显披垂,应在下午采用沟灌法灌水,待畦面有薄水层时,立即排除积水。

【适宜地区】 在南方各绿豆产区都能种植,春播、夏播均可,不仅适于麦后复播,更适合与玉米、棉花、甘薯等作物间作套种,以在中上等肥水条件下种植为最佳。

撰稿人:陈 新 袁星星 薛晨晨 吴然然

90 苏绿4号

【品种来源】 江苏省农业科学院于2005年以黑绿1号为母本、中绿1号为父本杂交选育而成，原品系代号：苏黑绿12-7。2014年通过江苏省农作物品种审定委员会鉴定，鉴定编号：苏鉴绿豆201501。全国统一编号：C07520。

【特征特性】 早熟品种，夏播生育期79d。有限结荚习性，株型紧凑，植株直立、抗倒伏，幼茎紫色，夏播株高86.0cm，主茎分枝2～3个。复叶卵圆形，花黄色。单株荚数28.0个，多者可达30个以上，荚长9.0cm，扁圆形，成熟荚黑色，单荚粒数9～12粒。籽粒长圆柱形，种皮黑色有光泽，百粒重5.2g。耐旱性、耐寒性较好，后期不早衰、不裂荚。

【产量表现】 产量一般为1800.0～2000.0kg/hm^2，高者可达2500.0kg/hm^{2}以上。2013～2014年参加江苏省夏播绿豆区域试验，两年平均产量2004.8kg/hm^2，较对照（苏绿2号）增产7.0%。

【利用价值】 粒大、粒色鲜艳、皮薄，品质优良，商品价值高，豆芽菜品质优良、甜脆可口，做绿豆汤易煮烂、口味清香。

【栽培要点】 江淮地区播种期可从4月中旬到8月5日，淮北地区播种期可至7月底。行株距春播为75cm×15cm、夏播为60cm×10cm，穴播2～3粒，播种量22.5～30.0kg/hm^2。在中等肥力田块种植，用25%氮磷钾复合肥600kg/hm^{2}或45%氮磷钾复合肥450kg/hm^{2}作基肥，开花期用225kg/hm^{2}尿素作促花肥。晴天下午1时，如绿豆叶片明显披垂，应在下午采用沟灌法灌水，待畦面有薄水层时，立即排除积水。

【适宜地区】 在南方各绿豆产区都能种植，春播、夏播均可，不仅适于麦后复播，更适合与玉米、棉花、甘薯等作物间作套种，以在中上等肥水条件下种植为最佳。

撰稿人：陈 新 崔晓艳 王 琼

91　苏绿6号

【品种来源】　江苏省农业科学院于2004年以苏绿1号为母本、抗豆象泰抗1号为父本杂交选育而成，原品系代号：苏绿11-8。2014年通过江苏省农作物品种审定委员会鉴定，鉴定编号：苏鉴绿豆201502。全国统一编号：C07521。

【特征特性】　中早熟品种，夏播生育期81d。有限结荚习性，株型紧凑，植株直立、抗倒伏，幼茎紫色，夏播株高100.0cm，主茎分枝2~3个。复叶卵圆形，花黄色。单株荚数28.0个，多者可达30个以上，荚长9.0cm，扁圆形，成熟荚黑色，单荚粒数9~12粒。籽粒长圆柱形，种皮绿色有光泽，百粒重6.8g。结荚集中，成熟一致不炸荚，适于机械收获。抗豆象，耐旱性、耐寒性较好，后期不早衰、不裂荚。

【产量表现】　产量一般为1800.0~2000.0kg/hm^2，高者可达2500.0kg/hm^{2}以上。2013年参加江苏省夏播绿豆区域试验，平均产量2211.0kg/hm^2，较对照（苏绿2号）增产11.6%。2014年生产试验平均产量1803.0kg/hm^2，较对照（苏绿2号）增产5.7%。

【利用价值】　粒大、粒色鲜艳、皮薄，品质优良，商品价值高，豆芽菜品质优良、甜脆可口，做绿豆汤易煮烂、口味清香。

【栽培要点】　江淮地区播种期可从4月中旬到8月5日，淮北地区播种期可至7月底。行株距春播为75cm×15cm，夏播为60cm×10cm，穴播2~3粒，播种量22.5~30.0kg/hm^2。在中等肥力田块种植，用25%氮磷钾复合肥600kg/hm^{2}或45%氮磷钾复合肥450kg/hm^{2}作基肥，开花期用225kg/hm^{2}尿素作促花肥。晴天下午1时，如绿豆叶片明显披垂，应在下午采用沟灌法灌水，待畦面有薄水层时，立即排除积水。

【适宜地区】　在南方各绿豆产区都能种植，春播、夏播均可，不仅适于麦后复播，更适合与玉米、棉花、甘薯等作物间作套种，以在中上等肥水条件下种植为最佳。

撰稿人：陈　新　陈华涛　王　琼

92 苏绿7号

【品种来源】 江苏省农业科学院于2009年以苏绿1号为母本、泰引6号为父本杂交选育而成，原品系代号：苏绿14-6。2015年通过江苏省农作物品种审定委员会鉴定，鉴定编号：苏鉴绿豆201503。全国统一编号：C07522。

【特征特性】 早熟品种，夏播生育期69d。有限结荚习性，株型紧凑，植株直立、抗倒伏，幼茎紫色，夏播株高80.0cm，主茎分枝2～3个。复叶卵圆形，花黄色。单株荚数28.0个，多者可达30个以上，荚长10.0cm，扁圆形，成熟荚黑色，单荚粒数9～12粒。籽粒长圆柱形，种皮绿色有光泽，百粒重6.4g。结荚集中，成熟一致不炸荚，适于机械收获。抗豆象，抗叶斑病，耐旱性、耐寒性较好，后期不早衰、不裂荚。

【产量表现】 产量一般为2000.0kg/hm²左右，高者可达2500.0kg/hm²以上。2014年参加江苏省夏播鉴定试验，平均产量1950.0kg/hm²，较对照（苏绿2号）增产10.2%。2015年生产试验平均产量1980.0kg/hm²，较对照（苏绿2号）增产5.8%。

【利用价值】 粒大、粒色鲜艳、皮薄，品质优良，商品价值高，豆芽菜品质优良、甜脆可口，做绿豆汤易煮烂、口味清香。

【栽培要点】 江淮地区播种期可从4月中旬到8月5日，淮北地区播种期可至7月底。行株距春播为75cm×15cm，夏播为60cm×10cm，穴播2～3粒，播种量22.5～30.0kg/hm²。在中等肥力田块种植，用25%氮磷钾复合肥600kg/hm²或45%氮磷钾复合肥450kg/hm²作基肥，开花期用225kg/hm²尿素作促花肥。晴天下午1时，如绿豆叶片明显披垂，应在下午采用沟灌法灌水，待畦面有薄水层时，立即排除积水。

【适宜地区】 在南方各绿豆产区都能种植，春播、夏播均可，不仅适于麦后复播，更适合与玉米、棉花、甘薯等作物间作套种，以在中上等肥水条件下种植为最佳。

撰稿人：陈　新　袁星星　薛晨晨　陈景斌

93　苏绿11-3

【品种来源】　江苏省农业科学院于2003年以苏绿1号为母本、泰抗1号为父本杂交选育而成。2011年参加国家食用豆产业技术体系联合鉴定试验。全国统一编号：C07523。

【特征特性】　早熟品种，夏播生育期62d。有限结荚习性，株型紧凑，植株直立、抗倒伏，幼茎紫色，夏播株高52.0cm，主茎分枝2~3个。复叶卵圆形，花黄色。单株荚数30.0个，多者可达40个以上，荚长10.0cm，扁圆形，成熟荚黑色，单荚粒数9~12粒。籽粒长圆柱形，种皮绿色有光泽，百粒重6.8g。结荚集中，成熟一致不炸荚，适于机械收获。抗叶斑病、白粉病，耐旱性、耐寒性较好，后期不早衰。

【产量表现】　产量一般为1800.0~2250.0kg/hm²，高者可达3000.0kg/hm²以上。

【利用价值】　粒大、粒色鲜艳、皮薄，品质优良，商品价值高，豆芽菜品质优良、甜脆可口，做绿豆汤易煮烂、口味清香。

【栽培要点】　江淮地区播种期可从4月中旬至8月5日，淮北地区播种期可至7月底。行株距春播为75cm×15cm、夏播为60cm×10cm，穴播2~3粒，播种量22.5~30.0kg/hm²。在中等肥力田块种植，用25%氮磷钾复合肥600kg/hm²或45%氮磷钾复合肥450kg/hm²作基肥，开花期用225kg/hm²尿素作促花肥。晴天下午1时，如绿豆叶片明显披垂，应在下午采用沟灌法灌水，待畦面有薄水层时，立即排除积水。

【适宜地区】　在南方各绿豆产区都能种植，春播、夏播均可，不仅适于麦后复播，更适合与玉米、棉花、甘薯等作物间作套种，以在中上等肥水条件下种植为最佳。

撰稿人：陈　新　袁星星　薛晨晨　林　云

94 苏绿11-4

【品种来源】 江苏省农业科学院于2003年以苏绿1号为母本、泰绿2号为父本杂交选育而成。2011年参加国家食用豆产业技术体系联合鉴定试验。全国统一编号：C07524。

【特征特性】 早熟品种，夏播生育期64d。有限结荚习性，株型紧凑，植株直立、抗倒伏，幼茎紫色，夏播株高62.0cm，主茎分枝2～3个。复叶卵圆形，花黄色。单株荚数30.0个，多者可达40个以上，荚长10.0cm，扁圆形，成熟荚黑色，单荚粒数9～12粒。籽粒长圆柱形，种皮绿色有光泽，百粒重6.0g。抗叶斑病、白粉病，耐旱性、耐寒性较好，后期不早衰。

【产量表现】 产量一般为1800.0～2250.0kg/hm²，高者可达3000.0kg/hm²以上。

【利用价值】 粒大、粒色鲜艳、皮薄，品质优良，商品价值高，豆芽菜品质优良、甜脆可口，做绿豆汤易煮烂、口味清香。

【栽培要点】 江淮地区播种期可从4月中旬至8月5日，淮北地区播种期可至7月底。行株距春播为75cm×15cm，夏播为60cm×10cm，穴播2～3粒，播种量22.5～30.0kg/hm²。在中等肥力田块种植，用25%氮磷钾复合肥600kg/hm²或45%氮磷钾复合肥450kg/hm²作基肥，开花期用225kg/hm²尿素作促花肥。晴天下午1时，如绿豆叶片明显披垂，应在下午采用沟灌法灌水，待畦面有薄水层时，立即排除积水。

【适宜地区】 在南方各绿豆产区都能种植，春播、夏播均可，不仅适于麦后复播，更适合与玉米、棉花、甘薯等作物间作套种，以在中上等肥水条件下种植为最佳。

撰稿人：陈　新　袁星星　薛晨晨　陈景斌

95 苏绿12-5

【品种来源】 江苏省农业科学院于2003年以苏绿2号为母本、泰绿2号为父本杂交选育而成。2011年参加国家食用豆产业技术体系联合鉴定试验。全国统一编号：C07525。

【特征特性】 中早熟品种，夏播生育期88d。有限结荚习性，株型紧凑，植株直立、抗倒伏，幼茎紫色，夏播株高68.0cm，主茎分枝2~3个。复叶卵圆形，花黄色。单株荚数30.0个，多者可达40个以上，荚长10.0cm，扁圆形，成熟荚黑色，单荚粒数9~12粒。籽粒长圆柱形，种皮绿色有光泽，百粒重6.0g。结荚集中，成熟一致，不炸荚，适于一次性收获。抗叶斑病、白粉病，耐旱性、耐寒性较好，后期不早衰。

【产量表现】 产量一般为1800.0~2250.0kg/hm²，高者可达3000.0kg/hm²以上。

【利用价值】 粒大、粒色鲜艳、皮薄，品质优良，商品价值高，豆芽菜品质优良、甜脆可口，做绿豆汤易煮烂、口味清香。

【栽培要点】 江淮地区播种期可从4月中旬至8月5日，淮北地区播种期可至7月底。行株距春播为75cm×15cm、夏播为60cm×10cm，穴播2~3粒，播种量22.5~30.0kg/hm²。在中等肥力田块种植，用25%氮磷钾复合肥600kg/hm²或45%氮磷钾复合肥450kg/hm²作基肥，开花期用225kg/hm²尿素作促花肥。晴天下午1时，如绿豆叶片明显披垂，应在下午采用沟灌法灌水，待畦面有薄水层时，立即排除积水。

【适宜地区】 在南方各绿豆产区都能种植，春播、夏播均可，不仅适于麦后复播，更适合与玉米、棉花、甘薯等作物间作套种，以在中上等肥水条件下种植为最佳。

撰稿人：陈　新　袁星星　薛晨晨　张晓燕

96 苏绿15-11

【品种来源】 江苏省农业科学院于2009年以苏绿2号为母本、中绿2号为父本杂交选育而成。2016年参加国家食用豆产业技术体系联合鉴定试验。全国统一编号：C07526。

【特征特性】 中早熟品种，夏播生育期81d。有限结荚习性，株型紧凑，植株直立、抗倒伏，幼茎紫色，夏播株高68.4cm，主茎分枝2~3个。复叶卵圆形，花黄色。单株荚数30.0个，多者可达40个以上，荚长7.2cm，扁圆形，成熟荚黑色，单荚粒数9.3粒。籽粒长圆柱形，种皮绿色有光泽，百粒重5.8g。结荚集中，成熟一致，不炸荚，适于一次性收获。抗叶斑病、白粉病，耐旱性、耐寒性较好，后期不早衰。

【产量表现】 产量一般为1800.0~2250.0kg/hm^2。

【利用价值】 粒大、粒色鲜艳、皮薄，品质优良，商品价值高，豆芽菜品质优良、甜脆可口，做绿豆汤易煮烂、口味清香。

【栽培要点】 江淮地区播种期可从4月中旬至8月5日，淮北地区播种期可至7月底。行株距春播为75cm×15cm、夏播为60cm×10cm，穴播2~3粒，播种量22.5~30.0kg/hm^2。在中等肥力田块种植，用25%氮磷钾复合肥600kg/hm^{2}或45%氮磷钾复合肥450kg/hm^{2}作基肥，开花期用225kg/hm^{2}尿素作促花肥。晴天下午1时，如绿豆叶片明显披垂，应在下午采用沟灌法灌水，待畦面有薄水层时，立即排除积水。

【适宜地区】 在南方各绿豆产区都能种植，春播、夏播均可，不仅适于麦后复播，更适合与玉米、棉花、甘薯等作物间作套种，以在中上等肥水条件下种植为最佳。

撰稿人：陈 新 袁星星 薛晨晨 闫 强

97　苏绿16-10

【品种来源】　江苏省农业科学院于2009年以苏绿2号为母本、泰引3号为父本杂交选育而成。2016年参加国家食用豆产业技术体系联合鉴定试验。全国统一编号：C07527。

【特征特性】　早熟品种，夏播生育期75d。有限结荚习性，株型紧凑，植株直立、抗倒伏，幼茎紫色，夏播株高78.5cm，主茎分枝2~3个。复叶卵圆形，花黄色。单株荚数30.0个，多者可达40个以上，荚长7.5cm，扁圆形，成熟荚黑色，单荚粒数8.5粒。籽粒长圆柱形，种皮绿色有光泽，百粒重5.5g。结荚集中，成熟一致，不炸荚，适于一次性收获。抗叶斑病、白粉病，耐旱性、耐寒性较好，后期不早衰。

【产量表现】　产量一般为1800.0~2250.0kg/hm²。

【利用价值】　粒大、粒色鲜艳、皮薄，品质优良，商品价值高，豆芽菜品质优良、甜脆可口，做绿豆汤易煮烂、口味清香。

【栽培要点】　江淮地区播种期可从4月中旬至8月5日，淮北地区播种期可至7月底。行株距春播为75cm×15cm、夏播为60cm×10cm，穴播2~3粒，播种量22.5~30.0kg/hm²。在中等肥力田块种植，用25%氮磷钾复合肥600kg/hm²或45%氮磷钾复合肥450kg/hm²作基肥，开花期用225kg/hm²尿素作促花肥。晴天下午1时，如绿豆叶片明显披垂，应在下午采用沟灌法灌水，待畦面有薄水层时，立即排除积水。

【适宜地区】　在南方各绿豆产区都能种植，春播、夏播均可，不仅适于麦后复播，更适合与玉米、棉花、甘薯等作物间作套种，以在中上等肥水条件下种植为最佳。

撰稿人：陈　新　袁星星　薛晨晨　黄　璐

98　苏绿19-013

【品种来源】　江苏省农业科学院于2011年以苏绿1号为母本、晋绿4号为父本杂交选育而成。2019年参加国家食用豆产业技术体系联合鉴定试验。全国统一编号：C07528。

【特征特性】　中早熟品种，夏播生育期89d。有限结荚习性，株型紧凑，植株直立、抗倒伏，幼茎紫色，夏播株高82.0cm，主茎分枝2~3个。复叶卵圆形，花黄色。单株荚数30.0个，多者可达40个以上，荚长10.0cm，扁圆形，成熟荚黑色，单荚粒数9~12粒。籽粒长圆柱形，种皮绿色有光泽，百粒重6.5g。结荚集中，成熟一致，不炸荚，适于一次性收获。抗叶斑病、白粉病，耐旱性、耐寒性较好，后期不早衰。

【产量表现】　产量一般为1800.0~2250.0kg/hm²，高者可达3000.0kg/hm²以上。

【利用价值】　粒大、粒色鲜艳、皮薄，品质优良，商品价值高，豆芽菜品质优良、甜脆可口，做绿豆汤易煮烂、口味清香。

【栽培要点】　江淮地区播种期可从4月中旬至8月5日，淮北地区播种期可至7月底。行株距春播为75cm×15cm、夏播为60cm×10cm，穴播2~3粒，播种量22.5~30.0kg/hm²。在中等肥力田块种植，用25%氮磷钾复合肥600kg/hm²或45%氮磷钾复合肥450kg/hm²作基肥，开花期用225kg/hm²尿素作促花肥。晴天下午1时，如绿豆叶片明显披垂，应在下午采用沟灌法灌水，待畦面有薄水层时，立即排除积水。

【适宜地区】　在南方各绿豆产区都能种植，春播、夏播均可，不仅适于麦后复播，更适合与玉米、棉花、甘薯等作物间作套种，以在中上等肥水条件下种植为最佳。

撰稿人：陈　新　袁星星　薛晨晨　吴然然

99 苏绿19-118

【品种来源】 江苏省农业科学院于2011年以苏绿1号为母本、苏绿11-23为父本杂交选育而成。2019年参加国家食用豆产业技术体系联合鉴定试验。全国统一编号：C07529。

【特征特性】 中早熟品种，夏播生育期86d。有限结荚习性，株型紧凑，植株直立、抗倒伏，幼茎紫色，夏播株高84.0cm，主茎分枝2~3个。复叶卵圆形，花黄色。单株荚数30.0个，多者可达40个以上，荚长10.0cm，扁圆形，成熟荚黑色，单荚粒数9~12粒。籽粒长圆柱形，种皮绿色有光泽，百粒重6.2g。结荚集中，成熟一致，不炸荚，适于一次性收获。抗叶斑病、白粉病，耐旱性、耐寒性较好，后期不早衰。

【产量表现】 产量一般为1800.0~2250.0kg/hm²，高者可达3000.0kg/hm²以上。

【利用价值】 粒大、粒色鲜艳、皮薄，品质优良，商品价值高，豆芽菜品质优良、甜脆可口，做绿豆汤易煮烂、口味清香。

【栽培要点】 江淮地区播种期可从4月中旬至8月5日，淮北地区播种期可至7月底。行株距春播为75cm×15cm、夏播为60cm×10cm，穴播2~3粒，播种量22.5~30.0kg/hm²。在中等肥力田块种植，用25%氮磷钾复合肥600kg/hm²或45%氮磷钾复合肥450kg/hm²作基肥，开花期用225kg/hm²尿素作促花肥。晴天下午1时，如绿豆叶片明显披垂，应在下午采用沟灌法灌水，待畦面有薄水层时，立即排除积水。

【适宜地区】 在南方各绿豆产区都能种植，春播、夏播均可，不仅适于麦后复播，更适合与玉米、棉花、甘薯等作物间作套种，以在中上等肥水条件下种植为最佳。

撰稿人：陈　新　袁星星　薛晨晨　林　云

100 通绿1号

【品种来源】 江苏沿江地区农业科学研究所于2000年以V3726为母本、苏绿1号为父本杂交选育而成，原品系代号：22-6。2011年通过江苏省农作物品种审定委员会鉴定，鉴定编号：苏鉴绿豆201103。全国统一编号：C07530。

【特征特性】 中熟品种，夏播生育期84d。有限结荚习性，株型紧凑，植株直立、抗倒伏，幼茎紫色，株高54.5cm，主茎分枝3.9个，主茎节数12.1节。复叶卵圆形，花黄色。单株荚数30.5个，荚长9.5cm，圆筒形，成熟荚黑色、羊角形。单荚粒数9.7粒。籽粒短圆柱形，种皮绿色有光泽，百粒重6.2g。抗叶斑病、白粉病，后期不早衰。

【产量表现】 产量一般为1650.0~2025.0kg/hm²。2008~2009年江苏省夏播区域试验平均产量1972.8kg/hm²，比对照（苏绿1号）增产7.7%。2010年生产试验平均产量1902.3kg/hm²，比对照（苏绿1号）增产14.9%。

【利用价值】 粒大、皮薄，品质优良，商品价值高，做绿豆汤易煮烂、口味清香。

【栽培要点】 夏播以6月中下旬至7月中下旬为宜。播前应适当整地，施足底肥。一般播种量22.5~30.0kg/hm²，播种深度3~4cm，行距50cm，株距13~15cm，种植密度10.5万~15.0万株/hm²。选择中等肥力地块，忌重茬。第一片复叶展开后间苗，第二片复叶展开后定苗。及时中耕除草，并在开花前适当培土。适时喷药，防治蚜虫、红蜘蛛、豆荚螟等。视苗情或低产田在分枝期追施尿素（75kg/hm²）可保花增荚。花荚期视苗情、墒情和气候情况及时抗旱排涝。及时收获，在生长期较长的地区，可实行分批采收，并结合打药进行叶面喷肥，以提高产量和品质。

【适宜地区】 适宜在江苏省夏播种植。

撰稿人：王学军　汪凯华　缪亚梅　赵　娜

101　皖科绿1号

【品种来源】　皖科绿1号是安徽省农业科学院作物研究所于2006年从安徽省滁州市明光市绿豆AHL0102中系统选育而成，原品系代号：AHL0102。2013年通过安徽省非主要农作物品种鉴定登记委员会鉴定，鉴定编号：皖品鉴登字第1211001。全国统一编号：C07531。

【特征特性】　生育期65d，幼茎紫色，植株直立，株型紧凑，有限结荚习性。夏播株高55.0cm，花浅黄色，荚圆筒形，成熟荚黑褐色，结荚集中，不裂荚，成熟一致，适宜一次性收获。主茎分枝3.8个，单株荚数36.4个，单荚粒数11.1粒，百粒重6.6g，种皮绿色有光泽，商品性优良。干籽粒蛋白质含量21.59%，淀粉含量55.26%。该品种田间白粉病、病毒病均未发生，叶斑病发生较轻，抗病性较好。

【产量表现】　2011~2012年在安徽省合肥市、濉溪县、蒙城县、明光市、利辛县和涡阳县6点进行两年多点鉴定试验，平均产量1680.5kg/hm²，比地方主栽品种（明绿1号）增产28.1%。2013年明光市基地良种繁种，平均产量1689.4kg/hm²，高产田块达2061.7kg/hm²。

【利用价值】　粒大、粒色鲜艳、皮薄，品质优良，商品价值高。可制作粉丝，豆芽菜，豆芽菜甜脆可口，做绿豆汤易煮烂、口味清香。

【栽培要点】　安徽省绿豆种植区从4月下旬至7月下旬均可播种。最适宜播种期为6月中上旬。播种方式为条播或点播。种植密度12万~15万株/hm²，行距40~50cm，株距10~15cm。迟于最适宜播种期时种植密度应适当增加。该品种耐贫瘠、怕涝，要注意及时开沟排水。开花期和结荚期遇高温干旱应及时灌溉补水。肥力中等田块基施氮磷钾复合肥300~375kg/hm²，开花期根据苗情可追施60~225kg/hm²尿素作促花肥。播种后出苗前用精异丙甲草胺进行苗前封闭除草，2片真叶左右时间苗，3~4片真叶时定苗。及时中耕除草，避免草荒。苗期注意防治地老虎、红蜘蛛、蚜虫及根腐病，开花期及时防治斜纹夜蛾、豆荚螟、田间豆象及绿豆尾孢叶斑病、白粉病等。劳动力不足时可在田间95%以上豆荚成熟时一次性采摘。收获时应尽量避开阴雨天，防止霉烂。采摘后应及时脱粒、清选、晾晒，熏蒸入库或冷冻保存。

【适宜地区】　主要适宜在安徽省江淮及淮河以北绿豆产区种植。

撰稿人：周　斌　张丽亚　杨　勇　叶卫军　田东丰

102 皖科绿2号

【品种来源】 皖科绿2号是安徽省农业科学院作物研究所于2006年从安徽省亳州市涡阳绿豆中系统选育而成，原品系代号：AHL0117。2013年通过安徽省非主要农作物品种鉴定登记委员会鉴定，鉴定编号：皖品鉴登字第1211002。全国统一编号：C07532。

【特征特性】 生育期58d，幼茎紫色，植株直立，株型紧凑，有限结荚习性。夏播株高60.0cm，花黄色，荚扁圆形，成熟荚黑褐色，结荚集中，不裂荚，成熟一致，适于一次性收获。主茎分枝3.1个，单株荚数37.8个，单荚粒数11.6粒，百粒重5.8g，种皮绿色有光泽，商品性优良。植株直立、高产、籽粒光泽度好、综合抗性强，田间白粉病、病毒病均未发生，叶斑病发生较轻，抗病性较好。耐旱性、耐寒性较好，后期不早衰。

【产量表现】 2011~2012年在安徽省合肥市、濉溪县、蒙城县、明光市、利辛县和涡阳县6点进行两年多点鉴定试验，平均产量1680.1kg/hm²，比地方主栽品种（明绿1号）增产29.9%。2013年在安徽省农业科学院岗集基地良种繁种，平均产量1543.1kg/hm²，高产田块达2026.7kg/hm²。

【利用价值】 粒色鲜艳、皮薄，品质优良，商品价值高。可制作粉丝、豆芽菜，做绿豆汤易煮烂、口味清香。

【栽培要点】 安徽省绿豆种植区从4月下旬至7月下旬均可播种。最适播种期为6月中上旬。播种方式为条播或点播。种植密度12万~15万株/hm²，行距40~50cm，株距10~15cm。迟于最适播种期时种植密度应适当增加。该品种耐贫瘠、怕涝，要注意及时开沟排水。开花期和结荚期遇高温干旱应及时灌溉补水。肥力中等田块基施氮磷钾复合肥300~375kg/hm²，开花期根据苗情可追施60~225kg/hm²尿素作促花肥。播种后出苗前用精异丙甲草胺进行苗前封闭除草，2片真叶时间苗，3~4片真叶时定苗。及时中耕除草，避免草荒。苗期注意防治地老虎、红蜘蛛、蚜虫及根腐病，开花期及时防治斜纹夜蛾、豆荚螟、田间豆象及绿豆尾孢叶斑病、白粉病等。该品种结荚集中、成熟一致，当70%豆荚变黑时可采收，收获时应尽量避开阴雨天，防止霉烂，以提高绿豆商品品质和产量。采摘后应及时脱粒、清选、晾晒，熏蒸入库或冷冻保存。

【适宜地区】 适宜在安徽省江淮及淮河以北绿豆产区种植。

撰稿人： 周　斌　张丽亚　杨　勇　叶卫军　田东丰

103 皖科绿3号

【品种来源】 皖科绿3号是安徽省农业科学院作物研究所于2006年从安徽省地方资源绿豆中系统选育而成，原品系代号：AHL0156。2013年通过安徽省非主要农作物品种鉴定登记委员会鉴定，鉴定编号：皖品鉴登字第1211003。全国统一编号：C07533。

【特征特性】 生育期62d，株型紧凑，幼茎紫色，花黄色，株高56.0cm，主茎分枝3.3个，主茎节数10.2节，单株荚数38.2个，单荚粒数11.3粒，百粒重6.9g，成熟荚黑褐色，圆筒形，籽粒圆柱形，种皮绿色有光泽。籽粒饱满、粒大整齐、色泽较鲜艳，品质佳。田间白粉病、病毒病均未发生，叶斑病发生较轻，后期不早衰，抗倒伏，耐贫瘠，对盐碱及干旱的适应性较强。

【产量表现】 2009~2010年在安徽省合肥市、明光市、蒙城县、涡阳县、濉溪县、利辛县6点进行产量鉴定试验，平均产量1680.9kg/hm^2，比地方主栽品种（明绿1号）增产38.2%。2011~2012年参加安徽省非主要农作物品种鉴定试验，平均产量1656.4kg/hm^2，比对照（明绿1号）增产32.2%。2012年在合肥市、明光市和蒙城县进行生产试验，平均产量1597.3kg/hm^2，比对照（明绿1号）增产25.7%。2014~2015年在合肥市和明光市进行示范试验，平均产量1721.6kg/hm^2。

【利用价值】 粒色鲜艳、皮薄，品质优良，商品价值高，可制作粉丝、豆芽菜，做绿豆汤易煮烂、口味清香。

【栽培要点】 该品种适应性较强，在各类土壤上均能种植，但忌连作。播种前，深耕细耙和疏松整地。春播在4月中下旬至5月上旬，夏播在6月上旬至7月下旬，最佳播种期为6月上中旬。播种前用种衣剂拌种，足墒播种。施足底肥，施适量农家肥、磷酸二铵100kg/hm^2。一般条播或点播，行距40cm，株距15~20cm，播种深度3~5cm，播种量13~25kg/hm^2，种植密度12万~15万株/hm^2。播种后出苗前及时用除草剂封闭除草，2片真叶时间苗，3~4片真叶时定苗，及时中耕除草。花荚期和鼓粒期适当喷施叶面肥以增花、保荚、增粒重。花荚期若遇干旱应及时灌水，雨水较多时应及时排涝。苗期注意防治地老虎、红蜘蛛、蚜虫及根腐病，开花期及时防治斜纹夜蛾、豆荚螟、田间豆象及绿豆尾孢叶斑病、白粉病等。70%豆荚变黑时即可分批采收；也可在田间90%以上豆荚成熟变黑时一次性采摘。及时脱粒、清选、晾晒，熏蒸入库或冷冻保存。

【适宜地区】 适宜在安徽省江淮及淮河以北绿豆主产区种植。

撰稿人：周 斌 张丽亚 杨 勇 叶卫军 田东丰

104 潍绿7号

【品种来源】 山东省潍坊市农业科学院于1997年以潍绿32-1为母本、潍绿1号为父本杂交选育而成，原品系代号：潍绿2118。2010年通过山东省农作物品种审定委员会审定，审定编号：鲁农审2010045号。全国统一编号：C07534。

【特征特性】 早熟品种，夏播生育期62d。有限结荚习性，株型紧凑，直立生长，幼茎紫色，春播株高40.0cm，夏播株高55.0cm，主茎节数8～9节，主茎分枝2～3个。复叶卵圆形，花黄色。单株荚数20.0个，多者可达30个以上，荚长9.0cm，羊角形，成熟荚黑色，单荚粒数10～11粒。籽粒短圆柱形，种皮绿色无光泽，百粒重6.0g。干籽粒蛋白质含量26.50%，淀粉含量51.80%。抗叶斑病和病毒病。

【产量表现】 产量一般为1800.0～2200.0kg/hm^2，高者可达3400.0kg/hm^2。2008～2009年山东省绿豆品种区域试验平均产量1947.0kg/hm^2，比对照（潍绿4号）增产23.4%。2009年山东省生产试验平均产量1956.0kg/hm^2，比对照（潍绿4号）增产22.9%。2011～2012年国家食用豆产业技术体系绿豆新品种联合鉴定试验，2011年平均产量1277.2kg/hm^2，较参试品种增产21.1%；2012年平均产量1424.4kg/hm^2，较参试品种增产27.4%。2011年在潍坊寒亭进行生产示范试验，平均产量3459.0kg/hm^2，比潍绿1号增产33.1%。

【利用价值】 适于粮用、生产豆芽、粉丝加工，做绿豆汤易煮烂、食味香浓、口感好。

【栽培要点】 春夏兼用型绿豆品种，在4月中旬至7月中旬播种均可正常成熟，播前施足基肥。春播行距40cm，种植密度24万～30万株/hm^2；夏播行距50cm，种植密度18万～24万株/hm^2。选择中上等肥力地块，忌重茬。出苗后及时间苗，3叶期后定苗。及时中耕除草，并在开花前适当培土。适时喷药，防治蚜虫、红蜘蛛、豆荚螟等。初花期适量追肥，花荚期遇干旱应及时浇水，注意排水防涝。80%豆荚变黑时及时收获。生长期长的地区，可分批采收，生育后期可进行叶面喷肥。收获后及时晾晒、脱粒、熏蒸或冷藏处理以防止豆象为害。

【适宜地区】 山东省适宜地区春夏直播或间作套种，也可在沈阳、合肥、南宁、乌鲁木齐、呼和浩特、石家庄、唐山、保定、张家口、重庆、房山等适宜区域种植。

撰稿人：曹其聪　司玉君　陈　雪　张晓艳

105　潍绿8号

【品种来源】 山东省潍坊市农业科学院于1997年以潍绿371为母本、潍绿32-1为父本杂交选育而成，原品系代号：潍绿2117。2010年通过山东省农作物品种审定委员会审定，审定编号：鲁农审2010046号。全国统一编号：C07535。

【特征特性】 早熟品种，夏播生育期62d。有限结荚习性，株型紧凑，直立生长。幼茎绿色，春播株高45.0cm，夏播株高57.0cm，主茎分枝2～3个，主茎节数8～9节。复叶卵圆形，花浅黄色。单株荚数20～25个，荚长8.0～9.0cm，羊角形，成熟荚黑褐色，单荚粒数10～11粒。籽粒短圆柱形，种皮绿色有光泽，百粒重5.5g。干籽粒蛋白质含量28.40%，淀粉含量48.50%。抗倒伏，较耐瘠薄，耐旱性较好。

【产量表现】 产量一般为1700.0～2200.0kg/hm^2，高者可达3200.0kg/hm^2。2008～2009年山东省绿豆品种区域试验平均产量1917.0kg/hm^2，比对照（潍绿4号）增产21.5%。2009年山东省生产试验平均产量1857.0kg/hm^2，比对照（潍绿4号）增产16.7%。2011年在潍坊寒亭进行生产示范试验平均产量3289.5kg/hm^2，比对照（潍绿1号）增产26.6%。

【利用价值】 适于原粮出口、生产豆芽、粉丝加工，蛋白质含量高，做绿豆汤易煮烂、食味香浓、口感好。

【栽培要点】 4月中旬至7月中旬播种均可正常成熟，播前施足基肥。一般播种量15～30kg/hm^2，播种深度3cm，春播行距40cm，夏播行距50cm，春播种植密度24万～30万株/hm^2，夏播种植密度18万～24万株/hm^2。选择中上等肥力地块，忌重茬。适合与玉米、棉花等多种作物间作套种。绿豆出苗后及时间苗，3～4叶期定苗。自出苗至开花，中耕除草2～3次。适时喷药防治蚜虫、红蜘蛛、棉铃虫、豆荚螟、卷叶螟等。初花期适量追肥，花荚期遇干旱应及时浇水，注意排水防涝。田间70%豆荚成熟时开始采收，生长期长的地区应实行分批采收，生育后期进行叶面喷肥。收获后及时晾晒、脱粒、熏蒸或冷藏处理以防止豆象为害。

【适宜地区】 山东省适宜地区春夏播种植。引种试验表明，该品种在河南、河北、江苏、山西、吉林等地表现良好。

撰稿人：曹其聪　陈　雪　司玉君　张晓艳

106 潍绿9号

【品种来源】 山东省潍坊市农业科学院于1997年以潍绿371为母本、潍绿32-1为父本杂交选育而成,原品系代号:潍绿2116。2012年通过国家小宗粮豆品种鉴定委员会鉴定,鉴定编号:国品鉴杂2012003。全国统一编号:C07536。

【特征特性】 早熟品种,夏播生育期72d。有限结荚,直立生长。幼茎绿色,株高55.0cm,主茎分枝2~3个,主茎节数9~10节。复叶阔卵圆形,花浅黄色。单株荚数20~25个,荚长8.0~9.0cm,羊角形,成熟荚黑褐色,单荚粒数9~10粒。籽粒短圆柱形,种皮绿色有光泽,百粒重6.5g。干籽粒蛋白质含量26.30%,淀粉含量57.20%。结荚集中,不炸荚,抗倒伏,适于机械收获。高抗叶斑病,耐旱性极强,中后期结荚能力强,不早衰。

【产量表现】 产量一般为1600.0~1700.0kg/hm^2,高者可达3000.0kg/hm^2。2004~2006年品种比较试验平均产量2385.6kg/hm^2,比对照(潍绿4号)增产15.7%。2009~2011年国家区域试验10个点3年平均产量1617.6kg/hm^2,比对照(白绿552)增产37.1%。2011年生产试验4个点平均产量1669.5kg/hm^2,比对照(白绿552)增产30.5%。

【利用价值】 适于出口、食用及粉丝加工。

【栽培要点】 适宜播种期为4月下旬至7月上旬,麦后播种越早越好,播前施足基肥。一般播种量22.5~30.0kg/hm^2,播种深度2~3cm,行距50cm,春播种植密度18万~24万株/hm^2,夏播种植密度15万~18万株/hm^2。选择中等肥力地块,忌重茬。绿豆出苗后及时间苗,2~3叶期及时定苗。适时中耕,在开花结荚前中耕除草2~3次。适时喷药,防治蚜虫、红蜘蛛、棉铃虫、豆荚螟、卷叶螟等。初花期适量追肥,花荚期遇干旱应及时浇水,注意排水防涝。田间70%豆荚成熟时开始采收,生长期长的地区应实行分批采收,生育后期进行叶面喷肥。收获后及时晾晒、脱粒、熏蒸或冷藏处理以防止豆象为害。

【适宜地区】 适于山东、北京、江苏、河北、河南(除郑州)、陕西、江西等地区夏播区春播、夏播种植,内蒙古地区春播种植。

撰稿人:曹其聪　司玉君　陈　雪

107　潍绿12

【品种来源】 山东省潍坊市农业科学院于2010年以潍绿4号为母本、LD05-07为父本杂交选育而成,原品系代号:潍绿3218。2020年通过中国作物学会鉴定,鉴定编号:国品鉴绿豆2020008。全国统一编号:C07537。

【特征特性】 早熟品种,夏播生育期72d。有限结荚,直立生长。幼茎绿色,株高63.0cm,主茎分枝1～2个,主茎节数11～12节。复叶卵圆形,花黄色。单株荚数20.0个,多者可达30多个,荚长9.0～10.0cm,圆筒形,成熟荚黑褐色,单荚粒数10～11粒。籽粒圆柱形,种皮绿色有光泽,百粒重5.7g。干籽粒蛋白质含量25.36%,淀粉含量49.38%。抗倒伏性强,成熟一致,结荚集中,抗病性好,耐旱性强,丰产性好。

【产量表现】 产量一般为1800.0～2200.0kg/hm^2,高者可达3000.0kg/hm^{2}左右。2014年鉴定圃试验平均产量1958.3kg/hm^2,比对照(潍绿8号)增产28.1%。2015～2016年品种比较试验平均产量1864.6kg/hm^2,比对照(潍绿8号)增产20.2%。2016～2017年国家食用豆产业技术体系绿豆联合鉴定试验平均产量1485.8kg/hm^2,比对照增产6.1%。2018年国家食用豆产业技术体系联合生产试验平均产量1720.4kg/hm^2,比对照增产12.0%。

【利用价值】 商品性好,适于出口、食用及粉丝加工。

【栽培要点】 4月下旬至7月上旬皆可播种,麦后播种越早越好,播前施足基肥。一般播种量22.5～30.0kg/hm^2,播种深度2～3cm,春播行距40cm,夏播行距50cm,春播种植密度18万～24万株/hm^2,夏播种植密度15万～18万株/hm^2。选择中上等肥力地块,忌重茬。绿豆出苗后及时间苗,2～3叶期及时定苗。在开花结荚前中耕除草2～3次。适时喷药防治蚜虫、红蜘蛛、棉铃虫、豆荚螟、卷叶螟等,特别是花荚期一定注意防治害虫。初花期适量追肥,花荚期遇干旱应及时浇水。适时收获,生长期长的地区应实行分批采收,生育后期进行叶面喷肥。收获后及时晾晒、脱粒、熏蒸或冷藏处理以防止豆象为害。

【适宜地区】 山东省及黄淮海适宜地区春播、夏播种植。

撰稿人:曹其聪　陈　雪　司玉君　张晓艳

108 潍绿05-8

【品种来源】 山东省潍坊市农业科学院于2000年以潍绿371为母本、潍绿341为父本杂交选育而成。全国统一编号：C07538。

【特征特性】 早熟品种，夏播生育期65d。有限结荚，株型紧凑，直立生长。幼茎紫色，株高35.0cm，主茎分枝1～2个，主茎节数9～10节。复叶卵圆形，花黄色。单株荚数25～30个，荚长8.0～9.0cm，羊角形，成熟荚黑色，单荚粒数9～10粒。籽粒圆柱形，种皮绿色有光泽，百粒重7.1g。干籽粒蛋白质含量26.30%，淀粉含量57.20%。结荚集中，成熟一致，不炸荚，抗倒伏，适于机械收获。

【产量表现】 产量一般为1600.0～2200.0kg/hm²，高者可达3000.0kg/hm²左右。2010～2012年品种比较试验平均产量2443.2kg/hm²，比对照（潍绿4号）增产14.6%。2013年国家食用豆产业技术体系绿豆品系鉴定试验15点平均产量1332.2kg/hm²。

【利用价值】 籽粒较大，商品性好，适于出口、食用及粉丝加工。

【栽培要点】 适宜播种期为4月中旬至7月中旬，麦后播种越早越好，播前施足基肥。一般播种量22.5～30.0kg/hm²，播种深度2～3cm，行距50cm，春播种植密度24万～30万株/hm²，夏播种植密度18万～24万株/hm²。选择中等肥力地块，忌重茬。绿豆出苗后及时间苗，2～3叶期及时定苗。在开花结荚前中耕除草2～3次。适时喷药防治蚜虫、红蜘蛛、棉铃虫、豆荚螟、卷叶螟等。初花期适量追肥，花荚期遇干旱应及时浇水，注意排水防涝。及时收获，田间70%豆荚成熟时开始采收，生长期长的地区应实行分批采收，生育后期进行叶面喷肥。收获后及时晾晒、脱粒、熏蒸或冷藏处理以防止豆象为害。

【适宜地区】 在山东省及黄淮海适宜地区春播、夏播种植及间作套种。

撰稿人：曹其聪　司玉君　陈雪　张晓艳

109　潍绿50934

【品种来源】　山东省潍坊市农业科学院于2011年以潍绿8号为母本、LD05-01为父本杂交选育而成。全国统一编号：C07539。

【特征特性】　早熟品种，夏播生育期65d。有限结荚，直立生长。幼茎绿色，株高71.0cm，主茎分枝2～3个，主茎节数13节。复叶卵圆形，花浅黄色。单株荚数35.0个，荚长8.0～9.0cm，圆筒形，成熟荚黑色，单荚粒数11～12粒。籽粒短圆柱形，种皮绿色有光泽，百粒重4.5g。株型紧凑，结荚集中，不炸荚，抗倒伏，抗病性好，中后期结荚能力强，不早衰。

【产量表现】　产量一般为1800.0～2200.0kg/hm²，高者可达3000.0kg/hm²以上。2016年鉴定圃试验平均产量2000.0kg/hm²，比对照（潍绿8号）增产27.2%。2017～2018年品种比较试验平均产量2109.5kg/hm²，比对照（潍绿8号）增产28.7%。

【利用价值】　适于粮用、豆芽生产及粉丝加工。

【栽培要点】　适宜播种期为4月下旬至7月上旬，麦后播种越早越好，播前施足基肥。一般播种量22.5～28.0kg/hm²，播种深度2～3cm，行距50cm，春播种植密度18万～24万株/hm²，夏播种植密度15万～17万株/hm²。选择中上等肥力地块，忌重茬。绿豆出苗后及时间苗，2～3叶期及时定苗。在开花结荚前中耕除草2～3次。适时喷药防治蚜虫、红蜘蛛、棉铃虫、豆荚螟、卷叶螟等。初花期适量追肥，花荚期遇干旱应及时浇水，注意排水防涝。及时收获，田间70%豆荚成熟时开始采收，生长期长的地区应实行分批采收，生育后期进行叶面喷肥。收获后及时晾晒、脱粒、熏蒸或冷藏处理以防止豆象为害。

【适宜地区】　山东省及黄淮海适宜地区春播、夏播种植。

撰稿人：司玉君　张晓艳　曹其聪　陈　雪

110 潍绿52500

【品种来源】 山东省潍坊市农业科学院于2010年以潍绿4号为母本、LD05-07为父本杂交选育而成。全国统一编号：C07540。

【特征特性】 早熟品种，夏播生育期62d。有限结荚，直立生长。幼茎绿色，株高65.0cm，主茎分枝1~2个，主茎节数12节。复叶卵圆形，花浅黄色。单株荚数20~25个，荚长9.0~10.0cm，圆筒形，成熟荚黑色，单荚粒数10.0粒。籽粒短圆柱形，种皮绿色有光泽，百粒重5.8g。株型紧凑，结荚集中，不炸荚，抗倒伏，抗病性好，中后期结荚能力强，不早衰。

【产量表现】 产量一般为1800.0~2200.0kg/hm^2，高者可达3000.0kg/hm^{2}以上。2016年鉴定圃试验平均产量2322.9kg/hm^2，比对照（潍绿8号）增产48.7%。2017~2018年品种比较试验平均产量2162.0kg/hm^2，比对照（潍绿8号）增产31.9%。

【利用价值】 适于粮用、豆芽生产及粉丝加工。

【栽培要点】 适宜播种期为4月下旬至7月上旬，麦后播种越早越好，播前施足基肥。一般播种量22.5~30.0kg/hm^2，播种深度2~3cm，行距50cm，春播种植密度18万~24万株/hm^2，夏播种植密度15万~17万株/hm^2。选择中上等肥力地块，忌重茬。绿豆出苗后及时间苗，2~3叶期及时定苗。在开花结荚前中耕除草2~3次。适时喷药防治蚜虫、红蜘蛛、棉铃虫、豆荚螟、卷叶螟等。初花期适量追肥，花荚期遇干旱应及时浇水，注意排水防涝。及时收获，田间70%豆荚成熟时开始采收，生长期长的地区应实行分批采收，生育后期进行叶面喷肥，以提高产量。收获后及时晾晒、脱粒、熏蒸或冷藏处理以防止豆象为害。

【适宜地区】 山东省及黄淮海适宜地区春播、夏播种植。

撰稿人：陈 雪 曹其聪 张晓艳 司玉君

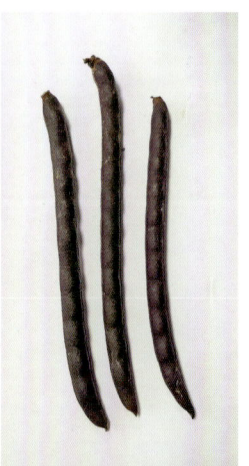

111 宛绿2号

【品种来源】 河南省南阳市农业科学院于2009年以冀绿7号为母本、苏90-6为父本杂交选育而成，原品系代号：LD091-8-2-11-4。2020年9月通过中国作物学会鉴定，鉴定编号：国品鉴绿豆2020009。全国统一编号：C07542。

【特征特性】 生育期60d，株型紧凑，植株直立，株高63.6cm，主茎分枝3.2个，单株荚数25.2个，荚长9.0cm，单荚粒数11.0粒，百粒重5.2g，结荚集中，成熟一致不炸荚，适于机械收获。幼茎紫色，成熟荚黑褐色，圆筒形，籽粒长圆柱形，种皮绿色有光泽。干籽粒蛋白质含量23.10%，淀粉含量56.40%。中抗叶斑病，抗根腐病。

【产量表现】 产量一般为1500.0～2320.0kg/hm²，高者可达2450.0kg/hm²以上。2015～2017年参加河南省绿豆新品种区域试验，2015年平均产量1720.2kg/hm²，比对照增产6.4%；2016年平均产量1653.0kg/hm²，比对照增产15.0%。2017年生产试验平均产量1746.0kg/hm²，比对照增产6.8%。

【利用价值】 粒色鲜艳，品质优良，商品价值高，做绿豆汤易煮烂、口味清香。

【栽培要点】 适期播种，选择中等肥力地块，忌重茬。适播期长，4月20日至8月5日均可播种，麦茬绿豆播种越早越好。南阳地区春播以4月25日左右为宜，夏播在6月5日之前为宜。播前应适当整地，施足底肥。一般播种量20～25kg/hm²，播种深度3～4cm，行距40～50cm，株距10～15cm，种植密度15万～19万株/hm²。第一片复叶展开后间苗，第二片复叶展开后定苗。及时中耕除草，并在开花前适当培土。适时喷药防治蚜虫、红蜘蛛、豆荚螟等。夏播地块，如播种前未施基肥，应结合整地施氮磷钾复合肥225～300kg/hm²，或在分枝期追施尿素75kg/hm²。如花期遇旱，应适当灌水。当70%～80%豆荚成熟时可催熟后一次性收获；在生长期较长、劳动力充足的地区，可实行分批采收，以提高产量和品质。

【适宜地区】 河南省绿豆产区均可种植

撰稿人：朱 旭 胡卫丽 杨厚勇 许 阳

112 宛绿7号

【品种来源】 河南省南阳市农业科学院于2010年以中绿9号为母本、郑绿8号为父本杂交选育而成，原品系代号：F09-5-1-1。2021年通过河南省农作物品种审定委员会鉴定，鉴定编号：豫品鉴绿豆2021003。全国统一编号：C07545。

【特征特性】 生育期63d，有限结荚习性，株型紧凑，植株直立，株高64.2cm，主茎分枝3.0个，单株荚数24.5个，荚长8.8cm，单荚粒数10.0粒，百粒重5.0g，结荚集中，成熟一致，适于机械收获。幼茎紫色，成熟荚黑色，圆筒形，籽粒长圆柱形，种皮绿色有光泽。

【产量表现】 产量一般为1500.0～2135.0kg/hm²。

【利用价值】 粒色鲜艳，品质优良，商品价值高，适宜机收。

【栽培要点】 适期播种，选择中等肥力地块，忌重茬。播前应适当整地，施足底肥。一般播种量20～25kg/hm²，播种深度3～4cm，行距40～50cm，株距10～15cm，种植密度15万～19万株/hm²。第一片复叶展开后间苗，第二片复叶展开后定苗。及时中耕除草，并在开花前适当培土。适时喷药防治蚜虫、红蜘蛛、豆荚螟等。夏播地块如播种前未施基肥，应结合整地施氮磷钾复合肥225～300kg/hm²，或在分枝期追施尿素75kg/hm²。如花期遇旱，应适当灌水。当70%～80%豆荚成熟时可催熟后一次性收获；在生长期较长、劳动力充足的地区，可实行分批采收，以提高产量和品质。

【适宜地区】 河南省绿豆产区均可种植。

撰稿人： 朱 旭 胡卫丽 杨厚勇 许 阳

113　宛黑绿1号

【品种来源】 河南省南阳市农业科学院于2011年以苏黑绿1号为母本、国绿2号为父本杂交选育而成，原品系代号：C50-8-1。全国统一编号：C07541。

【特征特性】 生育期63d，有限结荚习性，株型紧凑，植株直立，株高63.3cm，主茎分枝3.2个，单株荚数24.5个，荚长9.0cm，单荚粒数10.0粒，百粒重5.1g。幼茎紫色，成熟荚黑色，弯镰形，籽粒长圆柱形，种皮黑色有光泽。

【产量表现】 产量一般为1500.0~2094.0kg/hm²。

【利用价值】 品质优良，商品价值高，可食用，又可药用。

【栽培要点】 适期播种，选择中等肥力地块，忌重茬。播前应适当整地，施足底肥。一般播种量20~25kg/hm²，播种深度3~4cm，行距40~50cm，株距10~15cm，种植密度15万~19万株/hm²。第一片复叶展开后间苗，第二片复叶展开后定苗。及时中耕除草，并在开花前适当培土。适时喷药，防治蚜虫、红蜘蛛、豆荚螟等。夏播地块如播种前未施基肥，应结合整地施氮磷钾复合肥225~300kg/hm²，或在分枝期追施尿素75kg/hm²。如花期遇旱，应适当灌水。70%~80%豆荚成熟时收获，及时晾晒、脱粒及清选，籽粒含水量低于14%时可入库贮藏。

【适宜地区】 河南省绿豆产区均可种植。

撰稿人：朱　旭　胡卫丽　杨厚勇　许　阳

114　宛绿5号

【品种来源】 河南省南阳市农业科学院于2010年以中绿9号为母本、郑绿8号为父本杂交选育而成，原品系代号：F09-6-4-4。全国统一编号：C07543。

【特征特性】 生育期64d，有限结荚习性，株型紧凑，植株直立，株高64.6cm，主茎分枝3.4个，单株荚数23.1个，荚长8.5cm，单荚粒数13.0粒，百粒重4.8g，结荚集中，成熟一致不炸荚，适于机械收获。幼茎紫色，成熟荚黑色，圆筒形，籽粒长圆柱形，种皮绿色有光泽。

【产量表现】 产量一般为1500.0～2120.0kg/hm²。

【利用价值】 顶部结荚集中，适宜机收。

【栽培要点】 适期播种，选择中等肥力地块，忌重茬。6月中下旬播种，麦茬绿豆播种越早越好。播前应适当整地，施足底肥。一般播种量20～25kg/hm²，播种深度3～4cm，行距40～50cm，株距10～15cm，种植密度15万～19万株/hm²。第一片复叶展开后间苗，第二片复叶展开后定苗。及时中耕除草，并在开花前适当培土。适时喷药防治蚜虫、红蜘蛛、豆荚螟等。夏播地块如播种前未施基肥，应结合整地施氮磷钾复合肥225～300kg/hm²，或在分枝期追施尿素75kg/hm²。如花期遇旱，应适当灌水。当70%～80%豆荚成熟时可催熟后一次性收获，在生长期较长、劳动力充足的地区，可实行分批采收，以提高产量和品质。

【适宜地区】 河南省绿豆产区均可种植。

撰稿人：朱　旭　胡卫丽　杨厚勇　许　阳

115 宛绿6号

【品种来源】 河南省南阳市农业科学院于2009年以冀绿7号为母本、苏90-6为父本杂交选育而成，原品系代号：F10-2-3A。全国统一编号：C07544。

【特征特性】 生育期65d，株型紧凑，植株直立，株高64.0cm，主茎分枝3.3个，单株荚数22.2个，荚长8.8cm，单荚粒数11.0粒，百粒重4.6g，结荚集中，成熟一致不炸荚。幼茎紫色，成熟荚黑色，圆筒形，籽粒长圆柱形，种皮绿色有光泽。

【产量表现】 产量一般为1500.0～2090.0kg/hm²。

【利用价值】 粒大、粒色鲜艳，品质优良，商品价值高，做绿豆汤易煮烂、口味清香。

【栽培要点】 适期播种，选择中等肥力地块，忌重茬。播前应适当整地，施足底肥。一般播种量20～25kg/hm²，播种深度3～4cm，行距40～50cm，株距10～15cm，种植密度15万～19万株/hm²。第一片复叶展开后间苗，第二片复叶展开后定苗。及时中耕除草，并在开花前适当培土。适时喷药防治蚜虫、红蜘蛛、豆荚螟等。夏播地块如播种前未施基肥，应结合整地施氮磷钾复合肥225～300kg/hm²，或在分枝期追施尿素75kg/hm²。如花期遇旱，应适当灌水。70%～80%豆荚成熟时收获，及时晾晒、脱粒及清选，籽粒含水量低于14%时可入库贮藏。

【适宜地区】 河南省绿豆产区均可种植。

撰稿人：朱　旭　胡卫丽　杨厚勇　许　阳

116 鄂绿4号

【品种来源】 湖北省农业科学院粮食作物研究所于2001年以鄂绿2号为母本、地方种质资源蔓绿豆为父本杂交选育而成，原品系代号：LD07。2009年通过湖北省农作物品种审定委员会审定，审定编号：鄂审杂2009001。全国统一编号：C07546。

【特征特性】 株型紧凑，直立生长，幼茎紫色，成熟茎绿紫色，对生单叶披针形，复叶卵圆形，花蕾绿紫色，花瓣黄紫色，有限结荚习性。夏播生育期64d，株高47.2cm，主茎分枝2~3个，单株荚数22~25个，荚长9.2cm，单荚粒数10~14粒，百粒重5.1g。干籽粒蛋白质含量21.20%，淀粉含量50.80%。豆荚羊角形，成熟荚黑褐色，荚绒毛密，结荚集中，不炸荚、不褐变，适于一次性收获。籽粒圆柱形，种皮黑色有光泽，食味优，商品外观好。

【产量表现】 2006年品种比较试验比对照（中绿5号）增产4.2%，2007年品种比较试验比对照（中绿5号）增产6.4%；两年平均产量1435.5kg/hm^2，比对照（中绿5号）增产5.3%。

【利用价值】 籽粒黑色有光泽，商品外观好，经济价值高。

【栽培要点】 湖北地区4月初至7月底均可播种，大田露地直播在4月上旬以后，以5月中旬至6月上旬播种产量最高。地势低洼地带和地下水位较高田块需起垄栽培，忌重茬或迎茬，播种量22.5kg/hm^2，基施氮磷钾复合肥450kg/hm^2，种植密度15万~18万株/hm^2，播种后施用除草剂封闭除草。苗期注意防治地老虎、蚜虫等，花荚期主要防治豆荚螟等，花期用0.4%磷酸二氢钾进行叶面喷肥，每7d一次，连续2次。田间90%以上的豆荚成熟后，在早晨露水下去之前一次性收获。

【适宜地区】 湖北及周边绿豆产区。

撰稿人：万正煌　李莉　刘昌燕

117　鄂绿5号

【品种来源】 湖北省农业科学院粮食作物研究所于2007年以中绿5号为母本、地方品种竹溪绿豆为父本杂交选育而成，原品系代号：75-3。2014年通过湖北省农作物品种审定委员会审定，审定编号：鄂审杂2014001。全国统一编号：C07547。

【特征特性】 直立生长，茎秆粗壮，株型紧凑，花蕾绿紫色，花黄带紫色。夏播生育期68d，株高60.7cm，主茎分枝2~3个，单株荚数22~28个，荚长9.6cm，单荚粒数10~12粒，籽粒圆柱形，种皮绿色有光泽，百粒重6.1g。干籽粒蛋白质含量21.80%，淀粉含量51.00%。成熟时熟相清秀，结荚集中，丰产性好，田间表现中抗病毒病和叶斑病。

【产量表现】 2010年湖北绿豆新品系比较试验比对照（中绿5号）增产5.9%，比对照（鄂绿3号）增产6.9%；2011年新品系比较试验比对照（中绿5号）增产6.1%，比对照（鄂绿3号）增产6.9%；两年试验平均产量1412.9kg/hm²，比对照（中绿5号）增产6.0%，比对照（鄂绿3号）增产6.9%。

【利用价值】 籽粒绿色，有光泽，商品外观好，经济价值高。

【栽培要点】 湖北地区播种期以4月中下旬至7月中下旬均可，以5月中旬至6月上旬播种产量最高。播种量22.5kg/hm²左右，种植密度15万~18万株/hm²。地力较差田块可基施氮磷钾复合肥300kg/hm²左右。播种后施用除草剂封闭除草，平时田间除去大草即可，封垄前中耕除草1遍。花期用0.4%磷酸二氢钾进行叶面喷肥，每7d一次，连续2次。田间70%荚果变黑时可分批采收，第一次采收要及时，第二批荚果视天气、生长情况一次性收获。

【适宜地区】 湖北及周边绿豆产区。

撰稿人：万正煌　李莉　刘昌燕

118 桂绿豆L74号

【品种来源】 广西壮族自治区农业科学院水稻研究所于2009年以XLD04-07-1为母本、XLD04-06-7为父本杂交选育而成，原品系代号：2012-L74。2015年6月通过广西壮族自治区农作物品种审定委员会审定，审定编号：桂审豆2015006号。全国统一编号：C07548。

【特征特性】 早熟品种，夏播生育期70d。有限结荚习性，植株直立抗倒伏，株型紧凑，复叶卵圆形、深绿色，叶脉紫色，叶柄紫色，幼茎紫色，株高65.0cm，主茎分枝3~4个，花蕾绿紫色，花黄带紫色，成熟荚黑色，圆筒形，豆荚多集中于植株上部，豆荚成熟较一致、不炸荚，荚长10.8cm，单荚粒数12.1粒，籽粒长圆柱形，种皮绿色有光泽，百粒重6.8g。抗叶斑病，耐旱性较好，成熟期仍保持青秆绿叶。干籽粒蛋白质含量23.00%，淀粉含量46.30%。

【产量表现】 2012~2013年品种比较试验，2012年4月播种，平均产量2115.3kg/hm²，比对照（中绿1号）增产29.1%；7月播种，平均产量1725.0kg/hm²，比对照增产30.6%。2013年4月播种，平均产量1483.5kg/hm²，比对照增产23.5%。2012~2014年多点区域试验产量1375.5~2115.3kg/hm²，比对照（当地品种）增产12.6%~48.7%，平均增产24.8%。

【利用价值】 粒大、粒色明亮，品质优良，商品价值高，适宜原粮出口、芽菜用和粮用。

【栽培要点】 可春播和夏播。春播在3月上旬到5月中旬，夏播在6月到7月之间。足墒播种，穴播，每穴播3~4粒，穴深3~5cm，定苗时留1~2株，穴距10~15cm，行距50cm，播种量22.5~30.0kg/hm²；条播，行距50cm，沟深3~5cm，播种量45kg/hm²，定苗时每10~15cm留1~2株。从出苗到开花封垄前中耕1~2次。一般施氮磷钾复合肥75~150kg/hm²作基肥或种肥。整个生长期视墒情浇水1~2次，雨水较多时应及时排涝。及时防治地老虎、红蜘蛛、蚜虫、蓟马、菜青虫、豆荚螟、田间豆象及病毒病、叶斑病等。70%左右豆荚成熟后进行第一次采收，隔一周左右再采收一次，收获后应及时晾晒、脱粒、清选、熏蒸后贮藏。

【适宜地区】 可在广西各地区种植，春播、夏播种植均可，适宜纯种和间作套种。

撰稿人：罗高玲　陈燕华　李经成

119　桂绿豆18-98

【品种来源】　广西壮族自治区农业科学院水稻研究所于2013年从广西地方品种黄荚绿豆中系统选育而成，原品系代号：18-98。全国统一编号：C07549。

【特征特性】　早熟品种，夏播生育期60d。有限结荚习性，株型紧凑，植株直立、抗倒伏，幼茎紫色，株高65.0cm，主茎分枝3～4个，花蕾绿紫色，花黄带紫色，成熟荚黄褐色，扁圆形，结荚集中，豆荚饱满，成熟较一致不炸荚，荚长11.0cm，单荚粒数12.4粒，籽粒长圆柱形，种皮绿色有光泽，百粒重6.5g。耐旱性较好，后期不早衰。

【产量表现】　产量一般为1350.0～2250.0kg/hm²，高者可达2800.0kg/hm²以上。2015～2016年产量比较试验平均产量2224.5kg/hm²，比对照（中绿1号）增产20.1%。2017年生产试验平均产量2053.5kg/hm²，比对照（中绿1号）增产14.8%。

【利用价值】　粒大饱满、粒色鲜艳，品质优良，商品价值高，适宜芽菜用和粮用。

【栽培要点】　可春播和夏播。春播在3月上旬到5月中旬，夏播在6月到7月之间。足墒播种，穴播，每穴播3～4粒，穴深3～5cm，定苗时留1～2株，穴距10～15cm，行距50cm，播种量22.5～30.0kg/hm²；条播，行距50cm，沟深3～5cm，播种量45.0kg/hm²，定苗时每10～15cm留1～2株。从出苗到开花封垄前中耕1～2次。一般施氮磷钾复合肥75～150kg/hm²作基肥或种肥。花荚期遇干旱及时浇水防旱。苗期及时防治菜青虫，花荚期及时防治地老虎、红蜘蛛、蚜虫、蓟马、菜青虫、豆荚螟、田间豆象及病毒病、叶斑病等。70%左右的豆荚成熟后开始采收，隔一周左右再采收一次，收获后应及时晾晒、脱粒、清选、熏蒸后贮藏。

【适宜地区】　广西各地春播、夏播种植均可，适宜纯种和间作套种。

撰稿人：罗高玲　陈燕华　李经成

120 渝绿1号

【品种来源】 重庆市农业科学院于2014年以中绿5号为母本、冀黑绿12号为父本杂交选育而成，原品系代号：12-6-8。2017年通过重庆市农作物品种审定委员会鉴定，鉴定编号：渝品审鉴2017005。全国统一编号：C07550。

【特征特性】 生育期67.3d，有限结荚习性，株型紧凑，直立生长，株高51.1cm，主茎节数9节，复叶卵圆形、浓绿色，叶片较大，花浅黄色。主茎分枝1.9个，单株荚数19.7个，荚长10.2cm，圆筒形，成熟荚黑褐色，单荚粒数14.8粒，籽粒长圆柱形，种皮绿色有光泽，百粒重6.6g。干籽粒蛋白质含量22.80%，淀粉含量47.44%。抗倒伏，色泽优，成熟后不裂荚，适于一次性收获。

【产量表现】 重庆市绿豆区域试验2015年平均产量1765.5kg/hm^2，较对照（潼南绿豆）增产27.4%；2016年平均产量2011.7kg/hm^2，较对照（潼南绿豆）增产39.3%；两年平均产量1888.5kg/hm^2，较对照（潼南绿豆）增产33.4%，试验点增产率100%。2016年生产试验平均产量1974.0kg/hm^2，较对照增产36.4%，试点增产率100%。

【利用价值】 适于做绿豆汤、生产豆芽、原粮出口、淀粉加工等。

【栽培要点】 春播适宜播种期为4月上旬到5月上旬，夏播为5月中旬到7月中旬，作为救荒补种作物，夏播最晚播种期可持续到7月20日。播种量30kg/hm^2；中高水肥地种植密度15万~18万株/hm^2，瘠薄旱地种植密度19.5万~22.5万株/hm^2。足墒播种，播种深度3~5cm，苗期不旱不浇水，盛花期视墒情可浇水1次。中等肥力以上的地块一般不需施肥，而中低产的瘠薄地块，可底施过磷酸钙450kg/hm^{2}和氯化钾150kg/hm^2，初花期追施尿素75kg/hm^2。苗期注意防治根腐病，间苗后及时防治地老虎、蚜虫等，花荚期及时防治豆荚螟、蓟马等。70%以上的豆荚成熟时收获，收获后及时晾晒、脱粒及清选，籽粒含水量低于14%时可入库贮藏，并及时熏蒸或冷藏处理以防止豆象为害。

【适宜地区】 适宜重庆市及生态类型相似的区域种植。

撰稿人：杜成章　张继君　龙珏臣

121 渝绿2号

【品种来源】 重庆市农业科学院于2014年以中绿5号为母本、冀黑绿12号为父本杂交选育而成，原品系代号：12-6-7。2017年通过重庆市农作物品种审定委员会鉴定，鉴定编号：渝品审鉴2017006。全国统一编号：C07551。

【特征特性】 生育期66.8d，有限结荚习性，株型紧凑，直立生长，株高56.4cm，主茎节数9.0节，复叶卵圆形、浓绿色，叶片较大，花浅黄色。主茎分枝2.2个，单株荚数36.0个，荚长8.5cm，圆筒形，成熟荚褐色，单荚粒数13.8粒，籽粒长圆柱形，种皮绿色有光泽，百粒重4.8g。干籽粒蛋白质含量23.60%，淀粉含量46.84%。抗倒伏、色泽优、成熟后不裂荚，适于一次性收获。

【产量表现】 重庆市绿豆区域试验，2015年平均产量1884.0kg/hm²，较对照（潼南绿豆）增产35.28%；2016年平均产量2031.6kg/hm²，较对照（潼南绿豆）增产40.7%；两年平均产量1959.0kg/hm²，较对照（潼南绿豆）增产38.3%，试验点增产率100%。2016年生产试验平均产量2036.3kg/hm²，较对照增产40.7%，试点增产率100%。

【利用价值】 适于生产豆芽、原粮出口、淀粉加工。

【栽培要点】 春播适宜播种期为4月上旬到5月上旬，夏播为5月中旬到7月中旬，作为救荒补种作物，夏播最晚播种期可持续到7月20日。播种量30kg/hm²；中高水肥地种植密度15万～18万株/hm²，瘠薄旱地种植密度19.5万～22.5万株/hm²。足墒播种，播种深度3～5cm，苗期不旱不浇水，盛花期视墒情可浇水1次。中等肥力以上的地块一般不需施肥，而中低产的瘠薄地块，可底施过磷酸钙450kg/hm²和氯化钾150kg/hm²，初花期追施尿素75kg/hm²。苗期注意防治根腐病，间苗后及时防治地老虎、蚜虫等，花荚期及时防治豆荚螟、蓟马等。70%以上豆荚成熟时收获，收获后及时晾晒、脱粒及清选，籽粒含水量低于14%时可入库贮藏，并及时熏蒸或冷藏处理以防止豆象为害。

【适宜地区】 适宜重庆市及生态类型相似的区域种植。

撰稿人：杜成章　张继君　龙珏臣

122 渝黑绿豆3号

【品种来源】 重庆市农业科学院于2014年以中绿5号为母本、冀黑绿12号为父本杂交选育而成，原品系代号：12-6-67。2018年通过重庆市农作物品种审定委员会鉴定，鉴定编号：渝品审鉴2018031。全国统一编号：C07552。

【特征特性】 生育期69.9d，有限结荚习性，株型紧凑，直立生长，株高73.8cm，主茎节数9.9节，复叶卵圆形、浓绿色，叶片较大，花浅黄色。主茎分枝2.2个，单株荚数23.6个，荚长11.1cm，羊角形，成熟荚黑褐色，单荚粒数11.9粒，籽粒长圆柱形，种皮黑色有光泽，百粒重5.4g。干籽粒蛋白质含量23.90%，淀粉含量44.70%，脂肪含量1.50%，膳食纤维含量16.1%。株型直立，抗倒伏，成熟期集中，适于机械收获。

【产量表现】 重庆市绿豆区域试验，2015年平均产量1435.5kg/hm²，较对照（潼南绿豆）增产3.6%；2016年平均产量1835.9kg/hm²，较对照（潼南绿豆）增产31.0%；两年平均产量1635.7kg/hm²，较对照（潼南绿豆）增产15.5%，两年试验增产点率100%。2018年生产试验平均产量1843.5kg/hm²，较对照增产30.1%，试点增产率100%。

【利用价值】 种皮黑亮，品质优良，商品价值高。适于做绿豆汤、生产豆芽、原粮出口、淀粉加工等。

【栽培要点】 春播适宜播种期为4月上旬到5月上旬，夏播为5月中旬到7月中旬，作为救荒补种作物，夏播最晚播种期可持续到7月20日。播种量30kg/hm²；中高水肥地种植密度15万～18万株/hm²，瘠薄旱地种植密度19.5万～22.5万株/hm²。足墒播种，播种深度3～5cm，苗期不旱不浇水，盛花期视墒情可浇水1次。中等肥力以上的地块一般不需施肥，而中低产的瘠薄地块，可底施过磷酸钙450kg/hm²和氯化钾150kg/hm²，初花期追施尿素75kg/hm²。苗期注意防治根腐病，间苗后及时防治地老虎、蚜虫等，花荚期及时防治豆荚螟、蓟马等。70%以上豆荚成熟时收获，收获后及时晾晒、脱粒及清选，籽粒含水量低于14%时可入库贮藏，并及时熏蒸或冷藏处理以防止豆象为害。

【适宜地区】 适宜重庆市及生态类型相似的区域种植。

撰稿人：张继君　杜成章　龙珏臣

123 榆绿1号

【品种来源】 榆林市横山区农业技术推广中心从地方品种横山大明绿豆群体中系统选育而成，原品系代号：HX04065。2010年通过陕西省农作物品种审定委员会品种登记，登记编号：陕豆登字2010001号。全国统一编号：C07553。

【特征特性】 生育期90～100d；株高50.0～60.0cm，主茎节数12～14节，直立型，无限结荚习性；幼茎紫色，复叶阔卵形、浓绿，花黄色；成熟荚黑色，羊角形，荚长12.1cm，最长16.0cm；籽粒长圆柱形，种皮绿色有光泽，大小均匀，颜色一致，粒径3.6～4.2mm，百粒重7.0～8.5g；单株荚数30～40个，最多可达180个，单荚粒数12.5粒，最多19粒，单株产量高。干籽粒蛋白质含量28.66%，淀粉含量42.10%，脂肪含量1.26%。田间自然鉴定：抗病毒病，中抗叶斑病。

【产量表现】 露地栽培产量900.0～1200.0kg/hm²，地膜覆盖栽培产量1350.0～1650.0kg/hm²，产量最高可达2250.0kg/hm²，较传统的横山大明绿豆平均增产15.8%。

【利用价值】 籽粒大，色泽好，发芽势强，无硬实粒；在芽菜生产上独具特色，所产芽菜色白质嫩、口感甜脆，且生长整齐、粗细均匀、保鲜时间长。目前，榆绿1号已成为榆林市绿豆生产主栽品种和主要出口创汇品种。

【栽培要点】 5月上旬至6月上旬均可播种，5月中下旬为最佳播种期。种植密度6.00万～6.75万株/hm²。施入适量农家肥，磷酸二铵150kg/hm²（或过磷酸钙600kg/hm²、碳酸氢铵450kg/hm²）。成熟时分批采收。

【适宜地区】 适宜榆林市各县（市、区）及邻近相同生态区域种植，横山、佳县、米脂、子洲等县（市、区）为优质产区。

撰稿人：雷锦银　刘建华　王　斌

第三章 小 豆

小豆是豆科（Leguminosae）蝶形花亚科（Papilionoideae）菜豆族（Phaseoleae）豇豆属（Vigna）中的一个栽培种，属一年生草本、自花授粉植物。小豆学名 *Vigna angularis*，英文名 adzuki bean 或 azuki bean，别名红小豆、赤豆、赤小豆、红豆等，种下有 *V. angularis* var. *nipponensis*、*V. angularis* var. *angularis* 两个变种。小豆染色体数 $2n=2x=22$。小豆出苗时子叶不出土。

小豆原产于中国，其起源地包括中国的中部和西部山区及其毗邻的低地，在西藏喜马拉雅山一带尚有野生种和半野生种存在，近年来在云南、山东、湖北、陕西、辽宁、天津、河北等地均发现并采集到小豆的野生种及其不同的野生类型。

小豆在中国已有2000多年的栽培历史，早在公元前5世纪的《神农书》中就出现了"小豆"一词；西汉《氾胜之书》明确记载了小豆的播种期、播种量、田间管理及其收获和产量等；《神农本草经》《黄帝内经·素问》《本草纲目》《群芳谱·谷谱》等古医书中都有小豆药用价值的记载；南北朝《齐民要术》也详细描述了小豆的耕作方法。湖南长沙马王堆汉墓中发掘出的已炭化的小豆种子，是迄今为止世界上发现的年代最早的小豆遗物。据考证，公元3世纪间小豆从中国传入日本，并形成变种 *Vigna angularis* var. *angularis*。

世界上小豆主要产区在亚洲，非洲、欧洲及美洲也有少量种植，故将小豆称为"亚洲作物"。全球共有20多个国家种植小豆，以中国的种植面积最大，其次是日本和韩国。中国小豆年种植面积为20万～30万 hm^2，总产量约为30万t，产区主要集中在华北、东北和江淮地区，以黑龙江、内蒙古、陕西、山西、吉林、江苏、辽宁、安徽、河北种植较多，其面积和产量均约占全国的70%；湖北、贵州、河南、甘肃等省份的面积和产量均约占15%；其余省份种植面积较小或零星种植，面积和产量均约占15%。日本小豆年种植面积为6万～8万 hm^2，总产量在10万t左右。韩国小豆年种植面积约为2.5万 hm^2，总产量在3万t左右。

中国是世界上最大的小豆出口国，近年来，年出口量在5万～7万t，以天津红小豆、唐山红小豆、东北大红袍、宝清红、崇明红小豆、启东大红袍等最具盛名，产品主要销往韩国、日本、马来西亚、越南、新加坡、美国等国家或地区，其中日本从中国进口小豆，年进口量在1.5万t左右，约占日本小豆进口量的95%。

国际上，小豆种质资源的收集、保存、研究和利用工作主要集中在中国、日本、韩国等少数几个亚洲国家。截至目前，资源保存数量多少依次为中国6328份（包括台湾228份）、日本2856份、韩国2434份、印度1200份、朝鲜200份。另外，美国、澳大利亚、荷兰、德国等国家从上述国家引进了少量资源或品种供研究和生产利用，如美国农业部国家种质资源保存中心保存的141份小豆种质资源就是从上述亚洲国家引进的。

小豆原产于中国，在由野生小豆向半野生小豆、栽培小豆演变驯化及繁衍传播的漫长历史过程中，形成了当今类型繁多的小豆种质资源。目前，中国已收集保存国内外小豆种质6328份，其中5570份已完成农艺性状鉴定和编目，并送交国家作物种质库长期保存。同时，对部分种质资源进行了抗病（虫）性、抗逆性及品质性状等的评价鉴定，筛选出了一批丰产、品质优良、抗病（虫）、抗逆性强、适应性广的优良种质。

中国小豆品种改良始于20世纪70年代，至20世纪末，各省（自治区、直辖市）自主组织品种区域试验和审定工作，该段时期共育成新品种26个，以农家种提纯复壮、系统选育为主，并第一次通过杂交选育育成冀红小豆3号。该段时期冀红4号、白红2号、京农红5号等品种的育成和推广应用，促进了我国小豆的品质改善与产量提高。进入21世纪，全国农业技术推广服务中心组织实施了国家小宗粮豆新品种区域试验、非主要农作物品种鉴定及新品种展示园等工作，促进了小豆新品种选育工作。该段时期杂交育种技术广泛应用于小豆育种工作，截至2020年共育成通过省级及以上农作物审（认、鉴）定、登记的品种55个，其中国家级审（鉴）定品种24个，杂交选育品种42个（占76.37%）。其中，冀红9218、冀红352、冀红16号、中红4号、保红947、保8824-17、保876-16、白红8号等品种的育成与应用显著提高了产量，改善了品质与直立生长特性等，在我国小豆生产中发挥了重要作用，新品种覆盖率达到60%以上。

现编入本志的小豆品种共92个，包括育成品种91个、地方品种提纯1个。在育成品种中，杂交选育78个、系统选育10个、诱变育种3个。通过有关品种管理部门审（认、鉴）定、登记的品种65个，其中，通过国家级农作物审（鉴）定的品种11个，通过省级农作物审（认、鉴）定、登记的品种54个；高代品系26个。入志品种分布在18家育种单位，其中中国农业科学院作物科学研究所18个、河北省农林科学院粮油作物研究所8个、河北省唐山市农业科学研究院4个、河北省保定市农业科学院10个、河北省张家口市农业科学院1个、山西省农业科学院作物科学研究所2个、山西省农业科学院农作物品种资源研究所1个、山西省农业科学院高寒区作物研究所5个、辽宁省农业科学院作物研究所5个、辽宁省经济作物研究所1个、吉林省农业科学院作物资源研究所（原吉林省农业科学院作物育种研究所）7个、吉林省白城市农业科学院6个、黑龙江省农业科学院作物资源研究所（原黑龙江省农业科学院作物育种研究所）3个、黑龙江省农业科学院齐齐哈尔分院4个、江苏省农业科学院10个、江苏沿江地区农业科学研究所3个、广西壮族自治区农业科学院水稻研究所2个、重庆市农业科学院2个。

1 中红6号

【品种来源】 中国农业科学院作物科学研究所于2001年以冀红3号为母本、宝清红为父本杂交选育而成，原品系代号：品红2004-135。2010年通过北京市种子管理站鉴定，鉴定编号：京品鉴杂2010021。全国统一编号：B05437。

【特征特性】 中早熟品种，夏播区生育期90d，有限结荚习性，株型紧凑，直立生长，幼茎绿色，株高55.0cm。主茎分枝3~5个，复叶卵圆形、深绿色，花浅黄色。单株荚数30.0个，荚长8.0cm，圆筒形，成熟荚黄白色，单荚粒数7.0粒。籽粒短圆柱形，种皮红色，百粒重18.0~23.0g。干籽粒蛋白质含量20.44%，淀粉含量49.60%。经测试，该品种出沙率71.6%，风味1.571，沙质感2.071，糖纳豆沙质感2.071。综合评价等感官指标在同批次15个样本中最高。田间自然鉴定：抗病毒病、叶斑病和锈病。

【产量表现】 2008~2010年北京市区域试验平均产量1690.8kg/hm²，较对照（京农5号）增产15.4%。2010年生产试验平均产量2158.5kg/hm²，较对照（京农5号）增产20.3%。

【利用价值】 大粒型品种，适宜原粮出口、豆沙和糖纳豆生产等。

【栽培要点】 适期播种。华北平原夏播以6月底至7月初播种为宜。播前适当整地，播种量35~40kg/hm²，播种深度3~5cm，行距40~50cm，株距12~15cm，种植密度12万~15万株/hm²，忌重茬。出苗后及时间苗、定苗、中耕除草，并在开花前适当培土。适时喷药，防治蚜虫、红蜘蛛、豆荚螟等。初花期视地力、苗情适当追肥，一般追施硫酸铵150~225kg/hm²或再增加过磷酸钙150~225kg/hm²。如花期遇旱，应适当灌水。及时收获，有条件的地区可人工采收，以提高产量和品质。收获后及时熏蒸或冷藏处理以防止豆象为害。

【适宜地区】 适宜北京、河北、山西、辽宁、吉林、内蒙古等小豆产区夏播种植。

撰稿人：程须珍　王素华　王丽侠

2 中红7号

【品种来源】 中国农业科学院作物科学研究所于2002年以引进的日本红小豆为母本、北京地方品种京小3号为父本杂交选育而成，原品系代号：品红23129-1。2011年通过黑龙江省农作物品种审定委员会登记，登记编号：黑登记2011007。全国统一编号：B05438。

【特征特性】 中早熟品种，夏播区生育期90d，有限结荚习性，株型紧凑，直立生长，幼茎绿色，株高55.0cm。主茎分枝3～5个，复叶卵圆形、深绿色，花浅黄色。单株荚数30.0个，荚长8.0cm，圆筒形，成熟荚黄白色，单荚粒数8.0粒。籽粒短圆柱形，种皮红色，百粒重21.0g。干籽粒蛋白质含量22.10%，淀粉含量54.57%。田间自然鉴定：未见叶斑病、白粉病及检疫性病害。

【产量表现】 2008～2009年黑龙江省区域试验平均产量1652.5kg/hm²，比对照（京农5号）增产11.3%。2010年黑龙江省小豆品种生产试验平均产量2003.9kg/hm²，比对照（京农5号）增产13.3%。

【利用价值】 大粒型、高淀粉品种，适宜外贸出口、豆沙和豆馅制作等。

【栽培要点】 适期播种。华北区夏播以6月底至7月初播种为宜。播前适当整地，播种量35～40kg/hm²，播种深度3～5cm，行距40～50cm，株距12～15cm，种植密度12万～15万株/hm²，忌重茬。出苗后及时间苗、定苗、中耕除草，并在开花前适当培土。适时喷药，防治蚜虫、红蜘蛛、豆荚螟等。初花期视地力、苗情适当追肥，一般追施硫酸铵150～225kg/hm²或再增加过磷酸钙150～225kg/hm²。如花期遇旱，应适当灌水。及时收获，有条件的地区可人工采收，以提高产量和品质。收获后及时熏蒸或冷藏处理以防止豆象为害。

【适宜地区】 适宜北京、河北、陕西、山西、辽宁、吉林、内蒙古、黑龙江第三和第四积温带等小豆产区夏播种植。

撰稿人： 程须珍　王素华　王丽侠　张亚芝

3　中红8号

【品种来源】　中国农业科学院作物科学研究所于2001年以冀红4号为母本、宝清红为父本杂交选育而成，原品系代号：品红2005-202。2011年通过北京市种子管理站鉴定，鉴定编号：京品鉴杂2011029。全国统一编号：B05439。

【特征特性】　中熟品种，夏播区生育期95d，有限结荚习性，株型紧凑，直立生长，幼茎绿色，株高55.0cm。主茎分枝3～5个，复叶卵圆形、深绿色，花浅黄色。单株荚数30.0个，荚长8.5cm，圆筒形，成熟荚黄白色，单荚粒数7～8粒。籽粒短圆柱形，种皮红色，百粒重18.0～21.0g。干籽粒蛋白质含量20.54%，淀粉含量47.50%。田间种植鉴定：抗病毒病、叶斑病、白粉病，耐瘠薄性强。

【产量表现】　2009～2010年北京市区域试验平均产量2118.5kg/hm²，比对照（京农5号）增产15.1%。2011年北京市小豆品种生产试验平均产量2016.5kg/hm²，比对照（京农5号）增产13.3%。

【利用价值】　粒大色艳，品质优良，适宜外贸出口、豆沙和豆馅加工等。

【栽培要点】　适期播种。华北区夏播以6月底至7月初播种为宜。播前适当整地，播种量35～40kg/hm²，播种深度3～5cm，行距40～50cm，株距12～15cm，种植密度12万～15万株/hm²，忌重茬。出苗后及时间苗、定苗、中耕除草，并在开花前适当培土。适时喷药，防治蚜虫、红蜘蛛、豆荚螟等。初花期视地力、苗情适当追肥，一般追施硫酸铵150～225kg/hm²或再增加过磷酸钙150～225kg/hm²。如花期遇旱，应适当灌水。及时收获，有条件的地区可人工采收，以提高产量和品质。收获后及时熏蒸或冷藏处理以防止豆象为害。

【适宜地区】　适宜北京、河北、陕西、山西、辽宁、吉林、内蒙古等小豆产区夏播种植。

撰稿人：程须珍　王素华　王丽侠

4 中红9号

【品种来源】 中国农业科学院作物科学研究所于2001年以冀红4号为母本、日本大纳言为父本杂交选育而成，原品系代号：品红2005-206。2011年通过北京市种子管理站鉴定，鉴定编号：京品鉴杂2011030。全国统一编号：B05440。

【特征特性】 中熟品种，夏播区生育期98d，有限结荚习性，株型紧凑，直立生长，幼茎绿色，株高50.0cm。主茎分枝3~5个，复叶卵圆形、深绿色，花浅黄色。单株荚数30.0个，荚长8.4cm，圆筒形，成熟荚黄白色，单荚粒数7~8粒。籽粒短圆柱形，种皮红色，百粒重18.0g。干籽粒蛋白质含量19.10%，淀粉含量48.44%。抗病性较强。

【产量表现】 2009~2010年北京市区域试验平均产量2050.5kg/hm^2，比对照（京农5号）增产11.6%。2011年北京市小豆品种生产试验平均产量1991.0kg/hm^2，比对照（京农5号）增产21.3%。

【利用价值】 粒大色艳，品质优良，适宜外贸出口、豆沙和豆馅加工等。

【栽培要点】 适期播种。华北区夏播以6月底至7月初播种为宜。播前适当整地，播种量35~40kg/hm^2，播种深度3~5cm，行距40~50cm，株距12~15cm，种植密度12万~15万株/hm^2，忌重茬。出苗后及时间苗、定苗、中耕除草，并在开花前适当培土。适时喷药，防治蚜虫、红蜘蛛、豆荚螟等。初花期视地力、苗情适当追肥，一般追施硫酸铵150~225kg/hm^{2}或再增加过磷酸钙150~225kg/hm^2。如花期遇旱，应适当灌水。及时收获，有条件的地区可人工采收，以提高产量和品质。收获后及时熏蒸或冷藏处理以防止豆象为害。

【适宜地区】 适宜北京、河北、陕西、山西、辽宁、吉林、内蒙古等小豆产区夏播种植。

撰稿人：程须珍　王素华　王丽侠

5 中红10号

【品种来源】 中国农业科学院作物科学研究所于2001年以冀红4号为母本、E0944为父本杂交选育而成,原品系代号:品红05200。2012年通过北京市种子管理站鉴定,鉴定编号:京品鉴杂2012033。全国统一编号:B05441。

【特征特性】 中早熟品种,夏播区生育期90d,有限结荚习性,株型紧凑,直立生长,幼茎绿色,株高55.0cm。主茎分枝3~4个,复叶卵圆形、深绿色,花浅黄色。单株荚数40.0个,荚长8.0cm,圆筒形,成熟荚黄白色,单荚粒数7~8粒。籽粒短圆柱形,种皮红色,百粒重17.0g。干籽粒蛋白质含量19.52%,淀粉含量50.09%。抗病性较强。

【产量表现】 2009~2011年北京市区域试验平均产量2176.5kg/hm²,比对照(京农5号)增产11.1%。2012年北京市小豆品种生产试验平均产量2086.5kg/hm²,比对照(京农5号)增产13.0%。

【利用价值】 粒大色艳,品质优良,适宜外贸出口、豆沙和豆馅加工等。

【栽培要点】 适期播种。华北区夏播以6月底至7月初播种为宜。播前适当整地,播种量35~40kg/hm²,播种深度3~5cm,行距40~50cm,株距12~15cm,种植密度12万~15万株/hm²,忌重茬。出苗后及时间苗、定苗、中耕除草,并在开花前适当培土。适时喷药,防治蚜虫、红蜘蛛、豆荚螟等。初花期视地力、苗情适当追肥,一般追施硫酸铵150~225kg/hm²或再增加过磷酸钙150~225kg/hm²。如花期遇旱,应适当灌水。及时收获,有条件的地区可人工采收,以提高产量和品质。收获后及时熏蒸或冷藏处理以防止豆象为害。

【适宜地区】 适宜北京、河北、陕西、山西、辽宁、吉林、内蒙古等小豆产区夏播种植。

撰稿人: 程须珍　王素华　王丽侠

6 中红11

【品种来源】 中国农业科学院作物科学研究所于2001年以密云红小豆为母本、天津红为父本杂交选育而成，原品系代号：品红05208。2012年通过北京市种子管理站鉴定，鉴定编号：京品鉴杂2012034。全国统一编号：B05442。

【特征特性】 中早熟品种，夏播区生育期90d，有限结荚习性，株型紧凑，直立生长，幼茎绿色，株高50.0cm。主茎分枝3~5个，复叶卵圆形、深绿色，花浅黄色。单株荚数40.0个，荚长8.0cm，圆筒形，成熟荚黄白色，单荚粒数7~8粒。籽粒短圆柱形，种皮红色，百粒重19.0g。干籽粒蛋白质含量17.82%，淀粉含量50.59%。抗病性较强。

【产量表现】 2009~2011年北京市区域试验平均产量1964.5kg/hm²，比对照（京农5号）增产12.6%。2012年北京市小豆品种生产试验平均产量2013.0kg/hm²，比对照（京农5号）增产9.1%。

【利用价值】 粒大色艳，品质优良，适宜外贸出口、豆沙和豆馅加工等。

【栽培要点】 适期播种。华北区夏播以6月底至7月初播种为宜。播前适当整地，播种量35~40kg/hm²，播种深度3~5cm，行距40~50cm，株距12~15cm，种植密度12万~15万株/hm²，忌重茬。出苗后及时间苗、定苗、中耕除草，并在开花前适当培土。适时喷药，防治蚜虫、红蜘蛛、豆荚螟等。初花期视地力、苗情适当追肥，一般追施硫酸铵150~225kg/hm²或再增加过磷酸钙150~225kg/hm²。如花期遇旱，应适当灌水。及时收获，有条件的地区可人工采收，以提高产量和品质。收获后及时熏蒸或冷藏处理以防止豆象为害。

【适宜地区】 适宜北京、河北、陕西、山西、辽宁、吉林、内蒙古等小豆产区夏播种植。

撰稿人：程须珍　王素华　王丽侠

7　中红12

【品种来源】 中国农业科学院作物科学研究所于2001年以冀红4号为母本、E1154为父本杂交选育而成，原品系代号：品红05201。2013年通过北京市种子管理站鉴定，鉴定编号：京品鉴杂2013021。2015年通过江苏省农作物品种审定委员会鉴定，鉴定编号：苏鉴小豆201506。全国统一编号：B05443。

【特征特性】 中熟品种，夏播区生育期95d，有限结荚习性，株型紧凑，直立生长，幼茎绿色，株高50.0cm。主茎分枝3～5个，复叶卵圆形、深绿色，花浅黄色。单株荚数40～50个，荚长8.0cm，圆筒形，成熟荚黄白色，单荚粒数7.0粒。籽粒短圆柱形，种皮红色，百粒重18.0g。2008年12月，经农业部作物品种资源监督检验测试中心检验，干籽粒蛋白质含量23.39%，淀粉含量55.50%。商品性优良。耐旱性、抗倒伏性中等，田间发病较轻。

【产量表现】 2011～2012年北京市区域试验平均产量2563.5kg/hm^2，比对照（京农5号）增产17.2%。2013年北京市小豆品种生产试验产量2638.5kg/hm^2，比对照（京农5号）增产11.0%。2013～2014年江苏省区域试验平均产量2076.5kg/hm^2，比对照（苏红1号）增产9.2%。2015年江苏省小豆生产试验平均产量2056.5kg/hm^2，比对照（苏红1号）增产5.19%。

【利用价值】 高蛋白、高淀粉品种。品质优良，适宜外贸出口、豆沙和豆馅加工等。

【栽培要点】 适期播种。华北区夏播以6月底至7月初播种为宜。播前适当整地，播种量35～40kg/hm^2，播种深度3～5cm，行距40～50cm，株距12～15cm，种植密度12万～15万株/hm^2，忌重茬。出苗后及时间苗、定苗、中耕除草，并在开花前适当培土。适时喷药，防治蚜虫、红蜘蛛、豆荚螟等。初花期视地力、苗情适当追肥，一般追施硫酸铵150～225kg/hm^{2}或再增加过磷酸钙150～225kg/hm^2。如花期遇旱，应适当灌水。及时收获，有条件的地区可人工采收，以提高产量和品质。收获后及时熏蒸或冷藏处理以防止豆象为害。

【适宜地区】 适宜北京、河北、陕西、山西、辽宁、吉林、内蒙古等小豆产区夏播种植。

撰稿人：程须珍　王素华　王丽侠

8 中红13

【品种来源】 中国农业科学院作物科学研究所于2001年以E0744为母本、冀8956为父本杂交选育而成，原品系代号：品红05203。2013年通过北京市种子管理站鉴定，鉴定编号：京品鉴杂2013022。全国统一编号：B05444。

【特征特性】 中熟品种，夏播区生育期95d，有限结荚习性，株型紧凑，直立生长，幼茎绿色，株高50.0cm。主茎分枝3～5个，复叶卵圆形、深绿色，花浅黄色。单株荚数30.0个，荚长8.0cm，圆筒形，成熟荚黄白色，单荚粒数7～8粒。籽粒短圆柱形，种皮红色，百粒重17.6g。干籽粒蛋白质含量20.04%，淀粉含量46.44%。抗病性较强。

【产量表现】 2008～2010年北京市区域试验平均产量1986.0kg/hm²，比对照（京农5号）增产13.5%。2013年北京市小豆品种生产试验平均产量2530.5kg/hm²，比对照（京农5号）增产6.5%。

【利用价值】 粒大色艳，品质优良，适宜外贸出口、豆沙和豆馅加工等。

【栽培要点】 适期播种。华北区夏播以6月底至7月初播种为宜。播前适当整地，播种量35～40kg/hm²，播种深度3～5cm，行距40～50cm，株距12～15cm，种植密度12万～15万株/hm²，忌重茬。出苗后及时间苗、定苗、中耕除草，并在开花前适当培土。适时喷药，防治蚜虫、红蜘蛛、豆荚螟等。初花期视地力、苗情适当追肥，一般追施硫酸铵150～225kg/hm²或再增加过磷酸钙150～225kg/hm²。如花期遇旱，应适当灌水。及时收获，有条件的地区可人工采收，以提高产量和品质。收获后及时熏蒸或冷藏处理以防止豆象为害。

【适宜地区】 适宜北京、河北、陕西、山西、辽宁、吉林、内蒙古等小豆产区夏播种植。

撰稿人：程须珍　王素华　王丽侠

9 中红14

【品种来源】 中国农业科学院作物科学研究所于2007年以保M908-15为母本、品红962为父本杂交选育而成,原品系代号:品红13-552。2016年通过北京市种子管理站鉴定,鉴定编号:京品鉴杂2016073。全国统一编号:B06220。

【特征特性】 早熟品种,夏播区生育期85d,有限结荚习性,株型紧凑,直立生长,幼茎绿色,株高50.0cm。主茎分枝3~4个,复叶卵圆形、深绿色,花浅黄色。单株荚数25.0个,荚长8.0cm,圆筒形,成熟荚黄白色,单荚粒数6~7粒。籽粒短圆柱形,种皮红色,百粒重17.5g。抗病性较好。

【产量表现】 2013~2015年北京市区域试验平均产量1789.5kg/hm², 比对照(京农5号)增产8.3%。2016年北京市小豆品种生产试验平均产量1698.0kg/hm², 比对照(京农5号)增产9.4%。

【利用价值】 粒大色艳,品质优良,适宜外贸出口、豆沙和豆馅加工等。

【栽培要点】 适期播种。华北区夏播以6月底至7月初播种为宜。播前适当整地,播种量35~40kg/hm², 播种深度3~5cm, 行距40~50cm, 株距12~15cm, 种植密度12万~15万株/hm², 忌重茬。出苗后及时间苗、定苗、中耕除草,并在开花前适当培土。适时喷药,防治蚜虫、红蜘蛛、豆荚螟等。初花期视地力、苗情适当追肥,一般追施硫酸铵150~225kg/hm²或再增加过磷酸钙150~225kg/hm²。如花期遇旱,应适当灌水。及时收获,有条件的地区可人工采收,以提高产量和品质。收获后及时熏蒸或冷藏处理以防止豆象为害。

【适宜地区】 适宜北京、河北、陕西、山西、辽宁、吉林、内蒙古等小豆产区夏播种植。

撰稿人:程须珍 王素华 王丽侠 陈红霖

10 中红15

【品种来源】 中国农业科学院作物科学研究所于2007年以冀红8937为母本、品红961为父本杂交选育而成，原品系代号：品红13-553。2016年通过北京市种子管理站鉴定，鉴定编号：京品鉴杂2016074。全国统一编号：B06221。

【特征特性】 早熟品种，夏播区生育期85d，有限结荚习性，株型紧凑，直立生长，幼茎绿色，株高45.0cm。主茎分枝2～4个，复叶卵圆形、深绿色，花浅黄色。单株荚数30.0个，荚长8.0cm，圆筒形，成熟荚黄白色，单荚粒数6～7粒。籽粒短圆柱形，种皮红色，百粒重14.3g。抗病性较好。

【产量表现】 2013～2015年北京市区域试验平均产量1819.5kg/hm^2，比对照（京农5号）增产10.2%。2016年北京市小豆品种生产试验平均产量1848.0kg/hm^2，比对照（京农5号）增产10.9%。

【利用价值】 品质优良，适宜外贸出口、豆沙和豆馅加工等。

【栽培要点】 适期播种。华北区夏播以6月底至7月初播种为宜。播前适当整地，播种量35～40kg/hm^2，播种深度3～5cm，行距40～50cm，株距12～15cm，种植密度12万～15万株/hm^2，忌重茬。出苗后及时间苗、定苗、中耕除草，并在开花前适当培土。适时喷药，防治蚜虫、红蜘蛛、豆荚螟等。初花期视地力、苗情适当追肥，一般追施硫酸铵150～225kg/hm^{2}或再增加过磷酸钙150～225kg/hm^2。如花期遇旱，应适当灌水。及时收获，有条件的地区可人工采收，以提高产量和品质。收获后及时熏蒸或冷藏处理以防止豆象为害。

【适宜地区】 适宜北京、河北、陕西、山西、辽宁、吉林、内蒙古等小豆产区夏播种植。

撰稿人：程须珍　王素华　王丽侠　陈红霖

11 中红16

【品种来源】 中国农业科学院作物科学研究所于2007年以冀红4号为母本、密云红小豆为父本杂交选育而成，原品系代号：品红13-556。2016年通过北京市种子管理站鉴定，鉴定编号：京品鉴杂2016075。全国统一编号：B06222。

【特征特性】 中早熟品种，夏播区生育期90d，有限结荚习性，株型紧凑，直立生长，幼茎绿色，株高70.0cm。主茎分枝3～4个，复叶卵圆形、深绿色，花浅黄色。单株荚数40.0个，荚长9.0cm，圆筒形，成熟荚黄白色，单荚粒数8.0粒。籽粒短圆柱形，种皮红色，百粒重11.5g。抗病性较好。

【产量表现】 2012～2015年北京市区域试验平均产量1851.0kg/hm^2，比对照（京农5号）增产11.6%。2016年北京市小豆品种生产试验平均产量1803.0kg/hm^2，比对照（京农5号）增产8.2%。

【利用价值】 品质优良，适宜外贸出口、豆沙和豆馅加工等。

【栽培要点】 适期播种。华北区夏播以6月底至7月初播种为宜。播前适当整地，播种量35～40kg/hm^2，播种深度3～5cm，行距40～50cm，株距12～15cm，种植密度12万～15万株/hm^2，忌重茬。出苗后及时间苗、定苗、中耕除草，并在开花前适当培土。适时喷药，防治蚜虫、红蜘蛛、豆荚螟等。初花期视地力、苗情适当追肥，一般追施硫酸铵150～225kg/hm^{2}或再增加过磷酸钙150～225kg/hm^2。如花期遇旱，应适当灌水。及时收获，有条件的地区可人工采收，以提高产量和品质。收获后及时熏蒸或冷藏处理以防止豆象为害。

【适宜地区】 适宜北京、河北、陕西、山西、辽宁、吉林、内蒙古等小豆产区夏播种植。

撰稿人：程须珍　王素华　王丽侠　陈红霖

12　中红21

【品种来源】 中国农业科学院作物科学研究所于2007年以2000-89为母本、冀红4号为父本杂交选育而成，原品系代号：品红2011-18。2020年通过中国作物学会鉴定，鉴定编号：国品鉴小豆2020001。全国统一编号：B06223。

【特征特性】 中熟品种，夏播区生育期102d，有限结荚习性，株型紧凑，直立生长，幼茎绿色，株高57.0cm。主茎分枝2.8个，复叶卵圆形、深绿色，花浅黄色。单株荚数30.0个，荚长9.0cm，圆筒形，成熟荚黄白色，单荚粒数6.4粒。籽粒短圆柱形，种皮红色，百粒重13.1g。干籽粒蛋白质含量19.89%，淀粉含量53.09%，脂肪含量0.26%。田间试验表现抗叶斑病、病毒病、白粉病，耐旱性、耐瘠性、耐热性好。

【产量表现】 一般产量1913.1kg/hm^2，最高可达2731.1kg/hm^2。2016~2017年小豆新品种联合鉴定试验平均产量1473.8kg/hm^2，较对照（冀红9218）增产3.6%，增产试点率75%。2018年小豆联合鉴定生产试验平均产量1913.7kg/hm^2，较对照增产10.5%，增产试点率100%。

【利用价值】 品质优良，适宜外贸出口、豆沙和豆馅加工等。

【栽培要点】 适期播种。华北区夏播以6月底至7月初播种为宜。播前适当整地，播种量35~40kg/hm^2，播种深度3~5cm，行距40~50cm，株距12~15cm，种植密度12万~15万株/hm^2，忌重茬。出苗后及时间苗、定苗、中耕除草，并在开花前适当培土。适时喷药，防治蚜虫、红蜘蛛、豆荚螟等。初花期视地力、苗情适当追肥，一般追施硫酸铵150~225kg/hm^{2}或再增加过磷酸钙150~225kg/hm^2。如花期遇旱，应适当灌水。及时收获，有条件的地区可人工采收，以提高产量和品质。收获后及时熏蒸或冷藏处理以防止豆象为害。

【适宜地区】 适宜在北京，河北唐山，黑龙江齐齐哈尔，河南南阳，重庆，贵州毕节，江苏南京、南通等地种植。

撰稿人：程须珍　王素华　王丽侠　陈红霖

13　中农白小豆1号

【品种来源】 中国农业科学院作物科学研究所于2010年从山西临县小豆中系统选育而成，原品系代号：品红0515。2015年通过北京市种子管理站鉴定，鉴定编号：京品鉴杂2015040。全国统一编号：B06224。

【特征特性】 中早熟品种，夏播区生育期95d，有限结荚习性，株型紧凑，直立生长，幼茎绿色，株高50.0cm。主茎分枝4~5个，复叶卵圆形、深绿色，花浅黄色。单株荚数25.0个，荚长9.0cm，圆筒形，成熟荚黄白色，单荚粒数7~9粒。籽粒短圆柱形，种皮黄白色，百粒重14.0g。干籽粒蛋白质含量25.64%，淀粉含量52.62%。抗病性较好。

【产量表现】 2012~2014年北京市区域试验平均产量1968.0kg/hm²，比对照（京农5号）增产10.9%。2015年北京市小豆品种生产试验平均产量1659.0kg/hm²，比对照（京农5号）增产7.3%。

【利用价值】 高蛋白品种，特殊粒色，商品性好。

【栽培要点】 适期播种。华北区夏播以6月底至7月初播种为宜。播前适当整地，播种量35~40kg/hm²，播种深度3~5cm，行距40~50cm，株距12~15cm，种植密度12万~15万株/hm²，忌重茬。出苗后及时间苗、定苗、中耕除草，并在开花前适当培土。适时喷药，防治蚜虫、红蜘蛛、豆荚螟等。初花期视地力、苗情适当追肥，一般追施硫酸铵150~225kg/hm²或再增加过磷酸钙150~225kg/hm²。如花期遇旱，应适当灌水。及时收获，有条件的地区可人工采收，以提高产量和品质。收获后及时熏蒸或冷藏处理以防止豆象为害。

【适宜地区】 适宜北京、河北、陕西、山西、辽宁、吉林、内蒙古等小豆产区夏播种植。

撰稿人：程须珍　王素华　王丽侠　陈红霖

14 中农黑小豆1号

【品种来源】 中国农业科学院作物科学研究所于2010年从河南汝阳黑小豆中系统选育而成，原品系代号：品红2930。2015年通过北京市种子管理站鉴定，鉴定编号：京品鉴杂2015041。全国统一编号：B06225。

【特征特性】 中熟品种，夏播区生育期100d，有限结荚习性，株型紧凑，半蔓生长，幼茎绿色，株高73.0cm。主茎分枝4~5个，复叶卵圆形、深绿色，花浅黄色。单株荚数20.0个，荚长9.0cm，圆筒形，成熟荚黄褐色，单荚粒数7~9粒。籽粒短圆柱形，种皮黑色，百粒重13.0g。干籽粒蛋白质含量26.76%，淀粉含量50.73%。抗病性较强。

【产量表现】 2011~2013年北京市区域试验平均产量1894.5kg/hm²，比对照（京农5号）增产8.8%。2015年北京市小豆品种生产试验平均产量1626.0kg/hm²，比对照（京农5号）增产5.1%。

【利用价值】 高蛋白品种，特殊粒色，商品性好。

【栽培要点】 适期播种。华北区夏播以6月底至7月初播种为宜。播前适当整地，播种量35~40kg/hm²，播种深度3~5cm，行距40~50cm，株距12~15cm，种植密度12万~15万株/hm²，忌重茬。出苗后及时间苗、定苗、中耕除草，并在开花前适当培土。适时喷药，防治蚜虫、红蜘蛛、豆荚螟等。初花期视地力、苗情适当追肥，一般追施硫酸铵150~225kg/hm²或再增加过磷酸钙150~225kg/hm²。如花期遇旱，应适当灌水。及时收获，有条件的地区可人工采收，以提高产量和品质。收获后及时熏蒸或冷藏处理以防止豆象为害。

【适宜地区】 适宜北京、河北、陕西、山西、辽宁、吉林、内蒙古等小豆产区夏播种植。

撰稿人：程须珍　王素华　王丽侠　陈红霖

15 中农黄小豆1号

【品种来源】 中国农业科学院作物科学研究所于2010年从山西隰县小豆中系统选育而成，原品系代号：品红0576。2015年通过北京市种子管理站鉴定，鉴定编号：京品鉴杂2015042。全国统一编号：B06226。

【特征特性】 中晚熟品种，夏播区生育期105d，有限结荚习性，株型紧凑，直立生长，幼茎绿色，株高60.0cm。主茎分枝3～4个，复叶卵圆形、深绿色，花浅黄色。单株荚数35.0个，荚长8.0cm，圆筒形，成熟荚黄白色，单荚粒数7～9粒。籽粒短圆柱形，种皮杏黄色，百粒重15.5g。干籽粒蛋白质含量28.14%，淀粉含量48.27%。抗病性较强。

【产量表现】 2011～2013年北京市区域品种比较试验平均产量1888.5kg/hm²，比对照（京农5号）增产9.6%。2015年北京市小豆品种生产试验平均产量1762.5kg/hm²，比对照（京农5号）增产14.0%。

【利用价值】 高蛋白品种，特殊粒色，商品性好。

【栽培要点】 适期播种。华北区夏播以6月底至7月初播种为宜。播前适当整地，播种量35～40kg/hm²，播种深度3～5cm，行距40～50cm，株距12～15cm，种植密度12万～15万株/hm²，忌重茬。出苗后及时间苗、定苗、中耕除草，并在开花前适当培土。适时喷药，防治蚜虫、红蜘蛛、豆荚螟等。初花期视地力、苗情适当追肥，一般追施硫酸铵150～225kg/hm²或再增加过磷酸钙150～225kg/hm²。如花期遇旱，应适当灌水。及时收获，有条件的地区可人工采收，以提高产量和品质。收获后及时熏蒸或冷藏处理以防止豆象为害。

【适宜地区】 适宜北京、河北、陕西、山西、辽宁、吉林、内蒙古等小豆产区夏播种植。

撰稿人：程须珍　王素华　王丽侠　陈红霖

16　中农绿小豆1号

【品种来源】 中国农业科学院作物科学研究所于2010年从山西隰县小豆中系统选育而成，原品系代号：品红0611。2015年通过北京市种子管理站鉴定，鉴定编号：京品鉴杂2015043。全国统一编号：B06227。

【特征特性】 中晚熟品种，夏播区生育期105d，有限结荚习性，株型紧凑，直立生长，幼茎绿色，株高60.0cm。主茎分枝2~4个，复叶卵圆形、深绿色，花浅黄色。单株荚数35.0个，荚长9.0cm，圆筒形，成熟荚黑褐色，单荚粒数7~9粒。籽粒短圆柱形，种皮绿色，百粒重15.0g。干籽粒蛋白质含量23.93%，淀粉含量53.59%。田间调查表现抗根腐病、叶斑病，中抗白粉病，抗逆性较强。

【产量表现】 2012~2014年北京市区域试验平均产量1957.5kg/hm^2，比对照（京农5号）增产11.4%。2015年北京市小豆品种生产试验平均产量1891.5kg/hm^2，比对照（京农5号）增产22.3%。

【利用价值】 高蛋白品种，特殊粒色，商品性好。

【栽培要点】 适期播种。华北区夏播以6月底至7月初播种为宜。播前适当整地，播种量35~40kg/hm^2，播种深度3~5cm，行距40~50cm，株距12~15cm，种植密度12万~15万株/hm^2，忌重茬。出苗后及时间苗、定苗、中耕除草，并在开花前适当培土。适时喷药，防治蚜虫、红蜘蛛、豆荚螟等。初花期视地力、苗情适当追肥，一般追施硫酸铵150~225kg/hm^{2}或再增加过磷酸钙150~225kg/hm^2。如花期遇旱，应适当灌水。及时收获，有条件的地区可人工采收，以提高产量和品质。收获后及时熏蒸或冷藏处理以防止豆象为害。

【适宜地区】 适宜北京、河北、陕西、山西、辽宁、吉林、内蒙古等小豆产区夏播种植。

撰稿人：程须珍　王素华　王丽侠　陈红霖

17 品红2011-20

【品种来源】 中国农业科学院作物科学研究所于2006年以冀红4号为母本、京农5号为父本杂交选育而成，原品系代号：品红2011-20。全国统一编号：B06229。

【特征特性】 中熟品种，夏播区生育期104d，有限结荚习性，株型紧凑，直立生长，幼茎绿色，株高70.0cm。主茎分枝4.5个，复叶卵圆形、深绿色，花浅黄色。单株荚数30.0个，荚长7.6cm，圆筒形，成熟荚黄白色，单荚粒数7.2粒。籽粒短圆柱形，种皮红色，百粒重12.4g。田间自然鉴定：抗病毒病、叶斑病和锈病。

【产量表现】 一般平均产量1712.0kg/hm^2。

【利用价值】 适合豆沙加工、原粮出口等。

【栽培要点】 适期播种。华北区夏播以6月底至7月初播种为宜。播前适当整地，播种量35～40kg/hm^2，播种深度3～5cm，行距40～50cm，株距12～15cm，种植密度12万～15万株/hm^2，忌重茬。出苗后及时间苗、定苗、中耕除草，并在开花前适当培土。适时喷药，防治蚜虫、红蜘蛛、豆荚螟等。初花期视地力、苗情适当追肥，一般追施硫酸铵150～225kg/hm^{2}或再增加过磷酸钙150～225kg/hm^2。如花期遇旱，应适当灌水。及时收获，有条件的地区可人工采收，以提高产量和品质。收获后及时熏蒸或冷藏处理以防止豆象为害。

【适宜地区】 适宜北京、河北、山西、辽宁、吉林、内蒙古等小豆产区夏播种植。

撰稿人：程须珍　王素华　王丽侠　陈红霖

18　品红2013-161

【品种来源】 中国农业科学院作物科学研究所于2006年以冀红4号为母本、京农5号为父本杂交选育而成，原品系代号：品红2013-161。全国统一编号：B06228。

【特征特性】 中早熟品种，夏播区生育期90d，有限结荚习性，株型紧凑，直立生长，幼茎绿色，株高53.0cm。主茎分枝3～5个，复叶卵圆形、深绿色，花浅黄色。单株荚数32.0个，荚长8.0cm，圆筒形，成熟荚黄白色，单荚粒数7.0粒。籽粒短圆柱形，种皮红色，百粒重20.0g。干籽粒蛋白质含量20.70%，淀粉含量56.50%。田间自然鉴定：抗病毒病、叶斑病和锈病。

【产量表现】 一般平均产量1590.8kg/hm²。

【利用价值】 高淀粉品种。适合豆沙加工、原粮出口等。

【栽培要点】 适期播种。华北区夏播以6月底至7月初播种为宜。播前适当整地，播种量35～40kg/hm²，播种深度3～5cm，行距40～50cm，株距12～15cm，种植密度12万～15万株/hm²，忌重茬。出苗后及时间苗、定苗、中耕除草，并在开花前适当培土。适时喷药，防治蚜虫、红蜘蛛、豆荚螟等。初花期视地力、苗情适当追肥，一般追施硫酸铵150～225kg/hm²或再增加过磷酸钙150～225kg/hm²。如花期遇旱，应适当灌水。及时收获，有条件的地区可人工采收，以提高产量和品质。收获后及时熏蒸或冷藏处理以防止豆象为害。

【适宜地区】 适宜北京、河北、山西、辽宁、吉林、内蒙古等小豆产区夏播种植。

撰稿人：程须珍　王素华　王丽侠　陈红霖

19　冀红15号

【品种来源】 河北省农林科学院粮油作物研究所于1989年以冀红9218为母本、保8824-17为父本杂交选育而成,原品系代号:0217-12。2015年5月通过国家小宗粮豆品种鉴定委员会鉴定,鉴定编号:国品鉴杂2015032。全国统一编号:B06216。

【特征特性】 夏播生育期86～93d,有限结荚习性,株型紧凑,直立生长,幼茎绿色,株高42.2～52.7cm,主茎分枝3.1～3.5个,主茎节数14.2～17.3节,复叶卵圆形、深绿色,较大,花浅黄色。单株荚数27.2～29.6个,荚长8.7～9.0cm,圆筒形,成熟荚黄白色,单荚粒数6.5～7.1粒。籽粒短圆柱形,种皮红色,百粒重16.8～17.7g,为大粒种。干籽粒蛋白质含量24.28%,淀粉含量56.38%,脂肪含量2.45%。田间自然鉴定:抗病毒病、叶斑病和锈病。

【产量表现】 2012～2014年国家小豆品种区域试验(夏播组)平均产量2323.9kg/hm^2,较对照(冀红9218)增产11.8%,居所有参试品种第一位。2014年生产试验平均产量2399.9kg/hm^2,较对照(冀红9218)增产19.9%。

【利用价值】 适宜外贸出口、豆沙加工和粮用。

【栽培要点】 夏播区播种期6月15～30日,最迟不得晚于7月5日。春播区播种期5月10～20日。播种量37.5～45.0kg/hm^2,播种深度3～5cm,行距50cm。中高水肥地种植密度12.0万～15.0万株/hm^2,干旱贫瘠地种植密度16.5万～19.5万株/hm^2。苗期间苗后、现蕾期和盛花期及时防治蚜虫、地老虎、棉铃虫、红蜘蛛、豆荚螟、蓟马、造桥虫、豆天蛾等。低产田在分枝期或开花初期追施尿素(75kg/hm^2)可起到保花增荚的作用。苗期不旱不浇水,花荚期视苗情、墒情和气候情况及时浇水。80%豆荚成熟时收获,收获后及时晾晒、脱粒及清选,籽粒含水量低于14%时可入库贮藏,并及时熏蒸或冷藏处理以防止豆象为害。适宜平作或间作套种,忌重茬。

【适宜地区】 适宜在北京西南部、河北中北部、江苏东南部、陕西中北部、河南西部等区域夏播种植。

撰稿人:范保杰　田　静　刘长友　曹志敏

20　冀红16号

【品种来源】　河北省农林科学院粮油作物研究所于1989年以冀红8936-6211为母本、保M908为父本杂交选育而成，原品系代号：0001-7。2015年5月通过国家小宗粮豆品种鉴定委员会鉴定，鉴定编号：国品鉴杂2015033。全国统一编号：B06217。

【特征特性】　夏播生育期87～93d，有限结荚习性，株型紧凑，直立生长，幼茎绿色，株高50.4～54.0cm，主茎分枝3.3～3.8个，主茎节数15.8～19.3节，复叶卵圆形、深绿色、较大，花浅黄色。单株荚数28.5～29.5个，荚长7.4～7.7cm，圆筒形，成熟荚黄白色，单荚粒数5.4～5.7粒。籽粒短圆柱形，种皮红色，百粒重18.6～19.1g，为大粒种。干籽粒蛋白质含量23.46%，淀粉含量56.74%，脂肪含量1.95%。田间自然鉴定：抗病毒病、叶斑病和锈病。

【产量表现】　2012～2014年国家小豆品种区域试验（夏播组）平均产量2320.5kg/hm²，较对照（冀红9218）增产11.7%，居所有参试品种第二位。2014年生产试验平均产量2617.7kg/hm²，较对照（冀红9218）增产18.7%。

【利用价值】　适宜外贸出口、豆沙加工和粮用。

【栽培要点】　夏播区播种期6月15～25日，最迟不得晚于7月5日。春播区播种期5月10～20日。播种量37.5～45.0kg/hm²，播种深度3～5cm，行距50cm。中高水肥地种植密度12.0万～15.0万株/hm²，干旱贫瘠地种植密度16.5万～19.5万株/hm²。苗期间苗后、现蕾期和盛花期及时防治蚜虫、地老虎、棉铃虫、红蜘蛛、豆荚螟、蓟马、造桥虫、豆天蛾等。低产田在分枝期或开花初期，追施尿素（75kg/hm²）可起到保花增荚的作用。苗期不旱不浇水，花荚期视苗情、墒情和气候情况及时浇水。80%豆荚成熟时收获，收获后及时晾晒、脱粒及清选，籽粒含水量低于14%时可入库贮藏，并及时熏蒸或冷藏处理以防止豆象为害。适宜平作或间作套种，忌重茬。

【适宜地区】　适宜在北京西南部、河北中北部、江苏东南部、河南西部等区域夏播种植。

撰稿人：范保杰　田　静　刘长友　曹志敏

21 冀红17

【品种来源】 河北省农林科学院粮油作物研究所于2000年以品系冀红8936-621为母本、保M908-5号为父本杂交选育而成,原品系代号:0001-17-8。2018年1月通过河北省科学技术厅登记,登记编号:20180063。全国统一编号:B06230。

【特征特性】 中熟品种,生育期98d,有限结荚习性,株型紧凑,直立生长,幼茎绿色,株高60.8cm,主茎分枝3.5个,复叶卵圆形、深绿色,花浅黄色。单株荚数29.3个,荚圆筒形,成熟荚黄白色,单荚粒数6.8粒。籽粒短圆柱形,种皮红色,百粒重18.2g,为大粒种。干籽粒蛋白质含量24.28%,淀粉含量56.38%,脂肪含量2.45%。田间自然鉴定:抗病毒病、叶斑病和锈病。

【产量表现】 2015～2016年河北省小豆区域试验平均产量2244.5kg/hm^2,较对照(冀红9218)平均增产10.3%,居所有参试品种第一位。生产试验平均产量2383.8kg/hm^2,较对照增产15.3%。田间检测平均产量2729.4kg/hm^2,较对照增产7.8%。

【利用价值】 适宜外贸出口、豆沙加工和粮用。

【栽培要点】 夏播区播种期6月15～30日,最迟不得晚于7月5日。春播区播种期5月10～20日。播种量37.5～45.0kg/hm^2,播种深度3～5cm,行距50cm。中高水肥地种植密度12.0万～15.0万株/hm^2,干旱贫瘠地种植密度16.5万～19.5万株/hm^2。苗期间苗后、现蕾期和盛花期及时防治蚜虫、地老虎、棉铃虫、红蜘蛛、豆荚螟、蓟马、造桥虫、豆天蛾等。低产田在分枝期或开花初期,追施尿素(75kg/hm^2)可起到保花增荚的作用。苗期不旱不浇水,花荚期视苗情、墒情和气候情况及时浇水。80%豆荚成熟时收获,收获后及时晾晒、脱粒及清选,籽粒含水量低于14%时可入库贮藏,并及时熏蒸或冷藏处理以防止豆象为害。适宜平作或间作套种,忌重茬。

【适宜地区】 适宜在河北、黑龙江、陕西、山西、北京等地春播、夏播种植。

撰稿人:范保杰 田 静 刘长友 曹志敏

22　冀红20

【品种来源】 河北省农林科学院粮油作物研究所于2009年以小豆资源山西大粒为母本、小豆品系9901-1-1-2为父本杂交选育而成，原品系代号：冀红0921-1-1。2019年7月通过河北省科学技术厅登记，登记编号：20191694。全国统一编号：B06218。

【特征特性】 中熟品种，生育期97d，有限结荚习性，株型紧凑，直立生长，幼茎绿色，株高56.5cm，主茎分枝3.0个，主茎节数18.9节，复叶卵圆形、深绿色、较大，花浅黄色。单株荚数27.7个，荚长9.1cm，圆筒形，成熟荚黄白色，单荚粒数7.7粒。籽粒短圆柱形，种皮红色，百粒重17.6g，为大粒种。干籽粒蛋白质含量22.60%，淀粉含量49.34%。抗倒伏性强，适宜机械收获。田间自然鉴定：抗病毒病、叶斑病和锈病。

【产量表现】 2017~2018年河北省小豆品种区域试验平均产量2410.7kg/hm²，较对照（冀红9218）增产17.2%，居所有参试品种第一位。生产试验平均产量2112.0kg/hm²，较对照平均增产16.8%。田间检测平均产量2907.8kg/hm²，较对照增产24.4%。

【利用价值】 适宜外贸出口、豆沙加工和粮用。

【栽培要点】 夏播区播种期6月15~30日，最迟不得晚于7月5日。春播区播种期5月10~20日。播种量37.5~45.0kg/hm²，播种深度3~5cm，行距50cm。中高水肥地种植密度12.0万~15.0万株/hm²，干旱贫瘠地种植密度16.5万~19.5万株/hm²。苗期间苗后、现蕾期和盛花期及时防治蚜虫、地老虎、棉铃虫、红蜘蛛、豆荚螟、蓟马、造桥虫、豆天蛾等。低产田在分枝期或开花初期，追施尿素（75kg/hm²）可起到保花增荚的作用。苗期不旱不浇水，花荚期视苗情、墒情和气候情况及时浇水。80%豆荚成熟时收获，收获后及时晾晒、脱粒及清选，籽粒含水量低于14%时可入库贮藏，并及时熏蒸或冷藏处理以防止豆象为害。适宜平作或间作套种，忌重茬。

【适宜地区】 适宜在北京、河北、陕西中北部、河南西部等区域夏播种植。

撰稿人：范保杰　田　静　刘长友　曹志敏

23 冀红22号

【品种来源】 河北省农林科学院粮油作物研究所于2000年以品系冀红9218-816为母本、冀红3号为父本杂交选育而成，原品系代号：0015-4-1-2-2-1-3。2020年3月通过中国作物学会鉴定，鉴定编号：国品鉴小豆2020002。全国统一编号：B06219。

【特征特性】 中早熟品种，北方春播区生育期109d，北方夏播区92d，南方区101d，有限结荚习性，株型紧凑，直立生长，幼茎绿色，株高60.1cm，主茎分枝2.9个，主茎节数16.3节，复叶卵圆形、深绿色，花浅黄色。单株荚数24.8个，荚长7.8cm，荚圆筒形，成熟荚黄白色，单荚粒数6.1粒。籽粒短圆柱形，种皮红色，百粒重16.2g，为大粒种。干籽粒蛋白质含量21.80%，淀粉含量50.32%。田间自然鉴定：抗病毒病、叶斑病和锈病。

【产量表现】 2016~2017年国家食用豆产业技术体系小豆新品系联合鉴定试验，所有试点平均产量1574.7kg/hm^2，较对照（冀红9218）增产18.2%。其中，北方春播区平均产量1280.6kg/hm^2，较对照增产18.7%；北方夏播区平均产量2161.2kg/hm^2，较对照增产34.1%。2018年生产试验平均产量2047.5kg/hm^2，较对照增产12.9%。

【利用价值】 适宜外贸出口、豆沙加工和粮用。

【栽培要点】 夏播区播种期6月15～30日，最迟不得晚于7月5日。春播区播种期5月10～20日。播种量37.5～45.0kg/hm^2，播种深度3～5cm，行距50cm。中高水肥地种植密度12.0万～15.0万株/hm^2，干旱贫瘠地种植密度16.0万～19.5万株/hm^2。苗期间苗后、现蕾期和盛花期及时防治蚜虫、地老虎、棉铃虫、红蜘蛛、豆荚螟、蓟马、造桥虫、豆天蛾等。低产田在分枝期或开花初期，追施尿素（75kg/hm^2）可起到保花增荚的作用。苗期不旱不浇水，花荚期视苗情、墒情和气候情况及时浇水。80%豆荚成熟时收获，收获后及时晾晒、脱粒及清选，籽粒含水量低于14%时可入库贮藏，并及时熏蒸或冷藏处理以防止豆象为害。适宜平作或间作套种，忌重茬。

【适宜地区】 适宜在吉林长春，黑龙江哈尔滨、齐齐哈尔，辽宁沈阳，内蒙古呼和浩特，河北唐山、保定、石家庄，河南南阳，北京，重庆等地种植。

撰稿人：范保杰　田　静　刘长友　曹志敏

24 冀红0001-15

【品种来源】 河北省农林科学院粮油作物研究所于2000年以小豆品系8936-6211为母本、保M908-5为父本杂交选育而成，原品系代号：0001-15。全国统一编号：B06231。

【特征特性】 夏播生育期98d，有限结荚习性，株型紧凑，直立生长，幼茎绿色，株高72.6cm，主茎分枝4.7个，主茎节数18.7节，复叶卵圆形、深绿色、较大，花浅黄色。单株荚数30.1个，荚长8.6cm，圆筒形，成熟荚黄白色，单荚粒数6.6粒。籽粒短圆柱形，种皮红色，百粒重17.4g，为大粒种。田间自然鉴定：抗病毒病、叶斑病和锈病。

【产量表现】 2017～2018年河北省小豆品种区域试验平均产量2233.2kg/hm^2，较对照（冀红9218）增产8.6%。

【利用价值】 适宜外贸出口、豆沙加工和粮用。

【栽培要点】 夏播区播种期6月15～30日，最迟不得晚于7月5日。春播区播种期5月10～20日。播种量37.5～45.0kg/hm^2，播种深度3～5cm，行距50cm。种植密度：中高水肥地12.0万～15.0万株/hm^2，干旱贫瘠地16.5万～19.5万株/hm^2。苗期间苗后、现蕾期和盛花期及时防治蚜虫、地老虎、棉铃虫、红蜘蛛、豆荚螟、蓟马、造桥虫、豆天蛾等。低产田在分枝期或开花初期追施尿素（75kg/hm^2）可起到保花增荚的作用。苗期不旱不浇水，花荚期视苗情、墒情和气候情况及时浇水。80%豆荚成熟时收获，收获后及时晾晒、脱粒及清选，籽粒含水量低于14%时可入库贮藏，并及时熏蒸或冷藏处理以防止豆象为害。适宜平作或间作套种，忌重茬。

【适宜地区】 适宜在北京、河北、陕西中北部、河南西部等区域夏播种植。

撰稿人：范保杰　田　静　刘长友　曹志敏

25 冀红0007

【品种来源】 河北省农林科学院粮油作物研究所于2000年以品系8710-3为母本、保M908-5为父本杂交选育而成，原品系代号：0007-5。全国统一编号：B06232。

【特征特性】 早熟品种，生育期90d，有限结荚习性，株型紧凑，直立生长，幼茎绿色，株高55.3cm，主茎分枝2.9个，复叶卵圆形、深绿色、较大，花浅黄色。单株荚数25.1个，荚圆筒形，成熟荚黄白色，单荚粒数6.2粒。籽粒短圆柱形，种皮红色，百粒重16.4g，为大粒品种。田间自然鉴定：抗病毒病、叶斑病和锈病。

【产量表现】 2013~2014年国家食用豆产业技术体系小豆新品系联合鉴定试验平均单产1657.1kg/hm^2，居第三位。其中，石家庄试点平均产量2860.1kg/hm^2。

【利用价值】 适宜外贸出口、豆沙加工和粮用。

【栽培要点】 夏播区播种期6月15~30日，最迟不得晚于7月5日。春播区播种期5月10~20日。播种量37.5~45.0kg/hm^2，播种深度3~5cm，行距50cm。种植密度：中高水肥地12.0万~15.0万株/hm^2，干旱贫瘠地16.5万~19.5万株/hm^2。苗期间苗后、现蕾期和盛花期及时防治蚜虫、地老虎、棉铃虫、红蜘蛛、豆荚螟、蓟马、造桥虫、豆天蛾等。低产田在分枝期或开花初期追施尿素（75kg/hm^2）可起到保花增荚的作用。苗期不旱不浇水，花荚期视苗情、墒情和气候情况及时浇水。80%豆荚成熟时收获，收获后及时晾晒、脱粒及清选，籽粒含水量低于14%时可入库贮藏，并及时熏蒸或冷藏处理以防止豆象为害。适宜平作或间作套种，忌重茬。

【适宜地区】 适宜在山西大同，河北唐山和石家庄等地夏播种植。

撰稿人：范保杰　田　静　刘长友　曹志敏

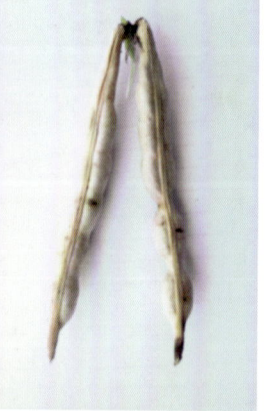

26　冀黑小豆-4

【品种来源】 河北省农林科学院粮油作物研究所于2010年以吉林白城小豆品种白红5号为母本、黑小豆为父本杂交选育而成，原品系代号：1031-4。全国统一编号：B06233。

【特征特性】 中熟品种，生育期97d，有限结荚习性，株型紧凑，直立生长，幼茎绿色，株高65.7cm，主茎分枝3.7个，主茎节数17.8节，复叶卵圆形、深绿色、较大，花浅黄色。单株荚数32.0个，荚长8.8cm，圆筒形，成熟荚黄白色，单荚粒数7.7粒。籽粒短圆柱形，种皮黑色，百粒重13.3g，为大粒种。田间自然鉴定：抗病毒病、叶斑病和锈病。

【产量表现】 2017～2018年河北省小豆品种区域试验平均产量2108.2kg/hm²，较对照（冀红9218）增产2.5%。

【利用价值】 适宜外贸出口、豆沙加工和粮用。

【栽培要点】 夏播区播种期6月15～30日，最迟不得晚于7月5日。春播区播种期5月10～20日。播种量37.5～45.0kg/hm²，播种深度3～5cm，行距50cm。种植密度：中高水肥地12.0万～15.0万株/hm²，干旱贫瘠地16.5万～19.5万株/hm²。苗期间苗后、现蕾期和盛花期及时防治蚜虫、地老虎、棉铃虫、红蜘蛛、豆荚螟、蓟马、造桥虫、豆天蛾等。低产田在分枝期或开花初期追施尿素（75kg/hm²）可起到保花增荚的作用。苗期不旱不浇水，花荚期视苗情、墒情和气候情况及时浇水。80%豆荚成熟时收获，收获后及时晾晒、脱粒及清选，籽粒含水量低于14%时可入库贮藏，并及时熏蒸或冷藏处理以防止豆象为害。适宜平作或间作套种，忌重茬。

【适宜地区】 主要适宜在河北沧州、石家庄、保定、承德等地区种植。

撰稿人：范保杰　田　静　刘长友　曹志敏

27 冀红19

【品种来源】 河北省唐山市农业科学研究院于2008年以唐红28（唐山红小豆地方品种）为母本、保M951-12为父本杂交选育而成，原品系代号：唐红2010-12。2018年3月通过河北省科学技术厅登记，省级登记号：20180596。全国统一编号：B06234。

【特征特性】 中早熟品种，夏播区生育期91d，有限结荚习性，株型紧凑，直立生长，幼茎绿色，夏播株高48.9cm。主茎分枝3.1个，主茎节数17.5节，复叶阔卵圆形、绿色、中等大小，花浅黄色。单株荚数29.3个，荚长8.2cm，圆筒形，成熟荚黄白色，单荚粒数6.4粒。籽粒短圆柱形，种皮红色，百粒重17.1g。干籽粒蛋白质含量23.91%，淀粉含量55.35%。田间自然鉴定：抗病毒病、叶斑病和锈病。

【产量表现】 2015～2016年河北省区域试验平均产量2127.2kg/hm²，较对照（冀红9218）增产4.6%，居参试品种第四位。2016年生产试验平均产量2326.8kg/hm²，较对照（冀红9218）增产12.6%。

【利用价值】 适宜外贸出口、豆沙加工和粮用。

【栽培要点】 播种期6月10～30日，最迟不得晚于7月5日。播种量37.5～45kg/hm²，播种深度3～5cm，行距50cm。中高水肥地种植密度13.5万株/hm²左右，干旱贫瘠地种植密度16.5万株/hm²左右。平作忌重茬，适宜间作套种。间苗后、现蕾期和盛花期及时防治蚜虫、地老虎、棉铃虫、红蜘蛛、豆荚螟等。低产田在分枝期或开花初期追施尿素（75kg/hm²）可保花增荚。苗期不旱不浇水，花荚期视苗情、墒情和气候情况及时浇水。80%豆荚成熟时收获，及时晾晒、脱粒及清选，籽粒含水量低于14%时可入库熏蒸、贮藏。

【适宜地区】 主要适宜在河北、北京、河南、山东、山西、吉林、辽宁等适宜生态区种植。

撰稿人：刘振兴　周桂梅　陈　健　亚秀秀

28 冀红21号

【品种来源】 河北省唐山市农业科学研究院于2010年以保M951-12为母本、京农2号为父本杂交选育而成,原品系代号:唐红2010-23。2019年5月通过河北省科学技术厅登记,省级登记号:20190929。全国统一编号:B06235。

【特征特性】 夏播区生育期97d,有限结荚习性,株型紧凑,直立生长,幼茎绿色,夏播株高82.3cm。主茎分枝3.8个,主茎节数19.3节,复叶阔卵圆形、绿色、中等大小,花浅黄色。单株荚数31.2个,豆荚长8.5cm,圆筒形,成熟荚黄白色,单荚粒数6.9粒。籽粒短圆柱形,种皮红色,百粒重16.9g。干籽粒蛋白质含量23.70%,淀粉含量49.18%。田间自然鉴定:抗病毒病、叶斑病和锈病。

【产量表现】 2017~2018年河北省区域试验平均产量2263.2kg/hm^2,较对照(冀红9218)增产10.1%,16个试点中有15个试点增产。2018年生产试验平均产量1884.0kg/hm^2,比对照(冀红9218)增产4.2%。

【利用价值】 适宜外贸出口、豆沙加工和粮用。

【栽培要点】 播种期6月15~30日,播种量30.0~37.5kg/hm^2,播种深度3~5cm,行距50cm。中高水肥地种植密度13.5万株/hm^{2}左右,干旱贫瘠地种植密度16.5万株/hm^{2}左右。平作忌重茬,适宜间作套种。间苗后、现蕾期和盛花期及时防治蚜虫、地老虎、棉铃虫、红蜘蛛、豆荚螟等。低产田在分枝期或开花初期追施尿素(75kg/hm^2)可保花增荚。苗期不旱不浇水,花荚期视苗情、墒情和气候情况及时浇水。80%豆荚成熟时收获,及时晾晒、脱粒及清选,籽粒含水量低于14%时可入库贮藏。

【适宜地区】 主要适宜在河北、北京、河南、黑龙江、山西、吉林、辽宁等适宜生态区种植。

撰稿人:刘振兴　周桂梅　亚秀秀　陈　健

29 唐红201210-42

【品种来源】 河北省唐山市农业科学研究院于2012年以唐山红小豆地方品种唐红70-11为母本、冀红0001为父本杂交选育而成。2019年参加国家食用豆产业技术体系小豆新品种联合鉴定试验。全国统一编号：B06236。

【特征特性】 夏播区生育期94d，有限结荚习性，株型紧凑，直立生长，幼茎绿色，夏播株高79.4cm。主茎分枝3.1个，主茎节数16.8节，复叶阔卵圆形、深绿色、中等大小，花浅黄色。单株荚数30.7个，荚长6.9cm，圆筒形，成熟荚黄白色，单荚粒数6.1粒。籽粒短圆柱形，种皮红色，百粒重16.3g。田间自然鉴定：抗病毒病、叶斑病和锈病。

【产量表现】 2018年唐山市农业科学研究院产量比较试验平均产量2608.9kg/hm²，较对照（冀红9218）增产9.9%，在12个参试品种中排名第一位。

【利用价值】 适宜外贸出口、豆沙加工和粮用。

【栽培要点】 播种期6月15～30日，播种量30.0～37.5kg/hm²，播种深度3～5cm，行距50cm。中高水肥地种植密度13.5万株/hm²左右，干旱贫瘠地种植密度16.5万株/hm²左右。忌重茬，适宜间作套种。生育期间及时防治蚜虫、地老虎、棉铃虫、红蜘蛛、豆荚螟等。低产田在分枝期或开花初期追施尿素（75kg/hm²）可保花增荚。苗期不旱不浇水，花荚期视苗情、墒情和气候情况及时浇水。80%豆荚成熟时收获，及时晾晒、脱粒及清选，籽粒含水量低于14%时可入库贮藏。

【适宜地区】 适宜在河北、北京、山西、吉林、辽宁等适宜生态区种植。

撰稿人：刘振兴　周桂梅　亚秀秀　陈　健

30　THM2011-28

【品种来源】 河北省唐山市农业科学研究院于2011年由唐山红小豆地方品种TH28通过化学诱变，经多年选择选育而成。2019年参加国家食用豆产业技术体系小豆新品种联合鉴定试验。全国统一编号：B06237。

【特征特性】 夏播区生育期98d，有限结荚习性，直立生长，幼茎绿色，夏播株高85.2cm。主茎分枝3.3个，主茎节数18.2节，复叶卵圆形、绿色、中等大小，花浅黄色。单株荚数33.7个，豆荚长7.1cm，圆筒形，成熟荚黄白色，单荚粒数6.3粒。籽粒圆柱形，种皮红色，百粒重15.7g。田间自然鉴定：抗病毒病、叶斑病和锈病。

【产量表现】 2018年唐山市农业科学研究院产量比较试验平均产量2565.9kg/hm²，较对照（冀红9218）增产8.1%，在12个参试品种中排名第二位。

【利用价值】 适宜外贸出口、豆沙加工和粮用。

【栽培要点】 播种期6月15~30日，播种量30.0~37.5kg/hm²，播种深度3~5cm，行距50cm。中高水肥地种植密度13.5万株/hm²左右，干旱贫瘠地种植密度16.5万株/hm²左右。忌重茬，适宜间作套种。生育期间及时防治蚜虫、地老虎、棉铃虫、红蜘蛛、豆荚螟等。低产田在分枝期或开花初期追施尿素（75kg/hm²）可保花增荚。苗期不旱不浇水，花荚期视苗情、墒情和气候情况及时浇水。80%豆荚成熟时收获，及时晾晒、脱粒及清选，籽粒含水量低于14%时可入库贮藏。

【适宜地区】 适宜在河北、北京、山西、吉林、辽宁等适宜生态区种植。

撰稿人：刘振兴　周桂梅　亚秀秀　陈　健

31 冀红12号

【品种来源】 河北省保定市农业科学院于2001年以保9326-16为母本、保8824-17为父本杂交选育而成，原品系代号：保红200112-20。2012年通过国家小宗粮豆新品种鉴定委员会鉴定，鉴定编号：国品鉴杂2012004。全国统一编号：B05449。

【特征特性】 株型直立，抗倒伏。生育期91～94d，株高46.5～56.9cm，主茎分枝2.9～3.7个，主茎节数13.5～14.6节，复叶卵圆形、浓绿，成熟荚黄白色，种皮红色。单株荚数25.2～27.7个，荚长8.4～8.7cm，单荚粒数6.5～6.6粒，百粒重14.4～15.9g。干籽粒蛋白质含量25.60%，淀粉含量56.00%，脂肪含量0.30%。

【产量表现】 2009～2011年国家小豆区域试验3年24点次平均产量1846.5kg/hm^2，比对照增产8.3%，增产试点率71%。2011年生产试验平均产量2452.5kg/hm^2，较对照（冀红9218）平均增产16.1%。其中，河北唐山夏播产量达到3096.0kg/hm^2，内蒙古赤峰春播产量达到3953.3kg/hm^2。

【利用价值】 粒大，粒色鲜艳，商品性好，适合生产豆沙。

【栽培要点】 夏播区一般播种期6月20日左右，最晚不超过6月30日。种植密度视播种期、地力而定，一般早播宜稀、晚播宜密，高水肥地宜稀、低水肥地宜密。一般中水肥地留苗12万～15万株/hm^2，播种量37.5～45.0kg/hm^2，播种深度3cm左右，因其粒大，一定要足墒下种，以确保全苗。第二片三出复叶展开时按密度要求定苗。为确保高产，一般施适量农家肥作基肥，或施氮磷钾复合肥450kg/hm^2。当田间持水量低于60%时，应适量浇水，尤其要保证花荚期的水分供应。苗期注意防治蚜虫、地老虎，花荚期注意防治棉铃虫、豆荚螟、蓟马等。70%～80%豆荚成熟时收获，收获后及时熏蒸或冷藏处理以防止豆象为害。

【适宜地区】 适宜在北京、河北、河南、陕西、江苏、江西等生态区夏播种植，适宜在内蒙古赤峰、山西大同等生态区春播种植。

撰稿人：柳术杰　李彩菊　周洪妹　崔　强

32　冀红13号

【品种来源】 河北省保定市农业科学院于2001年以保876-16为母本、保9326-16为父本杂交选育而成，原品系代号：保红200115-21。2015年通过国家小宗粮豆品种鉴定委员会鉴定，鉴定编号：国品鉴杂2015030。全国统一编号：B06238。

【特征特性】 夏播生育期82～86d，茎为绿色，株型直立，抗倒伏。株高46.2～53.4cm，主茎分枝2.9～3.4个，主茎节数15.1～17.2节，复叶卵圆形、浓绿，花黄色，略大，成熟荚黄白色，种皮红色。单株荚数29.7～35.6个，荚长6.9～7.4cm，单荚粒数5.2～5.8粒，百粒重16.8～17.6g。2015年农业部食品质量监督检验测试中心（杨凌）测定：干籽粒蛋白质含量25.84%，淀粉含量52.37%，脂肪含量2.03%。

【产量表现】 2012～2014年国家小豆品种（夏播组）区域试验平均产量2251.5kg/hm²，比对照（冀红9218）增产8.4%。2014年生产试验平均产量2246.3kg/hm²，比对照（冀红9218）增产5.3%。在北京房山，河北石家庄、保定、唐山，河南洛阳，陕西宝鸡等试点表现较好。

【利用价值】 粒大，粒色鲜艳，商品性好，适合生产豆沙。

【栽培要点】 夏播区一般播种期在6月20日左右，最晚不超过6月30日。种植密度视播种期、地力条件而定，一般留苗12万～15万株/hm²，播种量37.5～45.0kg/hm²，播种深度3cm，因其粒大，一定要足墒下种，以确保全苗。第二片三出复叶展开时按密度要求定苗。一般施适量农家肥作基肥，或施氮磷钾复合肥450kg/hm²。苗期注意防治蚜虫、地老虎，花荚期注意防治棉铃虫、豆荚螟、蓟马等。80%豆荚成熟时收获，收获后及时熏蒸或冷藏处理以防止豆象为害。

【适宜地区】 适宜在北京房山，河北石家庄、保定、唐山，河南洛阳，陕西宝鸡等小豆种植区推广。

撰稿人：柳术杰　李彩菊　周洪妹　崔强

33　冀红14号

【品种来源】 河北省保定市农业科学院于2001年以保876-16为母本、白红3号为父本杂交选育而成，原品系代号：保红200104-3。2015年通过国家小宗粮豆品种鉴定委员会鉴定，鉴定编号：国品鉴杂2015031。全国统一编号：B06239。

【特征特性】 春播区生育期89~95d，株型直立，抗倒伏。株高53.7~59.5cm，主茎分枝2.8~3.8个，主茎节数12.8~13.6节，复叶卵圆形、浓绿，花黄色，略大，成熟荚黄白色，种皮红色。单株荚数22.8~26.1个，荚长8.2~9.1cm，单荚粒数6.4~7.2粒，百粒重13.3~16.3g。2015年农业部食品质量监督检验测试中心（杨凌）测定：干籽粒蛋白质含量22.35%，淀粉含量54.55%，脂肪含量2.86%。

【产量表现】 2012~2014年参加国家小豆品种（春播组）区域试验平均产量1498.8kg/hm^2，比对照（冀红9218）增产9.0%。2014年生产试验平均产量1531.1kg/hm^2，较对照（冀红9218）增产14.8%。在甘肃庆阳，吉林白城、公主岭，山西大同，辽宁沈阳，河北张家口等试点表现较好。

【利用价值】 粒大，粒色鲜艳，商品性好，适合生产豆沙。

【栽培要点】 春播区一般地温稳定在14℃时即可播种。种植密度视播种期、地力而定。一般中水肥地留苗10.5万~12.0万株/hm^2，播种量37.5~45.0kg/hm^2，播种深度3cm，足墒下种，以确保全苗。第二片三出复叶展开时按密度要求定苗。一般施适量农家肥作基肥，或施磷酸二铵300kg/hm^2。苗期注意防治蚜虫、地老虎，花荚期注意防治棉铃虫、豆荚螟、蓟马等。80%豆荚成熟时即可收获，收获后及时脱粒、晾晒、清选及贮藏。

【适宜地区】 适宜在甘肃庆阳，吉林白城、公主岭，山西大同，辽宁沈阳，河北张家口等小豆种植区推广。

撰稿人：柳术杰　李彩菊　周洪妹　崔　强

34 冀红18号

【品种来源】 河北省保定市农业科学院于2006年以红小豆B1668（日本红小豆）为母本、保红9817-16为父本杂交选育而成，原品系代号：保红200635-2-1。2018年通过河北省科学技术厅登记，省级登记号：20180818。全国统一编号：B05486。

【特征特性】 夏播生育期91d，幼茎绿色，株型直立，有限生长，抗倒伏，株高64.1cm。复叶卵圆形，浓绿。主茎分枝3.7个，主茎节数17.7节。花黄色，幼荚绿色，成熟荚黄白色，圆筒形，单株荚数27.7个，荚长9.4cm，单荚粒数7.4粒，百粒重17.0g。籽粒短圆柱形，种皮红色。干籽粒蛋白质含量23.44%，淀粉含量48.84%，脂肪含量0.16%。

【产量表现】 河北省区域试验平均产量2181.0kg/hm^2，区域试验最高产量达到2751.0kg/hm^2，生产试验平均产量2372.1kg/hm^2。田间检测平均产量3153.5/hm^2，比对照（冀红9218）增产23.6%。试验示范表明冀红18号适合在不同水肥条件下种植，直立、抗倒伏，结荚集中，成熟一致，不落荚，不炸荚，适合一次性收获。

【利用价值】 粒大，粒色鲜艳，商品性好，适合生产豆沙。

【栽培要点】 夏播区一般播种期在6月20日左右，最晚不超过7月5日。种植密度视播种期、地力条件而定，一般留苗12万～15万株/hm^2，播种量37.5～45.0kg/hm^2，播种深度3cm，因其粒大，一定要足墒下种，以确保全苗。第二片三出复叶展开时按密度要求定苗。一般施适量农家肥作基肥，或施氮磷钾复合肥450kg/hm^2。当小豆地的田间持水量低于60%时，应适量浇水。苗期及时防治蚜虫、地老虎、红蜘蛛等，花荚期注意防治棉铃虫、豆荚螟、蓟马等。80%以上豆荚成熟时收获，收获后及时晾晒、脱粒，籽粒含水量低于13%时可入库贮藏，并及时熏蒸或冷藏处理以防止豆象为害。

【适宜地区】 适宜在河北、北京、河南、山东、辽宁、内蒙古等适宜生态区种植。

撰稿人： 柳术杰　李彩菊　周洪妹　崔　强

35　保红200617-5

【品种来源】 河北省保定市农业科学院于2006年以辽小豆2号为母本、保红947为父本杂交选育而成，原品系代号：保红200617-5。全国统一编号：B06240。

【特征特性】 夏播区生育期91d，株型紧凑，直立生长，幼茎绿色，株高48.9cm。主茎分枝3.7个，主茎节数18.5节，复叶卵圆形，花黄色，略大，成熟荚黄白色，种皮红色。单株荚数34.0个，荚长7.7cm，单荚粒数6.3粒，百粒重16.6g，为大粒小豆。田间自然鉴定：抗病毒病、叶斑病和锈病。

【产量表现】 2013~2014年河北省小豆品种区域试验12点次平均产量2433.0kg/hm^2，比对照（冀红9218）增产4.2%，试点增产率66.7%。2014年生产试验平均产量2394.0kg/hm^2，较对照（冀红9218）增产16.07%。田间检测平均产量3342.5kg/hm^2，比对照（冀红9218）增产17.12%。

【利用价值】 粒大，粒色鲜艳，商品性好，适合生产豆沙。

【栽培要点】 夏播区播种期6月15~25日，最迟不得晚于7月5日。播种量37.5~45.0kg/hm^2，播种深度3cm左右，行距50cm。中高水肥地留苗12万~15万株/hm^2，忌重茬。苗期及时防治蚜虫、地老虎，花荚期注意防治棉铃虫、造桥虫、豆荚螟等。花荚期遇旱及时浇水。80%豆荚成熟时收获，收获后及时晾晒、脱粒及清选，籽粒含水量低于14%时可入库贮藏，并及时熏蒸或冷藏处理以防止豆象为害。

【适宜地区】 适宜在河北、河南、山东、内蒙古等适宜生态区种植推广。

撰稿人：柳术杰　李彩菊　周洪妹　崔　强

36 保红200624-2

【品种来源】 河北省保定市农业科学院于2006年以保红947为母本、保8824-17为父本杂交选育而成，原品系代号：保红200624-2。全国统一编号：B06241。

【特征特性】 春播生育期102d，株型直立，株高52.1cm，主茎分枝3.3个，主茎节数13.5节，单株荚数26.6个，荚长8.9cm，单荚粒数6.6粒，百粒重15.7g；夏播生育期87d，株型直立，株高45.8cm，主茎分枝2.8个，主茎节数15.2节，单株荚数23.6个，荚长13.1cm，单荚粒数6.6粒，百粒重14.5g。种皮红色。

【产量表现】 2013~2014年河北省区域试验平均产量2414.2kg/hm^2。2015~2016年国家区域试验春播组平均产量1576.0/hm^2，夏播组平均产量1718.1kg/hm^2。大田生产一般产量1760.0~2350.0kg/hm^2。

【利用价值】 粒色鲜艳，商品性好，适于加工豆沙。

【栽培要点】 夏播播种期为6月15~30日。播种量37.5~45.0kg/hm^2，播种深度3cm左右，行距50cm，株距视留苗密度而定。第二片三出复叶展开时按密度要求定苗，种植密度视播期、地力而定。中水肥适期播种条件下留苗12万株/hm^2。随水肥条件增高或降低，留苗密度应酌情减少或增加。生育期内一般不用追肥，如遇土壤肥力过低造成田间群体偏小、预计不能封垄时可在分枝期配合降水或灌溉追施氮磷钾复合肥225kg/hm^2。苗期注意中耕除草，注意防治地老虎、蚜虫，花荚期注意防治棉铃虫及螟虫类。80%豆荚成熟时收获，为保持持续高产，应做好轮作倒茬。

【适宜地区】 适宜在河北保定、唐山、张家口，陕西岐山，黑龙江哈尔滨、克山，山西汾阳等适宜生态区种植推广。

撰稿人：柳术杰　李彩菊　周洪妹　崔强

37 保红200831-2

【品种来源】 河北省保定市农业科学院于2006年以保9326-16为母本、冀红9218为父本杂交选育而成，原品系代号：保红200831-2。全国统一编号：B05484。

【特征特性】 夏播生育期89d，株型紧凑，直立生长，幼茎绿色，株高59.4cm。主茎分枝4.3个，主茎节数19.7节，复叶卵圆形，花黄色，略大，成熟荚黄白色，种皮红色。单株荚数36.9个，荚长7.0cm，单荚粒数5.9粒，百粒重16.9g，商品性好。

【产量表现】 2015年产量比较试验平均产量3031.5kg/hm²，多点试验示范产量1650.0～2178.0kg/hm²。2016年国家食用豆产业技术体系小豆新品系联合鉴定试验，适宜产区平均产量2133.4kg/hm²，具有较好的增产潜力。

【利用价值】 粒大，粒色鲜艳，商品性好，适合生产豆沙。

【栽培要点】 夏播区播种期6月15～25日，最迟不得晚于7月5日。播种量37.5～45.0kg/hm²，播种深度3cm左右，行距50cm。中高水肥地留苗12万～15万株/hm²，忌重茬。苗期及时防治蚜虫、地老虎，花荚期及时防治棉铃虫、豆荚螟、蓟马等。花荚期遇旱及时浇水。80%豆荚成熟时收获，收获后及时晾晒、脱粒及清选，籽粒含水量低于14%时可入库贮藏，并及时熏蒸或冷藏处理以防止豆象为害。

【适宜地区】 适宜在贵州毕节，江苏南京、南通，河南南阳，河北唐山、石家庄、保定，重庆等地种植推广。

撰稿人： 柳术杰　李彩菊　周洪妹　崔　强

38 保红201014-20

【品种来源】 河北省保定市农业科学院于2010年以台7红小豆/京农6号的F_3材料为母本、保200502为父本杂交选育而成，原品系代号：保红201014-20。全国统一编号：B05485。

【特征特性】 夏播生育期87d，株型紧凑，直立生长，幼茎绿色，株高51.5cm。主茎分枝3.5个，主茎节数19.0节，复叶卵圆形，花黄色，略大，成熟荚黄白色，种皮红色。单株荚数27.2个，荚长6.8cm，单荚粒数6.0粒，百粒重18.5g。

【产量表现】 2015年产量比较试验平均产量2815.5kg/hm²，多点试验示范产量1568.0～2130.0kg/hm²。2016年国家食用豆产业技术体系小豆新品系联合鉴定试验，适宜产区平均产量2058.0kg/hm²，具有较好的增产潜力。

【利用价值】 粒大，粒色鲜艳，商品性好，适合生产豆沙。

【栽培要点】 夏播区播种期6月15～25日，最迟不得晚于7月5日。播种量37.5～45.0kg/hm²，播种深度3cm左右，行距50cm。中高水肥地留苗12万～15万株/hm²。忌重茬。苗期及时防治蚜虫、地老虎，花荚期及时防治棉铃虫、豆荚螟、蓟马等。花荚期遇旱及时浇水。80%豆荚成熟时收获，收获后及时晾晒、脱粒及清选，籽粒含水量低于14%时可入库贮藏，并及时熏蒸或冷藏处理以防止豆象为害。

【适宜地区】 适宜在贵州毕节，江苏南京、南通，河南南阳，河北唐山、石家庄、保定，重庆，山西大同，内蒙古呼和浩特等地种植推广。

撰稿人：柳术杰　李彩菊　周洪妹　崔　强

39 保红201206-5

【品种来源】 河北省保定市农业科学院于2012年以宝清红小豆为母本、保红947为父本杂交选育而成，原品系代号：保红201206-5。全国统一编号：B06242。

【特征特性】 夏播生育期94d，株型紧凑，直立生长，幼茎绿色，株高72.3cm。主茎分枝3.5个，主茎节数17.7节，复叶卵圆形，花黄色，略大，成熟荚黄白色，种皮红色。单株荚数18.9个，荚长8.9cm，单荚粒数7.7粒，百粒重18.7g，粒大。

【产量表现】 2018年产量比较试验平均产量2151.0kg/hm^2，多点试验示范产量1620.0～2610.0kg/hm^2，具有较好的增产潜力。

【利用价值】 粒大，粒色鲜艳，商品性好，适合生产豆沙。

【栽培要点】 夏播区播种期6月15～25日，最迟不得晚于7月5日。播种量37.5～45.0kg/hm^2，播种深度3cm左右，行距50cm。中高水肥地留苗12万～15万株/hm^2。忌重茬。苗期及时防治蚜虫、地老虎，花荚期及时防治棉铃虫、豆荚螟、蓟马等。花荚期遇旱及时浇水。80%豆荚成熟时收获，收获后及时晾晒、脱粒及清选，籽粒含水量低于14%时可入库贮藏，并及时熏蒸或冷藏处理以防止豆象为害。

【适宜地区】 适宜在河南、河北、陕西、山东、安徽、内蒙古等适宜生态区种植。

撰稿人： 柳术杰　李彩菊　周洪妹　崔　强

40 保红201219-1

【品种来源】 河北省保定市农业科学院于2012年以冀红9218为母本、日本茶壳早生为父本杂交选育而成,原品系代号:保红201219-1。全国统一编号:B06243。

【特征特性】 夏播生育期98d,株型紧凑,直立生长,幼茎绿色,株高83.7cm。主茎分枝4.6个,主茎节数15.8节,复叶卵圆形,花黄色,略大,成熟荚黄白色,种皮红色。单株荚数26.7个,荚长8.8cm,单荚粒数8.5粒,百粒重16.2g。

【产量表现】 2018年产量比较试验平均产量2421.0kg/hm²,多点试验示范产量1680.0~2670.0kg/hm²,具有较好的增产潜力。

【利用价值】 粒大,粒色鲜艳,商品性好,适合生产豆沙。

【栽培要点】 夏播区播种期6月15~25日,最迟不得晚于7月5日。播种量37.5~45.0kg/hm²,播种深度3cm左右,行距50cm。中高水肥地留苗12万~15万株/hm²。忌重茬。苗期及时防治蚜虫、地老虎,花荚期及时防治棉铃虫、豆荚螟、蓟马等。花荚期遇旱及时浇水。80%豆荚成熟时收获,收获后及时晾晒、脱粒及清选,籽粒含水量低于14%时可入库贮藏,并及时熏蒸或冷藏处理以防止豆象为害。

【适宜地区】 适宜在河南、河北、陕西、辽宁、内蒙古等适宜生态区种植。

撰稿人:柳术杰 李彩菊 周洪妹 崔 强

41 张红1号

【品种来源】 河北省张家口市农业科学院于1999年以本地农家种红小豆为母本、98-3-17为父本杂交选育而成，原品系代号：99-4-7。2013年通过河北省科学技术厅登记，省级登记号：20133149。全国统一编号：B06244。

【特征特性】 中早熟品种，春播生育期98d，无限结荚习性，株型紧凑，直立生长，幼茎绿色，株高50.0cm。主茎分枝5.0个，复叶卵圆形、深绿色，花浅黄色。单株荚数36～41个，荚长9.0cm，圆筒形，成熟荚黄白色，单荚粒数6.0粒。籽粒短圆柱形，种皮红色，百粒重16.0g。干籽粒蛋白质含量22.02%，淀粉含量55.92%，脂肪含量0.30%。抗旱性强。

【产量表现】 2007～2008年品种比较试验平均产量2301.0kg/hm^2，比对照（湾选1号）增产11.7%。2009～2010年张家口市区域试验5个试点两年平均产量2041.5kg/hm^2，比对照（湾选1号）增产21.3%。2011年生产试验5个试点平均产量2005.5kg/hm^2，比对照（湾选1号）增产8.5%。

【利用价值】 适于粮用和食品加工。

【栽培要点】 冀北春播5月中下旬均可播种，宜早不宜迟，最迟不得晚于6月10日。播种量37.5～45.0kg/hm^2，播种深度3～5cm，行距40～50cm，株距15～20cm，种植密度12万～16万株/hm^2。忌重茬。及时中耕除草，防治病虫害。花荚期遇干旱及时浇水。70%豆荚成熟时收获，收获后及时熏蒸或冷藏处理以防止豆象为害。

【适宜地区】 主要适宜冀北及内蒙古、山西等类似生态区种植。

撰稿人：徐东旭　任红晓　高运青

42 晋小豆3号

【品种来源】 山西省农业科学院作物科学研究所于1990年以辐射材料89006为母本、89013为父本杂交选育而成，原品系代号：613-4-1。2007年通过山西省农作物品种审定委员会认定，认定编号：晋审小豆（认）2007001。全国统一编号：B06245。

【特征特性】 中早熟品种，春播生育期117d，夏播生育期90d。有限结荚习性，株型略紧凑，直立生长，偶有蔓生现象。幼茎绿色，成熟茎绿色，株高55.0cm，主茎分枝4~5个。复叶卵圆形，花黄色。单株荚数30.0个，荚长6.0cm，圆筒形，成熟荚黄白色，单荚粒数5~6粒。籽粒圆柱形，种皮红色，百粒重13.0g。干籽粒蛋白质含量22.26%，淀粉含量49.12%，脂肪含量0.4%。耐旱，抗花叶病毒病。

【产量表现】 2005~2006年山西省区域试验，2005年平均产量1920.0kg/hm^2，比对照（晋小豆1号）增产18.6%；2006年平均产量1917.0kg/hm^2，比对照（晋小豆1号）增产12.4%。

【利用价值】 适于生产豆馅、豆沙及原粮出口。

【栽培要点】 播前精选种子，精细整地，施足底肥。播种期在4月下旬至5月上旬，麦后复播越早越好。播种量30~50kg/hm^2，播种深度3~5cm，行距50~60cm，种植密度10万~12万株/hm^2，足墒播种。自出苗至开花，中耕除草2~3遍。特别注意花荚期的肥水管理，遇干旱应及时浇水。苗期注意防治地老虎、蚜虫、红蜘蛛，花荚期及时防治豆荚螟、蚜虫、红蜘蛛。70%~80%豆荚成熟时适宜收获。收获后及时晾晒、脱粒并熏蒸或冷藏处理以防止豆象为害。注意合理轮作倒茬。

【适宜地区】 适宜在山西、河北、陕西、河南、山东等小豆产区种植。

撰稿人：张耀文　赵雪英　张春明

43 晋小豆5号

【品种来源】 山西省农业科学院作物科学研究所于1998年以小豆资源B4810为母本、日本红小豆为父本杂交选育而成，原品系代号：986-5。2012年通过山西省农作物品种审定委员会认定，认定编号：晋审小豆（认）2012001。全国统一编号：B06246。

【特征特性】 中早熟品种，春播生育期110d，夏播生育期90d。有限结荚习性，株型紧凑，直立生长。幼茎绿色，成熟茎绿色，株高48.0cm，主茎分枝3~4个。复叶卵圆形，花黄色。单株荚数30.0个，荚长7.0cm，圆筒形，成熟荚黄白色，豆荚粒数6~7粒。籽粒圆柱形，种皮红色，百粒重17.0g。干籽粒蛋白质含量20.66%，淀粉含量52.57%，脂肪含量1.00%。耐旱，耐瘠，抗倒伏，抗病性较好，具有较好的适应性。

【产量表现】 2010~2011年山西省区域试验，2010年平均产量2137.5kg/hm²，比对照（晋小豆1号）增产14.7%；2011年平均产量1717.5kg/hm²，比对照（晋小豆1号）增产17.2%。大田一般产量1650.0~2250.0kg/hm²。

【利用价值】 适于生产豆馅、豆沙及原粮出口。

【栽培要点】 播前精选种子，精细整地，施足底肥。播种期在4月下旬至5月上旬，麦后复播越早越好。播种量30~50kg/hm²，播种深度3~5cm，行距50~60cm，种植密度10万~12万株/hm²，足墒播种。自出苗至开花，中耕除草2~3遍。特别注意花荚期的肥水管理，遇干旱应及时浇水。苗期注意防治地老虎、蚜虫、红蜘蛛，花荚期及时防治豆荚螟、蚜虫、红蜘蛛。70%~80%豆荚成熟时适宜收获。收获后及时晾晒、脱粒并熏蒸或冷藏处理以防止豆象为害。忌重茬、迎茬。

【适宜地区】 可在山西、河北、陕西、河南、山东等小豆产区种植，也可与幼龄果树间套种植。

撰稿人：张春明　张耀文　赵雪英

44　品金红3号

【品种来源】 山西省农业科学院农作物品种资源研究所于2004年从金红1号变异株中系统选育而成，原品系代号：02037。2010年通过山西省农作物品种审定委员会认定，认定编号：晋审小豆（认）2010001。全国统一编号：B06247。

【特征特性】 中熟品种，春播生育期120d。有限结荚习性，半蔓生长。幼茎绿色，株高60.0cm。主茎分枝4~6个，复叶卵圆形，花黄色。单株荚数36.0个，圆筒形，成熟荚黄白色，单荚粒数6~8粒。籽粒短圆柱形，种皮红色，百粒重13.8g。干籽粒蛋白质含量22.18%，淀粉含量56.00%，脂肪含量0.74%。

【产量表现】 2007年和2009年山西省小豆区域试验，两年平均产量1611.0kg/hm²，比对照（晋小豆1号）增产11.1%。

【利用价值】 适于制作豆沙、豆羹等。

【栽培要点】 中低水肥地可种植，最好与禾谷类作物轮作。一般在耕作层地温稳定在10~14℃时为适宜播种期，播种量37.5~45.0kg/hm²，播种深度3~5cm，行距50cm，株距10~12cm，种植密度18万株/hm²。一次性施入基肥碳酸铵225~300kg/hm²、过磷酸钙300~450kg/hm²。苗期及时中耕除草；降水量较多年份注意防治菌核病。70%以上豆荚变黄时收获。

【适宜地区】 适宜山西省小豆产区及相似生态区种植。

撰稿人：畅建武　郝晓鹏　王　燕　董　雪　赵建栋

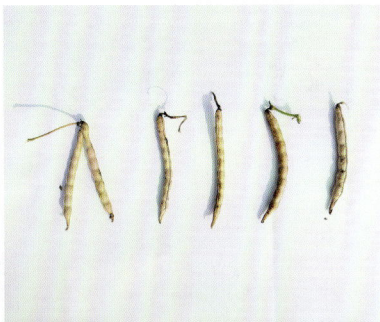

45 晋小豆6号

【品种来源】 山西省农业科学院高寒区作物研究所于1999年以天镇红小豆为母本、品系红301为父本杂交选育而成，原品系代号：红H801，2013年通过山西省农作物品种审定委员会认定，认定编号：晋审小豆（认）2013002。全国统一编号：B06248。

【特征特性】 中晚熟品种，春播生育期122d。有限结荚习性，株型紧凑，生长直立，结荚集中。幼茎绿色，株高78.0cm，主茎分枝4.0个，主茎节数18.0节。复叶卵圆形、深绿色，花浅黄色。单株荚数32.0个，荚长9.4cm，圆筒形，成熟荚黄白色，单荚粒数8.0粒。籽粒圆柱形，种皮红色，百粒重16.0～19.0g。干籽粒蛋白质含量25.56%，淀粉含量53.15%，出沙率76.3%，耐旱性、耐寒性好，适应性广，丰产性好。

【产量表现】 一般产量1575.0～2250.0kg/hm^2，最高可达2625.0kg/hm^2。2007～2008年所内品种比较试验平均产量1950.0kg/hm^2，比对照（晋小豆1号）增产15.6%。2009～2010年山西省早熟组区域试验平均产量1737.0kg/hm^2，比对照（晋小豆1号）增产8.7%，两年试点增产率80.0%。

【利用价值】 适宜原粮出口、豆沙加工和粮用。

【栽培要点】 适期播种、适度密植，采用腐熟有机肥与氮磷钾复合肥混施作底肥，夏播适宜密度15万～18万株/hm^2，行距45～50cm，株距12～15cm。春播适宜密度12.0万～16.5万株/hm^2。晋北春播以5月中旬为宜，夏播最适期为6月下旬，播种量90～135kg/hm^2，足墒播种，保全苗，五叶期中耕培土防倒伏。初花期随水施尿素75～105kg/hm^2，并及时防治地老虎、蚜虫、红蜘蛛、豆荚螟及细菌性晕疫病等。注意克服花期干旱，避免连作重茬。

【适宜地区】 适宜山西、黑龙江、辽宁、吉林、内蒙古、甘肃等地春播，河北、北京、陕西等地夏播。

撰稿人：邢宝龙　刘支平

46　京农8号

【品种来源】 山西省农业科学院高寒区作物研究所于2008年从北京农学院引种京农8号（京农2号 ^{60}Co-γ射线照射诱变），经多年田间自然鉴定示范表现良好，原品系代号：H301。2013年通过山西省农作物品种审定委员会认定，认定编号：晋审小豆（认）2013001。全国统一编号：B05254。

【特征特性】 中晚熟品种，春播生育期120d。有限结荚习性，株型收敛，生长直立，结荚集中。幼茎嫩绿色，成熟茎黄白色，株高45.0cm，主茎分枝2～4个，主茎节数14.4节。复叶卵圆形、大叶、深绿色，花浅黄色。单株荚数25.0个，荚长10.0cm，宽0.7cm，圆筒形，成熟荚黄白色，单荚粒数6～7粒。籽粒球形，种皮红色，百粒重14.0～16.0g。干籽粒蛋白质含量21.39%，淀粉含量53.76%，脂肪含量1.02%，出沙率82.5%。耐旱性、耐寒性好，适应性广，丰产性好。

【产量表现】 一般产量1650.0～2250.0kg/hm^2，最高可达2625.0kg/hm^2。2011～2012年山西省早熟组区域试验平均产量1912.5kg/hm^2，比对照（晋小豆3号）增产10.3%，两年试点增产率100.0%。

【利用价值】 适宜原粮出口、豆沙加工和粮用。

【栽培要点】 适期播种，适度密植，采用腐熟有机肥与氮磷钾复合肥混施作底肥，夏播适宜密度15万～18万株/hm^2，行距45～50cm，株距12～15cm。春播适宜密度12.0万～16.5万株/hm^2。晋北春播以5月中旬为宜，夏播最适期为6月下旬，播种量90～135kg/hm^2，足墒播种，保全苗，五叶期中耕培土防倒伏。初花期随水施尿素75～105kg/hm^2，并及时防治地老虎、蚜虫、红蜘蛛、豆荚螟及细菌性晕疫病等。注意克服花期干旱，避免连作重茬。

【适宜地区】 适宜山西、黑龙江、辽宁、吉林、内蒙古、甘肃等地春播，河北、北京、陕西等地夏播。

撰稿人：邢宝龙　刘支平

47 同红2号

【品种来源】 山西省农业科学院高寒区作物研究所于2005年以保8824-17为母本、天镇红小豆为父本杂交选育而成，原品系代号：BH2081。全国统一编号：B06249。

【特征特性】 生育期115d。有限结荚习性，株型直立，株高40.0cm。主茎分枝3.0个，主茎节数9.0节。复叶卵圆形，花黄色。成熟荚黄白色，单株荚数25.0个，多者可达30个以上，荚长7.9cm，圆筒形，单荚粒数6.8粒。籽粒圆柱形，种皮红色，百粒重12.0g。成熟一致不炸荚，抗逆性强，适应性广，稳产性好，后期不早衰。

【产量表现】 一般产量2000.0～2800.0kg/hm^2。2010～2012年品种比较试验平均产量达到3033.0kg/hm^2，比对照（晋小豆5号）增产28.2%。2013～2014年国家食用豆产业技术体系小豆新品系联合鉴定试验，大同综合试验站两年平均产量2019.0kg/hm^2。

【利用价值】 籽粒中等，粒色鲜艳，品质优良，商品性好，营养价值高，可用于各种粗、精、深产品的加工。

【栽培要点】 适合中等或中等偏上地力中等密度栽培，夏播适宜密度15万～18万株/hm^2，行距45～50cm，株距12～15cm。春播适宜密度14万～16万株/hm^2。晋北春播以5月中旬为宜，夏播最适期为6月25日左右。足墒播种，保全苗，五叶期中耕培土防倒伏，注意花荚期防旱、防涝，防治病虫害，特别是根（茎）腐病，避免连作重茬。

【适宜地区】 晋北春播，晋中、晋南复播及类似生态区栽培种植。

撰稿人：邢宝龙　刘支平

48 同红1133911

【品种来源】 山西省农业科学院高寒区作物研究所于2011年以小丰2号为母本、本地连庄小豆为父本杂交选育而成,原品系代号:XD1133911。全国统一编号:B06250。

【特征特性】 春播生育期123d。亚有限结荚习性,株型直立,株高67.0cm,主茎分枝3.0个,主茎节数10.0节。复叶卵圆形,花黄色。成熟荚黄白色,单株荚数25.0个,多者可达35个以上,荚长8.5cm,镰刀形,单荚粒数7.6粒。籽粒长圆柱形,种皮红色,百粒重11.0g。干籽粒蛋白质含量23.16%,淀粉含量52.00%,脂肪含量0.99%,具有成熟一致不炸荚、抗逆性强、适应性广、稳产性好、后期不早衰等优点。

【产量表现】 2017~2018年所内品种比较试验平均产量1890.0kg/hm^2,2017年比对照(晋小豆3号)增产20.5%,排名第一位。

【利用价值】 粒色鲜艳,品质优良,商品性好,可用于各种粗、精、深产品的加工。

【栽培要点】 夏播适宜密度12万~16万株/hm^2,春播适宜密度11万~14万株/hm^2。晋北春播以5月上中旬为宜,夏播最适期为6月25日左右。足墒播种,保全苗,注意苗期病害防治(特别干旱时),五叶期中耕培土防倒伏,注意克服花期干旱,结荚期防涝,防治病虫害,避免连作重茬。

【适宜地区】 晋北春播,晋中、晋南复播及类似生态区栽培种植。

撰稿人:邢宝龙 刘支平

49 同红杂-6

【品种来源】 山西省农业科学院高寒区作物研究所于2009年以龙小豆3号为母本、连庄小豆为父本杂交选育而成，原品系代号：HZ-6。龙小豆3号是黑龙江引进品种，连庄小豆是大同本地品种。全国统一编号：B06251。

【特征特性】 春播生育期121d。亚有限结荚习性，株型半蔓生，株高70.0cm，主茎分枝3.0个，主茎节数10.0节。复叶卵圆形，花黄色。成熟荚黄白色，单株荚数20.0个，多者可达30个以上，荚长8.7cm，圆筒形，单荚粒数7.8粒。籽粒球形，种皮红色，百粒重12.0g，成熟一致不炸荚，抗逆性强，适应性广，稳产性好，后期不早衰。

【产量表现】 2014~2015年所内品种比较试验平均产量1983.0kg/hm^2，比对照（晋小豆5号）增产18.2%。2016~2017年国家食用豆产业技术体系小豆新品种联合鉴定试验，大同综合试验站两年平均产量1155.0kg/hm^2，2016年比对照（冀红9218）增产22.5%，2017年比对照（冀红9218）增产7.1%。

【利用价值】 籽粒偏小，粒色鲜艳，品质优良，商品性好，可用于各种粗、精、深产品的加工。

【栽培要点】 夏播适宜密度12万~16万株/hm^2，春播适宜密度11万~14万株/hm^2。晋北春播以5月中旬为宜，夏播最适期为6月25日左右。足墒播种，保全苗，五叶期中耕培土防倒伏，注意克服花期干旱，防治病虫害，避免连作重茬。

【适宜地区】 晋北春播，晋中、晋南复播及类似生态区栽培种植。

撰稿人：邢宝龙　刘支平

50　辽红小豆3号

【品种来源】　辽宁省农业科学院作物研究所于2003年从北京农学院引进，在辽宁省异地种植鉴定，原品系代号：JN001。2008年通过辽宁省非主要农作物品种备案办公室鉴定，鉴定编号：辽备杂粮[2007]24号。全国统一编号：B06252。

【特征特性】　早熟品种，春播生育期98d。亚有限结荚习性，株型紧凑，植株直立、抗倒伏，幼茎绿色，株高60~70cm，主茎分枝2~4个。复叶卵圆形，花黄色。单株荚数20.0个，多者可达30个以上，荚长8.0cm，弓形，成熟荚黄白色，单荚粒数6.0粒。籽粒长圆柱形，种皮红色，百粒重16.5g。干籽粒蛋白质含量24.84%，淀粉含量57.02%。结荚集中，成熟一致不炸荚。抗病毒病、叶斑病、白粉病、耐旱性、耐瘠薄性较好，适应性强。

【产量表现】　一般产量2425.0kg/hm²，高者可达3000.0kg/hm²以上。2005~2007年在沈阳、阜新、朝阳、康平、建平进行品种比较试验，平均产量2219.0kg/hm²，比对照（辽红小豆1号）增产12.5%。

【利用价值】　适宜原粮出口、豆沙加工和粮用。

【栽培要点】　精细整地，适时播种，合理密植。适宜播种期为5月中旬至6月上旬。播种量45kg/hm²。行距50~60cm，株距15~20cm，每穴1株，种植密度10万~12万株/hm²。由于籽粒较大，应足墒播种，以保全苗。苗期注意防治蚜虫、红蜘蛛；花荚期注意防治豆荚螟。当全田豆荚有70%以上成熟时，一次性收获。收获后要及时晾晒、脱粒、清选，防虫后方可入库保存。

【适宜地区】　适宜在辽宁省的沈阳及辽西地区种植。

撰稿人：葛维德　薛仁风　陈　剑

51 辽红小豆5号

【品种来源】 辽宁省农业科学院作物研究所于2002年从大红袍混杂群体中选择优良变异单株,经几年系统选育而成,原品系代号:系选大红袍-3。2012年通过辽宁省非主要农作物品种备案办公室鉴定,鉴定编号:辽备杂粮〔2011〕64号。全国统一编号:B06253。

【特征特性】 中熟品种,春播生育期105d。有限结荚习性,株型紧凑、植株直立、抗倒伏,幼茎绿色,株高99.0cm,主茎分枝4~5个。复叶卵圆形,花黄色。单株荚数34.0个,荚长10.0cm,弓形,成熟荚黄白色,单荚粒数7.0粒。籽粒长圆柱形,种皮红色,百粒重24.1g。干籽粒蛋白质含量26.82%,淀粉含量63.43%。结荚集中,成熟一致不炸荚。抗病毒病、叶斑病、白粉病,耐旱性、耐瘠薄性较好,适应性强。

【产量表现】 2010~2011年在沈阳、阜新、朝阳、建平、康平等地进行品种比较试验,2010年平均产量1804.0kg/hm^2,比对照(辽小豆1号)增产5.7%;2011年平均产量1739.0kg/hm^2,比对照(辽小豆1号)增产4.7%。

【利用价值】 适宜原粮出口、豆沙加工和粮用。

【栽培要点】 施种肥磷酸二铵150~225kg/hm^2,打好丰产的基础。由于籽粒较大,应足墒播种,以保全苗。适时播种,合理密植。适宜播种期为5月20~31日。播种量37~45kg/hm^2。种植密度12万株/hm^{2}左右。加强田间管理,适时间苗、定苗,及时中耕除草,促进小豆良好发育,及时防治蚜虫、豆荚螟。为提高产量,成熟时及时采摘、晾晒。大面积种植时,应在全田豆荚70%成熟时一次性收获。

【适宜地区】 可在辽宁省适宜地区推广。

撰稿人:陈 剑 葛维德 薛仁风

52 辽红小豆6号

【品种来源】 辽宁省农业科学院作物研究所于2006年对辽V8进行 ^{60}Co-γ射线照射，辐射剂量2.0kGy，选择优良单株，经几年系统选育而成，原品系代号：辽V8 2.3-2-4。2012年通过辽宁省非主要农作物品种备案办公室鉴定，鉴定编号：辽备杂粮［2011］65号。全国统一编号：B06254。

【特征特性】 中熟品种，春播生育期101d。有限结荚习性，株型紧凑，植株直立、抗倒伏，幼茎绿色，株高106.0cm，主茎分枝3~4个。复叶卵圆形，花黄色。单株荚数35.0个，荚长9.0cm，弓形，成熟荚黄白色，单荚粒数7.0粒。籽粒长圆柱形，种皮红色，百粒重19.9g。干籽粒蛋白质含量27.12%，淀粉含量65.03%。结荚集中，成熟一致不炸荚。抗病毒病、叶斑病、白粉病、耐旱性、耐瘠薄性较好，适应性强。

【产量表现】 2009~2011年在沈阳、阜新、朝阳、建平、康平等地进行品种比较试验，2009年平均产量1797.0kg/hm^2，比对照（辽小豆1号）增产7.8%；2010年平均产量1815.0kg/hm^2，比对照（辽小豆1号）增产9.7%；2011年平均产量1866.0kg/hm^2，比对照（辽小豆1号）增产11.8%。

【利用价值】 适宜原粮出口、豆沙加工和粮用。

【栽培要点】 春播一般在5月上中旬，夏播在6月中下旬。播种量45kg/hm^2。早秋深耕，耕深15~25cm，播种前浅耕细耙，起垄播种，垄宽一般为50~60cm。辽宁地区播种期为5月10日至6月20日，不能晚于7月5日。播种方法可采用条播和穴播，播种深度3~5cm，稍晾后镇压保墒，播种量45~50kg/hm^2，一般种植密度15万~20万株/hm^2，株距8~12cm。前期早铲耥，早定苗，一般在出苗后第一片复叶出现时开始间苗，2~3片复叶时定苗，定苗后及时进行第一次铲耥，分枝至开花前进行第二次铲耥。当田间95%以上豆荚达到成熟时即可一次性收获。

【适宜地区】 可在辽宁省适宜地区推广。

撰稿人：葛维德　陈　剑　薛仁风

53 辽引红小豆4号

【品种来源】 辽宁省农业科学院作物研究所于2001年从国家小豆品种区域试验参试材料8937-6325中系统选育而来，原品系代号：8937-6325。2009年通过辽宁省非主要农作物品种备案办公室鉴定，鉴定编号：辽备杂粮〔2008〕41号。全国统一编号：B06256。

【特征特性】 中熟品种，春播生育期103d。亚有限结荚习性，株型紧凑，植株直立、抗倒伏，幼茎绿色，株高68.0cm，主茎分枝3～4个。复叶心脏形，花黄色。单株荚数28.0个，荚长7.0cm，弓形，成熟荚黄白色，单荚粒数6.0粒。籽粒长圆柱形，种皮红色，百粒重15.2g。干籽粒蛋白质含量29.11%，淀粉含量65.04%。结荚集中，成熟一致不炸荚。抗病毒病、叶斑病、白粉病、耐旱性、耐瘠薄性较好，适应性强。

【产量表现】 2001年品种比较试验平均产量3014.0kg/hm^2，比对照（辽小豆1号）增产32.2%。2002年全省5个试验点平均产量2876.0kg/hm^2，比对照（辽小豆1号）增产6.7%。2003年3个试点生产试验平均产量3027.0kg/hm^2，比对照（辽小豆1号）增产9.0%。

【利用价值】 适宜原粮出口、豆沙加工和粮用。

【栽培要点】 施种肥磷酸二铵150～225kg/hm^2，打好丰产的基础。由于籽粒较大，应足墒播种，以保全苗。适时播种，合理密植。适宜播种期为5月20～31日。播种量30～38kg/hm^2。种植密度12万株/hm^{2}左右。加强田间管理，适时间苗、定苗，及时中耕除草，促进小豆良好发育，及时防治蚜虫、豆荚螟。及时收获，当全田豆荚70%以上成熟时一次性收获。收获后及时晾晒、脱粒、清选，防虫后可入库保存。

【适宜地区】 可在辽宁省适宜地区推广。

撰稿人：葛维德　薛仁风　陈　剑

54 辽红小豆7号

【品种来源】 辽宁省农业科学院作物研究所于2006年对辽V8进行^{60}Co-γ射线照射,辐射剂量2.6kGy,经系统选育而成,原品系代号:辽V8 2.6-5-1。2014年通过辽宁省非主要农作物品种备案办公室鉴定,鉴定编号:辽备杂粮2013006。全国统一编号:B06255。

【特征特性】 早熟品种,春播生育期98d。有限结荚习性,株型紧凑,植株直立、抗倒伏,幼茎绿色,株高100.0cm,主茎分枝3～4个。复叶卵圆形,花黄色。单株荚数27.0个,荚长8.0cm,弓形,成熟荚黄白色,单荚粒数7.0粒。籽粒长圆柱形,种皮红色,百粒重14.9g。干籽粒蛋白质含量30.12%,淀粉含量68.61%。结荚集中,成熟一致不炸荚。抗病毒病、叶斑病、白粉病、耐旱性、耐瘠薄性较好,适应性强。

【产量表现】 连续3年在辽北、辽西等地种植,产量表现较好。2013年平均产量1734kg/hm^2,比对照(辽小豆1号)增产7.4%。

【利用价值】 适宜原粮出口、豆沙加工和粮用。

【栽培要点】 施种肥磷酸二铵150～225kg/hm^2,打好丰产的基础。由于籽粒较大,应足墒播种,以保全苗。适时播种,合理密植。春播为5月上旬至6月中旬。播种量45～50kg/hm^2。行距50～60cm,株距15～20cm,每穴1株,种植密度10万～12万株/hm^2,掌握"肥地稀、瘦地密"的原则。加强田间管理,适时间苗、定苗,及时中耕除草,促进小豆良好发育,及时防治蚜虫、豆荚螟。及时收获,当全田豆荚70%以上成熟时一次性收获。收获后及时晾晒、脱粒、清选,防虫后可入库保存。

【适宜地区】 可在辽宁省适宜地区推广。

撰稿人:陈 剑 葛维德 薛仁风

55 辽红小豆8号

【品种来源】 辽宁省经济作物研究所于2004年从河北省引进的高代杂交材料中系统选育而成，原品系代号：2004-140。2011年通过辽宁省非主要农作物品种备案办公室鉴定，鉴定编号：辽备杂粮［2010］62号。全国统一编号：B05461。

【特征特性】 中熟品种，春播生育期100d。有限结荚习性，株型紧凑，植株直立、抗倒伏，幼茎绿色，株高81.0cm，主茎分枝3～4个，花黄色。单株荚数40.0个，荚长9.0cm，弓形，成熟荚黄白色，单荚粒数5～7粒。籽粒长圆柱形，种皮红色，百粒重26.8g。干籽粒蛋白质含量23.02%，淀粉含量61.10%。结荚集中，成熟一致不炸荚。抗病毒病、叶斑病、白粉病，耐旱性、耐瘠薄性较好，适应性强。

【产量表现】 2007～2008年省内5点次区域试验，两年平均产量均排名第一位。2008年在朝阳、建平、凌海、阜新、辽阳等地进行多点生产试验，平均产量2773.0kg/hm²。

【利用价值】 适宜原粮出口、豆沙加工和粮用。

【栽培要点】 一般选择肥力较好、透水性好的砂壤土为佳，忌重茬和迎茬。播种前浅耕细耙，起垄播种，垄宽一般为40～45cm。起垄时一次性施入氮磷钾复合肥150～200kg/hm²，或施磷酸二铵100～150kg/hm²，有条件的地方加施一定数量的农家肥效果更好。辽宁地区播种期为5月10日至6月20日，不能晚于7月5日。播种方法可采用条播和穴播，播种深度为3～5cm，稍晾后镇压保墒，播种量45～50kg/hm²，种植密度15万～20万株/hm²，株距8～12cm。前期早铲耥、早定苗，一般在出苗后第一片复叶出现时开始间苗，2～3片复叶出现时定苗，当田间95%以上豆荚达到成熟时即可一次性收获，收获时尽量避开阴雨天，以防影响商品质量。

【适宜地区】 可在辽宁省适宜地区推广。

撰稿人：赵 秋 何伟锋 李连波

56　吉红8号

【品种来源】 吉林省农业科学院作物育种研究所于1999年以小豆178为母本、小豆5076为父本杂交选育而成，原品系代号：JH4234。2009年通过吉林省农作物品种审定委员会登记，登记编号：吉登小豆2009001。2015年通过国家小宗粮豆品种鉴定委员会鉴定，鉴定编号：国品鉴杂2015028。全国统一编号：B06257。

【特征特性】 中熟品种，春播出苗至成熟98d，无限结荚习性，半蔓生。幼茎绿色，株高54.0cm，主茎分枝3.0个。单株荚数20.6个，荚长8.5cm，圆筒形，成熟荚黄白色，单荚粒数6.8粒。籽粒长圆柱形，种皮红色，百粒重12.2g。干籽粒蛋白质含量25.66%，淀粉含量52.58%。田间自然发病结果为抗叶部病害，耐旱性强，适应性广。

【产量表现】 2007～2008年吉林省区域试验平均产量1489.7kg/hm^2，比对照（白红2号）增产13.2%。2008年吉林省生产试验平均产量1906.7kg/hm^2，比对照（白红2号）增产14.6%。

【利用价值】 适于加工豆沙、豆羹、饮料等。

【栽培要点】 5月中旬播种，忌重茬。播种量20～40kg/hm^2，种植密度12.0万～15.0万株/hm^2。根据土壤肥力状况，施种肥氮磷钾复合肥150～250kg/hm^2。及时中耕除草，防治病虫害。收获后及时熏蒸或冷藏处理以防止豆象为害。

【适宜地区】 适宜在吉林省的中西部地区及辽宁、黑龙江、内蒙古等邻近区域种植。

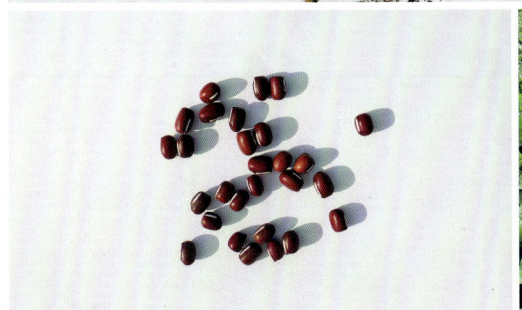

撰稿人：郭中校　徐　宁

57 吉红9号

【品种来源】 吉林省农业科学院作物育种研究所于2001年从河北省引进农家品种大粒红小豆，经系统选育而成，原品系代号：JH01069。2011年通过吉林省农作物品种审定委员会登记，登记编号：吉登小豆2011001。全国统一编号：B06258。

【特征特性】 中熟品种，春播出苗至成熟110d，无限结荚习性，半蔓生。幼茎绿色，株高56.7cm，主茎分枝2.4个。复叶卵圆形，花黄色。单株荚数18.7个，荚长8.2cm，圆筒形，成熟荚黄白色，单荚粒数7.0粒。籽粒短圆形，种皮红色，百粒重15.6g。干籽粒蛋白质含量21.99%，淀粉含量57.21%，脂肪含量0.35%。田间自然发病结果为抗叶斑病和根腐病，耐旱性强，适应性广。

【产量表现】 2008～2010年吉林省区域试验平均产量1335.1kg/hm^2，比对照增产11.4%。2009～2010年吉林省生产试验平均产量1312.3kg/hm^2，比对照增产9.8%。

【利用价值】 适于加工豆沙、豆羹、饮料等。

【栽培要点】 5月上中旬播种，忌重茬。播种量20～40kg/hm^2，种植密度15万～18万株/hm^2。根据土壤肥力状况，施种肥氮磷钾复合肥150～250kg/hm^2。苗期一般中耕3次，中耕时结合培土。在整个生育期间，要注意防治蚜虫、红蜘蛛等。收获后及时熏蒸或冷藏处理以防止豆象为害。

【适宜地区】 适宜在吉林省的中西部地区及辽宁、黑龙江、内蒙古等邻近区域种植。

撰稿人：郭中校　徐　宁

58　吉红10号

【品种来源】　吉林省农业科学院作物育种研究所于2001年以红11-4为母本、京农5号为父本杂交选育而成，原品系代号：JH2108。2011年通过吉林省农作物品种审定委员会登记，登记编号：吉登小豆2011002。全国统一编号：B06259。

【特征特性】　早熟品种，春播出苗至成熟91d，无限结荚习性，半蔓生。幼茎绿色，株高52.7cm，主茎分枝1.9个。复叶卵圆形，花黄色。单株荚数17.1个，荚长9.2cm，圆筒形，成熟荚黄白色，单荚粒数5.6粒。籽粒长圆形，种皮红色，百粒重15.7g。干籽粒蛋白质含量23.26%，淀粉含量56.45%，脂肪含量0.23%。田间自然发病结果为抗叶斑病和病毒病，耐旱性强，适应性广。

【产量表现】　2009~2010年吉林省区域试验平均产量1294.0kg/hm^2，比对照（白红5号）增产12.0%。2010年吉林省生产试验平均产量1523.8kg/hm^2，比对照（白红5号）增产14.6%。

【利用价值】　适于加工豆沙、豆羹、饮料等。

【栽培要点】　5月中下旬播种，忌重茬。播种量25kg/hm^2，种植密度11万~15万株/hm^2。根据土壤肥力状况，施种肥氮磷钾复合肥150~250kg/hm^2。苗期一般中耕2~3次，中耕时结合培土。在整个生育期间，要注意防治蚜虫、红蜘蛛等。收获后及时熏蒸或冷藏处理以防止豆象为害。

【适宜地区】　适宜在吉林省各地区种植。

撰稿人：郭中校　徐　宁

59 吉红11号

【品种来源】 吉林省农业科学院作物育种研究所于2001年以8802-12104为母本、自选材料红11-2为父本杂交选育而成，原品系代号：JH4303。2012年通过吉林省农作物品种审定委员会登记，登记编号：吉登小豆2012002。全国统一编号：B05452。

【特征特性】 早熟品种，春播出苗至成熟94d，无限结荚习性，半蔓生。幼茎绿色，株高53.4cm，主茎分枝2.5个。复叶卵圆形，花黄色。单株荚数19.3个，荚长8.1cm，圆筒形，成熟荚黄白色，单荚粒数6.6粒。籽粒短圆形，种皮红色，百粒重11.5g。干籽粒蛋白质含量26.44%，淀粉含量51.66%，脂肪含量0.53%。田间自然发病结果为抗叶斑病和病毒病，耐旱性强，适应性广。

【产量表现】 2010~2011年吉林省区域试验平均产量1529.0kg/hm², 比对照（白红5号）增产5.6%。2011年吉林省生产试验平均产量1359.7kg/hm², 比对照增产12.1%。

【利用价值】 适于加工豆沙、豆羹、饮料等。

【栽培要点】 5月上中旬播种，忌重茬。播种量25kg/hm², 种植密度15万~18万株/hm²。根据土壤肥力状况，施种肥氮磷钾复合肥150~250kg/hm²。出苗后及时除草、松土，苗期以保墒为主，开花期和结荚盛期适当浇水，连雨天注意排水防涝。在整个生育期间，要注意防治蚜虫、红蜘蛛等。收获后及时熏蒸或冷藏处理以防止豆象为害。

【适宜地区】 适宜在吉林省中西部小豆主产区种植。

撰稿人：郭中校　徐　宁

60 吉红12号

【品种来源】 吉林省农业科学院作物资源研究所于2004年以农家品种大粒红小豆为母本、京农5号为父本杂交选育而成,原品系代号:JH04096。2014年通过吉林省农作物品种审定委员会登记,登记编号:吉登小豆2014002。全国统一编号:B06260。

【特征特性】 早熟品种,春播出苗至成熟96d,无限结荚习性,半蔓生。幼茎绿色,株高62.3cm,主茎分枝2.7个。复叶卵圆形,花黄色。单株荚数16.8个,荚长8.4cm,圆筒形,成熟荚黄白色,单荚粒数7.7粒。籽粒短圆形,种皮红色,百粒重14.9g。干籽粒蛋白质含量22.09%,淀粉含量52.34%。田间自然发病结果为抗叶斑病和病毒病,耐旱性强,适应性广。

【产量表现】 2012~2013年吉林省区域试验平均产量1585.0kg/hm^2,比对照(白红5号)增产19.1%。2013年吉林省生产试验平均产量1401.8kg/hm^2,比对照(白红5号)增产6.5%。

【利用价值】 适于加工豆沙、豆羹、饮料等。

【栽培要点】 5月中旬播种,忌重茬。播种量25~30kg/hm^2,种植密度15万~18万株/hm^2。根据土壤肥力状况,施种肥氮磷钾复合肥150~250kg/hm^2。出苗后及时除草、松土,苗期以保墒为主,开花期和结荚盛期适当浇水,连雨天注意排水防涝。在整个生育期间,要注意防治蚜虫、红蜘蛛等。收获后及时熏蒸或冷藏处理以防止豆象为害。

【适宜地区】 适宜在吉林省中西部小豆主产区种植。

撰稿人:郭中校 徐 宁

61　吉红13号

【品种来源】 吉林省农业科学院作物资源研究所于2004年以农家品种大粒红小豆为母本、京农5号为父本杂交选育而成，原品系代号：JH12512。2015年通过吉林省农作物品种审定委员会登记，登记编号：吉登小豆2015002。全国统一编号：B06261。

【特征特性】 早熟品种，春播出苗至成熟90d，无限结荚习性，半蔓生。幼茎绿色，株高58.6cm，主茎分枝2.4个。复叶卵圆形，花黄色。单株荚数22.8个，荚长8.0cm，圆筒形，成熟荚黄白色，单荚粒数7.9粒。籽粒短圆形，种皮红色，百粒重11.5g。干籽粒蛋白质含量24.27%，淀粉含量53.64%。田间自然发病结果为抗叶斑病和病毒病，耐旱性强，适应性广。

【产量表现】 2013~2014年吉林省区域试验平均产量1502.2kg/hm^2，比对照（白红5号）增产9.4%。2014年吉林省生产试验平均产量1448.0kg/hm^2，比对照（白红5号）增产7.1%。

【利用价值】 适于加工豆沙、豆羹、饮料等。

【栽培要点】 5月中旬播种，忌重茬。播种量10~25kg/hm^2，种植密度15万~18万株/hm^2。根据土壤肥力状况，施种肥氮磷钾复合肥150~250kg/hm^2。出苗后及时除草、松土，苗期以保墒为主，开花期和结荚盛期适当浇水，连雨天注意排水防涝。在整个生育期间，要注意防治蚜虫、红蜘蛛等。收获后及时熏蒸或冷藏处理以防止豆象为害。

【适宜地区】 适宜在吉林省小豆主产区种植。

撰稿人：郭中校　徐　宁

62　吉红14号

【品种来源】　吉林省农业科学院作物资源研究所于2006年以农家品种大粒红小豆为母本、自选材料156-12为父本杂交选育而成，原品系代号：JH04079。2016年通过吉林省农作物品种审定委员会登记，登记编号：吉登小豆2016003。全国统一编号：B06262。

【特征特性】　早熟品种，春播出苗至成熟89d，无限结荚习性，半蔓生。幼茎绿色，株高53.2cm，主茎分枝2.9个。单株荚数18.7个，荚长8.7cm，圆筒形，成熟荚黄白色，单荚粒数7.3粒。籽粒短圆形，种皮红色，百粒重16.3g。干籽粒蛋白质含量20.86%，淀粉含量54.30%。田间自然发病结果为抗叶斑病和病毒病，耐旱性强，适应性广。

【产量表现】　2014~2015年吉林省区域试验平均产量1526.1kg/hm^2，比对照（白红5号）增产9.5%。2015年吉林省生产试验平均产量1555.0kg/hm^2，比对照（白红5号）增产9.6%。

【利用价值】　适于加工豆沙、豆羹、饮料等。

【栽培要点】　5月中旬播种，忌重茬。播种量20~25kg/hm^2，种植密度15万~18万株/hm^2。根据土壤肥力状况，施种肥氮磷钾复合肥150~250kg/hm^2。出苗后及时除草、松土，苗期以保墒为主，开花期和结荚盛期适当浇水，连雨天注意排水防涝。在整个生育期间，要注意防治蚜虫、红蜘蛛等虫害。收获后及时熏蒸或冷藏处理以防止豆象为害。

【适宜地区】　适宜在吉林省小豆主产区种植。

撰稿人：郭中校　徐　宁

63　白红7号

【品种来源】　吉林省白城市农业科学院食用豆研究所于1995年以白红2号为母本、日本大正红为父本杂交选育而成，原品系代号：BH99637。2010年通过吉林省农作物品种审定委员会登记，登记编号：吉登小豆2010001。2015通过国家小宗粮豆品种鉴定委员会鉴定，鉴定编号：国品鉴杂2015029。全国统一编号：B04976。

【特征特性】　早熟品种，出苗至成熟全生育日期91d。幼茎绿色，复叶心脏形，花黄色。直立型，株高53.1cm。单株荚数18.2个，单荚粒数6.8粒，荚长7.8cm，成熟荚黄白色。籽粒短圆柱形，种皮红色，百粒重14.4g。干籽粒蛋白质含量23.42%。高抗病毒病，抗叶斑病，耐旱性强，适应性广。

【产量表现】　2005~2006年产量比较试验平均产量1679.6kg/hm^2，比对照（白红2号）增产13.5%。2008年吉林省联合区域试验6个试验点平均产量1560.5kg/hm^2，比对照（白红3号）增产29.5%；2009年吉林省联合区域试验4个试验点平均产量1247.9kg/hm^2，比对照（白红3号）增产52.2%；两年平均产量1411.8kg/hm^2，比对照（白红3号）增产40.9%。2009年生产试验平均产量1283.0kg/hm^2，比对照（白红3号）增产34.0%。水肥条件好的情况下产量可达2300.0kg/hm^{2}以上。

【利用价值】　粒大、整齐、色泽鲜艳、皮薄，品质优良，商品价值高。

【栽培要点】　5月中旬至6月上旬播种，播种量45~50kg/hm^2。行距60~70cm，株距8~12cm，种植密度18万~25万株/hm^2。整地时增施适量农家肥，播种时施入磷酸二铵100~200kg/hm^2、硫酸钾50kg/hm^{2}作种肥。开花期结合封垄追施硝酸铵、尿素等氮肥45~65kg/hm^2。

【适宜地区】　吉林省各地区和内蒙古兴安盟、赤峰及黑龙江省西南部等地区种植。

撰稿人：尹凤祥　梁　杰　尹智超　郭文云

64 白红8号

【品种来源】 吉林省白城市农业科学院食用豆研究所于2000年以白红2号为母本、冀红4号为父本杂交选育而成，原品系代号：BH07-768。2012年3月通过吉林省农作物品种审定委员会登记，登记编号：吉登小豆2012001。全国统一编号：B04977。

【特征特性】 早熟品种，出苗至成熟94d。半蔓生，幼茎绿色，复叶卵圆形，株高69.6cm，主茎分枝2.8个，单株荚数22.1个，单荚粒数6.8粒，荚长8.4cm，成熟荚黑褐色。籽粒短圆柱，种皮红色，百粒重11.7g。干籽粒蛋白质含量26.61%，脂肪含量0.55%，淀粉含量50.98%。高抗病毒病，抗叶斑病和霜霉病。

【产量表现】 2010年吉林省联合区域试验平均产量1596.8kg/hm^2，比对照（白红5号）增产8.5%；2011年吉林省联合区域试验平均产量1595.6kg/hm^2，比对照（白红5号）增11.9%；两年区域试验平均产量1596.2kg/hm^2，比对照（白红5号）增产10.2%。2011年生产试验平均产量1347.7kg/hm^2，比对照（白红5号）增产11.1%。

【利用价值】 粒型整齐、色泽鲜艳、皮薄，品质优良，商品价值高。属于高蛋白类型品种。

【栽培要点】 一般在5月中下旬播种，播种量40～50kg/hm^2。行距60～70cm，株距8～12cm，种植密度17万～25万株/hm^2。整地时施入适量农家肥，播种时施入磷酸二铵150～200kg/hm^2、硫酸钾50kg/hm^{2}作种肥。一般在开花结荚前要进行中耕除草3次（三铲三耥）。在开花期结合封垄追施硝酸铵、尿素等氮肥45～65kg/hm^2。在生育中后期，若遇到干旱要及时灌水，以防落花、落荚。在整个生育期间，尤其是前期要注意防治地老虎、蚜虫、红蜘蛛及根腐病等。

【适宜地区】 吉林省及气候条件相近的邻近省份种植。

撰稿人：尹凤祥　梁　杰　尹智超　郭文云

65 白红9号

【品种来源】 吉林省白城市农业科学院食用豆研究所于2001年以珍珠红小豆为母本、白红3号为父本杂交选育而成。原品系代号：珍珠红BH10-25。2013年3月通过吉林省农作物品种审定委员会登记，登记编号：吉登小豆2013001。2020年9月通过中国作物学会鉴定，鉴定编号：国品鉴小豆2020007。全国统一编号：B04978。

【特征特性】 早熟品种，出苗至成熟93d。半蔓生，幼茎绿色，复叶卵圆形，株高56.2cm，主茎分枝2.6个，荚长7.9cm，成熟荚黄白色，单株荚数20.7个，单荚粒数7.8粒。籽粒球形，种皮红色，百粒重10.5g。干籽粒蛋白质含量25.35%，淀粉含量50.05%。田间自然发病表现，高抗病毒病，抗叶斑病和霜霉病。

【产量表现】 2011年吉林省联合区域试验平均产量1617.4kg/hm²，比对照（白红5号）增产13.5%；2012年吉林省联合区域试验平均产量1936.2kg/hm²，比对照（白红5号）增产22.7%；两年区域试验平均产量1776.8kg/hm²，比对照（白红5号）增产18.3%。2012年生产试验平均产量1814.4kg/hm²，比对照（白红5号）增产18.3%。

【利用价值】 粒型整齐、饱满、皮薄，品质优良，商品价值高。属于高蛋白类型品种。

【栽培要点】 一般在5月中下旬播种，播种量30～40kg/hm²。行距60～70cm，株距8～11cm，种植密度18万～23万株/hm²。整地时施入适量农家肥，种肥施用磷酸二铵150～250kg/hm²、硫酸钾50kg/hm²，在开花期结合封垄追施硝酸铵、尿素等氮肥45～65kg/hm²。一般在开花结荚前要进行3次中耕除草。生育前期要注意防治地老虎、蚜虫、红蜘蛛及根腐病等；在生育中后期，若遇到干旱要及时灌水，防止落花、落荚。

【适宜地区】 吉林省及气候条件相近的邻近省份种植。

撰稿人：尹凤祥　梁杰　尹智超　郭文云

66 白红10号

【品种来源】 吉林省白城市农业科学院食用豆研究所于2002年以白红3号为母本、日本疾风小豆为父本杂交选育而成，原品系代号：BH07-940。2014年1月通过吉林省农作物品种审定委员会登记，登记编号：吉登小豆2014001。全国统一编号：B06263。

【特征特性】 早熟品种，出苗至成熟93d。幼茎绿色，复叶卵圆形、大叶，花黄色，半蔓生型，株高69.0cm，主茎分枝2～3个，单株荚数20.0个，单荚粒数7.5粒，荚长7.9cm，成熟荚黄白色。籽粒短圆柱形，种皮红色，百粒重12.1g。干籽粒蛋白质含量23.85%，淀粉含量53.10%，脂肪含量0.79%。田间自然发病表现，高抗病毒病，中抗叶斑病，抗霜霉病。

【产量表现】 2011年吉林省联合区域试验平均产量1552.2kg/hm²，比对照（白红5号）增产8.9%；2012年吉林省联合区域试验平均产量1630.2kg/hm²，比对照（白红5号）增产9.7%；两年区域试验平均产量1591.2kg/hm²，比对照（白红5号）增产7.2%。2013年生产试验平均产量1510.7kg/hm²，比对照（白红5号）增产14.8%。

【利用价值】 粒大、整齐、色泽鲜艳、皮薄，品质优良，商品价值高。

【栽培要点】 5月中旬至6月上旬播种，播种量35～45kg/hm²。行距60～70cm，株距10～15cm，种植密度15万～25万株/hm²。适合pH 8.0以下的中等地力砂壤土质种植。整地时增施适量农家肥，播种时施磷酸二铵100～200kg/hm²、尿素30～65kg/hm²、硫酸钾50～100kg/hm²作种肥。

【适宜地区】 吉林省中部、西部和东部通化地区。

撰稿人：尹凤祥　梁　杰　尹智超　郭文云

67　白红11号

【品种来源】 吉林省白城市农业科学院食用豆研究所于2002年以白红1号为母本、日本疾风小豆为父本杂交选育而成,原品系代号:BH11-1315。2015年2月通过吉林省农作物品种审定委员会登记,登记编号:吉登小豆2015001。全国统一编号:B06264。

【特征特性】 早熟品种,出苗至成熟94d。幼茎绿色,直立型,株高58.0cm,主茎分枝3.2个,主茎节数11.7节,单株荚数22.1个,单荚粒数8.3粒,成熟荚黄白色。籽粒短圆柱形,种皮红色,百粒重10.8g。干籽粒蛋白质含量26.49%,淀粉含量51.32%,脂肪含量0.73%。高抗病毒病,抗叶斑病和霜霉病。

【产量表现】 2013年区域试验平均产量1732.3kg/hm^2,比对照(白红5号)增产30.1%;2014年区域试验平均产量1669.2kg/hm^2,比对照(白红5号)增产18.1%;两年区域试验平均产量1700.7kg/hm^2,比对照(白红5号)增产23.9%。2014年生产试验平均产量1729.6kg/hm^2,比对照(白红5号)增产27.9%。

【利用价值】 粒型整齐、色泽鲜艳、皮薄,品质优良,商品价值高。属于高蛋白类型品种。

【栽培要点】 5月中旬至6月上旬播种,播种量30～40kg/hm^2。行距60cm,株距8～12cm,种植密度18万～25万株/hm^2。适合pH8.0以下砂壤土质、中等地力条件种植。整地时增施适量农家肥,播种时施磷酸二铵150～250kg/hm^2、尿素25～50kg/hm^2、硫酸钾50～85kg/hm^{2}作种肥。

【适宜地区】 吉林省及气候条件相近的邻近省份种植。

撰稿人:尹凤祥　梁　杰　尹智超　郭文云

68　白红12号

【品种来源】　吉林省白城市农业科学院食用豆研究所于2007年以小豆白红2号为母本、日本疾风小豆为父本杂交选育而成，原品系代号：BH13-138-9。2016年2月通过吉林省农作物品种审定委员会登记，登记编号：吉登小豆2016002。全国统一编号：B06265。

【特征特性】　早熟品种，出苗至成熟87d。幼茎绿色，直立型，有限结荚习性。株高52.1cm，主茎分枝2.4个，主茎节数11.6节。单株荚数20.0个，单荚粒数8.0粒，成熟荚黄白色。籽粒短圆柱形，种皮红色，百粒重12.7g。干籽粒蛋白质含量21.94%，淀粉含量52.98%，脂肪含量1.02%。高抗病毒病，中抗叶斑病，抗霜霉病。

【产量表现】　2014年吉林省联合区域试验4个点中3个点增产，平均产量1562.3kg/hm^2，比对照（白红5号）增产10.6%。2015年区域试验6个点中4个点增产，平均产量1527.6kg/hm^2，比对照（白红5号）增产11.1%。两年吉林省区域试验10个点次中7个点次增产，平均产量1545.0kg/hm^2，比对照（白红5号）增产10.8%。2015年生产试验4个点次均增产，平均产量1625.3kg/hm^2，比对照（白红5号）增产14.6%。

【利用价值】　粒型整齐、色泽鲜艳、皮薄，品质优良，商品价值高。

【栽培要点】　一般在5月中下旬播种。播种量35～45kg/hm^2。行距60～70cm，株距8～12cm，种植密度18万～25万株/hm^2。整地时施入适量农家肥，播种时施入磷酸二铵150～200kg/hm^2、尿素15～25kg/hm^2、硫酸钾50～85kg/hm^{2}作种肥。开花结荚前要进行中耕除草3次，同时结合封垄追施硝酸铵、尿素等氮肥45～65kg/hm^2。在生育中后期，若遇到干旱要及时灌水，以防落花、落荚。在整个生育期间，尤其是前期要注意防治地老虎、蚜虫、红蜘蛛及根腐病等。

【适宜地区】　吉林省及气候条件相近的邻近省份种植。

撰稿人：尹凤祥　梁　杰　尹智超　郭文云

69　龙小豆3号

【品种来源】　黑龙江省农业科学院作物育种研究所于2000年以日本红小豆为母本、京农7号为父本杂交选育而成，原品系代号：龙20-118。2009年通过黑龙江省农作物品种审定委员会登记，登记编号：黑登记2009012。全国统一编号：B05450。

【特征特性】　中熟品种，在适宜区域出苗至成熟生育日数105d，需要≥10℃活动积温2100℃。无限结荚习性，半蔓生。幼茎绿色，株高65.0~70.0cm。主茎分枝3~5个，复叶心脏形，花黄色。单株荚数25~30个，荚长10.0cm，长圆棍形，成熟荚黄白色，单荚粒数6~8粒。籽粒柱形，种皮红色，百粒重13.0~15.0g。干籽粒蛋白质含量25.38%，淀粉含量49.23%，脂肪含量0.69%。

【产量表现】　2005~2006年区域试验两年平均产量2121.6kg/hm^2，较对照（龙小豆2号）增产13.7%。2007~2008年黑龙江省生产试验平均产量1805.3kg/hm^2，较对照（龙小豆2号）增产14.2%。

【利用价值】　适宜原粮出口、豆沙加工和粮用。

【栽培要点】　适宜播种期为5月15~25日。于第一片复叶展开时间苗，2~3片复叶时定苗。垄上穴播，穴距20~30cm，每穴保苗3~4株；条播，垄上单行或双行。种植密度13万~15万株/hm^2。结合秋整地或春整地，播种前一次施入纯氮10~20kg/hm^2、五氧化二磷20~50kg/hm^2、氧化钾10~15kg/hm^2。及时间苗、定苗，中耕除草2~3次，生育后期拔除大草。生育期间防治蚜虫、红蜘蛛等。成熟后选择晴天及时收获，以防影响商品质量，种子含水量在14%以下时即可入库储存。

【适宜地区】　主要适宜黑龙江省第二、三、四积温带等地春播。

撰稿人：魏淑红　王　强　孟宪欣　郭怡璠　尹振功

70　龙小豆4号

【品种来源】 黑龙江省农业科学院作物育种研究所于2008年以日本红小豆为母本、黑龙江品种龙小豆3号为父本杂交选育而成，原品系代号：龙28-324。2015年通过黑龙江省农作物品种审定委员会登记，登记编号：黑登记2015016。全国统一编号：B06266。

【特征特性】 直立型，中熟品种，出苗至成熟生育日数94d，需要≥10℃活动积温1971℃。有限结荚习性，株型紧凑，直立抗倒伏。幼茎绿色，株高46.0cm，主茎分枝3～4个。复叶心形，花黄色。单株荚数25.0个，圆筒形，成熟荚黄白色，单荚粒数7.0粒。籽粒圆柱形，种皮红色，百粒重18g。干籽粒蛋白质含量22.66%～22.94%，淀粉含量53.63%～55.25%，脂肪含量0.75%～1.18%。

【产量表现】 2012～2013年区域试验平均产量2178.0kg/hm^2，较对照（龙小豆2号）增产13.8%。2014年生产试验平均产量2284.2kg/hm^2，较对照（龙小豆2号）增产16.6%。

【利用价值】 适宜原粮出口、豆沙加工和粮用。

【栽培要点】 适宜播种期为5月15～25日。于第一片复叶展开时间苗，2～3片复叶时定苗。垄上穴播或条播，穴播：穴距20～30cm，每穴保苗3～4株；条播：垄上单行或双行。种植密度15万株/hm^2。播种前一次施入纯氮10～20kg/hm^2、五氧化二磷20～40kg/hm^2、氧化钾10～15kg/hm^2。及时间苗、定苗，中耕除草2～3次，生育后期拔除大草。生育期间防治蚜虫、红蜘蛛等。成熟后选择晴天及时收获，以防影响商品质量，种子含水量在14%以下时即可入库储藏。

【适宜地区】 主要适宜黑龙江省第二、三、四积温带等地春播。

撰稿人：魏淑红　王　强　孟宪欣　郭怡璠　尹振功

71 龙小豆5号

【品种来源】 黑龙江省农业科学院作物育种研究所于2011年以黑龙江品种龙26-81为母本、北京品种京农7号为父本杂交选育而成,原品系代号:龙11-537。2016年通过黑龙江省农作物品种审定委员会登记,登记编号:黑登记2016014。全国统一编号:B06267。

【特征特性】 早熟品种,出苗至成熟生育日数88d,需要≥10℃活动积温1900℃。有限结荚习性,直立生长。幼茎绿色,株高44.0cm,主茎分枝5.0个,主茎节数12.0节。复叶心形,花黄色。单株荚数20～25个,荚圆棍形,成熟荚黄白色,单荚粒数8.0粒。籽粒圆柱形,种皮红色,百粒重15.0g。干籽粒蛋白质含量19.94%～21.98%,淀粉含量52.68%～54.25%,脂肪含量0.54%～0.81%。

【产量表现】 2013～2014年区域试验平均产量2080.2kg/hm^2,较对照(龙小豆2号)增产10.8%。2015年生产试验平均产量2055.8kg/hm^2,较对照(龙小豆2号)增产12.1%。

【利用价值】 适宜原粮出口、豆沙加工和粮用。

【栽培要点】 适宜5月15～25日播种。于第一片复叶展开时间苗,2～3片复叶时定苗。条播,垄上单行或双行。播种量30kg/hm^2,种植密度15万株/hm^2。结合秋整地或春整地,一次性施入纯氮20～30kg/hm^2、五氧化二磷40～50kg/hm^2、氧化钾20～30kg/hm^2。中耕除草2～3次,生育后期拔除大草。生育期间防治蚜虫、红蜘蛛等。成熟后选择晴天及时收获,以防影响商品质量,种子含水量在14%以下时即可入库储藏。

【适宜地区】 主要适宜黑龙江省第二、三、四积温带等地春播。

撰稿人: 魏淑红 王 强 孟宪欣 郭怡璠 尹振功

72 齐红1号

【品种来源】 黑龙江省农业科学院齐齐哈尔分院于1995年以小丰2号为母本、宝清红为父本杂交选育而成，原品系代号：012-27。全国统一编号：B06268。

【特征特性】 中品种，春播生育期115d。有限结荚习性，株型紧凑，植株直立、抗倒伏，幼茎绿色，株高64.2cm，主茎分枝2.6个。复叶卵圆形，花黄色。单株荚数21.0个，荚长9.4cm，荚镰刀形，成熟荚黄白色，单荚粒数8.0粒。籽粒长圆柱形，种皮红色，百粒重15.4g。农业农村部农产品质量监督检验测试中心测定：干籽粒蛋白质含量23.20%，淀粉含量51.50%，脂肪含量0.70%。结荚集中，成熟一致不炸荚，适于机械收获。适应性强，生长旺盛，耐旱，抗根腐病、白粉病和叶斑病。

【产量表现】 2016~2017年泰来、杜蒙、林甸、甘南、依安5个点区域试验，2016年平均产量1500.0kg/hm^2，2017年平均产量2015.4kg/hm^2，两年区域试验平均产量1757.7kg/hm^2。

【利用价值】 适宜原粮出口、豆沙加工和粮用。

【栽培要点】 选择平岗地土壤透水性良好的地块为宜，播种前要精细整地。黑龙江省5月20~30日播种，最迟6月5日，播种量37.5kg/hm^2。为了使小豆群体分布均匀，在三叶期适当间苗，种植密度20万~25万株/hm^2，田间注意防治蚜虫。中耕除草2~3次，后期增施磷钾肥，提高结荚率，促进种子饱满。在雨水较多、施肥过多（尤其氮肥）和播种过早的情况下，容易徒长，应及时摘心，控制徒长，增加结荚数。

【适宜地区】 主要适宜黑龙江第一、二积温带春播。

撰稿人：王 成　曾玲玲　卢 环　崔秀辉　于运凯

73　齐红2号

【品种来源】　黑龙江省农业科学院齐齐哈尔分院于1995年以小丰2号为母本、宝清红为父本杂交选育而成，原品系代号：012-25。全国统一编号：B06269。

【特征特性】　中晚熟品种，春播生育期110d。有限结荚习性，株型紧凑，植株直立、抗倒伏，幼茎绿色，株高52.9cm，主茎分枝2.3个。复叶卵圆形，花黄色。单株荚数31.4个，荚长10.1cm，荚镰刀形，成熟荚黄白色，单荚粒数8.2粒。籽粒长圆柱形，种皮红色，百粒重15.8g。农业农村部农产品质量监督检验测试中心测定：干籽粒蛋白质含量21.70%，淀粉含量52.80%，脂肪含量0.70%。适应性强，生长旺盛，耐旱性、抗病性强。

【产量表现】　2017~2018年泰来、杜蒙、林甸、甘南、依安5个点区域试验，2017年平均产量2200.1kg/hm^2，2018年平均产量2081.2kg/hm^2，两年试验平均产量2140.7kg/hm^2。

【利用价值】　适宜原粮出口、豆沙加工和粮用。

【栽培要点】　选择平岗地土壤透水性良好的地块为宜，播种前要精细整地。黑龙江省5月20~30日播种，最迟6月5日，播种量37.5kg/hm^2。为了使小豆群体分布均匀，在三叶期适当间苗，种植密度20万~25万株/hm^2，田间注意防治蚜虫。中耕除草达到2~3次，后期增施磷钾肥，提高结荚率，促进种子饱满。在雨水较多、施肥过多（尤其氮肥）和播种过早的情况下，容易徒长，应及时摘心，控制徒长，增加结荚数。

【适宜地区】　主要适宜黑龙江第一、二积温带春播区。

撰稿人：王　成　曾玲玲　卢　环　崔秀辉　于运凯

74 齐红3号

【品种来源】 黑龙江省农业科学院齐齐哈尔分院于2007年以宝清红为母本、小丰2号为父本杂交选育而成,原品系代号:122-080。全国统一编号:B06270。

【特征特性】 早熟品种,春播生育期100d。有限结荚习性,株型紧凑,植株直立、抗倒伏,幼茎绿色,株高45.3cm,主茎分枝2.0个。复叶卵圆形,花黄色。单株荚数20.2个,荚长8.4cm,荚镰刀形,成熟荚黄白色,单荚粒数8.8粒。籽粒圆球形,种皮红色,百粒重10.2g。经农业农村部农产品质量监督检验测试中心测试:干籽粒蛋白质含量21.2%,淀粉含量51.6%,脂肪含量0.8%。上部结荚,成熟一致,适于机械收获。适应性强,生长旺盛,耐旱性、抗病性强。

【产量表现】 2017~2018年泰来、杜蒙、林甸、甘南、依安5个点区域试验,2017年平均产量1504.3kg/hm²,2018年平均产量1622.2kg/hm²,两年区域试验平均产量1563.3kg/hm²。

【利用价值】 适宜原粮出口、豆沙加工和粮用。

【栽培要点】 选择平岗地土壤透水性良好的地块为宜,播种前要精细整地。黑龙江省5月15~20日播种,最迟6月5日,播种量22.5kg/hm²。为了使小豆群体分布均匀,在三叶期适当间苗,种植密度20万~25万株/hm²,田间注意防治蚜虫。小豆前期生长缓慢,中耕除草2~3次,后期增施磷钾肥,提高结荚率,促进种子饱满。在雨水较多、施肥过多(尤其氮肥)和播种过早的情况下,容易徒长,应及时摘心,控制徒长,增加结荚数。

【适宜地区】 主要适宜黑龙江第三、四积温带春播。

撰稿人:王 成 曾玲玲 卢 环 崔秀辉 于运凯

75 齐红4号

【品种来源】 黑龙江省农业科学院齐齐哈尔分院于1995年以宝清红为母本、小丰2号为父本杂交选育而成，原品系代号：012-8。全国统一编号：B06271。

【特征特性】 中熟品种，春播生育期115d。有限结荚习性，株型紧凑，植株直立、抗倒伏，幼茎绿色，株高59.9cm，主茎分枝1.9个。复叶卵圆形，花黄色。单株荚数22.1个，荚长9.5cm，荚镰刀形，成熟荚黄白色，单荚粒数8.3粒。籽粒长圆柱形，种皮红色，百粒重14.8g。农业农村部农产品质量监督检验测试中心测定：干籽粒蛋白质含量21.1%，淀粉含量52.2%，脂肪含量0.8%。适应性强，生长旺盛，耐旱性、抗病性强。

【产量表现】 2016~2017年参加国家食用豆产业技术体系联合鉴定试验，2016年平均产量2108.7kg/hm²，2017年平均产量1892.3kg/hm²，两年联合鉴定试验平均产量2000.5kg/hm²。

【利用价值】 适宜原粮出口、豆沙加工和粮用。

【栽培要点】 选择平岗地土壤透水性良好的地块为宜，播种前要精细整地。黑龙江省5月20~30日播种，最迟6月5日，播种量37.5kg/hm²。为了使小豆群体分布均匀，在三叶期适当间苗，种植密度20万~25万株/hm²，田间注意防治蚜虫。中耕除草2~3次，后期增施磷钾肥，提高结荚率，促进种子饱满。在雨水较多、施肥过多（尤其氮肥）和播种过早的情况下，容易徒长，应及时摘心，控制徒长，增加结荚数。

【适宜地区】 主要适宜黑龙江第一、二积温带春播区。

撰稿人：王 成 曾玲玲 卢 环 崔秀辉 于运凯

76　苏红1号

【品种来源】　江苏省农业科学院于2001年以中红4号为母本、盐城红小豆1号为父本杂交选育而成，原品系代号：苏红99-7。2011年通过江苏省农作物品种审定委员会鉴定，鉴定编号：苏鉴小豆201101。全国统一编号：B06272。

【特征特性】　中熟品种，夏播区生育期99d，有限结荚习性，株型紧凑，直立生长，幼茎绿色，夏播株高98.0cm。主茎分枝5~6个，主茎节数15.2节，复叶卵圆形、深绿色，叶片较大，花浅黄色。单株荚数33~40个，荚长8.0cm，圆筒形，成熟荚黄白色，单荚粒数9.5粒。籽粒短圆柱形，种皮红色，百粒重14.9g。田间自然鉴定：抗病毒病。

【产量表现】　产量一般为2000.0kg/hm²。2008~2009年江苏省夏播小豆区域试验，2010年生产试验，均较对照（启东大红袍）增产。

【利用价值】　适宜原粮出口、豆沙加工和粮用。

【栽培要点】　在江淮地区，播种期可从4月中旬至7月5日。最适宜播种期为6月中下旬。播种量37.5~45.0kg/hm²，春播行株距为60cm×15cm、夏播为50cm×13cm，穴播2~3粒，平作忌重茬，适宜间作套种。开花结荚期用菊酯类农药防治豆荚螟1~2次，以提高结荚率及减少虫蛀率。小豆用除草剂和农药时要注意剂量，不可过量使用，否则易引起落花、落荚、落叶，造成产量损失。低产田在分枝期或开花初期追施尿素75kg/hm²，可保花增荚。苗期不旱不浇水，花荚期视苗情、墒情和气候情况及时浇水。80%豆荚成熟时收获。及时晾晒、脱粒及清选，籽粒含水量低于14%时可入库贮藏，并及时熏蒸或冷藏处理以防止豆象为害。

【适宜地区】　适宜江苏、安徽小豆产区种植，春播、夏播均可，可麦后或油菜收获后复播，也可与玉米、棉花、甘薯等作物间作套种，以在中上等肥水条件下种植为最佳。

撰稿人：陈　新　袁星星　薛晨晨　闫　强

77 苏红2号

【品种来源】 江苏省农业科学院于2001年以盐城红小豆1号为母本、淮安大粒为父本杂交选育而成，原品系代号：苏红02-11。2011年通过江苏省农作物品种审定委员会鉴定，鉴定编号：苏鉴小豆201102。全国统一编号：B05454。

【特征特性】 中熟品种，夏播区生育期119d。有限结荚习性，株型紧凑，直立生长，幼茎绿色，夏播株高79.0cm。主茎分枝5～6个，主茎节数15.2节，复叶卵圆形、深绿色，叶片较大，花浅黄色。单株荚数33～40个，荚长7.7cm，圆筒形，成熟荚黄白色，单荚粒数7.0粒。籽粒短圆柱形，种皮红色，百粒重13.5g。田间自然鉴定：抗病毒病。

【产量表现】 产量一般为2000.0kg/hm²。2008～2009年江苏省夏播小豆区域试验，2010年江苏省夏播小豆生产试验，均较对照（启东大红袍）增产。

【利用价值】 适宜原粮出口、豆沙加工和粮用。

【栽培要点】 在江淮地区，播种期可从4月中旬至7月5日。最适宜播种期为6月中下旬。播种量37.5～45.0kg/hm²，春播行株距为60cm×15cm、夏播为50cm×13cm，穴播2～3粒，平作忌重茬，适宜间作套种。开花结荚期用菊酯类农药防治豆荚螟1～2次，以提高结荚率及减少虫蛀率。小豆用除草剂和农药时要注意剂量，不可过量使用，否则易引起落花、落荚、落叶，造成产量损失。低产田在分枝期或开花初期追施尿素75kg/hm²，可保花增荚。苗期不旱不浇水，花荚期视苗情、墒情和气候情况及时浇水。80%豆荚成熟时收获。及时晾晒、脱粒及清选，籽粒含水量低于14%时可入库贮藏，并及时熏蒸或冷藏处理以防止豆象为害。

【适宜地区】 适宜江苏、安徽小豆产区种植，春播、夏播均可，可麦后或油菜收获后复播，也可与玉米、棉花、甘薯等作物间作套种，以在中上等肥水条件下种植为最佳。

撰稿人：陈　新　袁星星　薛晨晨　吴然然

78 苏红3号

【品种来源】 江苏省农业科学院于2005年以苏小豆1号为母本、苏红2号为父本杂交选育而成，原品系代号：苏小豆12-1。2015年通过江苏省农作物品种审定委员会鉴定，鉴定编号：苏鉴小豆201501。全国统一编号：B06273。

【特征特性】 中熟品种，夏播区生育期100d。有限结荚习性，株型紧凑，直立生长，幼茎绿色，夏播株高65.0cm。主茎分枝5～6个，主茎节数18.7节，复叶卵圆形、深绿色，叶片较大，花浅黄色。单株荚数30～40个，荚长7.8cm，圆筒形，成熟荚黄白色，单荚粒数6.0粒。籽粒短圆柱形，种皮红色，百粒重15.6g。田间自然鉴定：抗病毒病。

【产量表现】 产量一般为2000.0kg/hm²。2013年参加江苏省夏播鉴定试验，平均产量2160.0kg/hm²，较对照（苏红1号）增产10.7%。2014年生产试验平均单产2085.0kg/hm²，较对照（苏红1号）增产23.1%。

【利用价值】 适宜原粮出口、豆沙加工和粮用。

【栽培要点】 在江淮地区，播种期可从4月中旬至7月5日。最适宜播种期为6月中下旬。播种量37.5～45.0kg/hm²，春播行株距为60cm×15cm，夏播为50cm×13cm，穴播2～3粒，平作忌重茬，适宜间作套种。开花结荚期用菊酯类农药防治豆荚螟1～2次，以提高结荚率及减少虫蛀率。小豆用除草剂和农药时要注意剂量，不可过量使用，否则易引起落花、落荚、落叶，造成产量损失。低产田在分枝期或开花初期追施尿素75kg/hm²，可保花增荚。苗期不旱不浇水，花荚期视苗情、墒情和气候情况及时浇水。80%豆荚成熟时收获。及时晾晒、脱粒及清选，籽粒含水量低于14%时可入库贮藏，并及时熏蒸或冷藏处理以防止豆象为害。

【适宜地区】 适宜江苏、安徽小豆产区种植，春播、夏播均可，可麦后或油菜收获后复播，也可与玉米、棉花、甘薯等作物间作套种，以在中上等肥水条件下种植为最佳。

撰稿人：陈　新　张红梅　袁星星

79 苏红4号

【品种来源】 江苏省农业科学院于2005年以苏红1号为母本、盐城红小豆1号为父本杂交选育而成，原品系代号：苏红12-16。2015年通过江苏省农作物品种审定委员会鉴定，鉴定编号：苏鉴小豆201502。全国统一编号：B06274。

【特征特性】 中熟品种，夏播区生育期92d。有限结荚习性，株型紧凑，直立生长，幼茎绿色，夏播株高49.0cm。主茎分枝5~6个，主茎节数18.1节，复叶卵圆形、深绿色，叶片较大，花浅黄色。单株荚数30~40个，荚长8.5cm，圆筒形，成熟荚黄白色，单荚粒数5.5粒。籽粒短圆柱形，种皮红色，百粒重16.0g。田间自然鉴定：抗病毒病。

【产量表现】 产量一般为2000.0kg/hm²。2013年江苏省夏播鉴定试验平均产量2175.0kg/hm²，较对照（苏红1号）增产11.5%。2014年生产试验平均单产1864.0kg/hm²，较对照（苏红1号）增产9.9%。

【利用价值】 适宜原粮出口、豆沙加工和粮用。

【栽培要点】 在江淮地区，播种期可从4月中旬至7月5日。最适宜播种期为6月中下旬。播种量37.5~45.0kg/hm²，春播行株距为60cm×15cm、夏播为50cm×13cm，穴播2~3粒，平作忌重茬，适宜间作套种。开花结荚期用菊酯类农药防治豆荚螟1~2次，以提高结荚率及减少虫蛀率。小豆用除草剂和农药时要注意剂量，不可过量使用，否则易引起落花、落荚、落叶，造成产量损失。低产田在分枝期或开花初期追施尿素75kg/hm²，可保花增荚。苗期不旱不浇水，花荚期视苗情、墒情和气候情况及时浇水。80%豆荚成熟时收获。及时晾晒、脱粒及清选，籽粒含水量低于14%时可入库贮藏，并及时熏蒸或冷藏处理以防止豆象为害。

【适宜地区】 适宜江苏、安徽小豆产区种植，春播、夏播均可，可麦后或油菜收获后复播，也可与玉米、棉花、甘薯等作物间作套种，以在中上等肥水条件下种植为最佳。

撰稿人：陈　新　刘晓庆　袁星星

80 苏红5号

【品种来源】 江苏省农业科学院于2005年以苏黑小豆1号为母本、苏黑小豆资源33为父本杂交选育而成,原品系代号:苏黑12-03。2015年通过江苏省农作物品种审定委员会鉴定,鉴定编号:苏鉴小豆201503。全国统一编号:B06275。

【特征特性】 中熟品种,夏播区生育期106d。有限结荚习性,株型紧凑,直立生长,幼茎绿色,夏播株高71.0cm。主茎分枝4~6个,主茎节数20.5节,复叶卵圆形、深绿色,叶片较大,花浅黄色。单株荚数30~40个,荚长7.5cm,圆筒形,成熟荚黄白色,单荚粒数6.7粒。籽粒短圆柱形,种皮黑色,百粒重9.9g。田间自然鉴定:抗病毒病。

【产量表现】 产量一般为2000.0kg/hm^2。2013~2014年江苏省夏播鉴定试验平均产量2160.0kg/hm^2,较对照(苏红1号)增产13.6%。2015年生产试验平均产量2295.0kg/hm^2,较对照(苏红1号)增产17.1%。

【利用价值】 适宜原粮出口、豆沙加工和粮用。

【栽培要点】 在江淮地区,播种期可从4月中旬至7月5日。最适宜播种期为6月中下旬。播种量37.5~45.0kg/hm^2,春播行株距为60cm×15cm、夏播为50cm×13cm,穴播2~3粒,平作忌重茬,适宜间作套种。开花结荚期用菊酯类农药防治豆荚螟1~2次,以提高结荚率及减少虫蛀率。小豆用除草剂和农药时要注意剂量,不可过量使用,否则易引起落花、落荚、落叶,造成产量损失。低产田在分枝期或开花初期追施尿素75kg/hm^2,可保花增荚。苗期不旱不浇水,花荚期视苗情、墒情和气候情况及时浇水。80%豆荚成熟时收获。及时晾晒、脱粒及清选,籽粒含水量低于14%时可入库贮藏,并及时熏蒸或冷藏处理以防止豆象为害。

【适宜地区】 适宜江苏、安徽小豆产区种植,春播、夏播均可,可麦后或油菜收获后复播,也可与玉米、棉花、甘薯等作物间作套种,以在中上等肥水条件下种植为最佳。

撰稿人:陈 新 崔晓艳 王 琼

81 苏红11-1

【品种来源】 江苏省农业科学院于2003年以苏红1号为母本、启东大红袍为父本杂交选育而成。2011年参加国家食用豆产业技术体系联合鉴定试验。全国统一编号：B06276。

【特征特性】 中熟品种，夏播区生育期101d。有限结荚习性，株型紧凑，直立生长，幼茎绿色，夏播株高65.0cm。主茎分枝5~6个，主茎节数16.3节，复叶卵圆形、深绿色，叶片较大，花浅黄色。单株荚数33~40个，荚长7.8cm，圆筒形，成熟荚黄白色，单荚粒数8.9粒。籽粒短圆柱形，种皮红色，百粒重13.6g。田间自然鉴定：抗病毒病。

【产量表现】 产量一般为2000.0kg/hm²。

【利用价值】 适宜原粮出口、豆沙加工和粮用。

【栽培要点】 在江淮地区，播种期可从4月中旬至7月5日。最适宜播种期为6月中下旬。播种量37.5~45.0kg/hm²，春播行株距为60cm×15cm、夏播为50cm×13cm，穴播2~3粒，平作忌重茬，适宜间作套种。开花结荚期用菊酯类农药防治豆荚螟1~2次，以提高结荚率及减少虫蛀率。小豆用除草剂和农药时要注意剂量，不可过量使用，否则易引起落花、落荚、落叶，造成产量损失。低产田在分枝期或开花初期追施尿素75kg/hm²，可保花增荚。苗期不旱不浇水，花荚期视苗情、墒情和气候情况及时浇水。80%豆荚成熟时收获。及时晾晒、脱粒及清选，籽粒含水量低于14%时可入库贮藏，并及时熏蒸或冷藏处理以防止豆象为害。

【适宜地区】 适宜江苏、安徽小豆产区种植，春播、夏播均可，可麦后或油菜收获后复播，也可与玉米、棉花、甘薯等作物间作套种，以在中上等肥水条件下种植为最佳。

撰稿人：陈　新　袁星星　薛晨晨　陈景斌

82 苏红11-2

【品种来源】 江苏省农业科学院于2003年以苏红1号为母本、盐城红小豆为父本杂交选育而成。2011年参加国家食用豆产业技术体系联合鉴定试验。全国统一编号：B06277。

【特征特性】 中早熟品种，夏播区生育期98d。有限结荚习性，株型紧凑，直立生长，幼茎绿色，夏播株高77.0cm。主茎分枝5~6个，主茎节数15.8节，复叶卵圆形、深绿色，叶片较大，花浅黄色。单株荚数33~40个，荚长8.4cm，圆筒形，成熟荚黄白色，单荚粒数7.6粒。籽粒短圆柱形，种皮红色，百粒重14.6g。田间自然鉴定：抗病毒病。

【产量表现】 产量一般为2000.0kg/hm²。

【利用价值】 适宜原粮出口、豆沙加工和粮用。

【栽培要点】 在江淮地区，播种期可从4月中旬至7月5日。最适宜播种期为6月中下旬。播种量37.5~45.0kg/hm²，春播行株距为60cm×15cm、夏播为50cm×13cm，穴播2~3粒，平作忌重茬，适宜间作套种。开花结荚期用菊酯类农药防治豆荚螟1~2次，以提高结荚率及减少虫蛀率。小豆用除草剂和农药时要注意剂量，不可过量使用，否则易引起落花、落荚、落叶，造成产量损失。低产田在分枝期或开花初期追施尿素75kg/hm²，可保花增荚。苗期不旱不浇水，花荚期视苗情、墒情和气候情况及时浇水。80%豆荚成熟时收获。及时晾晒、脱粒及清选，籽粒含水量低于14%时可入库贮藏，并及时熏蒸或冷藏处理以防止豆象为害。

【适宜地区】 适宜江苏、安徽小豆产区种植，春播、夏播均可，可麦后或油菜收获后复播，也可与玉米、棉花、甘薯等作物间作套种，以在中上等肥水条件下种植为最佳。

撰稿人：陈　新　袁星星　薛晨晨　林　云

83 苏红15-8

【品种来源】 江苏省农业科学院于2008年以苏红2号为母本、盐城红小豆为父本杂交选育而成。2016年参加国家食用豆产业技术体系联合鉴定试验。全国统一编号：B06278。

【特征特性】 中熟品种，夏播区生育期107d。有限结荚习性，株型紧凑，直立生长，幼茎绿色，夏播株高55.0cm。主茎分枝5～6个，主茎节数21.4节，复叶卵圆形、深绿色，叶片较大，花浅黄色。单株荚数35～40个，荚长8.3cm，圆筒形，成熟荚黄白色，单荚粒数5.3粒。籽粒短圆柱形，种皮红色，百粒重18.7g。田间自然鉴定：抗病毒病。

【产量表现】 产量一般为2000.0kg/hm^2。

【利用价值】 适宜原粮出口、豆沙加工和粮用。

【栽培要点】 在江淮地区，播种期可从4月中旬至7月5日。最适宜播种期为6月中下旬。播种量37.5～45.0kg/hm^2，春播行株距为60cm×15cm、夏播为50cm×13cm，穴播2～3粒，平作忌重茬，适宜间作套种。开花结荚期用菊酯类农药防治豆荚螟1～2次，以提高结荚率及减少虫蛀率。小豆用除草剂和农药时要注意剂量，不可过量使用，否则易引起落花、落荚、落叶，造成产量损失。低产田在分枝期或开花初期追施尿素75kg/hm^2，可保花增荚。苗期不旱不浇水，花荚期视苗情、墒情和气候情况及时浇水。80%豆荚成熟时收获。及时晾晒、脱粒及清选，籽粒含水量低于14%时可入库贮藏，并及时熏蒸或冷藏处理以防止豆象为害。

【适宜地区】 适宜江苏、安徽小豆产区种植，春播、夏播均可，可麦后或油菜收获后复播，也可与玉米、棉花、甘薯等作物间作套种，以在中上等肥水条件下种植为最佳。

撰稿人：陈 新 袁星星 薛晨晨 吴然然

84 苏红16-3

【品种来源】 江苏省农业科学院于2008年以苏红2号为母本、启东大红袍为父本杂交选育而成。2016年参加国家食用豆产业技术体系联合鉴定试验。全国统一编号：B06279。

【特征特性】 中熟品种，夏播区生育期105d。有限结荚习性，株型紧凑，直立生长，幼茎绿色，夏播株高65.0cm。主茎分枝5~6个，主茎节数21.4节，复叶卵圆形、深绿色，叶片较大，花浅黄色。单株荚数35~40个，荚长7.6cm，圆筒形，成熟荚黄白色，单荚粒数5.1粒。籽粒短圆柱形，种皮红色，百粒重16.4g。田间自然鉴定：抗病毒病。

【产量表现】 产量一般为2000.0kg/hm²。

【利用价值】 适宜原粮出口、豆沙加工和粮用。

【栽培要点】 在江淮地区，播种期可从4月中旬至7月5日。最适宜播种期为6月中下旬。播种量37.5~45.0kg/hm²，春播行株距为60cm×15cm，夏播为50cm×13cm，穴播2~3粒，平作忌重茬，适宜间作套种。开花结荚期用菊酯类农药防治豆荚螟1~2次，以提高结荚率及减少虫蛀率。小豆用除草剂和农药时要注意剂量，不可过量使用，否则易引起落花、落荚、落叶，造成产量损失。低产田在分枝期或开花初期追施尿素75kg/hm²，可保花增荚。苗期不旱不浇水，花荚期视苗情、墒情和气候情况及时浇水。80%豆荚成熟时收获。及时晾晒、脱粒及清选，籽粒含水量低于14%时可入库贮藏，并及时熏蒸或冷藏处理以防止豆象为害。

【适宜地区】 适宜江苏、安徽小豆产区种植，春播、夏播均可，可麦后或油菜收获后复播，也可与玉米、棉花、甘薯等作物间作套种，以在中上等肥水条件下种植为最佳。

撰稿人： 陈 新 袁星星 薛晨晨 闫 强

85 苏小豆1706

【品种来源】 江苏省农业科学院于2011年以苏红1号为母本、盐城大红袍为父本杂交选育而成。2019年参加国家食用豆产业技术体系联合鉴定试验。全国统一编号：B06280。

【特征特性】 中熟品种，夏播区生育期102d。有限结荚习性，株型紧凑，直立生长，幼茎绿色，夏播株高64.0cm。主茎分枝5~6个，主茎节数22.5节，复叶卵圆形、深绿色，叶片较大，花浅黄色。单株荚数35~40个，荚长9.3cm，圆筒形，成熟荚黄白色，单荚粒数6.3粒。籽粒短圆柱形，种皮红色，百粒重16.3g。田间自然鉴定：抗病毒病。

【产量表现】 产量一般为2000.0kg/hm^2。

【利用价值】 适宜原粮出口、豆沙加工和粮用。

【栽培要点】 在江淮地区，播种期可从4月中旬至7月5日。最适宜播种期为6月中下旬。播种量37.5~45.0kg/hm^2，春播行株距为60cm×15cm、夏播为50cm×13cm，穴播2~3粒，平作忌重茬，适宜间作套种。开花结荚期用菊酯类农药防治豆荚螟1~2次，以提高结荚率及减少虫蛀率。小豆用除草剂和农药时要注意剂量，不可过量使用，否则易引起落花、落荚、落叶，造成产量损失。低产田在分枝期或开花初期追施尿素75kg/hm^2，可保花增荚。苗期不旱不浇水，花荚期视苗情、墒情和气候情况及时浇水。80%豆荚成熟时收获。及时晾晒、脱粒及清选，籽粒含水量低于14%时可入库贮藏，并及时熏蒸或冷藏处理以防止豆象为害。

【适宜地区】 适宜江苏、安徽小豆产区种植，春播、夏播均可，可麦后或油菜收获后复播，也可与玉米、棉花、甘薯等作物间作套种，以在中上等肥水条件下种植为最佳。

撰稿人：陈　新　袁星星　薛晨晨　闫　强

86 通红2号

【品种来源】 江苏沿江地区农业科学研究所于2001年以天津红为母本、启东大红袍为父本杂交选育而成,原品系代号:通红06-12。2011年通过江苏省农作物品种审定委员会鉴定,鉴定编号:苏鉴小豆201103。全国统一编号:B06281。

【特征特性】 中熟品种,夏播生育期98d。株型较松散,半蔓生,亚有限结荚习性。幼苗直立生长,幼茎绿色,夏播株高73.2cm,主茎分枝8.4个,主茎节数15.6节,复叶卵圆形、深绿色,叶片较大,花浅黄色。单株荚数25.9个,荚长7.5cm,圆筒形,成熟荚黄白色,单荚粒数6.5粒。籽粒短圆柱形,种皮红色,百粒重13.8g。成熟时落叶性较好,不裂荚。田间自然鉴定:抗病毒病、叶斑病和锈病。

【产量表现】 2008~2009年江苏省夏播区域试验平均产量1584.6kg/hm^2,较对照(启东大红袍)增产4.41%。2010年生产试验平均产量1458.3kg/hm^2,较对照(启东大红袍)增产19.39%。

【利用价值】 适宜原粮出口、豆沙加工和粮用。

【栽培要点】 夏播区播种期为6月20~30日,最迟不得晚于7月25日。播种量37.5~45.0kg/hm^2,播种深度3~5cm,行距50cm。中高水肥地种植密度9万株/hm^2,干旱贫瘠地种植密度12万株/hm^2。平作忌重茬,适宜间作套种。间苗后、现蕾期和盛花期及时防治蚜虫、地老虎、棉铃虫、红蜘蛛、豆荚螟等。低产田在分枝期或开花初期追施尿素75kg/hm^{2}可保花增荚。花荚期视苗情、墒情和气候情况及时抗旱排涝。80%豆荚成熟时收获。及时晾晒、脱粒及清选,籽粒含水量低于14%时可入库贮藏,并及时熏蒸或冷藏处理以防止豆象为害。

【适宜地区】 适宜江苏春播、夏播小豆区种植。

撰稿人: 王学军　汪凯华　缪亚梅　赵　娜

87 通红3号

【品种来源】 江苏沿江地区农业科学研究所于2000年以海门大红袍为母本、大纳言为父本杂交选育而成，原品系代号：H037。2015年通过江苏省农作物品种审定委员会鉴定，鉴定编号：苏鉴小豆201504。全国统一编号：B06282。

【特征特性】 中晚熟品种，夏播生育期109d。株型较松散，半蔓生，亚有限结荚习性。幼苗直立生长，幼茎绿色，夏播株高72.8cm，主茎分枝3.9个，主茎节数20.5节，复叶卵圆形，深绿色，叶片较大，花浅黄色。单株荚数25.9个，荚长8.7cm，圆筒形，成熟荚黄白色，单荚粒数5.8粒。籽粒短圆柱形，种皮红色，百粒重19.2g。成熟时落叶性较好，不裂荚。田间自然鉴定：抗病毒病、叶斑病和锈病。

【产量表现】 2013~2014年江苏省夏播区域试验平均产量2322.0kg/hm²，较对照（苏红1号）增产22.16%，居第二位。2015年生产试验平均产量2293.0kg/hm²，较对照（苏红1号）增产17.19%，居第一位。

【利用价值】 适宜原粮出口、豆沙加工和粮用。

【栽培要点】 夏播区播种期为6月20~30日，最迟不得晚于7月25日。播种量37.5~45.0kg/hm²，播种深度3~5cm，行距50cm。中高水肥地种植密度9万株/hm²，干旱贫瘠地种植密度12万株/hm²。平作忌重茬，适宜间作套种。间苗后、现蕾期和盛花期及时防治蚜虫、地老虎、棉铃虫、红蜘蛛、豆荚螟等。低产田在分枝期或开花初期追施尿素75kg/hm²可保花增荚。花荚期视苗情、墒情和气候情况及时抗旱排涝。80%豆荚成熟时收获。及时晾晒、脱粒及清选，籽粒含水量低于14%时可入库贮藏，并及时熏蒸或冷藏处理以防止豆象为害。

【适宜地区】 适宜江苏春播、夏播小豆区种植。

撰稿人：王学军　汪凯华　缪亚梅　赵娜

88 通红4号

【品种来源】 江苏沿江地区农业科学研究所于2002年以新选大红袍为母本、大纳言为父本杂交选育而成，原品系代号：H058。2015年通过江苏省农作物品种审定委员会鉴定，鉴定编号：苏鉴小豆201505。全国统一编号：B06283。

【特征特性】 中晚熟品种，夏播生育期110d。株型较松散，半蔓生，亚有限结荚习性。幼苗直立生长，幼茎绿色，夏播株高74.5cm，主茎分枝3.8个，主茎节数20.0节，复叶卵圆形、深绿色，叶片较大，花浅黄色。单株荚数27.9个，荚长9.1cm，圆筒形，成熟荚黄白色，单荚粒数5.9粒。籽粒短圆柱形，种皮红色，百粒重19.9g。成熟时落叶性较好，不裂荚。田间自然鉴定：抗病毒病、叶斑病和锈病。

【产量表现】 2013～2014年江苏省夏播区域试验平均产量2344.5kg/hm²，较对照（苏红1号）增产23.32%，居第一位。2015年生产试验平均产量2233.5kg/hm²，较对照（苏红1号）增产11.42%。

【利用价值】 适宜原粮出口、豆沙加工和粮用。

【栽培要点】 夏播区播种期为6月20～30日，最迟不得晚于7月25日。播种量37.5～45.0kg/hm²，播种深度3～5cm，行距50cm。中高水肥地种植密度9万株/hm²，干旱贫瘠地种植密度12万株/hm²。平作忌重茬，适宜间作套种。间苗后、现蕾期和盛花期及时防治蚜虫、地老虎、棉铃虫、红蜘蛛、豆荚螟等。低产田在分枝期或开花初期追施尿素75kg/hm²可保花增荚。花荚期视苗情、墒情和气候情况及时抗旱排涝。80%豆荚成熟时收获。及时晾晒、脱粒及清选，籽粒含水量低于14%时可入库贮藏，并及时熏蒸或冷藏处理以防止豆象为害。

【适宜地区】 适宜江苏春播、夏播小豆区种植。

撰稿人：王学军　汪凯华　缪亚梅　赵　娜

89 桂红20-11-3

【品种来源】 广西壮族自治区农业科学院水稻研究所于2019年以白红2号为母本、安徽小豆为父本杂交选育而成,原品系代号:小豆19-11-3-1。全国统一编号:B06284。

【特征特性】 早熟品种,春播、秋播生育期75d,夏播生育期63d。有限结荚习性,株型紧凑,植株直立抗倒伏,幼茎绿色,春播、秋播株高35~45cm,夏播株高55~60cm。主茎分枝1~2个,花蕾绿色,花黄色,成熟荚黄褐色,弓形。结荚集中,豆荚饱满,豆荚成熟较一致不炸荚。单株荚数30.0个,荚长8.0cm,单荚粒数7.5粒。籽粒短圆柱形,种皮红色,春播百粒重7.5g,夏播、秋播百粒重11.5g。田间自然鉴定:抗病毒病、叶斑病、白粉病等,耐旱性较好,后期不早衰。

【产量表现】 一般产量1546~2280kg/hm², 高者可达2480.0kg/hm²以上。2018~2019年产量比较试验平均产量2081.6kg/hm², 比对照(本地品种)增产16.0%。2020年生产试验平均产量1871.9kg/hm², 比对照(本地品种)增产13.5%。

【利用价值】 籽粒均匀、饱满,粒色鲜艳,品质优良,商品价值高,适宜制作豆沙和粮用。

【栽培要点】 在桂南地区可以春播、夏播和秋播,其他地区可以春播和夏播。春播在3月上旬到4月下旬,夏播在5月到7月,秋播在8月上旬到8月中旬。足墒播种,穴播:每穴2~3粒,穴深3~5cm,定苗时留1~2株,穴距15~20cm, 行距50cm, 播种量22.5~47.0kg/hm²;条播:行距50cm, 播种深度3~5cm, 播种量42.5~67.0kg/hm², 定苗时每15~20cm留1~2株。出苗到开花封垄前中耕1~2次。一般施氮磷钾复合肥75~150kg/hm²作基肥或种肥。花荚期遇干旱及时浇水。苗期及时防治地老虎、红蜘蛛、菜青虫及根腐病、病毒病,花荚期及时防治蚜虫、豆荚螟、田间豆象及叶斑病、白粉病等。70%豆荚成熟时开始采收,隔1周左右再采收1次,收获后及时晾晒、脱粒、清选,熏蒸后贮藏。

【适宜地区】 可在广西各地区种植,桂南地区春播、夏播、秋播种植均可,其他地区适宜春播、夏播,适宜单种和间作套种。

撰稿人:陈燕华 罗高玲

90　桂红20-21-1

【品种来源】　广西壮族自治区农业科学院水稻研究所于2019年以开封红小豆为母本、北海道大纳言为父本杂交选育而成，原品系代号：红豆19-21-1-4。全国统一编号：B06285。

【特征特性】　早熟品种，春播、秋播生育期72d，夏播生育期60d。有限结荚习性，株型紧凑，植株直立、抗倒伏，幼茎绿色，春播、秋播株高40～45cm，夏播株高58.0cm。主茎分枝1～3个，花蕾绿色，花黄色，成熟荚黄白色，弓形。结荚集中，豆荚饱满，豆荚成熟较一致不炸荚。单株荚数35.0个，荚长8.5cm，单荚粒数7.5粒。籽粒短圆柱形，种皮红色，春播百粒重8.5g，夏播、秋播百粒重12.1g。田间自然鉴定：抗病毒病、叶斑病、白粉病等，耐旱性较好，后期不早衰。

【产量表现】　一般产量1437～2086kg/hm²，高者可达2259.0kg/hm²以上。2018～2019年产量比较试验平均产量1835.8kg/hm²，比对照（本地品种）增产13.5%。2020年生产试验平均产量1887.4kg/hm²，比对照（本地品种）增产14.4%。

【利用价值】　籽粒均匀、饱满，粒色鲜艳，品质优良，商品价值高，适宜制作豆沙和粮用。

【栽培要点】　在桂南地区可以春播、夏播和秋播，其他地区可以春播和夏播。春播在3月上旬到4月下旬，夏播在5月到7月，秋播在8月上旬到8月中旬。足墒播种，穴播：每穴2～3粒，穴深3～5cm，定苗时留1～2株，穴距15～20cm，行距约50cm，播种量25.5～50.0kg/hm²；条播：行距约50cm，开沟深3～5cm，播种量45.5～70.0kg/hm²，定苗时每15～20cm留1～2株。出苗到开花封垄前中耕1～2次。一般施氮磷钾复合肥75～150kg/hm²作基肥或种肥。花荚期遇干旱及时浇水。苗期及时防治地老虎、红蜘蛛、菜青虫及根腐病、病毒病，花荚期及时防治蚜虫、豆荚螟、田间豆象及叶斑病、白粉病等。80%豆荚成熟时开始采收，隔1周左右再采收1次，收获后及时晾晒、脱粒、清选，熏蒸后贮藏。

【适宜地区】　可在广西各地区种植，桂南地区春播、夏播、秋播种植均可，其他地区适宜春播、夏播，适宜纯种和间作套种。

撰稿人：陈燕华　罗高玲

91 渝红豆1号

【品种来源】 重庆市农业科学院和北京农学院合作,于2004年以京农2号为母本、S5033为父本杂交选育而成,原品系代号:F1118。2017年通过重庆市农作物品种审定委员会鉴定,鉴定编号:渝品审鉴2017007。全国统一编号:B06286。

【特征特性】 中早熟品种,春播生育期为97d。有限结荚习性,植株直立,株高35~55cm,主茎分枝2~3个,复叶卵圆形,花黄色。单株荚数22~25个。幼荚绿带紫色,成熟荚黄褐色,荚长9.5cm,圆筒形,单荚粒数8~10粒。籽粒短圆柱形,种皮黑红色,百粒重14.9g。干籽粒蛋白质含量20.00%,淀粉含量48.93%。抗倒伏性好,适应性广。

【产量表现】 一般产量1900~2200kg/hm²。2014~2015年重庆市小豆区域试验平均产量2221.5kg/hm²,比对照(黔江小豆)增产20.7%。2016年重庆市小豆生产试验产量2143.5kg/hm²,比对照(黔江小豆)增产18.5%。

【利用价值】 豆沙加工。

【栽培要点】 夏播区播种期为6月15~25日,最迟不得晚于7月5日。春播区播种期为5月10~20日。播种量37.5~45.0kg/hm²,播种深度3~5cm,行距50cm。中高水肥地种植密度12万~15万株/hm²,贫瘠地种植密度16.5万~19.5万株/hm²。平作忌重茬,适宜间作套种。间苗后、现蕾期和盛花期及时防治蚜虫、地老虎、棉铃虫、红蜘蛛、豆荚螟等。低产田在分枝期或开花初期追施尿素75kg/hm²可保花增荚。苗期不旱不浇水,花荚期视苗情、墒情和气候情况及时浇水。80%豆荚成熟时收获。及时晾晒、脱粒及清选,籽粒含水量低于14%时可入库贮藏,并及时熏蒸或冷藏处理以防止豆象为害。

【适宜地区】 适宜重庆市及生态类型相似区域的高山地区种植。

撰稿人: 杜成章　张继君　龙珏臣

92　渝红豆2号

【品种来源】 重庆市农业科学院和北京农学院合作，于2003年以农林8号为母本、京农2号为父本杂交选育而成，原品系代号：F11103。2017年通过重庆市农作物品种审定委员会鉴定，鉴定编号：渝品审鉴2017008。2020年通过中国作物学会鉴定，鉴定编号：国品鉴小豆2020008。全国统一编号：B06287。

【特征特性】 早熟品种，春播生育期为94d。有限结荚习性，植株直立，幼茎绿色，株高45～65cm，主茎分枝3～4个，复叶卵圆形，花黄色。单株荚数26～30个。幼荚绿色，成熟荚黄白色，荚长10～12cm，镰刀形，单荚粒数7～9粒。籽粒短圆柱形，种皮红色，百粒重14.0g。干籽粒蛋白质含量20.80%，淀粉含量47.18%。抗倒伏性好，适应性广。

【产量表现】 一般产量2000～2400kg/hm^2。2014～2015年重庆市小豆区域试验平均产量2470.5kg/hm^2，比对照（黔江小豆）增产37.7%。2016年重庆市小豆生产试验平均产量2281.5kg/hm^2，比对照（黔江小豆）增产26.1%。2016～2017年国家食用豆产业技术体系小豆新品系联合鉴定试验，2016年平均产量1664.3kg/hm^2，比对照（冀红9218）增产15.4%；2017年平均产量2259.0kg/hm^2，比对照增产8.5%；两年平均产量1961.7kg/hm^2，比对照增产12.0%。

【利用价值】 豆沙加工。

【栽培要点】 夏播区播种期为6月15～25日，最迟不得晚于7月5日。春播区播种期为5月10～20日。播种量37.5～45.0kg/hm^2，播种深度3～5cm，行距50cm。中高水肥地种植密度12.0万～15.0万株/hm^2，贫瘠地种植密度16.5万～19.5万株/hm^2。平作忌重茬，适宜间作套种。间苗后、现蕾期和盛花期及时防治蚜虫、地老虎、棉铃虫、红蜘蛛、豆荚螟等。低产田在分枝期或开花初期追施尿素75kg/hm^{2}可保花增荚。苗期不旱不浇水，花荚期视苗情、墒情和气候情况及时浇水。80%豆荚成熟时收获。及时晾晒、脱粒及清选，籽粒含水量低于14%时可入库贮藏，并及时熏蒸或冷藏处理以防止豆象为害。

【适宜地区】 重庆、贵州毕节、江苏南京、江苏南通、吉林白城、北京、内蒙古呼和浩特、黑龙江齐齐哈尔等地种植。

撰稿人：杜成章　张继君　龙珏臣

第四章 豌豆

豌豆是豆科（Leguminosae）蝶形花亚科（Papilionoideae）野豌豆族（Viceiae）豌豆属（*Pisum*）中的一个栽培豆种，属一年生（春播）或越年生（秋播）、矮生或蔓生草本、自花授粉植物。豌豆学名 *Pisum sativum*，栽培豌豆同属于一个亚种（*Pisum sativum* ssp. *sativum*），亚种下有白花豌豆 *Pisum sativum* ssp. *sativum* var. *sativum* 和紫（红）花豌豆 *Pisum sativum* ssp. *sativum* var. *arvense* 两个变种。豌豆英文名 pea 或 garden pea，别名麦豌豆、寒豆、麦豆；软荚豌豆中荚形扁平的称为"荷兰豆"，英文名 snow pea；荚形圆棍状的称为"甜脆豌豆"或"生食豌豆"，英文名 snap pea 或 sugar pea。豌豆染色体数 $2n=14$。豌豆出苗时子叶不出土。

豌豆起源于亚洲西部、地中海地区和埃塞俄比亚、小亚细亚西部、外高加索。伊朗和土库曼斯坦是豌豆的次生起源中心；地中海沿岸是大粒组豌豆的起源中心。豌豆驯化栽培的历史至少有6000年，从位于土耳其的新石器时代遗址中发掘出有记载的碳化豌豆种子。在古希腊、古罗马时代的文献中也有豌豆名称的记载。中世纪以前，人们主要食用豌豆的干种子，之后逐渐发展出菜用品种。

豌豆可能是在古亚细亚人到达之前传入印度，1636年传入美国，1660年菜用豌豆从荷兰传入英国。中国引入豌豆的具体时间不详，可能是在隋唐时期经西域传入。豌豆在中国已有2000多年的栽培历史，三国时期张揖的《广雅》、宋朝苏颂的《本草图经》记载有豌豆的植物学性状及用途，元朝《王祯农书》讲述了豌豆在中国的分布，明朝李时珍的《本草纲目》和清朝吴其濬的《植物名实图考长编》对豌豆的医药用途均有记载。

豌豆是世界第四大食用豆类作物，全球90多个国家生产干豌豆，2020年栽培面积约为700万 hm^2，总产量为1200万 t。我国干豌豆生产主要分布在云南、四川、贵州、重庆、江苏、浙江、湖北、河南、甘肃、内蒙古、青海等20多个省份。鲜食豌豆主产区位于全国主要大中城市附近。豌豆适应冷凉气候、多种土地条件和干旱环境，具有高蛋白质、易消化吸收、粮菜饲兼用以及深加工增值等诸多特点，是种植业结构调整中重要的间作、套种、轮作和养地作物，也是我国南方主要的冬季作物、北方主要的早春作物之一，在我国农业可持续发展和居民膳食结构中具有重要影响。

世界上豌豆主产国，如法国、澳大利亚、美国、俄罗斯、加拿大、印度都十分重视种质资源的收集保存和深入研究工作。国际农业研究机构中的国际干旱地区农业研究中心（International Center for Agricultural Research in the Dry Areas，ICARDA），也开展了豌豆属资源的收集和研究工作。目前，我国已收集豌豆种质资源6000余份，经过40多年的研究，已保存国内外豌豆种质资源5900多份，并对其进行了农艺性状初步鉴定，还对部分种质资源的抗病（虫）和品质性状进行了鉴定评价，筛选出了一批丰产、抗病（虫）的优良种质。我国保存的豌豆资源中80%是国内地方品种、育成品种和遗传稳定的品系，20%来自澳大利亚、法国、英国、俄罗斯、匈牙利、美国、德国、尼泊尔、印度和日本等国。

中国豌豆品种改良工作始于20世纪70年代，目前国内共计通过国家登记的豌豆品种181个，其中2017年4个、2018年为61个、2019年66个、2020年50个。登记豌豆品种主要分布在豌豆主产区的云南、四川、广东、甘肃、贵州等省份，占登记品种总数的70.4%。南方是我国豌豆主产区域，其中秋播区豌豆品种数占登记品种总数的62.8%以上。

现编入本志的豌豆品种共60个，均为育成品种，包括杂交选育38个、系统选育22个。通过有关品种管理部门审（认、鉴）定、登记的品种55个，其中，通过国家级农作物审（鉴）定的品种7个，通过省级农作物审（认、鉴）定、登记的品种48个；高代品系5个。另外，21个品种参加了农业农村部非主要农作物品种登记。入志品种分布在17家育种单位，其中河北省张家口市农业科学院2个、山西省农业科学院农作物品种资源研究所1个、山西省农业科学院高寒区作物研究所3个、辽宁省经济作物研究所6个、江苏沿江地区农业科学研究所5个、安徽省农业科学院作物研究所2个、山东省青岛市农业科学研究院1个、湖北省农业科学院粮食作物研究所1个、广西壮族自治区农业科学院水稻研究所1个、重庆市农业科学院1个、四川省农业科学院作物研究所3个、云南省农业科学院粮食作物研究所13个、云南省曲靖市农业科学院2个、甘肃省农业科学院作物研究所5个、甘肃省定西市农业科学研究院8个、甘肃省白银市农业科学研究所4个、青海省农林科学院2个。

1　坝豌1号

【品种来源】 河北省张家口市农业科学院于1996年以生食荷兰豆为母本、Azur为父本杂交选育而成，原品系代号：96-85-19。2010年通过国家小宗粮豆品种鉴定委员会鉴定，鉴定编号：国品鉴杂2010004。全国统一编号：G05657。

【特征特性】 早熟品种，春播生育期90d。植株半无叶直立（托叶正常，羽状复叶全部变成卷须相互缠绕直立，直至成熟），幼茎绿色，株高50.9cm，主茎一般不分枝。花白色，多花多荚，双荚率超过75.0%。单株荚数8.1个，豆荚长6.1cm，马刀形，成熟荚黄色，单荚粒数4.2粒。籽粒球形，种皮绿色，黄脐，百粒重23.9g。干籽粒蛋白质含量20.88%，淀粉含量55.91%，脂肪含量1.64%。结荚集中，成熟一致不炸荚。防风、抗倒伏性强，耐旱性、耐瘠性强，抗豌豆白粉病。

【产量表现】 2001～2003年品种比较试验3年平均产量3558.0kg/hm²，比对照（草原11号）增产18.4%。2006～2008年国家区域试验10个点3年平均产量2370.0kg/hm²，比对照（草原224）增产11.2%。2008年国家生产试验在宁夏固原、甘肃定西、西藏拉萨3个点的平均产量2773.5kg/hm²，比对照（草原224）增产30.5%。

【利用价值】 粒大，籽粒绿色，适于制作罐头、膨化加工、速冻保鲜等。

【栽培要点】 冀北坝上地区春播一般在4月底至5月初播种，最晚不超过5月25日。播前应适当整地，施足底肥，结合整地施氮磷钾复合肥225～300kg/hm²。一般播种量225kg/hm²，播种深度5cm左右，行距33cm，株距5cm，种植密度60万株/hm²。选择中等肥力地块，忌重茬。及时中耕除草，防治病虫害。如花期遇旱，应适当灌水。荚果壳变黄，籽粒变硬，进入成熟期适时收获。

【适宜地区】 适宜在冀北、甘肃、宁夏、西藏、辽宁等春播豌豆产区种植。

撰稿人：徐东旭　李妹彤　尚启兵

2 冀张豌2号

【品种来源】 河北省张家口市农业科学院于1997年以澳大利亚豌豆材料ATC3387为母本、八架豌豆为父本杂交选育而成，原品系代号：99-3-6-5。2012年通过河北省科学技术厅登记，省级登记号：20120786。全国统一编号：G06554。

【特征特性】 中熟品种，春播生育期93d。植株半蔓生，幼茎绿色，株高56.0cm，主茎分枝1.6个，花白色。单株荚数9～15个，荚长5.1cm，直形，成熟荚黄色，单荚粒数3～5粒。籽粒球形，种皮淡黄色，黄脐，百粒重24.4g。干籽粒蛋白质含量21.93%，淀粉含量57.51%，脂肪含量1.20%。结荚集中，成熟一致不炸荚。采用病圃种植鉴定为抗根腐病，大田自然发病情况下鉴定为抗白粉病。

【产量表现】 2006～2007年品种比较试验两年平均产量3480.8kg/hm^2，比对照（前进1号）增产17.4%。2008～2009年张家口市区域试验5个试点两年平均产量3159.0kg/hm^2，比对照（前进1号）增产14.4%。2010年张家口市生产试验在张北、崇礼、沽源、康保及张家口市农业科学院张北试验基地5个试点的平均产量3601.5kg/hm^2，比对照（前进1号）增产10.2%。

【利用价值】 粒大，籽粒淡黄色，适于粉丝等食品加工。

【栽培要点】 冀北坝上地区春播一般在4月底至5月初播种，最晚不超过5月25日。播前应适当整地，施足底肥，结合整地施氮磷钾复合肥225～300kg/hm^2。一般播种量120～150kg/hm^2，播种深度5cm左右，行距40cm左右，株距5cm，种植密度50万株/hm^2。选择中等肥力地块，忌重茬。及时中耕除草，防治病虫害。如花期遇旱，应适当灌水。荚果壳变黄，籽粒变硬，进入成熟期适时收获。

【适宜地区】 适宜冀西北高寒区及类似生态类型区种植。

撰稿人：徐东旭　尚启兵　任红晓

3 品协豌1号

【品种来源】 山西省农业科学院农作物品种资源研究所于2003年从国外引进的无叶豌豆优良品种Celeste中选择变异单株经系统选育而成，原品系代号：0312。2010年通过山西省农作物品种审定委员会认定，认定编号：晋审豌（认）2010002。全国统一编号：G08018。

【特征特性】 中熟品种，在山西春播生育期95~105d。有限结荚习性，直立半无叶，幼茎绿色，成熟茎黄白色，株高55.0~65.0cm，花白色，每个花序2.0朵花。单株荚数10~12个，软荚，荚长5.0~6.0cm、宽1.5cm，单荚粒数5~6粒。籽粒圆形，种皮白色，表面光滑，百粒重26.0~28.0g。干籽粒蛋白质含量24.63%，淀粉含量52.76%，脂肪含量1.04%。抗病性强，防风、抗倒伏性强。

【产量表现】 2008~2009年山西省豌豆品种区域试验两年平均产量2914.5kg/hm²，比对照（晋豌豆2号）平均增产30.1%。

【利用价值】 适于干籽粒食用、优质淀粉加工。

【栽培要点】 大田露地在地表解冻后，5cm地温在2℃时顶凌播种，采用一体机一次作业完成旋耕、施肥、播种、镇压全套工作，播种量150~180kg/hm²，行距25cm，株距4~6cm，种植密度52.5万~75.0万株/hm²。一般一次性施入尿素225kg/hm²、过磷酸钙750kg/hm²。出苗后不需间苗、定苗，苗高5~7cm和15cm左右时，分别进行两次中耕除草。孕蕾期和花荚期分别浇水两次，水量不宜过大。苗高20cm时及时防治豌豆潜叶蝇，视虫情防治2~3次。植株茎叶和荚果变黄、荚尚未开裂时连株收获，可采用收割机进行收获，及时晾晒，籽粒含水量12%时即可入库保存。

【适宜地区】 适宜在山西省高寒冷凉山区及生态类型相似的春播区域种植。

撰稿人：畅建武 郝晓鹏 王燕 董雪 赵建栋

4 晋豌豆5号

【品种来源】 山西省农业科学院高寒区作物研究所于1999年以Y-22为母本、保加利亚豌豆为父本杂交选育而成，原品系代号：同豌711。2011年通过山西省农作物品种审定委员会认定，认定编号：晋审豌（认）2011001。2018年通过农业农村部非主要农作物品种登记，登记编号：GPD豌豆（2018）140013。全国统一编号：G07973。

【特征特性】 早熟品种，生育期82d。株型直立，株高65.0cm，茎绿色，主茎节数13.0节，主茎分枝3.4个，单株荚数16.0个，单荚粒数6.0粒，荚长5.0cm、宽1.7cm。复叶属半无叶类型，花白色。硬荚，成熟荚黄色，籽粒球形，种子表面光滑，种皮白色，百粒重25.0g。田间生长整齐一致，生长势强，耐旱性中等，耐寒性强，抗病性强，适应性广。2010年农业部谷物及制品监督检验测试中心（哈尔滨）品质分析：籽粒蛋白质（干基）含量29.41%，淀粉（干基）含量53.11%。

【产量表现】 2008年山西省区域试验，5点次平均产量1581.0kg/hm^2，比对照（晋豌2号）增产4.0%，居第二位。2009年山西省区域试验5点次平均产量1719.0kg/hm^2，比对照（晋豌2号）增产16.7%。两年平均产量1650.0kg/hm^2，比对照（晋豌2号）增产10.3%。

【利用价值】 干籽粒粒用类型品种，商品性好，适用于豆面加工。

【栽培要点】 施入适量腐熟农家肥、磷肥300~450kg/hm^2、钾肥75~120kg/hm^2。一般在3月下旬、4月上旬播种为宜。及时中耕除草松土2~3次，苗期结合浇水，追施尿素75kg/hm^2，在植株旺盛生长期和开花结荚后各追肥一次。及时防治蚜虫、菜青虫、潜叶蝇及白粉病、锈病等病虫害，每隔一周喷药一次。

【适宜地区】 适宜晋北春播，晋中、晋南复播及类似生态地区栽培种植。

撰稿人：邢宝龙 刘飞

5 晋豌豆7号

【品种来源】 山西省农业科学院高寒区作物研究所于2004年以y-57为母本、右玉麻豌豆为父本杂交选育而成，原品系代号：W03-6。2015年通过山西省农作物品种审定委员会认定，认定编号：晋审豌（认）2015002，公告号：晋农业厅公告［2015］016号。2018年通过农业农村部非主要农作物品种登记，登记编号：GPD豌豆（2018）140012。全国统一编号：G07974。

【特征特性】 生育期92d。株高97.8cm。植株翠绿色，花紫色，主茎分枝2.6个，单株荚数6.0个，单荚粒数4.6粒。种皮麻紫色，百粒重24.2g。抗豌豆食心虫，耐寒性强，耐旱性强。经农业农村部谷物及制品质量监督检验测试中心（哈尔滨）品质分析：籽粒蛋白质（干基）含量28.62%，脂肪（干基）含量13.05%。

【产量表现】 2014～2015年山西省豌豆区域试验平均产量1495.5kg/hm^2，比对照（晋豌豆2号）增产9.7%，10个试点全部增产。其中，2014年平均产量1653.0kg/hm^2，比对照（晋豌豆2号）增产10.3%；2015年平均产量1338.0kg/hm^2，比对照（晋豌豆2号）增产9.0%。

【利用价值】 鲜食嫩荚类型品种。

【栽培要点】 施用适量腐熟农家肥与氮磷钾复合肥混施作底肥，晋北春播以4月中旬播种为宜。适宜种植密度49.5万株/hm^2，条播行距25～40cm，株距4～6cm，播种深度宜3～5cm。松土保墒。及时防治蚜虫、菜青虫、潜叶蝇及白粉病、锈病等病虫害，每隔一周喷药一次。注意克服花期干旱，避免连作重茬。

【适宜地区】 适宜山西省北部豌豆产区栽培种植。

撰稿人：邢宝龙　刘　飞

6 同豌8号

【品种来源】 山西省农业科学院高寒区作物研究所于2011年以y-55为母本、汾豌1号为父本杂交选育而成，原品系代号：2011-65。2021年通过农业农村部非主要农作物品种登记，登记编号：GPD豌豆（2021）140027。全国统一编号：G07972。

【特征特性】 生育期94d。株高56.5cm。植株翠绿色，花白色，主茎分枝2.1个，主茎节数20.0节，单株荚数6.7个，单荚粒数4.1粒，荚长4.1cm。种皮白色，百粒重17.7g。农业农村部谷物及制品质量监督检验测试中心（哈尔滨）品质分析：干籽粒蛋白质含量29.10%，淀粉含量55.20%，纤维含量6.09%。耐寒性、耐旱性强。

【产量表现】 2017~2018年品种比较试验平均产量1240.5kg/hm^2，比对照（晋豌豆3号）增产3.6%。2018~2019年参加食用豆产业技术体系春播区豌豆新品种联合鉴定试验，在大同综合试验站的产量表现：两年平均产量1024.5kg/hm^2，比对照（中豌6号）增产3.4%。

【利用价值】 鲜食嫩荚类型品种。

【栽培要点】 整地施基肥，选土壤肥沃、排水良好的土壤，结合整地，施入适量腐熟农家肥、磷肥300~450kg/hm^2、钾肥75~120kg/hm^2、尿素120kg/hm^{2}左右。晋北春播以3月下旬至4月中旬播种为宜。适宜种植密度46.5万株/hm^2，条播行距25~40cm，株距4~6cm，播种深度以3~5cm为宜。从出苗后到植株封垄前，应及时中耕除草松土2~3次，中耕深度不宜超过15cm。发生锈病和白粉病时，可用高效低毒农药防治。注意克服花期干旱，避免连作重茬。

【适宜地区】 适宜山西省北部豌豆产区栽培种植。

撰稿人：邢宝龙　刘　飞

7 科豌2号

【品种来源】 辽宁省经济作物研究所于2004年以从中国农业科学院作物科学研究所引进的豌豆资源为材料，定向系统选育而成，原品系代号：1428-63。2008年通过辽宁省非主要农作物品种备案委员会备案，备案编号：辽备菜（2007）332号。全国统一编号：G06548。

【特征特性】 中熟品种，春播区生育期95d。直立生长，株高60.0～70.0cm。幼茎绿色，少分枝，主茎节数16.0节。无叶复叶叶型。初花节位7～9节，花白色，双花花序。单株荚数6～8个，鲜荚淡绿色，荚长7.0～8.0cm、宽1.5cm，直荚，尖端呈钝角形，硬荚荚型，单荚粒数5～8粒。成熟籽粒种皮黄白色，种脐白色，表面光滑，百粒重25.0～27.0g。干籽粒蛋白质含量25.12%，淀粉含量21.74%。

【产量表现】 2005～2006年辽宁多点生产试验，干籽粒平均产量2925.0kg/hm²，最高产量3375.0kg/hm²，比当地主栽品种（中豌6号）平均增产14.7%。

【利用价值】 干籽粒粒用类型品种，适于生产豌豆粉、豆沙馅。

【栽培要点】 3月中下旬即可顶凌播种。一般播种量225kg/hm²，条播，行距一般25～30cm，最佳群体密度60万～80万株/hm²，播种深度以3～7cm为宜。一般不间苗、定苗，但幼苗易受草害，需中耕除草2～3次。在开花前期和荚果灌浆期，如无降雨或很少降雨时应各灌溉一次最为合适，应及时防治锈病、豆象等病虫害。当荚壳变黄时收获，及时晾晒、脱粒及清选，籽粒含水量低于14%时可入库贮藏。

【适宜地区】 可在辽宁、河北及周边地区种植。

撰稿人：宗绪晓　李　玲　沈宝宇

8 科豌嫩荚3号

【品种来源】 辽宁省经济作物研究所于2006年以从中国农业科学院作物科学研究所引进的豌豆资源G04441为材料，定向系统选育而成的软荚豌豆新品种，原品系代号：02-G4441-101。2010年通过辽宁省非主要农作物品种备案委员会备案，备案编号：辽备菜（2009）375号。全国统一编号：G05989。

【特征特性】 中晚熟品种，从播种到嫩荚采收85d。直立生长，株高70.0～80.0cm。幼茎绿色，茎节紫色，少分枝，主茎节数20.0节。无叶复叶叶型。初花节位14～16节，花心粉色，边缘白色，双花花序。单株荚数8～10个，鲜荚淡绿色，荚长6.0～8.0cm，宽1.2cm，直荚，尖端呈锐角形，软荚荚型，单荚粒数6～8粒。鲜籽粒绿色、球形，成熟籽粒种皮褐色，种脐褐色，表面光滑，百粒重23.0g。干籽粒蛋白质含量23.30%，淀粉含量58.50%，脂肪含量1.30%。

【产量表现】 2007～2008年辽宁区域试验青荚平均产量12 180.0kg/hm²，比对照（当地软荚品种）平均增产7.3%。2008年辽宁多点生产试验平均产量10 320.0kg/hm²，较当地对照平均增产5.2%。

【利用价值】 兼用型品种，可食鲜豌豆荚，也可粒用，适于加工制作豌豆粉等。

【栽培要点】 春播区3月中下旬即顶凌播种。播种量187.5～225.0kg/hm²，条播，行距25～30cm，最佳群体密度60万～80万株/hm²，播种深度以3～7cm为宜，最多不超过8cm。一般施适量农家肥、过磷酸钙225kg/hm²、氯化钾150kg/hm²，播种时施入。豌豆一般不间苗、定苗，但幼苗易受草害，需中耕除草2～3次。在开花前期和荚果灌浆期，如无降雨或很少降雨时应各灌溉一次最为合适。注意及时防治锈病、豆象等病虫害。鲜豆荚宜在开花12d后、籽粒尚未充分膨大时开始采收。

【适宜地区】 主要适宜辽宁、河北、山东等地春播。

撰稿人：宗绪晓 李 玲 沈宝宇

9 科豌4号

【品种来源】 辽宁省经济作物研究所于2002年以美国大粒豌豆为母本、G2181为父本杂交选育而成，原品系代号：LN0628。2010年通过辽宁省非主要农作物品种备案委员会备案，备案编号：辽备菜〔2009〕376号。全国统一编号：G07630。

【特征特性】 早熟品种，从播种到嫩荚采收65d。直立生长，株高30.0~35.0cm。幼茎绿色，少分枝，主茎节数10.0节。普通复叶叶型，叶片绿色。初花节位4~5节，花白色，单花花序。单株荚数5.0个，鲜荚绿色，荚长7.0~8.0cm、宽1.5cm，荚直形，尖端呈钝角形，硬荚荚型，单荚粒数一般5~7粒。鲜籽粒绿色、球形，成熟籽粒种皮绿色、子叶绿色，表面褶皱，种脐灰白色，干籽粒百粒重23.0g。干籽粒蛋白质含量25.90%，淀粉含量57.54%，脂肪含量1.00%。

【产量表现】 2007~2008年辽宁豌豆区域试验青豌豆荚平均产量14 595.0kg/hm^2，比中豌6号平均增产13.7%。2008年辽宁多点生产试验青豌豆荚平均产量13 700.0kg/hm^2，比当地主栽品种增产8.1%。

【利用价值】 适宜菜用、豆沙加工和粮用。

【栽培要点】 春播区在3月中下旬顶凌播种，播种量225~260kg/hm^2。行距30cm，采用条播，种植密度97万株/hm^{2}左右。播前施入适量农家肥，氮磷钾复合肥225kg/hm^2。中耕除草2~3次，5月中旬每隔一周喷施灭蝇胺1000~1500倍液2~3次，防治潜叶蝇。在开花20~25d后收青豌豆，荚壳变黄时收干豌豆。

【适宜地区】 主要适宜辽宁、吉林、黑龙江等地春播。

撰稿人：李 玲 沈宝宇

10 科豌5号

【品种来源】 辽宁省经济作物研究所于2006年以从中国农业科学院作物科学研究所引进的豌豆资源G0866为材料,系统选育而成,原品系代号:G866-11-3-2。2013年通过辽宁省非主要农作物品种备案委员会备案,备案编号:辽备菜2013041。全国统一编号:G06549。

【特征特性】 中熟品种,从播种到嫩荚采收75d。半蔓生,株高75.0cm。幼茎绿色,主茎分枝1~3个,主茎节数17.0节。普通复叶叶型,叶深绿色。初花节位12~13节,花白色,双花花序。单株荚数6~8个,鲜荚绿色,荚长8.0cm、宽1.4cm,荚直形,尖端呈钝角形,硬荚荚型,单荚粒数6~8粒。鲜籽粒绿色、球形,成熟籽粒种皮绿色、子叶绿色,表面褶皱,种脐灰白色,干籽粒百粒重19.0g。干籽粒蛋白质含量25.00%,淀粉含量44.30%,脂肪含量2.10%。

【产量表现】 2010年品种比较试验鲜荚平均产量16 758.0kg/hm²,比对照(G00866)增产9.5%,比中豌6号增产16.9%,产量居参试品种第一位。2011~2012年辽宁省多点生产试验,平均产量均比对照(中豌6号)增加15.0%以上。

【利用价值】 鲜食籽粒类型豌豆品种。

【栽培要点】 3月中下旬顶凌播种,根据播种技术和墒情尽量精播,播种量187.5~225.0kg/hm²。行距30cm,采用条播,种植密度82.5万株/hm²左右。播种前施足底肥,应以农家肥为主,氮磷钾肥配合施用。苗期注意除草保苗。开花结荚期是需肥需水临界期,视情况及时浇水、追施尿素,以促荚保粒,幼苗期到开花结荚期要注意防治病虫害,青豌豆粒宜在开花后18~20d、荚果充分膨大而柔嫩时采收。

【适宜地区】 主要适宜黑龙江、辽宁、吉林、陕西、山西等地春播。

撰稿人:李 玲 沈宝宇

11 科豌6号

【品种来源】 辽宁省经济作物研究所于2005年以韩国超级甜豌豆为母本、辽豌4号为父本杂交选育而成,原品系代号:0907-3。2013年通过辽宁省非主要农作物品种备案委员会备案,备案编号:辽备菜2013042。全国统一编号:G06550。

【特征特性】 早熟品种,春播区从播种到嫩荚采收65d。有限结荚型、直立生长,株高45.0cm。鲜茎绿色,少分枝,主茎节数12.0节。叶片绿色,花白色,双花花序,初花节位7~8节。单株荚数5~7个,鲜荚绿色,荚长7.0~8.0cm、宽1.3cm,荚直形,尖端呈钝角形,硬荚荚型,单荚粒数5~7粒。鲜籽粒绿色、球形,成熟籽粒种皮淡绿色、子叶绿色,表面褶皱,种脐灰白色,干籽粒百粒重25.2g。干籽粒蛋白质含量27.80%,淀粉含量44.20%,脂肪含量2.00%。

【产量表现】 2010~2011年辽宁多点生产试验青豌豆荚平均产量14 055.0kg/hm^2,比当地主栽品种中豌6号增产11.7%;干籽粒平均产量2700.0kg/hm^2,比当地主栽品种中豌6号增产9.8%以上。

【利用价值】 适宜菜用。

【栽培要点】 要实现鲜荚1000kg/hm^{2}以上的高产目标,宜选择土质疏松、有机质含量高、排灌方便的肥沃壤土。辽宁地区在不受霜冻的前提下最好早播,一般在3月中下旬顶凌播种,条播,行距30~35cm,播种量262.5kg/hm^2,种植密度约97.5万株/hm^2。播前施入适量农家肥,氮磷钾复合肥375~450kg/hm^2。幼苗期至开花期要注意防治潜叶蝇,当叶背面发现潜道时及时喷施高效低毒农药,每隔7d喷施1次,共喷施2~3次防治。开花结荚期遇干旱要及时浇水2~3次,遇连雨天要及时排水。鲜食豌豆一般在开花后18~20d采收,采收后及时销售或速冻加工后于冷库贮藏。

【适宜地区】 主要适宜黑龙江、辽宁、吉林、山东、甘肃等地春播。

撰稿人:李 玲 沈宝宇

12 科豌7号

【品种来源】 辽宁省经济作物研究所于2006年以从中国农业科学院作物科学研究所引进的豌豆资源G0835（美国大粒豌）为材料，定向系统选育而成，原品系代号：G835-1-3。2016年通过辽宁省非主要农作物品种备案委员会备案，备案编号：辽备菜2015045。全国统一编号：G06551。

【特征特性】 中熟品种，从播种到嫩荚采收75d。半蔓生，有限结荚型，株高62.0cm，主茎分枝1~2个。叶片深绿，鲜茎绿色，主茎节数16.0节。初花节位10~11节，花白色，双花花序。单株荚数8~10个，鲜荚绿色，荚长9.0cm，宽1.6cm，直荚，荚尖端呈钝角形，单荚粒数7~8粒。鲜籽粒绿色、球形，成熟籽粒种皮绿色、皱缩，干籽粒百粒重22.0g。干籽粒蛋白质含量26.60%，淀粉含量44.20%，脂肪含量1.70%。

【产量表现】 一般产量12 000.0~16 500.0kg/hm²，高者可达18 000.0kg/hm²以上。2011年品种比较试验平均产量18 409.5kg/hm²，比对照（G835）增产10.7%，比中豌6号增产19.2%，产量居参试品种第一位。2012~2013年多点生产试验，平均产量比对照（中豌6号）增加9.4%。

【利用价值】 粒大，皮薄，食味鲜美，易熟，香甜可口，尤适菜用。

【栽培要点】 北方春播在3月中下旬，播种越早越好。选择中等肥力地块，忌重茬，播前应适当整地，施足底肥。一般播种量187.5~225.0kg/hm²，播种深度3~7cm，行距25~30cm，株距6~10cm，种植密度75万株/hm²。第一片复叶展开后间苗。及时中耕除草，并在开花前适当培土。适时喷药，防治潜叶蝇等为害。如花期遇旱，应适当灌水。当荚鼓粒饱满时即可采收青荚，当70%植株荚果呈现枯黄色时开始收获，及时晾晒、脱粒，籽粒含水量低于13%时即可入库保存，并及时熏蒸或冷藏处理以防止豆象为害。

【适宜地区】 适应性广，我国东北、华北、西北均可种植，在辽宁、吉林、黑龙江、山东等地表现良好。

撰稿人：宗绪晓　李　玲　沈宝宇

13　苏豌2号

【品种来源】 江苏沿江地区农业科学研究所于1999年以法国半无叶豌豆为母本、白豌豆为父本杂交选育而成，原品系代号：WD2-10。2012年分别通过国家小宗粮豆品种鉴定委员会、江苏省农作物品种审定委员会鉴定，鉴定编号：国品鉴杂2012008、苏鉴豌201201。全国统一编号：G05268。

【特征特性】 鲜籽粒型和干籽粒兼用型品种。江苏省秋播青荚采收期193d。幼苗生长直立、深绿色，小叶退化为卷须，托叶腋无花青斑。株型直立，株高54.6cm，主茎节数14.3节，主茎分枝2.9个，花柄上多着生2朵花，花白色。单株荚数17.2个，单荚粒数3.8粒，鲜荚长7.2cm、宽1.5cm，鲜籽粒百粒重46.5g。干籽粒圆形，种皮白色，子叶橙黄色，种脐淡黄白色，干籽粒百粒重23.5g。干籽粒蛋白质含量23.90%，淀粉含量62.00%，脂肪含量1.00%。中抗白粉病，抗倒伏，耐寒性强。

【产量表现】 鲜荚产量10 500.0～13 500.0kg/hm^2，干籽粒产量2250.0～3000.0kg/hm^2。2009～2011年参加江苏省鉴定试验，两年区域试验鲜荚平均产量11 910.8kg/hm^2，较对照（中豌6号）增产26.0%；鲜籽粒平均产量5508.8kg/hm^2，较对照增产30.7%，出籽率46.3%。2007～2010年国家冬豌豆品种区域试验干籽粒平均产量1827.0kg/hm^2；2010～2011年国家春播试验干籽粒平均产量2839.2kg/hm^2，比对照品种增产4.2%。2007～2011年国家冬播、春播豌豆区域试验干籽粒平均产量2447.9kg/hm^2，比对照品种增产9.8%。

【利用价值】 鲜籽粒和干籽粒兼用型豌豆，品质优良，商品价值高，清炒、煮食酥烂易起沙、口味清香，速冻加工。

【栽培要点】 以旱作茬口较为理想。播前应适当整地，施入适量腐熟农家肥和氮磷钾复合肥450kg/hm^{2}作基肥。适期播种，江苏秋播一般在10月28日至11月5日，采取穴播或宽窄行条播，行距50cm，株距13cm，每穴3粒，种植密度45万株/hm^2。北方春播根据当地气候条件和种植习惯，适期早播，宽窄行条播，播种量150～180kg/hm^2。肥水管理，冬后春前施磷酸二铵225kg/hm^{2}左右；花荚期视长势可追施尿素75～150kg/hm^2，增加结荚率和粒重；视墒情抗旱、排涝。适时喷药，防治潜叶蝇、豌豆象及霜霉病、白粉病、锈病等病虫害，隔7d喷药一次。及时收获，江苏在5月上中旬，青豆荚鼓粒饱满时采摘，剥壳食鲜籽粒，分批采收上市；干籽粒在植株枯黄、豆荚黄白时及时收获，之后及时脱粒、晒干、熏蒸或冷藏。

【适宜地区】 适应性广，适宜江苏、浙江、上海、四川成都、湖北及长江中下游冬豌豆生态地区种植；在河北张北、甘肃合作、宁夏隆德、西藏拉萨等地可春播种植。

撰稿人：王学军　汪凯华　缪亚梅　赵娜

14 苏豌3号

【品种来源】 江苏沿江地区农业科学研究所于1999年以法国半无叶豌豆为母本、白玉豌豆为父本杂交选育而成，原品系代号：WD3-18。2009年通过宁夏回族自治区农作物品种审定委员会审定，审定编号：宁审豆2009004；2010年通过国家小宗粮豆品种鉴定委员会鉴定，鉴定编号：国品鉴杂2010003。全国统一编号：G05270。

【特征特性】 鲜籽粒型和干籽粒兼用半无叶型豌豆品种，江苏省秋播青荚采收期195d左右（国家区域试验北方春播区生育期83~98d，华东冬播区生育期195~205d）。幼苗生长直立、深绿色，小叶退化为卷须，半无叶型，托叶腋无花青斑。株高49.8~60.0cm，主茎分枝1.4~3.2个，花柄上多着生2朵花，花白色。单株荚数12.5个，单荚粒数3~6粒。鲜荚长7.2cm，宽1.6cm。干籽粒圆形，种皮白色，子叶橙黄色，种脐淡黄白色。干籽粒百粒重24.0~27.0g。干籽粒蛋白质含量21.47%，淀粉含量46.83%，脂肪含量1.31%。中抗白粉病，抗倒伏，耐寒性强。

【产量表现】 干籽粒产量2636.0~3300.0kg/hm^2（鲜荚产量10 500.0~13 500.0kg/hm^2），高者可达5800.0kg/hm^{2}以上。2006~2008年国家春播区3年区域试验干籽粒平均产量2636.5kg/hm^2，较对照（草原224）增产23.7%。2009年国家春播豌豆区域试验干籽粒平均产量3630.0kg/hm^2，比对照（草原224）增产51.2%，比当地对照品种增产8.7%。

【利用价值】 鲜籽粒和干籽粒兼用豌豆，适宜鲜籽粒速冻加工利用。

【栽培要点】 以旱作茬口较为理想，豌豆忌连作。播前应适当整地，施入适量腐熟农家肥和氮磷钾复合肥450kg/hm^{2}作基肥；北方春播区在3月下旬至4月上旬播种，一般播种量150~195kg/hm^2，行距30cm，播种深度5~7cm，种植密度45万~60万株/hm^2；江苏秋播一般在10月28日至11月5日进行播种，播种量120~150kg/hm^2。播种采取穴播或宽窄行条播，行距50cm，株距13cm，每穴3粒，保苗37.5万~52.5万株/hm^2；冬后春前施磷酸二铵225kg/hm^{2}左右；花荚期视长势可追施尿素75~150kg/hm^2，增加结荚率和粒重；视墒情抗旱、排涝。适时喷药，防治潜叶蝇、豌豆象等为害；及时收获，江苏在5月上中旬，青豆荚鼓粒饱满时采摘，剥壳食鲜籽粒，分批采收上市；干籽粒在植株枯黄、豆荚黄白及时收获，之后及时脱粒、晒干、熏蒸或冷藏。

【适宜地区】 适应性广，适宜江苏、浙江等冬播区种植，以及辽宁辽阳、宁夏固原、青海西宁、内蒙古武川等地可春播种植。

撰稿人：王学军　汪凯华　缪亚梅　赵　娜

15 苏豌4号

【品种来源】 江苏沿江地区农业科学研究所于2000年以半无叶豌豆OWD2为母本、如皋扁豌豆为父本杂交选育而成，原品系代号：WZ-46。2012年通过江苏省农作物品种审定委员会鉴定，鉴定编号：苏鉴豌201202。全国统一编号：G05274。

【特征特性】 中熟，软荚荚型，食鲜荚鲜籽粒型半无叶豌豆品种，江苏省青荚采收期180d。幼苗生长直立、深绿色，小叶退化为卷须，托叶腋无花青斑。株高54.8cm；主茎分枝3.5个，花柄上多着生2朵花，花白色。单株荚数17.8个，单荚粒数4.1粒，单株粒数72.8粒。鲜荚长6.5cm，宽1.2cm，鲜籽粒百粒重43.0g。干籽粒圆形，种皮白色，子叶橙黄色，种脐淡黄白色，干籽粒百粒重23.8g。中抗白粉病，抗倒伏，耐寒性较强。

【产量表现】 鲜荚产量9000.0～12 000.0kg/hm²。2009～2011年江苏省区域试验鲜荚平均产量11 639.5kg/hm²，较对照（中豌6号）增产23.7%；鲜籽粒平均产量5052.6kg/hm²，较对照增产19.9%，出籽率43.4%。

【利用价值】 鲜籽粒和干籽粒兼用型豌豆，适宜鲜籽粒速冻加工利用。

【栽培要点】 茬口安排，以旱作茬口较为理想，豌豆忌连作。播前应适当整地，施入适量腐熟农家肥和氮磷钾复合肥450kg/hm²作基肥；适期播种，一般10月28日至11月5日进行播种，播种量120～150kg/hm²。播种采取穴播或宽窄行条播，行距50～60cm，株距15cm，每穴3粒，保苗30万～45万株/hm²；冬后春前施磷酸二铵225kg/hm²左右，花荚期视长势可追施尿素75～150kg/hm²；视墒情抗旱、排涝；及时防治潜叶蝇、豌豆象等为害；江苏在5月上中旬，青豆荚饱满时采摘，剥壳食鲜籽粒，分批采收上市；干籽粒在植株枯黄、豆荚黄白时及时收获，之后及时脱粒、晒干并熏蒸或冷藏。

【适宜地区】 适宜江苏省冬播豌豆生态区种植。

撰稿人：王学军　汪凯华　缪亚梅　赵　娜

16 苏豌5号

【品种来源】 江苏沿江地区农业科学研究所于2000年以半无叶豌豆OWD1为母本、改良奇珍76为父本杂交选育而成，原品系代号：WZ-8。2012年通过江苏省农作物品种审定委员会鉴定，鉴定编号：苏鉴豌201203。全国统一编号：G07446。

【特征特性】 鲜籽粒型和干籽粒兼用半无叶型豌豆品种，江苏省秋播鲜荚采收期195d。幼苗生长直立、深绿色，小叶退化为卷须，托叶腋无花青斑。株高55.2cm，主茎分枝3.2个，花柄上多着生2朵花，花白色。单株荚数16.7个，单荚粒数3.9粒，单株粒数65.3粒。鲜荚长6.3cm、宽1.3cm，鲜籽粒百粒重45.1g。干籽粒圆形，种皮白色，子叶橙黄色，种脐淡黄白色，干籽粒百粒重24.2g。干籽粒蛋白质含量24.20%，淀粉含量61.20%，脂肪含量0.80%。中抗白粉病，抗倒伏，耐寒性强。

【产量表现】 鲜荚产量9000.0~12 000.0kg/hm^2。2009~2011年江苏省区域试验鲜荚平均产量11 580.3kg/hm^2，较对照（中豌6号）增产14.6%；鲜籽粒平均产量4918.0kg/hm^2，较对照增产16.7%，出籽率45.5%。

【利用价值】 鲜籽粒和干籽粒兼用型豌豆，适宜鲜籽粒速冻加工利用。

【栽培要点】 茬口安排，以旱作茬口较为理想，豌豆忌连作。播前应适当整地，施入适量腐熟农家肥和氮磷钾复合肥450kg/hm^{2}作基肥。适期播种，一般在10月28日至11月5日进行播种，播种量120~150kg/hm^2。播种采取穴播或宽窄行条播，行距50cm，株距13cm，每穴3粒，保苗37.5万~52.5万株/hm^2。肥水管理，冬后春前施磷酸二铵225kg/hm^{2}左右；花荚期视长势可追施尿素75~150kg/hm^2，增加结荚率和粒重；视墒情抗旱、排涝。适时喷药，防治潜叶蝇、豌豆象及霜霉病、白粉病、锈病等病虫害，隔7d喷药一次。及时收获，江苏在5月上中旬，青豆荚鼓粒饱满时采摘，剥壳食鲜籽粒，分批采收上市；干籽粒在植株枯黄、豆荚黄白时及时收获，之后及时脱粒、晒干并熏蒸或冷藏。

【适宜地区】 适宜江苏省冬播豌豆生态区种植。

撰稿人：王学军　汪凯华　缪亚梅　赵　娜

17 苏豌7号

【品种来源】 江苏沿江地区农业科学研究所于2000年以半无叶豌豆OWD3为母本、美国甜豌豆-1为父本杂交选育而成，原品系代号：WZ-31。2016年通过国家小宗粮豆品种鉴定委员会鉴定，鉴定编号：国品鉴杂2016001。全国统一编号：G07790。

【特征特性】 鲜籽粒型和干籽粒兼用蔓生型半无叶型豌豆品种。南方秋冬播区生育期173～181d（江苏省青荚采收期195d左右）。幼苗生长直立、深绿色，小叶退化为卷须，托叶大小中，托叶腋无花青斑，半无叶型。幼茎绿色，成熟茎黄色。株高110.5cm，主茎分枝3.1个，主茎节数18.6节，单株荚数18.9个，单荚粒数3.7粒。花白色，成熟荚橙黄色，荚长6.5cm。籽粒形圆形，种皮白色，子叶绿色，种脐淡黄白色，百粒重21.5g。干籽粒蛋白质含量25.97%，淀粉含量56.83%，脂肪含量2.28%。中抗白粉病，抗倒伏，耐寒性强。

【产量表现】 干籽粒产量2250.0～4200.0kg/hm^2。2011～2014年国家冬豌豆区域试验平均产量2256.6kg/hm^2，比参试品种增产7.8%。2013～2014年生产试验平均产量1886.0kg/hm^2，较当地对照品种增产15.6%。

【利用价值】 鲜籽粒、干籽粒及饲用兼用型豌豆。适宜速冻加工。

【栽培要点】 以旱作茬口较为理想。播前应适当整地，施入适量腐熟农家肥和氮磷钾复合肥300kg/hm^{2}作基肥。适期播种，江苏秋播一般在10月28日至11月5日进行播种，播种量120～150kg/hm^2。播种采取穴播或宽窄行条播，行距50～60cm，株距15～20cm，每穴3～4粒，保苗22.5万～37.5万株/hm^2。肥水管理，冬后春前施磷酸二铵225kg/hm^{2}左右；花荚期视长势可追施尿素75～150kg/hm^2，增加结荚率和粒重；视墒情抗旱、排涝。适时喷药，防治潜叶蝇、豌豆象等为害。青豆荚鼓粒饱满时采摘，剥壳食鲜籽粒，分批采收。干籽粒在植株枯黄、豆荚黄白时及时收获，之后及时脱粒、晒干并熏蒸或冷藏。

【适宜地区】 适宜在湖北、江苏等秋冬播区种植。

撰稿人：王学军　汪凯华　缪亚梅　赵　娜

18 皖豌1号

【品种来源】 安徽省农业科学院作物研究所于1999年以地方资源蒙城白豌豆为母本、中豌4号为父本杂交选育而成，原品系代号：F806-01。2012年通过安徽省非主要农作物品种鉴定登记委员会鉴定，鉴定编号：皖品鉴登字第1014001。全国统一编号：G07969。

【特征特性】 冬播生育期201d，春播鲜食生育期92d，属早中熟普通株型品种，鲜食生育期比对照（中豌6号）晚熟1~2d。植株直立紧凑、整齐，株高54.8cm，花白色，有效分枝2.3个，单株荚数13.6个，单荚粒数7.5粒。干籽粒绿色，圆形，种皮光滑，荚长8.6cm、宽2.2cm。干籽粒百粒重23.1g，鲜籽粒百粒重40.6g。干籽粒蛋白质含量23.56%，淀粉含量51.38%。该品种在田间未见白粉病发生，赤斑病和根腐病发生较轻，抗病性较好。

【产量表现】 2008~2009年安徽省两年多点鉴定试验干籽粒最高产量3541.0kg/hm^2，平均产量3150.0kg/hm^2，比对照（中豌6号）增产9.8%；鲜籽粒平均产量6108.0kg/hm^2，比对照（中豌6号）增产11.2%。2010~2011年生产试验干籽粒平均产量3012.0kg/hm^2，比对照（中豌6号）增产8.4%；鲜籽粒平均产量5891.0/hm^2，比对照（中豌6号）增产7.3%。2016~2017年在安徽省农业科学院岗集基地良种繁育，干籽粒平均产量3721.0kg/hm^2，鲜籽粒平均产量6159.0kg/hm^2。

【利用价值】 鲜食籽粒类型豌豆。

【栽培要点】 秋播区在10月下旬至11月中下旬播种，适宜种植密度22.5万~30.0万株/hm^2，播种量120~150kg/hm^2；春播一般在1月下旬至2月上旬，适宜种植密度60万~70万株/hm^2，播种量260~300kg/hm^2。肥力中等田块基施氮磷钾复合肥300~375kg/hm^2，地力较差的地块应适当补施腐熟农家肥或75~150kg/hm^{2}尿素。播种前可用种衣剂拌种。种植行距30cm，株距3~8cm，每穴2~3粒，播种深度3~4cm，播种后3~5d喷施除草剂化学防草。水分管理上应做到旱能灌、涝能排。花荚期可适当喷施磷酸二氢钾叶面肥。及时防治豌豆象、蚜虫、潜叶蝇及霜霉病、白粉病、锈病等病虫害，每周1次，喷施2~3次即可。籽粒饱满、色泽青绿色时进行鲜荚采收，注意保鲜处理，及时上市销售。干籽粒采收在叶片发黄、70%~80%豆荚黄白时收获，待籽粒晒干至含水量13%以下及时脱粒，熏蒸后入库。

【适宜地区】 主要适宜在安徽省江淮及淮河以北豌豆主产区种植。

撰稿人：周　斌　张丽亚　杨　勇　叶卫军　田东丰

19　皖甜豌1号

【品种来源】　安徽省农业科学院作物研究所于1999年以地方资源蒙城白豌豆经多年系统选育而成的荷兰豆类型鲜食嫩荚新品种，原品系代号：S06-5。2012年通过安徽省非主要农作物品种鉴定登记委员会鉴定，鉴定编号：皖品鉴登字第1014003。全国统一编号：G07970。

【特征特性】　冬播生育期208d，春播从出苗到收青荚50～55d，冬播至收青荚150～170d。植株直立、紧凑、整齐，株高63.0cm，花白色，有效分枝3.1个，单株荚数14.2个，单荚粒数7.6粒。干籽粒圆形，种皮绿色，软荚，嫩荚绿色，种皮光滑，荚长9.6cm，荚宽2.4cm。干籽粒百粒重23.0g。田间试验中白粉病未见发生，赤斑病和根腐病发生较轻，抗病性较好。

【产量表现】　2008～2009年参加合肥点品种比较试验，鲜荚平均产量12 900.0kg/hm^2，比对照（食荚大菜豌1号）增产26.4%。2009～2010年参加合肥点品种比较试验，鲜荚平均产量13 650.0kg/hm^2，比对照（食荚大菜豌1号）增产33.8%。2009～2010年参加濉溪点品种比较试验，干籽粒比对照（中豌6号）增产5.3%，居第一位；同年参加生产试验，干籽粒比对照（中豌6号）增产1.4%。

【利用价值】　嫩荚肥嫩多汁，鲜食纤维较少、口感好。

【栽培要点】　秋播区在10月下旬至11月中下旬初播种，适宜种植密度22.5万～30.0万株/hm^2，播种量120～150kg/hm^2；春播一般在1月下旬至2月上旬，适宜种植密度60万～75万株/hm^2，播种量260～300kg/hm^2。播种前用多菌灵拌种。播种行距30cm，株距3～8cm，每穴2～3粒，播种深度3～4cm，播种后3～5d喷施除草剂化学防草。水分管理上应做到旱能灌、涝能排。花荚期易遇连阴雨，需及时清沟排水，防治病害滋生。花荚期可适当喷施磷酸二氢钾叶面肥。及时防治豌豆象、蚜虫、潜叶蝇及霜霉病、白粉病、锈病等病虫害，每周1次，喷施2～3次即可。籽粒饱满、色泽青绿色时进行鲜荚采收，注意保鲜处理，及时上市销售。干籽粒采收在叶片发黄、70%～80%豆荚黄白时收获，待籽粒晒干至含水量13%以下及时脱粒，熏蒸后入库。

【适宜地区】　主要适宜在安徽省江淮及淮河以北豌豆主产区种植。

撰稿人：周　斌　张丽亚　杨　勇　叶卫军　田东丰

20 科豌8号

【品种来源】 山东省青岛市农业科学研究院于2010年由从加拿大引进的半无叶豌豆经系统选育而成，原品系代号：Q73。2016年通过辽宁省非主要农作物品种备案委员会备案，备案编号：辽备菜2015046。全国统一编号：G06530。

【特征特性】 中熟品种，春播生育期105d，株高100.0~120.0cm，主茎分枝2~3个，叶片深绿，半无叶型，鲜茎绿色，花白色，双花花序，有限结荚型。始荚高度48.0cm，鲜荚绿色，鲜荚长7.0cm、宽1.0cm，直荚。单荚粒数3~5粒，单株荚数14~20个，成熟籽粒种皮绿色，百粒重19.0g。高抗白粉病，高抗倒伏。干籽粒蛋白质含量26.85%，淀粉含量66.90%，脂肪含量0.90%。

【产量表现】 2012~2013年新品系比较试验平均产量3157.5~3451.5kg/hm^2。2013年生产试验中，在山东青岛、莱阳、威海、潍坊和辽宁辽阳5个试点参试，产量为2719.5~3300.0kg/hm^2，平均产量3057.0kg/hm^2。

【利用价值】 淀粉含量高，可作为淀粉加工型品种推广利用。

【栽培要点】 山东地区冬播适宜播种期10月中旬，春播适宜播种期2月中下旬。播种量150~225kg/hm^2，播种深度3~4cm，行距35~40cm，条播。结合耕翻土壤，施用氮磷钾复合肥300kg/hm^2。冬前视墒情浇水，若无有效降雨，在土壤封冻前（12月上旬）浇一次大水。豌豆返青期先镇压后划锄，压碎坷垃、弥封裂缝、增温保墒。视土壤墒情浇水，若无有效降雨，应在3月上旬及时浇返青水。苗期及时防治根腐病、地老虎。花荚期及时防治豆荚螟、蚜虫和潜叶蝇为害。80%植株荚果呈现枯黄色时开始收获，收获后及时晾晒、脱粒及清选，并及时熏蒸或冷藏处理以防止豆象为害。

【适宜地区】 适宜在山东半岛地区、山东中部地区冬播或春播种植，适宜在辽宁中部地区春播种植。

撰稿人：张晓艳　郝俊杰　宗绪晓　杨　涛　李　玲

21　鄂豌1号

【品种来源】　湖北省农业科学院粮食作物研究所于2005年以地方品种当阳铁子为母本、科豌1号为父本杂交选育而成，原品系代号：鄂-3。2015年通过湖北省农作物品种审定委员会审定，审定编号：鄂审杂2015001。全国统一编号：G07739。

【特征特性】　中熟品种，冬播生育期194d，有限结荚习性，生长较旺盛，株型紧凑，直立生长。幼茎绿色，成熟茎黄色，冬播株高84.3cm，主茎分枝3~4个，半无叶复叶型，花蕾浅绿色，花白色。单株荚数21.2个，荚长6.5cm，成熟荚黄色，马刀形，单荚粒数5.7粒。籽粒球形，种皮淡黄色，百粒重17.6g。干籽粒蛋白质含量23.70%，淀粉含量46.90%。成熟时熟相清秀，结荚集中，丰产性好。

【产量表现】　2011年湖北省豌豆新品种比较试验中，比对照（中豌6号）的生育期长5d，比对照（科豌1号）的生育期短1d，比对照（中豌6号）增产17.2%，比对照（科豌1号）增产34.9%。2012年湖北省豌豆新品种比较试验中，比对照（中豌6号）的生育期长5d，比对照（科豌1号）的生育期短2d，比对照（中豌6号）增产5.7%，比对照（科豌1号）增产22.5%。综合两年新品种比较试验，平均产量1775.1kg/hm^2，比对照（中豌6号）增产11.3%，比对照（科豌1号）增产28.5%。

【利用价值】　籽粒黄白色，粒形饱满，商品外观好，干籽粒粒用类型。

【栽培要点】　在湖北地区，播种期从10月中旬至11月上旬，田地的选择应注重轮作换茬，种植密度27万~30万株/hm^2。播种时基肥的施用可选择氮磷钾复合肥375kg/hm^2，播种后施用除草剂进行土壤封闭除草。花期用0.4%磷酸二氢钾进行叶面喷肥，每7d一次，连续2次。豌豆干籽粒的采收应在上部荚果籽粒进入灌浆后期，中下部豆荚充分完熟呈现出成熟色，下部籽粒含水率为22%左右，籽粒颜色接近本品种的固有光泽时进行。

【适宜地区】　湖北及周边豌豆产区。

撰稿人：万正煌　李莉　刘昌燕

22 桂豌豆1号

【品种来源】 广西壮族自治区农业科学院水稻研究所于2015年从广西柳州市三江侗族自治县本地豌豆中系统选育而成，原品系代号：16-W115。全国统一编号：G07959。

【特征特性】 普通株型，软荚荚型品种，于10月播种，次年1月初可采收青荚，3月可收获干籽粒。植株半蔓生，叶浅绿色，叶表剥蚀斑较少，叶腋花青斑明显，复叶叶型为普通型，花紫红色，多花花序。株高168.5cm，主茎分枝3～5个，单株荚数26.0个，单荚粒数8～10粒，荚长8.9cm。鲜荚绿色，成熟荚黄白色，荚联珠形。鲜籽粒绿色、球形，干籽粒扁球形、表面凹坑、种皮褐色，干籽粒百粒重35.0g，单株干籽粒产量68.5g。耐旱性强，抗白粉病。

【产量表现】 青荚产量15 000.0～22 500.0kg/hm²，干籽粒产量1500.0～3000.0kg/hm²，最高产量可达3225.0kg/hm²以上。2017～2018年品种比较试验青荚平均产量20 310.0kg/hm²，比对照增产15.7%；干籽粒平均产量2034.0kg/hm²。2018～2020年在广西南宁市武鸣区、大新县、合浦县、苍梧县及陆川县开展的生产试验中，青荚平均产量18 473.4kg/hm²，比对照增产11.6%；干籽粒平均产量1809.5kg/hm²，比对照增产8.1%。

【利用价值】 鲜食茎叶、鲜食籽粒类型豌豆。

【栽培要点】 适宜播种时间为9～10月，忌连作。种植行距70～80cm，播种深度4～6cm，种植密度22.5万～35.0万株/hm²，播种量80～120kg/hm²。可条播或穴播，穴播时穴距25cm左右，每穴种植2～3粒。为了方便排水和采摘，建议起畦搭架种植，每畦2～4行。植株长至30cm左右搭架，并用细绳将豌豆引至竹竿上。播种前施用氮磷钾复合肥约300kg/hm²或农家肥约30t/hm²作底肥或种肥，之后根据土壤肥力状况和采收次数进行追肥，以氮肥为主，分3～5次施用。播种后视墒情及时灌水，保证豌豆出苗，雨水较多时及时排涝，干旱时要及时浇水。注意防治蚜虫、潜叶蝇。在开花后12～14d，幼荚充分长大、尚未开始鼓粒时采收。

【适宜地区】 适于广西各地种植，在江苏、青岛、重庆、安徽、张家口等地表现良好。

撰稿人：罗高玲　陈燕华　李经成

23 渝豌1号

【品种来源】 由重庆市农业科学院和甘肃省农业科学院作物研究所合作,2015年以甘肃古浪麻豌豆为母本、Afila为父本杂交选育而成,原品系代号：S3006 2019年通过重庆市农作物品种审定委员会鉴定,鉴定编号：渝品审鉴2019039。全国统一编号：G08017。

【特征特性】 早中熟品种,生育期176d,生长习性直立,株高100.8cm,开花习性无限。主茎分枝1.1个,复叶叶型半无叶,花紫色。荚质硬,荚马刀形,鲜荚绿色,成熟荚浅黄色。单株荚数8.4个,单荚粒数4.2粒,百粒重19.9g。干籽粒种皮褐色,种脐灰白色,子叶绿色,籽粒表面凹坑。干籽粒蛋白质含量26.30%,淀粉含量48.60%,脂肪含量0.85%,膳食纤维含量14.50%。

【产量表现】 2018~2019年参加重庆市豌豆区域试验,产量达到2347.5kg/hm^2,居第一位,较对照（巫山紫花豌）增产39.5%。该品种在重庆4个县（市、区）进行了小面积的试验示范,干籽粒平均产量在1950.0kg/hm^{2}以上。由于该品种直立抗倒伏,花色鲜艳,吸引了当地游客,示范效果良好。

【利用价值】 适于林下间作套种生产干籽粒,也可作为景观植物种植等。

【栽培要点】 秋播区在10月中下旬播种。播种规格：开槽点播,行距50cm,株距10~15cm;可用腐熟农家肥与细沙土以1∶2的比例混合后盖种。施氮磷钾复合肥330kg/hm^{2}作基肥;播种后立即用除草剂喷雾,对土壤封闭处理,防止杂草生长;在豌豆盛花期或发病初期用高效低毒杀菌剂喷雾,每7~15d喷雾1次,连续喷药3~4次防治白粉病、锈病等病害。在豌豆初花期至盛花期用高效低毒杀虫剂喷雾防治豆象成虫和潜叶蝇,每隔7~10d喷施1次,喷施5~7次。根据豆荚的用途及时采收,依豆荚鼓粒程度灵活掌握采收日期。若以食青豆粒为主,在豆荚已充分鼓起、豆粒已达70%饱满、豆荚刚要开始转色时采收。若以食干豆粒为主,在绝大多数豆荚变黄但没有开裂时,抢晴在上午进行采收,收获后置于避雨通风处,放置7~10d,选择晴天晾晒、脱粒,充分晒干后装入坛内存放。

【适宜地区】 适宜甘肃省、重庆市及生态类型相似的区域种植。

撰稿人：杜成章　张继君　龙珏臣

24　成豌10号

【品种来源】　四川省农业科学院作物研究所于2004年以自主选育高代品系9257-1-1为母本、地方品种白豌豆为父本杂交，于2009年育成，原品系代号：早288-1。2015年通过四川省农作物品种审定委员会审定，审定编号：川审豆2015007。全国统一编号：G07520。

【特征特性】　中早熟品种，生育期175d。无限开花习性，半直立生长。幼茎绿色，成熟茎黄色，株高66.2cm。主茎分枝4.0个，复叶有须，叶深绿色，倒卵圆形叶，花白色。单株节数10.0节以上，单株荚数13.4个，单株粒数69.7粒，单荚粒数5.4粒，成熟荚黄白色、直形，嫩荚深绿色。干籽粒种皮白色，种脐白色，百粒重17.3g。干籽粒蛋白质含量23.30%，淀粉含量39.70%。抗白粉病、茎腐病，耐旱性强。

【产量表现】　2012～2013年四川省区域试验平均产量1909.5kg/hm^2，较对照（青豌豆）增产31.9%。2014年在成都、内江、达州、简阳进行生产试验，平均产量2080.5kg/hm^2，较对照（青豌豆）增产15.0%，其中达州试点产量高达2430.0kg/hm^2。

【利用价值】　芽苗菜生产、食品加工。

【栽培要点】　盆地内以10月下旬至11月上旬播种为宜。播种量90kg/hm^2。净作行距50～60cm，穴距25cm，种植密度22.5万～31.5万株/hm^2。播种时施入过磷酸钙450kg/hm^2，适量农家肥。幼苗期遇旱应灌水一次，及时中耕除草，花期防治豆象为害。嫩荚成熟时及时采收上市，干籽粒收获后及时晒干灭豆象、贮存。

【适宜地区】　适宜在四川省及长江以南平坝、丘陵生态区秋冬季种植。

撰稿人：余东梅　项　超　杨　梅

25 食荚大菜豌6号

【品种来源】 四川省农业科学院作物研究所于1991年以新西兰引进资源麦斯爱为母本、从亚洲蔬菜研究中心引进材料JI1194为父本杂交，于2003年育成，原品系代号：99043-1-1。2010年通过四川省农作物品种审定委员会审定，审定编号：川审蔬2010006。全国统一编号：G07731。

【特征特性】 中早熟品种，生育期168d。无限花序，株型紧凑，幼苗半直立，生长矮健。幼茎绿色，成熟茎黄色，株高72.1cm。主茎分枝3~4个，复叶有须，叶灰绿色，表面驳蚀斑多，花白色。单株荚数17.5个，鲜荚长11.6cm，百荚重573.9g，青荚大、扁，肉质厚，果肉率82.0%。青荚蛋白质含量2.68%，粗纤维含量0.74%，总糖含量2.57%。干籽粒种皮白色，圆形，粒大，百粒重27.7g，粗蛋白质含量26.50%，脂肪含量1.30%。

【产量表现】 2007~2008年四川省区域试验，鲜荚平均产量9376.5kg/hm^2，较对照（食荚大菜豌1号）增产16.3%。2008年在成都、内江、简阳进行生产试验，鲜荚平均产量9619.5kg/hm^2，较对照（食荚大菜豌1号）增产14.6%，其中简阳试点产量高达10 534.5kg/hm^2。

【利用价值】 鲜食豆荚类型，鲜食菜用、食品加工。

【栽培要点】 盆地内以10月下旬至11月上旬播种为宜，播种量60~75kg/hm^2，净作行距50~60cm，穴距25cm，种植密度18.0万~22.5万株/hm^2。选择中等、偏下肥力土壤种植，播种时施过磷酸钙450kg/hm^{2}作底肥。嫩荚、嫩籽粒成熟时及时分批采收上市，干种子收获后及时晒干灭豆象、贮存。

【适宜地区】 适宜在四川省平坝、丘陵生态区秋冬季种植。

撰稿人：余东梅 项 超 杨 梅

26　食荚甜脆豌3号

【品种来源】　四川省农业科学院作物研究所于2004年以自主选育品种食荚大菜豌1号为母本、1988年从南京引进材料中山青为父本杂交，于2003年育成，原品系代号：9107-1-1。2009年通过四川省农作物品种审定委员会审定，审定编号：川审蔬2009016。全国统一编号：G07102。

【特征特性】　中熟品种，生育期171d。无限花序，幼苗半直立，生长矮健。幼茎绿色，成熟茎黄色，株高70.8cm。主茎分枝3.0个，复叶有须，叶深绿色，花白色。单株荚数14.5个，鲜荚长8.1cm，百荚重547.1g。青荚绿色，果皮肉质厚，果肉率83.2%，蛋白质含量2.30%，粗纤维含量0.53%，总糖含量4.30%。干籽粒种皮浅绿色，表面褶皱，粒大，百粒重25.4g，粗蛋白质含量29.70%，脂肪含量1.94%。

【产量表现】　2007~2008年四川省区域试验，鲜荚平均产量8586.0kg/hm^2，较对照（食荚大菜豌1号）增产12.1%。2008年在成都、内江、简阳进行生产试验，鲜荚平均产量9045.0kg/hm^2，较对照（食荚大菜豌1号）增产7.8%，其中简阳试点产量高达10 338.0kg/hm^2。

【利用价值】　鲜食豆荚类型，鲜食菜用、食品加工。

【栽培要点】　盆地内以10月下旬至11月上旬播种为宜，播种量60~75kg/hm^2，净作行距50~60cm，穴距25cm，种植密度18.0万~22.5万株/hm^2。选择中等、偏下肥力土壤种植，播种时施过磷酸钙450kg/hm^{2}作底肥。嫩荚、嫩籽粒成熟时及时分批采收上市，干种子收获后及时晒干灭豆象、贮存。

【适宜地区】　适宜在四川省平坝、丘陵生态区秋冬季种植。

撰稿人：余东梅　项　超　杨　梅

27 云豌1号

【品种来源】 云南省农业科学院粮食作物研究所于2008年以L0307为母本、L0298为父本杂交选育而成，原品系代号：2003(5)-1-17。2008年获植物新品种权，品种权号：CNA20080356.5，2020年通过农业农村部非主要农作物品种登记，登记编号：GPD豌豆（2020）530022。全国统一编号：G07628。

【特征特性】 中熟品种，生育期180d。生长习性直立，开花习性有限，株高51.0cm，幼茎黄绿色，成熟茎黄色；分枝力中等，主茎分枝5.2个；复叶叶型无须，叶缘全缘。叶绿色，花白色，多花花序，荚质硬，荚马刀形。单株荚数21.2个，单荚粒数6.4粒，荚长8.3cm、宽1.4cm。鲜荚绿色，成熟荚浅黄色，种皮淡绿色，种脐灰白色，子叶绿色。粒形圆球形，百粒重21.0g，单株粒重20.0g。干籽粒蛋白质含量25.1%，淀粉含量46.82%。中抗白粉病。

【产量表现】 品种比较试验干籽粒平均产量3177.0kg/hm^2，比对照（中豌6号）增产58.5%。大田生产干籽粒平均产量3020.0kg/hm^2，增产17.2%～31.8%；鲜豆苗产量约15 000.0kg/hm^2。

【利用价值】 鲜食茎叶生产。

【栽培要点】 最佳播种期为9月20日至10月15日，在云南中部一年四季均可播种栽培。播种密度按中等肥力田地54万～60万株/hm^{2}计算，可根据土壤肥力状况作小幅增减。采用理厢或者起垄开槽单/双粒点播。在给水、保水条件差的地块可采取理厢方式种植，厢面宽度不超过100cm，种植3行，行距40～50cm，按照30～40cm深度和宽度开沟。水分条件较为充裕的地块起垄种植，垄底部宽度80cm，垄面宽度20cm，单行种植。株距按3～6cm单粒点播或者6～12cm双粒点播，株距根据实际播种密度调整。施用氮磷钾复合肥、氮肥及农家肥时，根据土壤肥力状况和采收次数确定用量，作苗肥分3～5次施用。及时灌水，并严格防控蚜虫、潜叶蝇等虫害。

【适宜地区】 云南省海拔1100～2400m的蔬菜产区及近似生境区域栽培种植。

撰稿人：何玉华　王丽萍　吕梅媛　杨　峰

28　云豌4号

【品种来源】 云南省农业科学院粮食作物研究所于2010年利用引自法国农业科学研究院的优异种质为亲本系统选育而成，原品系代号：L0313选。2013年通过云南省非主要农作物品种登记委员会登记，登记编号：滇登记豌豆2012001号。全国统一编号：G08077。

【特征特性】 中早熟品种，生育期182d。生长习性直立，开花习性有限。株高52.5cm。分枝力中等，主茎分枝5.0个。复叶叶型普通，叶缘全缘。叶绿色，花白色，多花花序。荚质硬，荚马刀形。单株荚数25.0个，单荚粒数6.0粒，荚长6.9cm、宽1.1cm。鲜荚绿色，成熟荚浅黄色。干籽粒种皮白色，种脐灰白色，子叶浅黄色，粒形圆球形。干籽粒百粒重21.3g，单株粒重25.2g。干籽粒蛋白质含量16.90%，淀粉含量45.12%。高抗白粉病。

【产量表现】 品种比较试验干籽粒平均产量6931.5kg/hm²，比对照（中豌6号）增产73.5%。一般干籽粒平均产量4381.0kg/hm²，比当地同类品种增产7.5%~19.3%。

【利用价值】 鲜籽粒生产。

【栽培要点】 西南秋播区域最佳播种期为9月25日至10月20日，也可用于春播生产或者高寒海拔区域夏播。按中等肥力田地48万株/hm²计算，并据土壤肥力状况作增减调整。采用理厢或者起垄开槽单/双粒点播。播种按行距40~50cm，株距按3~6cm单粒点播或者6~12cm双粒点播，株距根据实际播种量调整。与烤烟、玉米等前作间作套种进行鲜籽粒生产，播种方式采用免耕直播，厢/垄面宽根据前作所形成的规格来定，播种密度通过株距进行增减。施用氮磷钾复合肥、氮肥及农家肥时，根据土壤肥力状况和采收次数确定用量，作种肥和苗肥时分2次施用。及时灌水，并严格防控蚜虫、潜叶蝇等虫害。

【适宜地区】 云南省海拔1100~2400m的蔬菜产区，以及生境条件近似的豌豆产区栽培种植。

撰稿人：何玉华　王丽萍　吕梅媛　于海天

29　云豌8号

【品种来源】　云南省农业科学院粮食作物研究所于2010年以法国农业科学研究院引入的种质材料L0314为亲本系统选育而成。云南省保存单位编号：L0314选。2013年通过云南省非主要农作物品种登记委员会登记，登记编号：滇登记豌豆2012002号。全国统一编号：G07439。

【特征特性】　属中熟品种，生育期185d。生长习性直立，开花习性有限型，株高74.5cm。分枝力中等，主茎分枝6.8个。复叶叶型半无叶，叶绿色，花白色，多花花序。荚质硬，荚马刀形。单株荚数30.7个，单荚粒数5.0粒，荚长6.2cm、宽1.2cm。鲜荚绿色，成熟荚浅黄色。干籽粒种皮浅绿色，种脐灰白色，子叶绿色，粒形圆球形，百粒重23.4g，单株粒重29.5g。干籽粒蛋白质含量26.60%，淀粉含量43.50%。高抗白粉病。

【产量表现】　品种比较试验干籽粒平均产量7684.5kg/hm^2，比对照（中豌6号）增产92.4%。大田生产试验干籽粒平均产量4287.9kg/hm^2，比当地同类品种增产17.2%～42.5%。

【利用价值】　干籽粒粒用。

【栽培要点】　秋播区域最佳播种期为9月25日至10月20日。按中等肥力田地50万～70万株/hm^{2}计算，并据土壤肥力状况作增减调整；采用理厢开槽单/双粒点播种植，厢面宽3～4m，具体的厢面宽度视土壤供水条件而定。播种行距40cm，株距按照3～6cm单粒点播或者6～12cm双粒点播。施用氮磷钾复合肥、氮肥及农家肥时，根据土壤肥力状况确定用量，作种肥和苗肥时分2次施用。花荚期及时灌水，并严格防控蚜虫、潜叶蝇等虫害。

【适宜地区】　云南省海拔1100～2400m的蔬菜及豌豆产区，以及生境条件近似的其他豌豆产区栽培种植。

撰稿人：何玉华　王丽萍　吕梅媛　杨　峰

30 云豌18号

【品种来源】 云南省农业科学院粮食作物研究所以2003年引自澳大利亚的优异种质L1413为亲本系统选育而成，原品系代号：L1413选。2014年通过云南省非主要农作物品种登记委员会登记，登记编号：滇登记豌豆2014011号。2018年通过农业农村部非主要农作物品种登记，登记编号：GPD豌豆（2018）530031。全国统一编号：G07441。

【特征特性】 中熟品种，秋播生育期187d，早秋种植在播种后110~120d采收鲜荚。无限结荚习性，半蔓生株型，株高80.0~100.0cm。分枝力中等，主茎分枝4.3个；复叶叶型普通，叶缘全缘，花白色，单花花序。单株荚数18.9个，单荚粒数5.1粒，荚长7.6cm，宽1.4cm，荚质硬，荚直形，鲜荚绿色，成熟荚浅黄色。新收获干籽粒种皮皱，种皮绿色，种脐绿色，子叶绿色，百粒重21.0g。干籽粒蛋白质含量25.20%，淀粉含量46.80%，单宁含量0.29%，总糖含量5.28%。中抗白粉病。

【产量表现】 大田生产试验干籽粒产量3000.0~3750.0kg/hm^2，鲜荚产量12 000.0~18 000.0kg/hm^2，干籽粒平均产量4383.0kg/hm^2，增产13.3%~29.4%。2013~2017年在云南、四川、重庆、新疆等省份豌豆产区示范推广面积累计8140hm^2。

【利用价值】 鲜销菜用，生产鲜荚、鲜籽粒，是优质菜用型豌豆品种。

【栽培要点】 秋播区域最佳播种期为9月25日至10月20日，可适当早播，早秋种植最佳播种期为8月15日至9月20日。选择理厢开槽点播或者起垄开槽点播，理厢的宽度1~4m，实际宽度根据给水条件及机械化水平决定，起垄的宽度则按照65~70cm，沟深及沟宽30~35cm，播种株距3~6cm单粒点播，或者按株距6~12cm双粒点播，播种量75~90kg/hm^2，保苗30万~45万株/hm^2。与烤烟、玉米等前作间作套种播种则选择免耕直播方式，利用秸秆作为豌豆攀爬支架，厢/垄面宽度根据前作所形成的规格而定，播种密度通过株距进行增减。施肥按普通过磷酸钙450kg/hm^2、硫酸钾225kg/hm^{2}计算用量。花荚期灌水2~3次，严格防控潜叶蝇和蚜虫。

【适宜地区】 适宜云南省海拔1100~2400m的蔬菜产区及生境条件近似的豌豆产区栽培种植。

撰稿人：何玉华　吕梅媛　杨　峰　于海天　杨　新

31　云豌20号

【品种来源】　云南省农业科学院粮食作物研究所于2010年以从澳大利亚引进的优异种质L1417为亲本系统选育而成，原品系代号：L0147选。2014年通过云南省非主要农作物品种登记委员会登记，登记编号：滇登记豌豆2014012号。全国统一编号：G08078。

【特征特性】　中熟品种，生育期185d，秋播区域播种后130d左右采收鲜荚。无限结荚习性，株高100.0cm。分枝力中等，复叶叶型普通，叶缘全缘，花白色，多花花序。荚质硬，鲜荚绿色，成熟荚浅黄色。干籽粒皱，种皮浅绿色，子叶绿色。主茎分枝4.8个，有效分枝3.7个，单株荚数28.8个，单荚粒数6.1粒，荚长6.9cm，宽1.2cm，百粒重17.2g，单株粒重21.7g。干籽粒蛋白质含量24.30%，淀粉含量31.71%。

【产量表现】　大田生产试验干籽粒平均产量3016.5kg/hm^2，较对照（中豌6号）增产24.2%，鲜荚产量12 000.0～18 000.0kg/hm^2。2013～2017年在昆明、曲靖、楚雄、丽江、保山等地示范推广面积累计147hm^2。

【利用价值】　鲜食籽粒专用型品种。

【栽培要点】　秋播区域最适播种期为9月25日至10月20日，可适当早播，早秋种植最佳播种期为8月15日至9月20日。采用深沟起垄搭架栽培方式，按垄面宽65～70cm、沟宽30～35cm起垄。在垄面中部开槽单行点播，按株距3～6cm单粒点播或6～12cm双粒点播，播种量75～90kg/hm^2，保苗27万～30万株/hm^2；与烤烟、玉米等前作间作套种进行鲜食生产，播种方式选择免耕直播，前作烟草、玉米秸秆作为豌豆攀附用的支架使用，厢/垄面宽度根据前作所形成的规格而定，播种密度通过株距进行增减。施肥按普通过磷酸钙450kg/hm^2、硫酸钾225kg/hm^{2}计算用量。开花至灌浆期灌水2～3次，严格防控潜叶蝇和蚜虫。早秋播种选择无霜冻或霜期较短的区域栽培种植。

【适宜地区】　适宜云南省海拔1100～2400m的蔬菜产区及生境条件近似的豌豆产区种植。

撰稿人：　何玉华　吕梅媛　杨　峰　杨　新　代正明

32 云豌21号

【品种来源】 云南省农业科学院粮食作物研究所于2009年以引自澳大利亚的豌豆优异种质L1332为亲本系统选育而成，原品系代号：L1332选。2015年通过国家小宗粮豆品种鉴定委员会鉴定，鉴定编号：国品鉴杂2015036。2020年通过农业农村部非主要农作物品种登记，登记编号：GPD豌豆（2020）530016。全国统一编号：G07442。

【特征特性】 中熟品种，生育期183d。矮生半无叶，生长直立，株高90.0cm，有限型开花结荚习性。分枝力中等，主茎分枝3.0个。花白色，多花花序。单株荚数23.6个，单荚粒数4.1粒，荚长6.9cm、宽1.1cm，荚质硬，鲜荚绿色，成熟荚浅黄色。干籽粒种皮白色，子叶黄色，籽粒圆球形，干籽粒百粒重19.6g。干籽粒蛋白质含量22.70%，淀粉含量44.38%。高抗白粉病。

【产量表现】 国家区域试验秋播组干籽粒平均产量2410.6kg/hm^2，较对照增产19.5%。生产试验干籽粒平均产量2326.5kg/hm^2，增产39.1%。

【利用价值】 干籽粒专用型品种。

【栽培要点】 秋播区域以10月1~20日为最佳播种期。中等肥力田块，按种植密度45万~60万株/hm^{2}计算播种量。采用理厢开槽单/双粒点播种植，厢面宽3~4m，具体的厢面宽度视土壤供水条件而定。播种行距40cm，株距按照3~6cm单粒点播或者6~12cm双粒点播。用普通过磷酸钙+硫酸钾作为种肥或苗肥施用，施用量按450kg/hm^{2}普通过磷酸钙+150kg/hm^{2}硫酸钾计算。开花结荚期根据田间情况灌水2~3次，同时按75~90kg/hm^{2}尿素计算，将氮素化肥溶于水中追肥。注意及时防治潜叶蝇和蚜虫。

【适宜地区】 适宜云南省海拔1100~2400m的旱地豌豆区或春播豌豆主产区域栽培种植。

撰稿人：何玉华　吕梅媛　杨　峰　于海天　郑爱清

33 云豌50号

【品种来源】 云南省农业科学院粮食作物研究所于2015年以L1335为母本、L1414为父本杂交选育而成，原品系代号：W2012-14。2018年完成云南省区域试验。2021年通过农业农村部非主要农作物品种登记，登记编号：GPD豌豆（2021）530068。全国统一编号：G08081。

【特征特性】 中熟品种，生育期185d。生长习性直立，开花习性无限，株高100.0cm。幼茎绿色，成熟茎黄色。分枝力中等，主茎分枝3.7个。叶型为全卷须，叶腋花青苷有显色，花粉红色。荚质软，荚形直，单株荚数22.8个，单荚粒数3.9粒，荚长5.9cm、宽1.1cm。鲜荚绿色，成熟荚浅黄色，种皮绿色，种脐淡褐色，子叶黄色。粒形圆球形，百粒重21.7g，单株粒重20.0g。干籽粒蛋白质含量16.0%，淀粉含量50.06%，总糖含量5.57%。中抗白粉病，中抗锈病。

【产量表现】 区域试验干籽粒平均产量2329.5kg/hm^2，比对照（云豌18号）增产23.0%。大田生产干籽粒产量2000.0～2500.0kg/hm^2，增产8.3%。

【利用价值】 软荚类型豌豆，用于鲜食豆荚生产。

【栽培要点】 秋播区域最佳播种期为9月25日至10月20日，可适当早播，早秋种植最佳播种期为8月15日至9月20日。采用深沟起垄搭架栽培方式，按垄面宽65～70cm、沟宽30～35cm起垄。在垄面中部开槽单行点播，株距按3～4cm单粒点播或者8～10cm双粒点播，播种量75kg/hm^2，保苗27万～30万株/hm^2，在苗期人工搭架辅助豌豆的直立生长以保证产量和品质，搭架高度的要求是地面以上支撑部分不低于2m。底肥施用普通过磷酸钙450kg/hm^2、硫酸钾225kg/hm^2，结荚期按300kg/hm^{2}用量将尿素溶于水中进行追肥。在开花结荚期根据长势和苗架情况用0.3%磷酸二氢钾＋0.3%尿素＋0.2%硼肥溶液进行叶面喷施。严格防控潜叶蝇和蚜虫。

【适宜地区】 适宜云南省海拔1100～2400m的蔬菜产区，以及春播豌豆主产区域栽培种植。

撰稿人：何玉华　吕梅媛　杨　峰　王丽萍　代正明

34 云豌33号

【品种来源】 云南省农业科学院粮食作物研究所于2009年以引自澳大利亚的豌豆优异种质资源L1335为亲本系统选育而成，原品系代号：L1335选。2014年通过云南省非主要农作物品种登记委员会登记，登记编号：滇登记豌豆2014013号。2020年通过农业农村部非主要农作物品种登记，登记编号：GPD豌豆（2020）530034。全国统一编号：G08082。

【特征特性】 中熟品种，生育期188d。矮生半无叶类型，株高72.3cm。主茎分枝5.4个，花白色，单花花序。单株荚数20.6个，单荚粒数5.4粒，荚质软，鲜荚绿色，成熟荚黄色，荚长6.9cm、宽1.1cm。干籽粒百粒重20.0g，种皮白色，子叶黄色，籽粒圆形，种皮光滑。干籽粒蛋白质含量17.10%，淀粉含量46.69%。抗白粉病，中抗锈病。

【产量表现】 品种比较试验干籽粒平均产量3570.5kg/hm^2，较对照增产20.9%。生产试验干籽粒平均产量2710.0kg/hm^2。

【利用价值】 优质软荚菜用型豌豆品种。

【栽培要点】 秋播区域最佳播种期为9月25日至10月20日，早秋种植最佳播种期为8月15日至9月20日。采用深沟起垄搭架栽培方式，按垄面宽65～70cm、沟宽30～35cm起垄。在垄面中部开槽单行点播，株距按3～4cm单粒点播或者8～10cm双粒点播，播种量75kg/hm^2，保苗27万～30万株/hm^2；与烤烟、玉米等前作间作套种进行生产时，播种方式选择免耕直播，前作烟草、玉米秸秆作为豌豆攀附用的支架使用，厢/垄面宽度根据前作所形成的规格而定，播种密度通过株距进行增减。底肥按普通过磷酸钙450kg/hm^2、硫酸钾225kg/hm^{2}计算用量，结荚期按300kg/hm^{2}用量将尿素溶于水中进行追肥。在开花结荚期根据长势和苗架情况用0.3%磷酸二氢钾+0.3%尿素+0.2%硼肥溶液进行叶面喷施。严格防控潜叶蝇和蚜虫。

【适宜地区】 适宜云南省海拔1100～2400m的蔬菜产区，以及春播豌豆主产区域栽培种植。

撰稿人： 何玉华　吕梅媛　杨　峰　王玉宝　于海天

35 云豌35号

【品种来源】 云南省农业科学院粮食作物研究所于2012年以引自西班牙的豌豆优异种质资源L2340为亲本系统选育而成，原品系代号：L2340选。2015年通过云南省种子管理站鉴定，鉴定编号：云种鉴定20150032号。2021年通过农业农村部非主要农作物品种登记，登记编号：GPD豌豆（2021）530029。全国统一编号：G08083。

【特征特性】 中熟品种，生育期185d。有限结荚习性，株高70.0cm。矮生半无叶类型，花粉红色，叶腋花青苷有显色，双花花序。主茎分枝2.9个，单株荚数15.4个，单荚粒数4.1粒，荚长6.5cm、宽1.2cm，荚形直，鲜荚绿色，成熟荚浅黄色。百粒重19.7g，籽粒种皮浅褐色，子叶橙黄色，籽粒球形，种子表面光滑。干籽粒蛋白质含量19.90%，淀粉含量47.62%，总糖含量6.13%，单宁含量0.80%。抗白粉病，中抗锈病。

【产量表现】 云南省豌豆区域试验干籽粒平均产量2971.5kg/hm^2，较对照（中豌6号）增产89.9%。

【利用价值】 干籽粒粒用型豌豆新品种。

【栽培要点】 秋播区域最佳播种期为9月25日至10月20日。按厢面宽3~4m、沟宽30~35cm进行理厢。在厢面上开槽点播，行距40~50cm，株距按3~4cm单粒点播，或者6~10cm双粒点播。播种量90~100kg/hm^2，保苗45万~60万株/hm^2，普通种植按中等肥力田块不低于45万株/hm^{2}计算，根据土壤肥力状况作增减调整。施肥按普通过磷酸钙450kg/hm^2、硫酸钾225kg/hm^{2}计算用量。花荚期灌水2~3次。严格防控潜叶蝇和蚜虫。

【适宜地区】 适宜云南省海拔1100~2300m的豌豆产区，以及春播豌豆主产区域栽培种植。

撰稿人： 何玉华　吕梅媛　杨峰　王玉宝　于海天

36 云豌36号

【品种来源】 云南省农业科学院粮食作物研究所于2012年以引自法国的优异种质L0313为母本、台湾省种质材料L0318为父本杂交选育而成,原品系代号:W04(19)-2。2015年通过云南省种子管理站鉴定,鉴定编号:云种鉴定20150033号。2021年通过农业农村部非主要农作物品种登记,登记编号:GPD豌豆(2021)530030。全国统一编号:G08079。

【特征特性】 中熟品种,生育期186d。株高88.0cm,无限结荚习性。普通叶型,叶片全缘。花白色,多花花序。主茎分枝3.0个,单株荚数17.8个,单荚粒数4.2粒,荚长7.4cm、宽1.6cm,荚质硬,荚形直,鲜荚绿色,成熟荚浅黄色。籽粒种皮浅绿色,子叶绿色,粒形为不规则形,百粒重25.9g。干籽粒蛋白质含量23.10%,淀粉含量48.59%,总糖含量4.79%,单宁含量0.57%。抗白粉病,中抗锈病。

【产量表现】 云南省豌豆区域试验干籽粒平均产量2215.5kg/hm^2,较对照(地方品种大白豌豆)增产41.6%。

【利用价值】 优质鲜食籽粒型豌豆品种。

【栽培要点】 秋播区域最佳播种期为9月25日至10月20日,早秋种植最佳播种期为8月15日至9月20日。选择理厢开槽点播或者起垄开槽点播,理厢的宽度按1~4m,实际宽度根据给水条件及机械化水平决定,起垄的宽度则按照65~70cm,沟深及沟宽30~35cm,播种按株距3~6cm单粒点播,或者按株距6~12cm双粒点播,播种量75~90kg/hm^2,保苗30万~45万株/hm^2。与烤烟、玉米等前作进行间作套种时播种则选择免耕直播方式,利用秸秆作为豌豆攀爬支架,厢/垄面宽度根据前作所形成的规格而定,播种密度通过株距进行增减;普通种植按中等肥力田块不低于32万株/hm^{2}计算,根据土壤肥力状况作增减调整。施肥按普通过磷酸钙450kg/hm^2、硫酸钾225kg/hm^{2}计算用量。花荚期灌水2次。严格防控潜叶蝇和蚜虫。

【适宜地区】 适宜云南省海拔1100~2300m的蔬菜产区,以及春播豌豆主产区域栽培种植。

撰稿人:何玉华 吕梅媛 杨 峰 于海天 王丽萍

37 云豌37号

【品种来源】 云南省农业科学院粮食作物研究所于2013年以从国家作物种质库引入的优质种质DHN62为亲本系统选育而成，原品系代号：DHN62系。2015年通过云南省种子管理站鉴定，鉴定编号：云种鉴定2015029号。2021年通过农业农村部非主要农作物品种登记，登记编号：GPD豌豆（2021）530031。全国统一编号：G07682。

【特征特性】 中熟品种，生育期190d。蔓生株型，株高101.9cm，无限结荚习性。普通叶型，叶片全缘。花白色，双花花序。主茎分枝3.4个，单株荚数19.7个，单荚粒数3.8粒，荚长5.8cm，宽1.38cm，荚质硬，荚形直，鲜荚绿色，成熟荚浅黄色。干籽粒种皮白色，子叶橙黄色，籽粒圆球形，种皮光滑，百粒重26.7g。干籽粒蛋白质含量19.40%，淀粉含量49.12%，总糖含量4.53%，单宁含量0.67%。中抗白粉病。

【产量表现】 云南省豌豆区域试验干籽粒平均产量2743.5kg/hm^2，较对照增产66.2%。

【利用价值】 优质鲜食籽粒型豌豆品种。

【栽培要点】 秋播区域最佳播种期为9月25日至10月20日，可适当早播，早秋种植最佳播种期为8月15日至9月20日；选择理厢开槽点播或者起垄开槽点播，理厢的宽度按1～4m，实际宽度根据给水条件及机械化水平决定，起垄的宽度则按照65～70cm，沟深及沟宽30～35cm，播种按株距3～6cm单粒点播，或者按株距6～12cm双粒点播，播种量75～90kg/hm^2，保苗30万～45万株/hm^2。与烤烟、玉米等前作进行间作套种时播种则选择免耕直播方式，利用秸秆作为豌豆攀爬支架，厢/垄面宽度根据前作所形成的规格而定，播种密度通过株距进行增减。根据长势和苗架情况，用0.3%磷酸二氢钾+0.3%尿素+0.2%硼肥溶液分别在苗期、花期进行叶面喷施。严格防控潜叶蝇和蚜虫。

【适宜地区】 适宜云南省海拔1100～2300m的蔬菜产区，以及春播豌豆主产区域栽培种植。

撰稿人：何玉华　吕梅媛　杨峰　于海天　胡朝芹

38 云豌38号

【品种来源】 云南省农业科学院粮食作物研究所于2013年以澳大利亚优异种质L1413为母本、云南地方资源L0148为父本杂交选育而成，原品系代号：W10-1。2015年通过云南省种子管理站鉴定，鉴定编号：云种鉴定20150030号。2022年通过农业农村部非主要农作物品种登记，登记编号：GPD豌豆（2022）530027。全国统一编号：G08080。

【特征特性】 中早熟品种，生育期170d。半蔓生，株高89.4cm，无限结荚习性。普通叶型，叶片全缘。花白色，双花花序。主茎分枝3.6个，单株荚数19.2个，单荚粒数4.3粒，荚长6.1cm、宽1.1cm，荚质硬，荚形直，鲜荚绿色，成熟荚浅黄色。籽粒整齐，大粒，干籽粒百粒重27.2g，种皮白色，籽粒圆形，种皮光滑，子叶黄色。干籽粒蛋白质含量19.80%，淀粉含量49.01%，总糖含量5.34%。抗白粉病，中抗锈病。

【产量表现】 云南省豌豆区域试验干籽粒平均产量2868.5kg/hm²，较对照增产73.8%。

【利用价值】 鲜食籽粒型豌豆品种。

【栽培要点】 秋播区域最佳播种期为9月25日至10月20日，可适当早播，早秋种植最佳播种期为8月15日至9月20日。选择理厢开槽点播或者起垄开槽点播，理厢的宽度按1～4m，实际宽度根据给水条件及机械化水平决定，起垄的宽度则按照65～70cm，沟深及沟宽30～35cm，播种按株距3～6cm单粒点播，或者按株距6～12cm双粒点播，播种量75～90kg/hm²，保苗30万～45万株/hm²。与烤烟、玉米等前作进行间作套种时播种则选择免耕直播方式，利用秸秆作为豌豆攀爬支架，厢/垄面宽度根据前作所形成的规格而定，播种密度通过株距进行增减。施肥按普通过磷酸钙450kg/hm²、硫酸钾225kg/hm²计算用量。花荚期灌水2～3次。严格防控潜叶蝇和蚜虫。

【适宜地区】 适宜云南省海拔1100～2400m的蔬菜产区，以及春播豌豆主产区域栽培种植。

撰稿人： 何玉华 吕梅媛 杨 峰 王丽萍 胡朝芹

39 云豌26号

【品种来源】 云南省农业科学院粮食作物研究所于2010年以引自澳大利亚的豌豆优异种质资源为亲本系统选育而成，原品系代号：L1414选。保存单位编号：L1414。全国统一编号：G08016。

【特征特性】 中熟品种，生育期185d。株型蔓生，株高190.0cm，无限结荚习性。主茎分枝4.5个。复叶普通叶型，叶缘全缘，花粉红色，多花花序。荚长8.6cm，荚质软，鲜荚绿色，成熟荚浅黄色。籽粒种皮黄绿色，子叶黄色，籽粒圆形，干籽粒百粒重23.0g。中抗白粉病。

【产量表现】 生产试验干籽粒平均产量达到3750.0kg/hm^2，较对照增产18.7%。生产试验鲜荚产量12 000.0～15 000.0kg/hm^2。

【利用价值】 软荚优质鲜食嫩荚菜用型豌豆品种。

【栽培要点】 秋播区域最佳播种期为9月25日至10月20日，可适当早播，早秋种植最佳播种期为8月15日至9月20日。采用深沟起垄搭架栽培方式，按垄面宽65～70cm、沟宽30～35cm起垄。在垄面中部开槽单行点播，播种按株距3～4cm单粒点播或者8～10cm双粒点播，播种量75kg/hm^2，保苗27万～30万株/hm^2，在苗期人工搭架辅助豌豆的直立生长以保证产量和品质，搭架高度的要求是地面以上支撑部分不低于2m。底肥按普通过磷酸钙450kg/hm^2、硫酸钾225kg/hm^{2}计算用量，结荚期按300kg/hm^{2}用量将尿素溶于水中进行追肥。在开花结荚期根据长势和苗架情况用0.3%磷酸二氢钾＋0.3%尿素＋0.2%硼肥溶液进行叶面喷施。严格防控潜叶蝇和蚜虫。

【适宜地区】 适宜云南省海拔1100～2400m的蔬菜产区，以及春播豌豆主产区域栽培种植。

撰稿人：何玉华　吕梅媛　杨　峰　胡朝芹　郑爱清

40 云豌17号

【品种来源】 云南省曲靖市农业科学院、云南省农业科学院粮食作物研究所于2003年从昆明市东川区拖布卡乡收集的优异资源L0368中系统选育而成，原品系代号：L0368选。2014年通过云南省非主要农作物登记委员会品种登记，登记编号：滇登记豌豆2014003号。2020年通过农业农村部非主要农作物品种登记，登记编号：GPD豌豆（2019）530057。全国统一编号：G07440。

【特征特性】 中熟品种，秋播生育期169d。无限结荚习性，植株匍匐，茎蔓生，株高106.0cm，主茎分枝3～4个，复叶普通叶型，叶浅绿色，花白色。单株荚数13.7个，荚质硬，荚长5.0～8.0cm，单荚粒数3.7粒，籽粒圆形，种皮白色，子叶黄绿色，百粒重24.8g。干籽粒蛋白质含量22.30%，淀粉含量38.60%。长势旺盛，耐旱，高抗白粉病。

【产量表现】 产量一般为3150.0kg/hm^2。云南省豌豆新品种区域试验平均产量3091.5kg/hm^2，比对照（云豌18号）增产22.9%。

【利用价值】 鲜苗、干籽粒粒用型豌豆。

【栽培要点】 秋播在9月下旬至10月中旬。采用理厢开槽单/双粒点播种植，厢面宽3～4m，具体的厢面宽度视土壤供水条件而定。播种行距40cm，株距按照3～6cm单粒点播或者6～12cm双粒点播。播种量90～100kg/hm^2，保苗45万～60万株/hm^2，普通种植按中等肥力田块不低于45万株/hm^{2}计算，根据土壤肥力状况作增减调整。施用氮磷钾复合肥225kg/hm^2、适量农家肥作底肥，或者用普通过磷酸钙＋硫酸钾作为种肥或苗肥施用，施用量按普通过磷酸钙450kg/hm^2＋硫酸钾150kg/hm^{2}计算。开花结荚期根据田间情况灌水2～3次，同时按75～90kg/hm^{2}尿素计算，将氮素化肥溶于水中追肥。注意及时防治潜叶蝇和蚜虫。

【适宜地区】 云南省海拔1100～2400m的豌豆产区及近似豌豆产区栽培种植。

撰稿人：唐永生　蒋彦华　王勤芳

41　靖豌2号

【品种来源】 云南省曲靖市农业科学院于2014年从甘肃省农业科学院引进的高代材料（定西绿豌豆/白豌豆）中系统选育而成，原品系代号：C9929。2015年通过云南省种子管理站品种鉴定，鉴定编号：云种鉴定2015031号。2019年通过农业农村部非主要农作物品种登记，登记编号：GPD豌豆（2019）530056。全国统一编号：G07971。

【特征特性】 晚熟品种，秋播生育期170d。无限结荚习性，植株匍匐，茎蔓生，茎秆粗壮，株高80.0~140.0cm，主茎分枝2~3个，普通叶型，叶鲜绿色，幼茎绿色，花白色。单株荚数6~10个，荚质硬，荚长7.0~9.0cm，单荚粒数4~7粒，籽粒圆形，种皮乳白色，子叶绿色，百粒重22.0g。干籽粒蛋白质含量22.30%，淀粉含量48.60%。长势旺盛，耐旱，中抗白粉病。

【产量表现】 产量一般为3000.0kg/hm²。云南省豌豆新品种区域试验产量2152.0~3791.0kg/hm²，比对照（云豌18号）增产49.0%。

【利用价值】 食用鲜苗、鲜籽粒。

【栽培要点】 秋播在9月下旬至10月中旬，也可采取早秋播种，播种时间为8月上旬至9月上旬。采用深沟起垄搭架栽培方式，按垄面宽65~70cm、沟宽30~35cm起垄。在垄面中部开槽单行点播，播种株距按3~4cm单粒点播或者8~10cm双粒点播，播种量75kg/hm²，保苗27万~30万株/hm²，在苗期人工搭架辅助豌豆的直立生长以保证产量和品质，搭架高度的要求是地面以上支撑部分不低于2m。施用氮磷钾复合肥225kg/hm²、适量农家肥作底肥，也可以按普通过磷酸钙（普钙）450kg/hm²、硫酸钾225kg/hm²计算用量作底肥，结荚期按300kg/hm²用量将尿素溶于水中进行追肥。在开花结荚期根据长势和苗架情况用0.3%磷酸二氢钾+0.3%尿素+0.2%硼肥溶液进行叶面喷施。严格防控潜叶蝇和蚜虫。

【适宜地区】 云南省海拔1100~2400m的豌豆产区及近似豌豆产区栽培种植。

撰稿人：唐永生　蒋彦华　王勤芳

42　陇豌1号

【品种来源】　甘肃省农业科学院作物研究所于2002年引进并系统选育成功的半无叶型豌豆新品种,原品系代号:德引1号。2009年通过甘肃省农作物品种审定委员会认定,认定编号:甘认豆2009004。2018年通过农业农村部非主要农作物品种登记,登记编号:GPD豌豆(2018)620005。全国统一编号:G07657。

【特征特性】　中早熟、矮秆、半无叶型豌豆品种。甘肃中部地区种植生育期85~90d,我国秋播区种植生育期180~185d。半矮茎,直立生长,株蔓粗壮。托叶正常,复叶变态为卷须,株间通过卷须缠绕,花白色。株高55.0~70.0cm,单株荚数6~10个,荚长7.0cm、宽1.2cm,不易裂荚。单荚粒数5~7粒,粒大,种皮白色,籽粒光圆,色泽好,百粒重25.0g。有限结荚习性,鼓粒快,成熟落黄好。干籽粒蛋白质含量25.60%,淀粉含量51.32%,赖氨酸含量1.95%,脂肪含量1.14%,籽粒容重485.80g/L。抗根腐病,中抗白粉病和褐斑病。

【产量表现】　2005年品种比较试验平均产量4947.0kg/hm²,较定豌1号增产20.3%。2006~2007年甘肃省多点试验,2年14点次中陇豌1号在8个点次增产,平均产量4098.0kg/hm²,较对照(定豌1号)增产6.4%。在甘肃中部和河西冷凉灌区进行生产示范,干籽粒产量5137.5~6750.0kg/hm²,较地方品种增产7.2%以上。在白银市北湾镇玉米套种豌豆示范,在玉米产量较单作不减产的情况下,新增豌豆产量2625.0kg/hm²,较当地白豌豆增产12.7%。

【利用价值】　干籽粒粒用类型,工业加工优质豌豆品种。

【栽培要点】　甘肃中部及周边地区于3月中下旬播种,甘肃河西沿山高海拔冷凉地区于3月中下旬至4月上旬播种,播种深度3~7cm,播种要均匀,覆土要严。高水肥条件下,种植密度以120万株/hm²为宜;低水肥条件下,种植密度以90万株/hm²为宜。中等肥力地块,在施用适量农家肥的基础上施用氮磷钾复合肥450kg/hm²,作基肥一次性在整地时施入;瘠薄地块在基肥施入后,花荚期增施适量氮肥。豌豆田间杂草的防治,可用芽前除草剂进行土壤表面处理;潜叶蝇和豆象的防治,可在5月上中旬或豌豆始花期用高效低毒杀虫剂喷雾。同时,还应注意蚜虫、白粉病、根腐病等病虫害的防治。

【适宜地区】　适宜在我国西北、东北豌豆春播区和西南、华中、华东、华南豌豆秋播区种植。

撰稿人:杨晓明　闵庚梅　张丽娟　苟志文

43　陇豌3号

【品种来源】　甘肃省农业科学院作物研究所于2000年以加拿大半无叶型豌豆品种Mp1835为母本、蔓生豌豆品种Hahdl为父本杂交选育而成，原品系代号：S3008。2012年通过甘肃省农作物品种审定委员会认定，认定编号：甘认豆2012002。2018年通过农业农村部非主要农作物品种登记，登记编号：GPD豌豆（2018）620006。全国统一编号：G07658。

【特征特性】　中晚熟、半无叶型豌豆品种，适口性好，可粮菜兼用。春播生育期95～105d，较陇豌1号晚熟5～10d。半矮茎，直立生长，花白色。株高60.0～70.0cm，单株荚数8～14个，双荚率55.0%，荚长7.0cm、宽1.2cm，不易裂荚。单荚粒数4～8粒，中粒，种皮白色，子叶绿色，粒形光圆，色泽好，百粒重22.8g。干籽粒蛋白质含量25.8%，淀粉含量50.95%，赖氨酸含量1.96%，脂肪含量1.30%，籽粒容重772.70g/L。抗豌豆根腐病，褐斑病发生极轻，生育后期较易发生白粉病。

【产量表现】　2008～2011年在甘肃中部灌区永登县、榆中县及河西冷凉高海拔区天祝藏族自治县、民乐县、永昌县多点试验，平均产量4950.0kg/hm²，较陇豌1号减产4.5%～8.2%，但较地方豌豆品种麻豌豆增产12.5%，较中豌6号增产15.0%。2011年在临夏二阴地区示范平均产量4974.0kg/hm²，比对照绿豌豆增产16.7%；在定西干旱半干旱地区平均产量3094.5kg/hm²，比对照定豌1号增产5.6%。

【利用价值】　加工青豌豆专用型品种，也适宜膨化加工利用。

【栽培要点】　我国西北春播地区在3月中下旬到4月上旬播种，高水肥条件播种量375kg/hm²，低水肥条件300kg/hm²左右。重施磷肥和钾肥，少施氮肥。中等肥力块地，在整地时施入适量农家肥，再配合施用氮磷钾复合肥300kg/hm²；瘠薄地块视长势情况可适量追施尿素。豌豆潜叶蝇和豌豆蚜：可于5月上中旬当少数叶片上出现细小孔道时及时喷施高效低毒杀虫剂防治；白粉病：于豌豆下部叶片初现白粉状淡黄色小点时及时喷药防治；豌豆象：可在初花期及早防治。杂草：可在播前用适宜的除草剂结合耙地进行地表土壤处理。

【适宜地区】　适宜在甘肃、宁夏、青海等西北春播豌豆产区种植，特别适宜甘肃高寒阴湿区、河西冷凉区及中西部有灌溉条件的地区种植。

撰稿人：杨晓明　闵庚梅　张丽娟　苟志文

44 陇豌4号

【品种来源】 甘肃省农业科学院作物研究所于2003年以加拿大豌豆品种Marrowfat为母本、Progeta为父本杂交选育而成，原品系代号：GB09。2014年通过甘肃省农作物品种审定委员会认定，认定编号：甘认豆2014002。2018年通过农业农村部非主要农作物品种登记，登记编号：GPD豌豆（2018）620007。全国统一编号：G07659。

【特征特性】 中晚熟、半无叶型豌豆品种，春播地区种植生育期95～98d。半矮茎，直立生长，花白色。株高65.0～70.0cm，单株荚数7～12个，双荚率达70.0%以上，不易裂荚，结荚集中。单株荚数7～16个，单荚粒数5～8粒，粒大、均匀，百粒重27.0g。种皮绿色，籽粒扁圆形。干籽粒容重789.00g/L，蛋白质含量25.95%，淀粉含量50.93%，脂肪含量0.99%，赖氨酸含量2.08%，水分含量9.76%。抗根腐病，较易感白粉病，抗倒伏性极好，适宜机械收获。

【产量表现】 甘肃省中部灌区平均产量达到4590.0kg/hm^2，河西灌区平均产量5052.0kg/hm^2，最高产量可达6000.0kg/hm^2，丰产性很好。甘肃、青海示范平均产量4727.0kg/hm^2，比对照（陇豌1号）减产8.8%，比对照（中豌6号）增产31.9%。

【利用价值】 干籽粒粒用类型品种。籽粒大小均匀，子叶绿色，为油炸专用型豌豆品种。

【栽培要点】 春播地区于3月中下旬到4月上旬播种，秋播地区于10月下旬播种。春播地区，合理密植，水肥条件较好的地块播种量330kg/hm^2，保苗120万株/hm^{2}左右；秋播地区播种量225kg/hm^2，保苗以90万株/hm^{2}为宜。合理施肥，在施农家肥料的基础上，配合施用氮磷钾复合肥600kg/hm^{2}作基肥，在整地时一次性施入。重施磷肥和钾肥，轻施氮肥。加强田间管理，及时清除田间杂草，苗期注意防治潜叶蝇，花期注意防治豌豆象和蚜虫，鼓粒期及时防治白粉病。

【适宜地区】 在我国西北春播区、西南秋播区均可种植，在甘肃、青海、新疆等地表现良好。特别适宜在甘肃省高寒阴湿区及中西部有灌溉条件的豌豆产区种植，可与玉米、向日葵、马铃薯等作物套种。

撰稿人：杨晓明 闵庚梅 张丽娟 苟志文

45 陇豌5号

【品种来源】 甘肃省农业科学院作物研究所于2005年以新西兰双花101为母本、宝峰3号为父本杂交选育而成，原品系代号：X9002。2015年通过甘肃省农作物品种审定委员会认定，认定编号：甘认豆2015002。2018年通过农业农村部非主要农作物品种登记，登记编号：GPD豌豆（2018）620008。全国统一编号：G07660。

【特征特性】 中晚熟、半无叶型、矮秆甜脆豌豆品种，直立生长，抗倒伏，免搭架。春播生育期95～105d，株高80.0～95.0cm，花白色。主茎分枝1～2个，主茎节数17～22节，始花节位11～13节，单株荚数6～12个，鲜荚长7.0～14.0cm，单荚粒数4～7粒。种皮绿色，籽粒柱形，皱缩，不规则，百粒重19.8g。干籽粒容重710.00g/L，蛋白质含量28.70%，淀粉含量47.40%，脂肪含量1.53%。鲜荚肥厚，甜脆可口，无豆腥味。高抗白粉病，适应性广。

【产量表现】 2011～2012年在兰州多年多点豌豆试验，在5个参试地点中有5个点增产，干籽粒平均产量4920.0kg/hm²，比当地豌豆品种甜脆豆增产8.1%，较对照（珍珠绿）增产8.7%。2012年在5个参试地点中有5个点增产，平均产量4590.0kg/hm²，比当地豌豆品种甜脆豆增产12.8%，较对照（珍珠绿）增产8.0%。正常年份产鲜荚22.5～27.0t/hm²，鲜荚产量不及传统型甜脆豆品种。

【利用价值】 甜脆豌豆品种。

【栽培要点】 合理密植，春播地区水肥条件较好的地块播种量300kg/hm²，保苗90万株/hm²左右；秋播地区播种量225kg/hm²，保苗以60万株/hm²为宜。春播地区于3月中下旬到4月上旬播种，秋播地区于10月下旬播种，播种深度3～7cm。合理施肥，在施农家肥料的基础上，配合施用氮磷钾复合肥600kg/hm²作基肥，在整地时一次性施入，忌施尿素。加强田间管理，及时清除田间杂草，苗期注意防治潜叶蝇，花荚期加强蚜虫的防治。适时采收，嫩荚定型后及时采收，以免老化，导致品质下降。

【适宜地区】 适宜在甘肃、青海、宁夏、新疆、西藏、内蒙古、辽宁、吉林、黑龙江、陕西、山西、河北等春播豌豆产区种植；也适宜在河南、山东、江苏、浙江、云南、四川、重庆、贵州、湖北、湖南、陕西、山西、河北等秋播产区种植。

撰稿人：杨晓明　闫庚梅　张丽娟　苟志文

46 陇豌6号

【品种来源】 甘肃省农业科学院作物研究所于2000年以加拿大抗白粉病豌豆Mp1807为母本、绿子叶品种Graf为父本杂交选育而成，原品系代号：1702。2015年5月通过国家小宗粮豆品种鉴定委员会鉴定，鉴定编号：国品鉴杂2015035。2018年通过农业农村部非主要农作物品种登记，登记编号：GPD豌豆（2018）620009。全国统一编号：G07661。

【特征特性】 中早熟、广适、高产、抗倒伏豌豆品种。北方春播生育期85～95d，南方秋播生育期175～185d。有限花序和有限结荚习性，花期20～25d，结荚集中，株型紧凑，直立生长，花白色。株高65.0～75.0cm，单株荚数6～18个，双荚率70.0%，不易裂荚。单荚粒数4～8粒，粒大，种皮白色，粒形光圆，百粒重24.8g。干籽粒蛋白质含量24.10%，淀粉含量56.97%，脂肪含量3.14%。抗根腐病，中抗白粉病和褐斑病，抗倒伏性好。

【产量表现】 2012～2014年在全国春播区13个试点和冬播区8个试点进行国家豌豆区域试验，该品种可秋播也可春播，广适性很好，产量高。春播组试验产量1511.0～4843.0kg/hm²，平均产量2855.0kg/hm²，较对照增产18.39%，最高产量5564.0kg/hm²；冬播组试验产量814.0～3163.0kg/hm²，平均产量2350.0kg/hm²，较对照增产12.8%。

【利用价值】 籽粒光圆、淀粉含量高，是加工豌豆淀粉、豌豆粉丝、豌豆黄、豌豆糕及提取豌豆蛋白的优质原料。

【栽培要点】 西北春播地区于3月中下旬至4月上旬播种，高水肥条件种植密度以135万株/hm²为宜，低水肥条件种植密度以105万株/hm²为宜，即高产田播种量375kg/hm²，中低产田播种量300kg/hm²。潜叶蝇和豌豆蚜的防治，在5月上中旬当少数叶片上出现细小孔道时及时喷施高效低毒杀虫剂。豌豆白粉病的防治，当豌豆下部叶片初现白粉状淡黄色小点时及时喷施高效低毒真菌杀菌剂。豌豆象的防治，可在豌豆初花期及早进行。豌豆田间杂草的防治，可在播种前结合耙地进行土壤处理。

【适宜地区】 适宜性广，在全国豌豆产区均可种植。特别适宜在西北灌溉农业区和年降水量在350～500mm的雨养农业区种植，可与玉米、向日葵、马铃薯、幼林、果树等套种。

撰稿人：杨晓明　闵庚梅　张丽娟　苟志文

47　定豌6号

【品种来源】 甘肃省定西市农业科学研究院于1992年以81-5-12-4-7-9为母本、天山白豌豆为父本杂交选育而成，原品系代号：9236-1。2009年通过甘肃省农作物品种审定委员会认定，认定编号：甘认豆2009003；同年通过宁夏回族自治区农作物品种审定委员会审定，审定编号：宁审豆2009006。全国统一编号：G07711。

【特征特性】 早中熟品种，生育期90d。白花，株高57.6cm，单株荚数3.4个，单荚粒数11.7个，百粒重19.5g。种皮绿色，籽粒球形。干籽粒蛋白质含量28.62%，赖氨酸含量1.91%，脂肪含量0.76%，淀粉含量38.96%。稳产，丰产，抗根腐病，蛋白质含量高，综合农艺性状优良。

【产量表现】 2004~2006年市级区域试验3年15点（次）平均产量2067.0kg/hm^2。

【利用价值】 蛋白质含量高，适宜于鲜食或青豆加工等。

【栽培要点】 3月中下旬播种，忌重茬和迎茬，轮作倒茬最好3年以上。小麦茬最好，其次是莜麦、马铃薯等茬口。播种量195~210kg/hm^2，行距20~25cm。基施适量农家肥、五氧化二磷225kg/hm^2、尿素82.5~97.5kg/hm^2。苗期防治潜叶蝇，开花期防治豌豆象，水地及二阴区种植时，生育后期防治白粉病。

【适宜地区】 该品种适宜在年降水量350mm以上、海拔2700m以下的半干旱山坡地，以及梯田地和川旱地种植，二阴地种植产量更高。在定西及其相同生态类型地区可作为主栽品种，特别是在根腐病重发区可以推广应用。

撰稿人：连荣芳　王梅春

48 定豌7号

【品种来源】 甘肃省定西市农业科学研究院于1994年以天山白豌豆为母本、8707-15为父本杂交选育而成，原品系代号：9431-1。2010年通过甘肃省农作物品种审定委员会认定，认定编号：甘认豆2010003。全国统一编号：G06272。

【特征特性】 中熟品种，春播生育期91d。无限结荚习性，植株半匍匐生长，茎绿色，上有紫纹，叶绿色，紫花。株高60.8cm，单株荚数3.2个，百粒重21.2g，单荚粒数3.7粒。种皮浅褐色，粒形不规则。干籽粒蛋白质含量22.60%，赖氨酸含量1.26%，脂肪含量1.12%，淀粉含量64.20%，属高淀粉品种。

【产量表现】 2004～2006年市级区域试验平均产量1903.0kg/hm²。

【利用价值】 淀粉含量高，适宜于淀粉加工、芽苗菜生产等。

【栽培要点】 春播区于3月中下旬播种，忌重茬和迎茬，轮作倒茬最好3年以上。小麦茬最好，其次是莜麦、马铃薯等茬口。播种量187.5～210.0kg/hm²，行距20～25cm。基施适量农家肥、五氧化二磷225kg/hm²、尿素82.5～97.5kg/hm²。苗期防治潜叶蝇，开花期防治豌豆象，水地及二阴区种植时，生育后期防治白粉病。

【适宜地区】 适宜在年降水量350mm以上、海拔2700m以下的半干旱山坡地，以及梯田地和川旱地种植，二阴地种植产量更高。在定西及其相同生态类型地区可作为主栽品种推广应用。

撰稿人：连荣芳　王梅春

49 定豌8号

【品种来源】 甘肃省定西市农业科学研究院于1993年以A909为母本、7345为父本杂交选育而成,原品系代号:9323-2。2014年通过甘肃省农作物品种审定委员会认定,认定编号:甘认豆2014001。全国统一编号:G07104。

【特征特性】 早中熟品种,生育期90d。紫花,株高65.2cm,单株荚数4.4个,单荚粒数4.0粒,百粒重21.3g。种皮浅褐色,粒形不规则。干籽粒蛋白质含量26.93%,赖氨酸含量1.38%,脂肪含量0.90%,淀粉含量57.52%。

【产量表现】 2007~2009年多点试验3年15点次平均产量1908.0kg/hm^2,居参试品种(系)第一位。

【利用价值】 蛋白质含量、淀粉含量高,适宜于淀粉加工、芽苗菜生产等。

【栽培要点】 春播区于3月中下旬播种,忌重茬和迎茬,轮作倒茬最好3年以上,小麦茬最好,其次是莜麦、马铃薯等茬口。播种量230g/hm^2,忌重茬和迎茬。播前基施适量农家肥、五氧化二磷225kg/hm^2、尿素82.5~97.5kg/hm^2。苗期防治潜叶蝇,开花期防治豌豆象,水地及二阴区种植时,生育后期防治白粉病。

【适宜地区】 适宜在年降水量350mm以上、海拔2700m以下的半干旱山坡地,以及梯田地和川旱地种植,二阴地种植产量更高。在定西及其相同生态类型地区可作为主栽品种推广应用。

撰稿人:连荣芳　王梅春

50　定豌9号

【品种来源】　甘肃省定西市农业科学研究院于1996年以S9107为母本、草原12号为父本杂交选育而成，原品系代号：9613。2019年通过农业农村部非主要农作物品种登记，登记编号：GPD豌豆（2019）620019。全国统一编号：G07783。

【特征特性】　早中熟品种，生育期92d。无限结荚习性，植株半匍匐生长，茎绿色。株高73.3cm，主茎节数13.9节，花白色。单株荚数4.1个，成熟荚淡黄色，荚镰刀形，单荚粒数3.9粒，单株粒重2.8g，百粒重20.5g。种皮白色，籽粒球形。干籽粒蛋白质含量25.81%，淀粉含量60.00%，赖氨酸含量1.32%，脂肪含量0.77%。耐旱，抗根腐病。

【产量表现】　多点试验平均产量2064.0kg/hm²，较对照（定豌4号）增产12.1%。生产试验平均产量1971.0kg/hm²，较地方品种增产10.3%。二阴地种植产量更高。

【利用价值】　适宜于干籽粒生产、淀粉加工等。

【栽培要点】　春播区于3月中下旬至4月上中旬播种，忌重茬和迎茬，轮作间隔应在3年以上。播种量220kg/hm²，播前基施适量农家肥、尿素72kg/hm²（即纯氮33kg/hm²）、过磷酸钙225kg/hm²（即五氧化二磷63kg/hm²）。苗期防治潜叶蝇，开花期防治豌豆象。

【适宜地区】　适宜在年降水量350mm以上、海拔2700m以下的半干旱山坡地，以及梯田地和川旱地种植。

撰稿人：连荣芳　王梅春

51　定豌10号

【品种来源】 甘肃省定西市农业科学研究院于1996年以S9107为母本、草原31号为父本进行杂交选育而成，原品系代号：9618-2。2020年通过农业农村部非主要农作物品种登记，登记编号：GPD豌豆（2020）620035。全国统一编号：G07966。

【特征特性】 早中熟品种，生育期90d。无限结荚习性，植株半匍匐生长。茎绿色，上有紫纹，株高74.5cm，主茎节数13.7节，花紫色。单株荚数4.3个，成熟荚淡黄色，荚马刀形。单荚粒数3.4粒，单株粒重3.1g，百粒重21.4g。种皮浅褐色，粒形不规则。干籽粒蛋白质含量26.00%，淀粉含量51.00%，赖氨酸含量1.29%。耐旱，抗根腐病。

【产量表现】 多点试验平均产量2077.5kg/hm²，较对照（定豌4号）增产12.9%。生产试验平均产量2020.5kg/hm²，较当地对照增产11.2%。二阴地种植产量更高。

【利用价值】 适宜于干籽粒生产、芽苗菜生产等。

【栽培要点】 春播区于3月中下旬至4月上中旬播种，忌重茬和迎茬，轮作间隔应在3年以上。播种量230kg/hm²。播前基施适量农家肥、尿素72kg/hm²（即纯氮33kg/hm²）、过磷酸钙225kg/hm²（即五氧化二磷63kg/hm²）。苗期防治潜叶蝇，开花期防治豌豆象。

【适宜地区】 适宜在年降水量350mm以上、海拔2700m以下的半干旱山坡地，以及梯田地和川旱地种植。

撰稿人：连荣芳　王梅春

52　定豌新品系2001

【品种来源】 甘肃省定西市农业科学研究院于2000年以9441为母本、A404为父本杂交选育而成的高代优良品系，原品系代号：2001。全国统一编号：G07967。

【特征特性】 早中熟品种，生育期90d。无限结荚习性，植株半匍匐生长，茎绿色，上有紫纹。株高71.0cm，主茎节数17.0节，花紫红色。单株荚数6.0个，荚长6.4cm，成熟荚淡黄色，荚马刀形，单荚粒数4.0粒，单株粒重4.3g，百粒重23.7g。种皮浅褐色，粒形不规则。干籽粒蛋白质含量21.38%，淀粉含量57.10%，赖氨酸含量1.81%，脂肪含量1.22%。耐旱，抗根腐病。

【产量表现】 2015~2017年品系鉴定试验平均产量2055.0kg/hm^2，较对照（定豌4号）增产20.2%。2018~2019年多点试验平均产量3232.5kg/hm^2，较对照（定豌4号）增产12.3%。

【利用价值】 适宜于干籽粒生产、饲料加工等。

【栽培要点】 春播区于3月中下旬至4月上中旬播种，忌重茬和迎茬，轮作间隔应在3年以上。播种量240kg/hm^2。播前基施适量农家肥、尿素72kg/hm^2（即纯氮33kg/hm^2）、过磷酸钙225kg/hm^2（即五氧化二磷63kg/hm^2）。苗期防治潜叶蝇，开花期防治豌豆象。

【适宜地区】 适宜在年降水量350mm以上、海拔2700m以下的半干旱山坡地，以及梯田地和川旱地种植，二阴地种植产量更高。

撰稿人：连荣芳　王梅春

53 定豌新品系9617

【品种来源】 甘肃省定西市农业科学研究院于1996年以S9107为母本、草原224号为父本杂交选育而成，原品系代号：9617。全国统一编号：G07530。

【特征特性】 早中熟品种，生育期90d。无限结荚习性，植株半匍匐生长，茎绿色。株高65.0cm，主茎节数13.0节，花白色。单株荚数3.8个，成熟荚淡黄色，荚马刀形，单荚粒数4.0粒，单株粒重2.5g，百粒重20.0g。种皮白色，籽粒球形。干籽粒蛋白质含量22.14%，淀粉含量57.90%，赖氨酸含量1.03%，脂肪含量1.21%。抗枯萎病，抗根腐病。

【产量表现】 2015~2017年多点试验平均产量2250.0kg/hm²，较对照（定豌4号）增产13.2%。生产试验平均产量2109.0kg/hm²，较地方品种增产11.2%。二阴地种植产量更高。

【利用价值】 适宜于干籽粒、鲜食籽粒生产等。

【栽培要点】 春播区于3月中下旬至4月上中旬播种，忌重茬和迎茬，轮作间隔应在3年以上。播种量220kg/hm²。播前基施适量农家肥、尿素72kg/hm²（即纯氮33kg/hm²）、过磷酸钙225kg/hm²（即五氧化二磷63kg/hm²）。苗期防治潜叶蝇，开花期防治豌豆象。

【适宜地区】 适宜在年降水量350mm以上、海拔2700m以下的半干旱山坡地，以及梯田地和川旱地种植。

撰稿人：连荣芳　王梅春

54　定豌豆DNX-2006

【品种来源】　甘肃省定西市农业科学研究院于2006年从本地麻豌豆的变异单株中系统选育而成，原品系代号：DNX-2006。全国统一编号：G07968。

【特征特性】　早中熟品种，生育期90d。无限结荚习性，植株半蔓生。扁化茎，绿色。多花花序，花浅红色。株高75.5cm，主茎节数14.5节。单株荚数5.1个，成熟荚淡黄色，荚马刀形。单荚粒数4.0粒，单株粒重2.9g，百粒重22.0g。种皮浅褐色，籽粒球形。干籽粒蛋白质含量23.17%，淀粉含量57.50%，赖氨酸含量1.24%，脂肪含量0.94%。

【产量表现】　大田生产试验：在水肥条件中等及偏低的区域种植，平均产量达2084.0kg/hm^2；在水肥条件较高的区域种植，平均产量可达4050.0kg/hm^2。

【利用价值】　适宜于干籽粒生产、观赏种植等。

【栽培要点】　春播区于3月中下旬至4月上中旬播种，忌重茬和迎茬，轮作间隔应在3年以上。播种量230kg/hm^2。播前基施适量农家肥、尿素72kg/hm^2（即纯氮33kg/hm^2）、过磷酸钙225kg/hm^2（即五氧化二磷63kg/hm^2）。苗期防治潜叶蝇，开花期防治豌豆象。

【适宜地区】　适宜在甘肃省半干旱山坡地、梯田地和川旱地种植，在水肥条件较高的区域种植产量更高。

撰稿人：连荣芳　王梅春

55　银豌1号

【品种来源】 甘肃省白银市农业科学研究所于1992年从青海省农林科学院引入的高代品系中系统选育而成,原品系代号:86-2-7-2-1。2008年通过甘肃省农作物品种审定委员会认定,认定编号:甘认豆2008005。2005年获白银市科技进步奖一等奖,2009年获甘肃省科技进步奖二等奖。全国统一编号:G05665。

【特征特性】 中熟品种,生育期95d。有限结荚习性,幼茎绿色。株高60.0~70.0cm,主茎分枝1~3个,叶深绿色,花白色。单株荚数6.5个,双荚率73.0%,硬荚。荚长6.2cm,马刀形,单荚粒数4.5粒,百粒重26.5g。种皮白色,籽粒卵形。干籽粒蛋白质含量24.63%,淀粉含量60.29%,赖氨酸含量1.40%,脂肪含量1.37%。丰产稳产,抗根腐病。

【产量表现】 2008~2009年区域试验平均产量5718.0kg/hm^2,较对照(银豌1号)增产12.8%。2009~2010年生产试验平均产量5404.0kg/hm^2,较对照(银豌1号)增产12.9%。

【利用价值】 高蛋白品种,适宜作饲料、生产豆苗及芽菜。

【栽培要点】 3月下旬至4月上旬播种,单作播种量300kg/hm^2,株距4cm,行距25cm,种植密度10万株/hm^2。苗期防治潜叶蝇,花期防治豌豆象。

【适宜地区】 适宜在甘肃省白银灌区、甘南二阴地区及相似生态环境区域种植。

撰稿人:刘正芳　张幸福

56 银豌2号

【品种来源】 甘肃省白银市农业科学研究所于2000年以银豌1号为母本、Hafila为父本杂交选育而成,原品系代号:621。2013年通过甘肃省农作物品种审定委员会认定,认定编号:甘认豆2013001。2015年获白银市科技进步奖一等奖,2016年获甘肃省科技进步奖三等奖。全国统一编号:G07963。

【特征特性】 中熟品种,生育期96d。有限结荚习性,幼茎绿色。株高60.0~70.0cm,主茎分枝1~3个,叶深绿色,花白色。单株荚数6.5个,双荚率73.0%,硬荚。荚长6.2cm,马刀形,单荚粒数4.5粒,百粒重26.5g。种皮白色,籽粒卵形。干籽粒蛋白质含量24.63%,淀粉含量60.29%,赖氨酸含量1.40%,脂肪含量1.37%。丰产稳产,抗根腐病。

【产量表现】 2008~2009年区域试验平均产量5718.0kg/hm^2,较对照(银豌1号)增产12.8%。2009~2010年生产试验平均产量5404.0kg/hm^2,较对照(银豌1号)增产12.9%。

【利用价值】 为高蛋白品种,适宜作饲料、生产豆苗及芽菜。

【栽培要点】 3月下旬至4月上旬播种,播种量300kg/hm^2,株距4cm,行距25cm,种植密度10万株/hm^2。苗期防治潜叶蝇,花期防治豌豆象。

【适宜地区】 适宜在甘肃省白银灌区、甘南二阴地区及相似生态环境区域种植。

撰稿人:刘正芳 张幸福

57 银豌3号

【品种来源】 甘肃省白银市农业科学研究所于2006年以银豌1号为母本、秦选1号为父本杂交选育而成，原品系代号：06-4-1-1-1-3。2015年通过甘肃省农作物品种审定委员会认定，认定编号：甘认豆2015001。全国统一编号：G07964。

【特征特性】 中熟品种，生育期93d。有限结荚习性，幼茎绿色。株高55.0～63.0cm，主茎分枝1～2个，叶深绿色，花白色。单株荚数6.5个，双荚率62.0%，硬荚。荚长6.1cm，马刀形，单荚粒数4.3粒，百粒重25.9g。种皮白色，籽粒卵形。干籽粒蛋白质含量22.00%，淀粉含量55.82%，赖氨酸含量1.87%，脂肪含量1.81%。丰产稳产，抗病性较强。

【产量表现】 2013～2014年区域试验平均产量5345.0kg/hm^2，较对照（银豌1号）增产15.6%。2014年生产试验平均产量5445.0kg/hm^2，较对照（银豌1号）增产12.2%。

【利用价值】 高蛋白、高赖氨酸品种，适宜作饲料、生产豆苗及芽菜。

【栽培要点】 3月下旬至4月上旬播种，单种播种量300kg/hm^2，株距4cm，行距25cm，种植密度10万株/hm^2。苗期防治潜叶蝇，花期防治豌豆象。

【适宜地区】 适宜在甘肃省白银灌区及相似生态环境区域种植。

撰稿人：刘正芳　温学刚

58　银豌4号

【品种来源】　甘肃省白银市农业科学研究所于2006年以秦选1号为母本、宁豌2号为父本杂交选育而成,原品系代号:06-9-3-3-1-2。2016年通过甘肃省农作物品种审定委员会认定,认定编号:甘认豆2016001。全国统一编号:G07965。

【特征特性】　中熟品种,生育期95d。有限结荚习性,幼茎绿色。株高55.0~65.0cm,主茎分枝1~2个,叶深绿色,花白色。单株荚数6.9个,双荚率74.0%,硬荚。荚长6.0cm,马刀形,单荚粒数4.0粒,百粒重24.6g。种皮白色,籽粒球形。干籽粒蛋白质含量24.28%,淀粉含量55.90%,赖氨酸含量1.90%,脂肪含量1.29%。丰产稳产,中抗白粉病。

【产量表现】　2013~2014年区域试验平均产量5273.0kg/hm^2,较对照(银豌1号)增产14.1%。2014~2015年生产试验平均产量5319.0kg/hm^2,较对照(银豌1号)增产11.5%。

【利用价值】　高蛋白、高赖氨酸品种,适宜作饲料、生产豆苗及芽菜。

【栽培要点】　适期早播,促进形成壮苗,忌重茬和迎茬。播前施农家肥38t/hm^2、五氧化二磷750kg/hm^2、尿素150kg/hm^2。苗期防治潜叶蝇,花期防治豌豆象。

【适宜地区】　适宜在甘肃省白银及类似生态区种植。

撰稿人:刘正芳　温学刚

59 草原28号

【品种来源】 青海省农林科学院作物育种栽培研究所于1996年以草原224为母本、Ay737为父本杂交选育而成，原品系代号：97-6-19-9-1。2011年11月通过青海省农作物品种审定委员会审定，审定编号：青审豆2011002。全国统一编号：G07444。

【特征特性】 春性、早熟品种，生育期98d。无限结荚习性，幼苗直立、绿色，成熟茎黄色，株高65~80cm。矮茎，茎上覆盖蜡被，有效分枝1~2个。复叶绿色，由3对小叶组成，小叶全缘，卵圆形，托叶绿色，有缺刻，小叶有剥蚀斑，托叶中等，托叶腋有花青斑。花深紫红色，旗瓣紫红色，翼瓣深紫红色，龙骨瓣淡绿色。硬荚，刀形，成熟荚淡黄色。种皮紫红色，籽粒柱形，粒径0.8~0.9cm，种脐褐色。单株荚数10~15个，单株粒数35~45粒，单株粒重10.1~12.3g，百粒重30.1~32.7g。干籽粒蛋白质含量22.99%，淀粉含量55.00%，脂肪含量1.07%。

【产量表现】 产量一般为3100.0~4300.0kg/hm^2。青海省豌豆品种区域试验平均产量4309.4kg/hm^2，比对照（草原224）增产20.1%。青海省豌豆品种生产试验平均产量3903.9kg/hm^2，比对照（草原224）增产26.6%。2010年在海南州共和县铁盖乡七台村种植0.02hm^2，平均产量4327.0kg/hm^2。

【利用价值】 粒大、皮厚、淀粉含量高，是适于芽苗菜制作、淀粉加工的粒用型品种。

【栽培要点】 3月下旬至4月中下旬播种，播种量180~225kg/hm^2，种植密度75万~90万株/hm^2，株距3~6cm，行距25~30cm。有灌溉条件的地区在始花期、结荚期各浇水1~2次。注意苗期防治潜叶蝇和地下害虫为害。

【适宜地区】 适宜在青海省东部农业区川水地复种、中位山旱地种植。

撰稿人：贺晨邦

60　草原29号

【品种来源】　青海省农林科学院作物研究所于1995年以Ay737为母本、422为父本杂交选育而成，原品系代号：96-2-5-8。2012年9月通过国家小宗粮豆品种鉴定委员会鉴定，鉴定编号：国品鉴杂2012009。全国统一编号：G07445。

【特征特性】　春性、中早熟品种，生育期88~105d。无限结荚习性，幼苗直立、绿色，成熟茎黄色，株高80.3~87.5cm。矮茎、绿色，茎上覆盖蜡被，有效分枝2.2~3.0个。花柄上多着生2朵花，花白色。硬荚，刀形，种皮白色，圆形。单株荚数12.5~14.9个，双荚率70.5%~72.1%，单荚粒数3.1~3.3粒，单株粒数37.4~45.6粒，单株粒重10.9~20.9g，百粒重17.5~21.1g。干籽粒蛋白质含量18.63%，淀粉含量66.90%，脂肪含量0.32%。田间自然鉴定发现豌豆潜叶蝇为害，未发现根腐病、白粉病，无豌豆象、豌豆小卷叶蛾为害，中抗倒伏，中等耐旱。

【产量表现】　在全国冬豌豆品种区域试验中，平均产量1659.0kg/hm^2，比参试品种的平均产量高7.3%。在全国冬豌豆生产试验中，平均产量2212.5kg/hm^2。

【利用价值】　白圆粒、淀粉含量高，是适于淀粉及淀粉制品加工的粒用型品种。

【栽培要点】　3月下旬至4月中下旬播种，播种量225kg/hm^2，种植密度75万~90万株/hm^2，株距3~6cm，行距25~30cm。有灌溉条件的地区在始花期、结荚期各浇水1~2次，注意苗期防治潜叶蝇和地下害虫为害。

【适宜地区】　适宜在我国西南地区的部分冬播区种植。

撰稿人：贺晨邦

第五章 蚕豆

蚕豆是豆科（Leguminosae）蝶形花亚科（Papilionoideae）野蚕豆族（Vicieae）野豌豆属（Vicia）中的一个栽培豆种，属一年生（春播）或越年生（秋播）草本、常异花授粉植物。蚕豆学名 Vicia faba，英文名 faba bean 或 broad bean，别名胡豆、佛豆、罗汉豆、大豆等。在形态学特征上，蚕豆的种脐在种子顶端，在形态上最为近似的野生种为 Vicia narbonensis。与其他豆科植物相比，蚕豆的基因组较大，约为13Gb，但染色体数较少，$2n=2x=12$。按种子大小，蚕豆可分为大粒变种（var. major）、中粒变种（var. equina）、小粒变种（var. minor）。蚕豆出苗时子叶不出土。

蚕豆的蛋白质含量在30%左右，高者可达40%以上，比禾谷类作物种子高1倍以上。蚕豆蛋白质中的氨基酸种类齐全，在人体所需的8种必需氨基酸中，除了色氨酸和蛋氨酸含量较低，其他6种含量较高，尤其是赖氨酸含量丰富。蚕豆的维生素含量超过大米和小麦。

蚕豆可能起源于亚洲的西部和中部，阿富汗和埃塞俄比亚为次生起源中心，是人类栽培的最古老的食用豆类作物之一。据推测蚕豆起源中心在近东地区，由此向4个方向传播，向北传播到欧洲，向北非海岸传播到西班牙，沿尼罗河传播到埃塞俄比亚，从美索不达米亚平原传播到印度，从印度传播到中国。尽管蚕豆传播到中国的具体时间没有文献记载，但1956年和1958年在浙江吴兴新石器时代晚期的钱山漾文化遗址中出土了蚕豆半炭化种子，说明距今5000~4000年前我国就已经栽培这种作物。公元3世纪上半叶，三国张揖编写的《广雅》中有"胡豆"一词。1057年，北宋宋祁所撰《益部方物略记》中记载："佛豆，豆粒甚大而坚，农夫不甚种，唯圃中莳以为利，以盐渍食之，小儿所嗜。"明朝李时珍所撰《本草纲目》（1578年）中记载："太平御览云，张骞使外国得胡豆种归，令蜀人呼此为蚕豆。"由此说明蚕豆在中国的栽培历史十分悠久。

据联合国粮食及农业组织（FAO）生产年鉴统计，蚕豆是目前世界上第七大食用豆类作物，全球40多个国家生产蚕豆，2018年全世界种植面积为251.18万 hm^2，总产量为492.31万 t。栽培区分布在北纬60°至南纬48°之间。中国是世界蚕豆最大生产国，2018年种植面积为89.60万 hm^2，占世界的35.67%；产量为180.60万 t，占世界的36.68%。除中国之外，埃塞俄比亚、埃及、澳大利亚、加拿大、意大利、俄罗斯也是主要蚕豆生产国。蚕豆是我国种植面积较大、总产量较高的食用豆类作物，除了山东、海南和东北三省较少种植，其他省份均有分布。秋播蚕豆以云南、四川、湖北、浙江和江苏的种植面积较大、产量较高，春播蚕豆以青海、甘肃、河北、内蒙古的种植面积较大、产量较高。

目前，我国国家作物种质长期库和中期库共收集保存国内外蚕豆种质资源6000多份，其中65%是国内地方品种、育成品种，35%来自国外。经过40余年的研究，国家作物种质库已保存国内外蚕豆种质资源5800多份，进行了农艺性状鉴定，并对部分蚕豆种质资源进行了抗病性、抗逆性和品质性状鉴定，从中初步筛选出了部分优异种质用于品种改良和直接推广利用，已取得了显著的社会和经济效益。

中国蚕豆品种改良工作始于20世纪70年代，到2008年5月31日为止，已通过国家级农作物审（鉴）定品种1个，通过省级农作物审（认、鉴）定、登记的品种20多个。2008年国家食用豆产业技术体系正式启动后，蚕豆新品种培育发展快速。截至2020年，共培育出蚕豆新品种85个，包括杂交选育63个（占74%），辐射诱变育种7个，其他为系统选育品种。

现编入本志的蚕豆品种共58个，均为育成品种，包括杂交选育47个、系统选育11个。通过有关品种管理部门审（认、鉴）定、登记品种52个，其中，通过国家级农作物审（鉴）定的品种2个，通过省级农作物审（认、鉴）定、登记的品种50个；高代品系6个。另外，26个品种参加了国家非审定品种登记。入志品种分布在12家育种单位，其中河北省张家口市农业科学院1个、江苏省农业科学院2个、江苏沿江地区农业科学研究所4个、安徽省农业科学院作物研究所1个、湖北省农业科学院粮食作物研究所1个、重庆市农业科学院2个、四川省农业科学院作物研究所5个、贵州省毕节市农业科学研究所1个、云南省农业科学院作物育种研究所14个、云南省大理州农业科学推广研究院12个、甘肃省临夏回族自治州农业科学院9个、青海省农林科学院6个。

1 冀张蚕2号

【品种来源】 河北省张家口市农业科学院于1998年以崇礼蚕豆为母本、品蚕D-1为父本杂交选育而成，原品系代号：98-349。2009年通过河北省科学技术厅登记，省级登记号：20093065。全国统一编号：H06598。

【特征特性】 中晚熟品种，春播生育期107d。无限结荚习性，株型紧凑，植株直立抗倒伏，幼茎绿色，株高92.0cm。复叶长圆形，花白色有黑斑。单株荚数9.0个，荚长8.0cm，成熟荚深褐色，单荚粒数2.6粒。籽粒中厚形，种皮乳白色，黑脐，百粒重127.3g。干籽粒蛋白质含量29.86%，淀粉含量38.67%，脂肪含量0.51%。结荚集中，成熟一致不炸荚，适于机械收获。抗锈病，耐旱性较好。

【产量表现】 2002～2003年鉴定圃试验平均产量4528.5kg/hm^2，比对照（崇礼蚕豆）增产18.5%。2004～2006年品种比较试验3年平均产量4132.2kg/hm^2，比对照（崇礼蚕豆）增产20.9%。2007～2009年张家口市区域试验5个试点3年平均产量4285.2kg/hm^2，比对照（崇礼蚕豆）增产15.9%。2009年张家口市生产试验在张家口市农业科学院张北试验基地、崇礼原种场、康保良种场、张北镇4个试点的平均产量3397.5kg/hm^2，比对照（崇礼蚕豆）增产12.7%。

【利用价值】 主要用于外贸出口，也可用于兰花豆等食品加工。

【栽培要点】 冀北坝上春播在5月初至5月中旬种植。播前应适当整地，施足底肥，一般结合整地施氮磷钾复合肥225～300kg/hm^2。一般播种量263～300kg/hm^2，播种深度6～8cm，行距40～50cm，株距10cm，种植密度23万～26万株/hm^2。选择中等肥力地块，忌重茬。一般中耕2次，拔大草一次。第一次中耕在苗高13～16cm时结合追肥进行；第二次中耕在始花期结合培土进行；再过30d左右拔大草一次。适时喷药，防治病虫害。当叶片凋落，中下部豆荚变黑干燥、籽粒变硬、充分成熟时收获。

【适宜地区】 适宜在冀西北高寒区及内蒙古、山西等类似生态类型区种植。

撰稿人：徐东旭　尚启兵　高运青

2　苏蚕豆1号

【品种来源】 江苏省农业科学院于2002年以陵西一寸为母本、日本大白皮为父本杂交选育而成，原品系代号：苏蚕02-8。2012年通过江苏省农作物品种审定委员会鉴定，鉴定编号：苏鉴蚕豆201201。全国统一编号：H08113。

【特征特性】 幼叶绿色，复叶椭圆形，叶肉厚。植株长势旺盛，茎秆粗壮，青绿色，分枝多。花浅紫色，青荚绿色，鲜籽粒浅绿色，干籽粒白色。播种至青荚采收期200d，株高95.1cm，主茎分枝4.4个。单株荚数20.2个，荚长8.8cm、宽2.0cm，鲜荚百荚重1151.8g，鲜籽粒百粒重248.3g。鲜籽粒口感香甜，品质好。中抗赤斑病和病毒病，抗倒伏性强，耐低温特性好。

【产量表现】 2009～2011年区域试验鲜荚平均产量17 490.0kg/hm²，较对照（日本大白皮）增产5.7%，达显著水平；鲜籽粒平均产量6160.0kg/hm²，较对照（日本大白皮）增产11.4%，达极显著水平。2010～2011年生产试验鲜荚平均产量19 150.0kg/hm²，较对照（日本大白皮）增产35.6%，达极显著水平；鲜籽粒平均产量6580.0kg/hm²，较对照（日本大白皮）增产24.7%，达极显著水平；干籽粒平均产量3558.0kg/hm²，较对照（日本大白皮）增产38.9%，达极显著水平。

【利用价值】 鲜籽粒速冻加工可周年供应，青荚可直接上市或保鲜出口。

【栽培要点】 选用棉花、玉米或其他旱作前茬为茬口，忌连作。10月中上旬播种，穴播，行距80cm，穴距20cm，每穴1～2粒，种植密度6万株/hm²。一般基肥施用氮磷钾复合肥450～600kg/hm²，视苗情长势，盛花期可追施尿素90～150kg/hm²。整枝两次，越冬期去除主茎，翌年3月中旬再去除部分病枝、弱枝。当田间将近一半的植株基部已结荚2～3个，并且荚长2.0～3.0cm时，植株平均有8台花序时，在晴天中午摘去顶端3～6cm的嫩梢，可以抑制后期无效营养生长，达到荚多、荚大、提早成熟的目的。赤斑病：在发病初期喷药防治；蚜虫：用高效低毒杀虫剂喷雾防治；豆象：可结合防病，在盛花期开始喷药防治，隔7d再喷一次。清沟理墒，做到雨停田干，降低田间湿度。干籽粒收获后及时晾晒、脱粒并熏蒸或冷藏处理以防止豆象为害。

【适宜地区】 适应性广，可在江苏、浙江、上海及福建蚕豆生态区种植。

撰稿人：陈　新　袁星星　薛晨晨　张晓燕

3 苏蚕豆2号

【品种来源】 江苏省农业科学院于2002年从蚕豆品种大青皮中系统选育而成，原品系代号：苏蚕06-11。2012年通过江苏省农作物品种审定委员会鉴定，鉴定编号：苏鉴蚕豆201202。全国统一编号：H08371。

【特征特性】 幼叶绿色，复叶椭圆形，叶肉厚。植株长势旺盛，茎秆粗壮，青绿色，分枝多。花浅紫色，青荚绿色，鲜籽粒绿色，干籽粒青绿色。播种至青荚采收期为198.8d，株高96.6cm，主茎分枝4.5个。单株荚数29.7个，荚长9.0cm，宽2.0cm，鲜荚百荚重1030.7g，鲜籽粒百粒重265.0g。鲜籽粒口感香甜，品质优良。中抗赤斑病和病毒病，抗倒伏性强。

【产量表现】 2009~2011年区域试验鲜荚平均产量18 070.0kg/hm^2，较对照（日本大白皮）增产9.2%，达极显著水平；鲜籽粒平均产量6480.0kg/hm^2，较对照（日本大白皮）增产17.2%，达极显著水平。2010~2011年生产试验鲜荚平均产量18 201.0kg/hm^2，较对照（日本大白皮）增产28.7%，达极显著水平；鲜籽粒平均产量6387.0kg/hm^2，较对照（日本大白皮）增产21.1%，达极显著水平；干籽粒平均产量3605.0kg/hm^2，较对照（日本大白皮）增产40.7%，达极显著水平。

【利用价值】 鲜籽粒速冻加工可周年供应，鲜荚可直接上市或保鲜出口。

【栽培要点】 选用棉花、玉米或其他旱作前茬为茬口，忌连作。10月上中旬播种，穴播，行距80cm，穴距20cm，每穴1~2粒，种植密度6万株/hm^2。一般基肥施用氮磷钾复合肥450~600kg/hm^2，视苗情长势，盛花期可追施尿素90~150kg/hm^2。整枝两次，越冬期去除主茎，翌年3月中旬再去除部分病枝、弱枝。当田间将近一半的植株基部已结2~3个荚，并且荚长2.0~3.0cm时，植株平均有8台花序时，在晴天中午摘去顶端3~6cm的嫩梢，可以抑制后期无效营养生长，达到荚多、荚大、提早成熟的目的。赤斑病：在发病初期喷药防治；蚜虫：用高效低毒杀虫剂喷雾防治；豆象：可结合防病，在盛花期开始喷药防治，隔7d再喷一次。清沟理墒，做到雨停田干，降低田间湿度。干籽粒收获后及时晾晒、脱粒并熏蒸或冷藏处理以防止豆象为害。

【适宜地区】 适应性广，可在江苏、浙江、上海及福建蚕豆生态区种植。

撰稿人：陈 新 袁星星 薛晨晨 黄 璐

4 通蚕鲜6号

【品种来源】 江苏沿江地区农业科学研究所于1995年以日本大白皮自然突变体紫皮蚕豆为母本、日本大白皮为父本杂交选育而成,原品系代号：02020,又名紫皮大粒。2007年通过南通市科学技术局组织的专家鉴定。2016年通过贵州省农作物品种审定委员会审定,审定编号：黔审蚕豆2016002号。全国统一编号：H07380。

【特征特性】 鲜食大粒中熟品种,江苏省秋播生育期220d。幼苗匍匐生长,株型较松散,植株直立、抗倒伏。幼茎绿色,株高85.7cm,主茎分枝3.9个。复叶较大、椭圆形,花浅紫色。单株荚数9.9个,多者可达20个以上,荚长10.6cm、宽2.8cm,鲜籽粒长3.0cm、2.2cm。单荚鲜重20.0～25.0g,长圆形,成熟荚黑色,硬荚,单荚粒数2.0粒。干籽粒扁圆形,种皮浅紫色,黑脐,百粒重195.0g;鲜籽粒百粒重411.0g。干籽粒蛋白质含量30.20%,淀粉含量51.80%,单宁含量0.53%。结荚集中,成熟一致,中后期根系活力强,耐肥,青秸成熟、不裂荚,熟相和丰产性好;中抗赤斑病、白粉病,耐寒性一般,不耐渍,不抗根腐病,感锈病,对病毒病抗性差。

【产量表现】 鲜荚产量15 000.0～17 250.0kg/hm^2,高者可达20 250.0kg/hm^{2}以上。2007年专家现场鉴定取样实测鲜荚平均产量18 129.0kg/hm^2,鲜籽粒平均产量6435.0kg/hm^2,出籽率35.5%。2014～2015年贵州省蚕豆品种生产试验鲜荚平均产量19 408.5kg/hm^2,比成胡15号增产34.4%;鲜籽粒平均产量5962.5kg/hm^2,比成胡15号增产8.0%。

【利用价值】 鲜食蚕豆,粒大、皮薄、低单宁,品质优良,商品价值高,清炒、煮食酥烂易起沙,口味清香;速冻加工。

【栽培要点】 茬口安排,以旱作茬口较为理想,蚕豆忌连作。播前应适当整地,施足底肥,用适量腐熟农家肥,再加375kg/hm^{2}过磷酸钙作基肥。适期播种,播期一般在10月15～20日,穴播,行距80cm,穴距25～30cm,每穴播种2粒,种植密度9万～12万株/hm^2。及时中耕除草,并在越冬前适当培土。肥水管理,冬后春前施磷酸二铵225kg/hm^2;花荚期视长势可追施尿素75～150kg/hm^2,增加结荚率和粒重;视墒情抗旱、排涝。适时喷药,防治蚜虫、飞虱、蓟马等害虫为害和病毒病传播;注意防治蚕豆锈病、赤斑病,应在发病初期开始喷药防治,隔7d再喷一次。及时收获,江苏在5月上中旬,青荚鼓粒饱满,籽粒种脐颜色由黄显黑时即可采摘上市;当青籽粒出现一条黑线时采摘,则会影响蚕豆口感。

【适宜地区】 适应性广,适宜在江苏、浙江、福建、安徽、湖北、江西、广西、重庆、贵州等地秋播蚕豆区作鲜食蚕豆种植。

撰稿人：王学军　汪凯华　缪亚梅

5 通蚕鲜7号

【品种来源】 江苏沿江地区农业科学研究所于2000年以93009/97021 F₂//97021进行回交选育而成，原品系代号：03010。2012年通过江苏省农作物品种审定委员会鉴定，鉴定编号：苏鉴蚕豆201205。2016年通过贵州省农作物品种审定委员会审定，审定编号：黔审蚕豆2016003号。全国统一编号：H08382。

【特征特性】 鲜食大粒中熟品种，江苏省秋播生育期220d。幼苗匍匐生长，株型较松散，植株直立、抗倒伏。幼茎绿色，株高96.7cm，主茎分枝4.6个。复叶较大、椭圆形、花浅紫色。单株荚数15.2个，荚长11.8cm、宽2.6cm，鲜籽粒长3.0cm、宽2.2cm，单荚鲜重25.0～42.0g，常年百荚鲜重4000.0g（区域试验平均百荚鲜重2500.4g），长圆形，成熟荚黑色，硬荚，单荚粒数2.3粒。干籽粒扁圆形，种皮浅绿色，黑脐，百粒重205.0g；鲜籽粒百粒重410.0g（区域试验平均鲜籽粒百粒重379.3g）。干籽粒蛋白质含量30.50%，淀粉含量53.80%，单宁含量0.47%。结荚集中，成熟一致，中后期根系活力强，耐肥，青秸成熟、不裂荚，熟相和丰产性好；抗赤斑病，中抗锈病，抗白粉病、病毒病，耐寒性较强，不耐渍。

【产量表现】 鲜荚产量15 000.0～18 000.0kg/hm²，高者可达20 250.0kg/hm²以上。2009～2011年江苏省区域试验两年平均产量17 777.4kg/hm²，比对照（日本大白皮）增产7.4%；鲜籽粒平均产量6040.4kg/hm²，较对照增产9.3%，出籽率33.9%。2014～2015年贵州省蚕豆品种生产试验鲜荚平均产量20 208.8kg/hm²，比成胡15号增产35.8%；鲜籽粒平均产量6031.1kg/hm²，比成胡15号增产9.2%。

【利用价值】 鲜食蚕豆，粒大、皮薄、低单宁，品质优良，商品价值高，清炒、煮食酥烂易起沙，口味清香；速冻加工。

【栽培要点】 茬口安排，以旱作茬口较为理想，蚕豆忌连作。播前应适当整地，施足底肥，用适量腐熟农家肥，再加375kg/hm²过磷酸钙作基肥。适期播种，播期一般在10月15～20日，穴播，行距80cm，穴距25～30cm，每穴播种2粒，种植密度9万～12万株/hm²。及时中耕除草，并在越冬前适当培土。肥水管理，冬后春前施磷酸二铵225kg/hm²；花荚期视长势可追施尿素75～150kg/hm²，增加结荚率和粒重；视墒情抗旱、排涝。适时喷药，防治蚜虫、飞虱、蓟马等害虫为害和病毒病传播；注意防治蚕豆锈病、赤斑病，应在发病初期开始喷药防治，隔7d再喷一次。及时收获，江苏在5月上中旬，青荚鼓粒饱满，籽粒种脐颜色由黄显黑时即可采摘上市；当青籽粒出现一条黑线时采摘，则会影响蚕豆口感。

【适宜地区】 适应性广，适宜在江苏、浙江、福建、安徽、湖北、江西、广西、重庆、四川、云南、贵州等地秋播蚕豆区作鲜食蚕豆种植。

撰稿人：王学军　汪凯华　缪亚梅

6　通蚕鲜8号

【品种来源】 江苏沿江地区农业科学研究所于2000年以97035为母本、Ja-7为父本杂交选育而成，原品系代号：03021。2012年通过江苏省农作物品种审定委员会鉴定，鉴定编号：苏鉴蚕豆201206。2013年通过重庆市农作物品种审定委员会审定，审定编号：渝品审鉴2013002。全国统一编号：H07333。

【特征特性】 鲜食大粒中熟品种，江苏省秋播生育期220d。幼苗匍匐生长，株型较松散，植株直立、抗倒伏。幼茎绿色，株高94.5cm，主茎分枝5.2个。复叶较大、椭圆形，花浅紫色。单株荚数14.7个，荚长11.3cm，宽2.5cm，鲜籽粒长2.8cm、宽2.1cm，单荚鲜重23.0～35.0g，百荚鲜重3800.0g（区域试验平均百荚鲜重2346.0g），长圆形，成熟荚黑色，硬荚，单荚粒数2.1粒。干籽粒扁圆形，种皮浅褐色，黑脐，百粒重195.0g；鲜籽粒百粒重410.0～440.0g（区域试验平均鲜籽粒百粒重379.5g）。干籽粒蛋白质含量27.90%，淀粉含量48.60%，单宁含量0.47%。结荚集中，成熟一致，中后期根系活力强，耐肥，青秸成熟、不裂荚，熟相和丰产性好；中抗赤斑病、锈病，抗白粉病，耐寒性较强，不耐渍。

【产量表现】 鲜荚产量15 000.0～18 000.0kg/hm²，高者可达20 250.0kg/hm²以上。2009～2011年江苏省区域试验两年平均产量17 424.0kg/hm²，比对照（日本大白皮）增产5.3%；鲜籽粒平均产量5830.1kg/hm²，较对照增产5.4%，出籽率33.5%。

【利用价值】 鲜食蚕豆，粒大、皮薄、低单宁，品质优良，商品价值高，清炒、煮食酥烂易起沙，口味清香；速冻加工。

【栽培要点】 茬口安排，以旱作茬口较为理想，蚕豆忌连作。播前应适当整地，施足底肥，用适量腐熟农家肥，再加375kg/hm²过磷酸钙作基肥。适期播种，播期一般在10月15～20日，穴播，行距80cm，穴距25～30cm，每穴播种2粒，种植密度9万～12万株/hm²。及时中耕除草，并在越冬前适当培土。肥水管理，冬后春前施磷酸二铵225kg/hm²；花荚期视长势可追施尿素75～150kg/hm²，增加结荚率和粒重；视墒情抗旱、排涝。适时喷药，防治蚜虫、飞虱、蓟马等害虫为害和病毒病传播；注意防治蚕豆锈病、赤斑病，应在发病初期开始喷药防治，隔7d再喷一次。及时收获，江苏在5月上中旬，青荚鼓粒饱满，籽粒种脐颜色由黄显黑时即可采摘上市；当青籽粒出现一条黑线时采摘，则会影响蚕豆口感。

【适宜地区】 适应性广，适宜江苏、安徽、湖北、江西、重庆等地秋播蚕豆区作鲜食蚕豆种植。

撰稿人：王学军　汪凯华　缪亚梅

7 通蚕9号

【品种来源】 江苏沿江地区农业科学研究所于2000年以93017为母本、Ja为父本杂交选育而成，原品系代号：03005。2012年通过国家小宗粮豆品种鉴定委员会鉴定，鉴定编号：国品鉴杂2012011。全国统一编号：H08383。

【特征特性】 鲜食大粒中熟品种，江苏省秋播生育期220d。幼苗匍匐生长，株型较松散，植株直立抗倒伏。幼茎绿色，株高94.0cm，主茎分枝4.2个。复叶较大、椭圆形，花浅紫色。单株荚数11.5个，荚长9.8cm、宽2.5cm，鲜籽粒长2.8cm、宽2.1cm，单荚鲜重18.0～28.0g，长圆形，成熟荚黑色，硬荚，单荚粒数2.0粒。干籽粒扁圆形，种皮浅绿色，黑脐，百粒重170.0g；鲜籽粒百粒重390.0g。干籽粒蛋白质含量29.60%，淀粉含量52.40%，单宁含量0.48%。结荚集中，成熟一致，中后期根系活力强，耐肥，青秸成熟、不裂荚，熟相和丰产性好；中抗赤斑病、锈病、抗白粉病，耐寒性较强，不耐渍。

【产量表现】 鲜荚产量13 500.0～16 500.0kg/hm²，干籽粒产量一般2250.0～2700.0kg/hm²，高者可达3300.0kg/hm²以上。2007～2010年国家秋播蚕豆区域试验干籽粒平均产量2003.0kg/hm²，较参试品种平均产量高1.0%，2011年生产试验干籽粒平均产量2326.5kg/hm²，较当地对照增产12.7%。

【利用价值】 鲜食、粒用蚕豆，粒大、皮薄、低单宁，品质优良，商品价值高，清炒、煮食酥烂易起沙，口味清香；速冻加工。

【栽培要点】 茬口安排，以旱作茬口较为理想，蚕豆忌连作。播前应适当整地，施足底肥，用适量腐熟农家肥，再加375kg/hm²过磷酸钙作基肥。适期播种，播期一般在10月15～20日，穴播，行距80cm，穴距25～30cm，每穴播种2粒，种植密度9万～12万株/hm²。及时中耕除草，并在越冬前适当培土。肥水管理，冬后春前施磷酸二铵225kg/hm²；花荚期视长势可追施尿素75～150kg/hm²，增加结荚率和粒重；视墒情抗旱、排涝。适时喷药，防治蚜虫、飞虱、蓟马等害虫为害和病毒病传播；注意防治蚕豆锈病、赤斑病，应在发病初期开始喷药防治，隔7d再喷一次。及时收获，江苏在5月上中旬，青荚鼓粒饱满，籽粒种脐颜色由黄显黑时即可采摘上市；当青籽粒出现一条黑线时采摘，则会影响蚕豆口感。

【适宜地区】 适应性广，适宜在江苏、安徽、湖北、江西、重庆、四川等地秋播蚕豆区作鲜食蚕豆种植。

撰稿人：王学军 汪凯华 缪亚梅

8 皖蚕1号

【品种来源】 安徽省农业科学院作物研究所于2005年以地方品种合肥蚕豆为母本、五河大蚕豆为父本杂交选育而成，原品系代号：CB057-26。2015年通过安徽省非主要农作物品种登记委员会鉴定，鉴定编号：皖品鉴登字第1311001。全国统一编号：H08372。

【特征特性】 生育期194d。植株直立紧凑、整齐，株高95.8cm，有效分枝7～9个，茎粗1.1cm，复叶椭圆形、深绿色。幼茎绿色，花紫色，中下部结荚，荚向上。单株荚数17.1个，单荚粒数1.8粒，荚长8.7cm、宽2.2cm，籽粒饱满，粒色青绿，鲜籽粒百粒重378.5g，干籽粒百粒重124.7g。干籽粒蛋白质含量28.62%，淀粉含量50.37%，脂肪含量1.63%。中抗赤斑病和褐斑病。

【产量表现】 2012～2013年参加国家蚕豆区域试验合肥点试验，平均产量4662.3kg/hm^2，比参试品种平均产量高38.8%。2014年参加安徽省多点试验，最高产量4836.5kg/hm^2，平均产量4062.0kg/hm^2，比对照（合肥蚕豆）增产17.3%。2015年在安徽省农科院岗集基地良种繁种，平均产量4721.0kg/hm^2，高产田块平均产量达5029.7kg/hm^2。

【利用价值】 粒大、粒色鲜艳、皮薄，品质优良，商品价值高，适于鲜食和干籽粒食用。

【栽培要点】 一般在10月中旬至11月初播种，最适播种期在10月20日左右。施肥以基肥为主，肥力中等的田块施用氮磷钾复合肥300～375kg/hm^2，地力较差地块加施适量腐熟农家肥。播种量225～300kg/hm^2，种植行距50cm，株距25cm，每穴2粒，播种深度5～6cm，种植密度8万～10万株/hm^2。株高10.0cm左右时进行第一次中耕除草；在植株初花期、封垄之前，根据田间需要进行第二次中耕除草。在蚕豆开至10～12台花序时，在晴天露水干后进行打顶，摘除3～5cm嫩尖，以控制营养生长、提高抗倒伏性。花荚期可用3%磷酸二氢钾追肥，起高产稳产作用。鲜荚采收应注意及时保鲜处理并尽快上市销售；干籽粒采收在90%植株茎秆变黑时。收获时应尽量避开阴雨天，以提高蚕豆种子品质和产量。待籽粒晒干至含水量13%以下之后及时脱粒，并熏蒸入库。

【适宜地区】 适宜在安徽省江淮和淮河以北秋播及同类型生态区种植。

撰稿人： 周 斌 张丽亚 杨 勇 叶卫军 田东丰

9 鄂蚕豆1号

【品种来源】 湖北省农业科学院粮食作物研究所和谷城县农业科学研究所于2004年以地方品种黄白小籽为母本、启豆1号为父本杂交选育而成，原品系代号：8068。2015年通过湖北省农作物品种审定委员会审定，审定编号：鄂审杂2015002。全国统一编号：H08369。

【特征特性】 中熟品种，秋播生育期185d。无限结荚习性，苗色深绿，直立生长，茎秆粗壮，株型紧凑，株高143.0cm。主茎分枝4~6个，复叶椭圆形，花紫红色，单株荚数20.0个，荚长8.0cm，成熟荚深褐色，荚壳薄，豆粒鼓凸于豆荚间，单荚粒数2.7粒，百粒重85.1g。干籽粒蛋白质含量27.50%，淀粉含量38.30%。新收获干籽粒，种皮青绿色，种皮薄，成熟时熟相清秀，丰产性好。

【产量表现】 2010~2011年品种比较试验，比对照（成胡15号）的生育期长2d，比对照（启豆1号）的生育期短3d，比对照（成胡15号）增产28.2%，比对照（启豆1号）增产4.4%。2011~2012年品种比较试验，比对照（成胡15号）的生育期长1d，比对照（启豆1号）的生育期短2d，比对照（成胡15号）增产19.3%，比对照（启豆1号）增产12.8%。综合两年品种比较试验，平均产量3105.0kg/hm^2，比对照（成胡15号）增产23.1%，比对照（启豆1号）增产8.9%。

【利用价值】 籽粒青绿色有光泽，种皮薄，口感好，商品外观好，经济价值高。

【栽培要点】 湖北地区于10月5~25日播种，其中丘陵、高山、半高山地区应在10月5~15日播种，田地的选择应注重轮作换茬，以减轻病虫害发生。种植密度9万~12万株/hm^2，播种时基肥可选择过磷酸钙375kg/hm^2，或氮磷钾复合肥225~300kg/hm^2，播种后施用除草剂进行土壤封闭除草。蚕豆出苗后应及时查苗、补苗，在蚕豆花荚期抢晴好天气清理田内三沟，降低田间湿度。苗期注意防治地老虎、红蜘蛛、蚜虫等，花荚期注意防治赤斑病。

【适宜地区】 湖北及周边蚕豆产区。

撰稿人：万正煌　李莉　刘昌燕

10　渝蚕1号

【品种来源】 重庆市农业科学院特色作物研究所于2010年从云豆147中选出抗蚕豆赤斑病的变异单株，后经系统选育而成，原品系代号：2010混-12-1。2019年通过重庆市农作物品种审定委员会鉴定，鉴定编号：渝品审鉴2019037。全国统一编号：H08400。

【特征特性】 生育期191d，株高92.4cm，主茎分枝3.3个，单株荚数13.2个，单荚粒数2.7粒，百粒重84.0g，种皮白色。干籽粒蛋白质含量28.80%，淀粉含量47.50%，脂肪含量1.20%，膳食纤维含量15.20%。中抗蚕豆赤斑病。

【产量表现】 2016~2017年将渝蚕1号推荐进入国家食用豆产业技术体系蚕豆新品联合鉴定试验，在四川成都、贵州毕节、湖北武汉、江苏南通、重庆永川等9个试点进行同步测试，测试结果表明，渝蚕1号蚕豆赤斑病抗性较好，鲜荚平均产量14 812.5kg/hm²，在参试的25个品种中排名第5位。2018~2019年将渝蚕1号推荐进入重庆市蚕豆区域试验，干籽粒平均产量2634.0kg/hm²，较对照（成胡16号）增产39.5%。

【利用价值】 适于林下间作套种、豆瓣加工、干籽粒加工等。

【栽培要点】 种子处理：种子选用具有光泽、粒大、饱满、无虫蛀、无霉变、无破裂的种子，播种前晒种2~3d。播种：10月中下旬播种，播种规格：行距50cm，穴距30cm，每穴3~4粒种子。施肥：宜施氮磷钾复合肥330kg/hm²作基肥，施于种穴旁10cm。田间管理：播种后立即用96%精异丙甲草胺乳油1500倍液对土壤进行封闭处理。幼苗3~4叶时，查苗、补苗，每穴定苗2~3株，留苗12万株/hm²。病虫害防治：可在赤斑病发病初期喷药防治，并及早喷药防治蚜虫。采收：在豆荚鼓粒饱满、籽粒种脐颜色由黄显黑时可进行鲜荚采收；在蚕豆叶片凋落、中下部豆荚充分成熟时进行干籽粒采收，晒干脱粒贮藏。

【适宜地区】 重庆、四川、贵州、湖北、江苏、云南等地种植生产。

撰稿人：杜成章　张继君　龙珏臣

11 渝蚕2号

【品种来源】 重庆市农业科学院特色作物研究所于2010年从云豆147选出抗蚕豆赤斑病的变异单株，后经系统选育而成，原品系代号：2010混-2-2。2019年通过重庆市农作物品种审定委员会鉴定，鉴定编号：渝品审鉴2019038。全国统一编号：H08401。

【特征特性】 生育期191d，株高121.3cm，主茎分枝3.3个，单株荚数11.9个，单荚粒数2.7粒，百粒重73.4g，种皮绿色。干籽粒蛋白质含量29.50%，淀粉含量46.20%，脂肪含量1.50%，膳食纤维含量15.50%。中抗蚕豆赤斑病。

【产量表现】 2016～2017年将渝蚕2号推荐进入国家食用豆产业技术体系蚕豆新品联合鉴定试验，在四川成都、贵州毕节、湖北武汉、江苏南通、重庆永川等9个试点进行同步测试，测试结果表明，渝蚕2号对赤斑病抗性较好，鲜荚平均产量13 287.0kg/hm^2，在参试的25个品种中排名第9位。2018～2019年将渝蚕2号推荐进入重庆市蚕豆区域试验，干籽粒平均产量2533.5kg/hm^2，较对照（成胡16号）增产34.2%。

【利用价值】 适于林下间作套种、豆瓣加工、干籽粒加工等。

【栽培要点】 种子处理：种子选用具有光泽、粒大、饱满、无虫蛀、无霉变、无破裂的种子，播种前晒种2～3d。播种：10月中下旬播种，播种行距50cm，穴距30cm，每穴播种3～4粒种子。施肥：宜施氮磷钾复合肥330kg/hm^{2}作基肥，施于种穴旁10cm。田间管理：播种后立即用96%精异丙甲草胺乳油1500倍液对土壤进行封闭处理。幼苗3～4叶时，查苗、补苗，每穴定苗2～3株，留苗12万株/hm^2。病虫害防治：可在赤斑病发病初期喷药防治，并及早喷药防治蚜虫。采收：在豆荚鼓粒饱满、籽粒种脐颜色由黄显黑时可进行鲜荚采收；在蚕豆叶片凋落、中下部豆荚充分成熟时进行干籽粒采收，晒干脱粒贮藏。

【适宜地区】 重庆、四川、贵州、湖北、江苏、云南等地种植生产。

撰稿人： 杜成章　张继君　龙珏臣

12　成胡15号

【品种来源】 四川省农业科学院作物研究所于1986年从英国洛桑试验站引进的72份杂交后代材料中系统选育而成，原品系代号：41207-1。1999年通过四川省农作物品种审定委员会审定，审定编号：川审豆48号。2013年通过国家小宗粮豆品种鉴定委员会鉴定，鉴定编号：国品鉴杂2013008。全国统一编号：H04123。

【特征特性】 中熟品种，生育期191d。无限结荚习性，直立生长。幼茎浅紫色，成熟茎绿色，株高120.0cm。主茎分枝4.2个，复叶长椭圆形、浓绿，花紫色。单株荚数34.0个，荚长7.0cm、宽3.0cm，硬荚，微弯，成熟荚黑色，单荚粒数2~3粒。新收获干籽粒窄厚形，种皮浅绿色，黑脐，百粒重90.7g。干籽粒蛋白质含量30.70%。抗病性强。

【产量表现】 1996~1997年四川省区域试验平均产量2201.0kg/hm^2，较地方对照增产45.7%，较成胡10号增产12.4%。1998年四川省生产试验平均产量2655.0kg/hm^2，较对照（成胡10号）增产11.1%，其中简阳点产量高达3722.0kg/hm^2。1996~1998年在全国五省份（四川、浙江、江苏、云南、甘肃）联合试验，平均产量2781.0kg/hm^2，较全国统一对照（浙江慈溪大白蚕）增产49.2%。2007~2010年国家区域试验平均产量2162.0kg/hm^2，比对照增产8.1%。2010~2011年国家生产试验平均产量2562.0kg/hm^2，比地方对照增产10.7%，其中重庆永川点产量高达2925.0kg/hm^2。

【利用价值】 种皮薄、食味好，可粮菜兼用。

【栽培要点】 播种期10月中下旬，肥土、平坝宜迟，瘦土、丘陵宜早。播种量150kg/hm^2，行距50~67cm，穴距26~33cm，肥沃土壤可适当放宽。每穴播种2~3粒，单作种植密度12万~15万株/hm^2。底肥在施用农家肥的基础上增施磷肥，花荚期适当追施磷钾肥，田间注意适当排灌。在繁种时应进行隔离，注意选种保纯，防止退化、混杂。

【适宜地区】 适宜在四川省、重庆市、湖北省平坝、丘陵生态区秋冬季种植。

撰稿人：余东梅　项　超　杨　梅

13　成胡18号

【品种来源】　四川省农业科学院作物研究所于1999年以江苏89027为母本、拉兴-4-1为父本杂交选育而成，原品系代号：9902-5。2009年通过四川省农作物品种审定委员会审定，审定编号：川审豆2009004。全国统一编号：H06367。

【特征特性】　中早熟品种，生育期180d。无限结荚习性，直立生长。幼茎浅紫色，成熟茎绿色，株高127.8cm。主茎分枝3.1个，复叶椭圆形、浓绿，花紫色。单株荚数12.2个，硬荚，微弯，成熟荚黑色，单荚粒数在2.0粒以上。新收获干籽粒窄厚形，种皮浅绿色，黑脐，百粒重108.3g。干籽粒粗蛋白质含量32.90%。抗病力强。

【产量表现】　2007～2008年四川省区域试验平均产量1878.0kg/hm^2，较对照（成胡10号）增产13.3%。2008年在成都、内江、简阳三地进行生产试验，平均产量2205.0kg/hm^2，较对照（成胡10号）增产17.8%，其中内江点产量高达2298.0kg/hm^2。

【利用价值】　粮饲菜兼用，种皮薄、食味好。

【栽培要点】　播种期以霜降前后为宜，在平均气温16～17℃时最好，各地可根据当地气温作适当调整。播种量120～150kg/hm^2，行距50～67cm，穴距26～33cm，每穴2～3粒。净作种植密度12万～15万株/hm^2，不宜过密，以免倒伏。底肥增施磷肥，花荚期适当追施磷钾肥，田间注意适当排灌。在繁殖及推广中应进行隔离，注意选种保纯，防止退化、混杂。晒干后及时熏蒸或冷藏处理以防止豆象为害。

【适宜地区】　适宜在四川省平坝、丘陵生态区秋冬季种植。

撰稿人：余东梅　项超　杨梅

14　成胡19号

【品种来源】　四川省农业科学院作物研究所于1992年从叙利亚引入的有限花序材料84-233中系统选育而成，原品系代号：9224-3。2010年通过四川省农作物品种审定委员会审定，审定编号：川审豆2010 008。全国统一编号：H06368。

【特征特性】　中、早熟性品种，生育期183d。无限结荚习性，生长势旺，直立生长。幼茎浅紫色，成熟茎绿色，株高114.9cm。主茎分枝2.4个，复叶椭圆形、浓绿，花紫色。单株荚数25.4个，荚长7.0cm、宽2.6cm，硬荚，微弯，成熟荚黑色，单荚粒数在2.0粒以上。新收获干籽粒窄厚形，种皮浅绿色，黑脐，百粒重112.5g。干籽粒蛋白质含量32.50%，脂肪含量1.25%。高产、稳产，抗病性强。

【产量表现】　2007～2008年四川省区域试验平均产量1859.0kg/hm^2，比对照（成胡10号）增产12.1%。2008年四川省生产试验平均产量2153.0kg/hm^2，比对照（成胡10号）增产15.3%，其中内江点产量达2196.0kg/hm^2。

【利用价值】　粮饲菜兼用，种皮薄，食味好，适用于制作豆瓣酱。

【栽培要点】　霜降前后播种，在平均气温16～17℃时最好，各地可根据当地气温作适当调整，肥土、平坝宜迟，瘦土、丘陵宜早。播种量120～150kg/hm^2，行距50～67cm，穴距26～33cm，每穴播种2～3粒。净作种植密度12万～15万株/hm^2，肥沃土壤可适当放宽。底肥在施用农家肥的基础上增施磷肥，花荚期适当追施磷钾肥，田间注意适当排灌。在繁种时应进行隔离，注意选种保纯，防止退化、混杂。晒干后及时熏蒸或冷藏处理以防止豆象为害。

【适宜地区】　适宜在四川省平坝、丘陵生态区秋冬季种植。

撰稿人：余东梅　项　超　杨　梅

15　成胡20号

【品种来源】　四川省农业科学院作物研究所于1999年以地方品种万县米胡豆为母本、浙江引进材料H8096-3为父本杂交选育而成，原品系代号：9908-1。2014年通过四川省农作物品种审定委员会审定，审定编号：川审豆2014 004。全国统一编号：H06369。

【特征特性】　中熟品种，生育期193d。无限结荚习性，生长势旺，直立生长。幼茎浅紫色，成熟茎绿色，株高111.5cm，有效分枝3.0个以上。复叶长椭圆形、绿色，花浅紫色。单株荚数在10.2个以上，单荚粒数2.0粒，单株粒数22.6粒，单株粒重22.9g。新收获种子中薄形，种皮浅绿色，黑脐，百粒重108.1g。干籽粒粗蛋白质含量28.90%，淀粉含量30.50%。抗赤斑病、褐斑病，耐寒性、耐湿性较好，耐旱性强。

【产量表现】　2011~2012年四川省区域试验平均产量2565.0kg/hm^2，较对照（成胡10号）增产11.4%。2013年在成都、内江、简阳进行生产试验，平均产量2622.0kg/hm^2，较对照（成胡10号）增产16.8%，其中内江点产量高达3124.5kg/hm^2。

【利用价值】　粮、菜及食品加工兼用。

【栽培要点】　霜降前后播种，各地可根据当地气温作适当调整，肥土、平坝宜迟，瘦土、丘陵宜早。播种量120~150kg/hm^2，行距50~67cm，穴距26~33cm，每穴播种2~3粒。净作种植密度12万~15万株/hm^2，肥沃土壤可适当放宽。底肥在施用农家肥的基础上增施磷肥，花荚期适当追施磷钾肥，田间注意适当排灌。在繁种时应进行隔离，注意选种保纯，防止退化、混杂。晒干后及时熏蒸或冷藏处理以防止豆象为害。

【适宜地区】　适宜在四川省平坝、丘陵生态区秋冬季种植。

撰稿人：余东梅　项　超　杨　梅

16　成胡21号

【品种来源】　四川省农业科学院作物研究所于1992年以成胡10号为母本、叙利亚材料86-119为父本杂交选育而成，原品系代号：9218-2-1-2。2016年通过四川省农作物品种审定委员会审定，审定编号：川审豆2016004。全国统一编号：H06708。

【特征特性】　中熟品种，生育期192d。无限结荚习性，生长势旺，株型紧凑，直立生长。幼茎淡绿色，成熟茎绿色，株高112.0cm，有效分枝2.8个以上。复叶椭圆形、绿色，花浅紫色。结荚部位低，单荚粒数2.1粒，单株粒数21.3粒，单株粒重21.7g。新收获种子中薄形，种皮浅绿色，黑脐，百粒重110.5g。干籽粒粗蛋白质含量29.80%，淀粉含量29.50%。抗赤斑病，耐湿性较好，抗旱性较强。

【产量表现】　2011～2012年四川省区域试验平均产量2557.5kg/hm^2，较对照（成胡10号）增产11.1%。2013年在成都、内江、简阳进行生产试验，平均产量2503.5kg/hm^2，较对照（成胡10号）增产11.4%，其中内江点产量高达2910.0kg/hm^2。

【利用价值】　粮、菜及食品加工兼用。

【栽培要点】　霜降前后播种，各地可根据当地气温作适当调整，肥土、平坝宜迟，瘦土、丘陵宜早。播种量120～150kg/hm^2，行距50～67cm，穴距26～33cm，每穴播种2～3粒。净作种植密度12万～15万株/hm^2，肥沃土壤可适当放宽。底肥在施用农家肥的基础上增施磷肥，花荚期适当追施磷钾肥，田间注意适当排灌。在繁种时应进行隔离，注意选种保纯，防止退化、混杂。晒干后及时熏蒸或冷藏处理以防止豆象为害。

【适宜地区】　适宜在四川省平坝、丘陵生态区秋冬季种植。

撰稿人：余东梅　项　超　杨　梅

17 织金小蚕豆

【品种来源】 贵州省毕节市乌蒙杂粮科技有限公司、毕节市农业科学研究所于2012年从地方品种织金青蚕豆的变异株中系统选育而成。2016年通过贵州省农作物品种审定委员会审定，审定编号：黔审蚕豆2016001号。全国统一编号：H08367。

【特征特性】 早熟品种，生育期165d。株高70.0cm。主茎分枝4.9个，单株荚数29.8个，单荚粒数3.1粒，鲜籽粒百粒重164.2g，干籽粒百粒重71.7g。幼苗直立，生长势强，叶片较小，茎秆硬，不裂荚，熟相好。紫花，干籽粒种皮白色，黑脐。抗倒伏，耐寒性、耐湿性较强，中抗赤斑病。

【产量表现】 2013年贵州省区域试验鲜荚平均产量18 060.0kg/hm²，比对照增产7.5%；2014年区域试验鲜荚平均产量18 420.0kg/hm²，比对照增产13.1%；两年平均产量18 240.0kg/hm²，比对照增产10.2%，10个点次均增产，增产点率100%。2015年贵州省生产试验鲜荚平均产量16 504.5kg/hm²，比对照增产10.9%。

【利用价值】 干籽粒加工和鲜食均可，粒色鲜艳、皮薄，品质优良，适宜加工，商品价值高。

【栽培要点】 合理轮作，忌连作。适期播种：适宜播种期在10月中下旬至11月上中旬，穴播，行距50~60cm，穴距30cm，每穴2~3粒，种植密度10.5万株/hm²。肥水管理：一般施氮磷钾复合肥30kg/hm²作底肥；视苗情长势，苗期可追施尿素75kg/hm²。适时摘心：分两次进行，第一次在幼苗生长到有5片复叶时，第二次在田间一半的植株基部已结2~3个荚，并且荚长2~3cm时摘心。防病治虫：防治蚕豆赤斑病和蚜虫。适时采收：在4月下旬至5月上中旬，青豆荚鼓粒饱满、籽粒种脐颜色由黄显黑时即可采摘青荚上市；当青籽粒出现一条黑线时采摘，则会影响蚕豆口感；在5月下旬，当豆叶大部分正常脱落，豆荚呈现品种固有的颜色，手摇植株有轻微的响声时，抢晴及时收割，收割后堆放3~5d，再脱粒晒干。

【适宜地区】 贵州省蚕豆种植区。

撰稿人：余 莉 张时龙 王昭礼

18 云豆06

【品种来源】 云南省农业科学院粮食作物研究所于2010年从云南地方种质资源大庄豆中系统选育而成，原品系代号：06-1506。2015年通过云南省农作物品种审定委员会审定，审定编号：滇审蚕豆2015002号。2018年通过农业农村部非主要农作物品种登记，登记编号：GPD蚕豆（2018）530032。全国统一编号：H07359。

【特征特性】 中熟、大粒型蚕豆品种，生育期194d。株型紧凑，复叶长圆形、深绿色。幼苗分枝直立，株高80.5cm。主茎分枝3.5个，结荚位于植株中部，单株荚数9.5个，单荚粒数1.8粒。鲜荚绿色，成熟荚黑褐色，荚质软，荚长9.2cm、宽1.9cm。干籽粒种皮、种脐白色，子叶淡黄色，百粒重121.0g。干籽粒单宁含量0.22%，淀粉含量40.26%，蛋白质含量25.10%，总糖含量6.13%。抗锈病和赤斑病，中抗褐斑病。

【产量表现】 云南省区域试验平均产量达到4009.5kg/hm²，比凤豆一号增产1.2%。大田生产试验平均产量3715.7kg/hm²，增产9.5%，2009～2016年在昆明、曲靖、楚雄、大理、保山等地的示范推广面积累计2140.0hm²。

【利用价值】 鲜荚菜用、干籽粒食品加工及饲用。

【栽培要点】 秋播区域最适播种期为10月5～15日。中等肥力田块种植密度23万株/hm²，根据土壤肥力状况作适当增减调整。种植行距33～40cm，株距按播种量调整，开厢条播或者稻茬免耕直播，厢面宽度视土壤墒情定。施肥按普通过磷酸钙450kg/hm²、硫酸钾225kg/hm²计算用量，作为种肥或苗肥施用。条件允许时可在现蕾期中耕除草1次，使土壤疏松，促进根系发育及根瘤生长。开花至灌浆期灌水1～2次，严格控制蚜虫、潜叶蝇。

【适宜地区】 适宜在云南省海拔1600～2400m的秋播蚕豆产区栽培，以及近似生境的区域种植生产。

撰稿人：何玉华　吕梅媛　于海天　杨　峰　杨　新

19 云豆95

【品种来源】 云南省农业科学院粮食作物研究所于2008年以优良品种8462为母本、高可溶性糖品种云豆825为父本杂交选育而成，原品系代号：95（34）。2012年通过云南省农作物品种审定委员会审定，审定编号：滇审蚕豆2012001号。2020年通过农业农村部非主要农作物品种登记，登记编号：GPD蚕豆（2019）530028。全国统一编号：H08380。

【特征特性】 中熟品种，秋播生育期180～188d。无限结荚习性，幼苗分枝半直立，茎秆粗硬，株型紧凑。幼茎绿色，成熟茎绿色，株高90.0～100.0cm。分枝力强，主茎分枝4.1个，小叶卵圆形，叶绿色，花白色。单株荚数12.1个，单荚粒数1.6粒，荚长9.0cm、宽1.9cm，荚质软，扁筒形，鲜荚绿色，成熟荚黄褐色。新收获干籽粒中厚形，种皮略皱，种皮白色，种脐白色，子叶淡黄色，百粒重137.0g。干籽粒蛋白质含量27.10%，淀粉含量46.80%，单宁含量0.29%，总糖含量5.28%。中抗赤斑病，抗褐斑病。

【产量表现】 云南省区域试验平均产量达到4331.3kg/hm²，比对照（凤豆一号）增产6.8%。大田生产试验产量3394.5～5287.5kg/hm²，平均产量4383.0kg/hm²，增产13.3%～29.4%。2012～2016年在昆明、曲靖、楚雄、丽江、保山等地示范推广面积累计214.0hm²。

【利用价值】 鲜荚菜用、干籽粒食品加工及饲用。

【栽培要点】 最适播种期为10月5～15日，可适当早播，中等肥力田块种植密度按23万株/hm²计算，根据土壤肥力状况作增减调整。行距35～45cm，株距按播种量调整，开厢条播，厢面宽度视土壤墒情定。施肥按普通过磷酸钙450kg/hm²、硫酸钾225kg/hm²计算用量，作种肥或苗肥施用。现蕾期中耕除草1次，使土壤疏松，促进根系发育及根瘤生长。开花至灌浆期灌水2～3次，有利延长绿叶功能期，促进结荚数量和增加百粒重。严格控制蚜虫、潜叶蝇和锈病。

【适宜地区】 适宜在云南省海拔1600～2400m的区域秋播蚕豆产区栽培，以及近似生境的区域种植生产。

撰稿人：何玉华　吕梅媛　杨　峰　于海天　胡朝芹

20 云豆459

【品种来源】 云南省农业科学院粮食作物研究所于2012年以89147为母本、9829为父本杂交选育而成，原品系代号：06-459。2016年通过云南省农作物品种审定委员会审定，审定编号：滇审蚕豆2016006号。2018年通过农业农村部非主要农作物品种登记，登记编号：GPD蚕豆（2018）530031。全国统一编号：H07358。

【特征特性】 中熟、大粒型蚕豆品种，秋季播种至收获生育日数190d。无限结荚习性，株型紧凑，株高86.7cm。主茎分枝2.9个，单株荚数10.0个，单荚粒数1.8粒。荚质软，鲜荚绿色，成熟荚黄褐色，荚长8.8cm、宽2.0cm。干籽粒百粒重143.0g，种皮白色，种脐黑色，子叶淡黄色，单株粒重24.6g。干籽粒单宁含量0.23%，淀粉含量27.16%，蛋白质含量29.60%，总糖含量6.12%。中抗锈病、赤斑病和褐斑病。

【产量表现】 云南省区域试验平均产量达到3783.0kg/hm^2，比地方大白豆增产21.8%。大田生产试验平均产量4119.0kg/hm^2，增产24.5%。在昆明、曲靖、楚雄、大理、保山等地示范推广面积累计2330.0hm^2。

【利用价值】 干籽粒食品加工及饲用。

【栽培要点】 秋播区域的最佳播种期为10月5～15日，中等肥力田块种植密度按23万株/hm^{2}计算，根据土壤肥力状况作增减调整。行距33～40cm，株距按播种量调整，采取稻后免耕直播或者旱地开厢条播，厢面宽度视土壤墒情定。施肥按普通过磷酸钙450kg/hm^2、硫酸钾225kg/hm^{2}计算用量，作种肥或苗肥施用。旱地种植在现蕾期中耕除草1次，使土壤疏松，促进根系发育及根瘤生长。开花至灌浆期灌水2次。严格控制蚜虫、潜叶蝇。

【适宜地区】 适宜在云南省海拔1600～2400m的区域秋播蚕豆产区栽培，以及近似生境的区域种植生产。

撰稿人：何玉华　吕梅媛　于海天　杨　峰　杨　新

21 云豆470

【品种来源】 云南省农业科学院粮食作物研究所于1991年以优良品种8462为母本、优异种质8137为父本杂交育成，原品系代号：94-470。2014年通过云南省农作物品种审定委员会审定，审定编号：滇审蚕豆2014002号。2012年获国家植物新品种权，品种权号：CNA20070173.8。2018年通过农业农村部非主要农作物品种登记，登记编号：GPD蚕豆（2018）530033。全国统一编号：H08396。

【特征特性】 中熟品种，秋播生育期180～185d。无限结荚习性，幼苗分枝半直立，株型紧凑。幼茎绿色，成熟茎绿色，株高80.0～90.0cm。分枝力中等，主茎分枝3.6个，小叶长圆形，叶深绿色，花白色。单株荚数10.4个，单荚粒数1.8粒，荚长6.9cm、宽1.8cm。荚质软，扁筒形，鲜荚绿色，成熟荚黑褐色。干籽粒百粒重97.3g，种皮白色，种脐白色，子叶淡黄色，单株粒重15.6g。干籽粒蛋白质含量23.70%，淀粉含量39.95%，单宁含量0.74%。

【产量表现】 云南省区域试验平均产量达到3233.2kg/hm^2。大田生产试验产量3160.5～4024.5kg/hm^2，平均产量3585.0kg/hm^2，增产15.1%～32.4%。2014～2016年在昆明、曲靖、大理、保山等地示范推广面积累计214.0hm^2。

【利用价值】 鲜荚菜用、干籽粒食品加工及饲用。

【栽培要点】 秋播区域最适播种期为10月5～15日，可适当早播，中等肥力田块种植密度按30万株/hm^{2}计算，根据土壤肥力状况作增减调整。行距33～40cm，株距按播种量调整，采取稻后免耕直播或开厢条播，厢面宽度视土壤墒情定。施肥按普通过磷酸钙450kg/hm^2、硫酸钾150kg/hm^{2}计算用量，作种肥或苗肥施用。现蕾期中耕除草1次，使土壤疏松，促进根系发育及根瘤生长。开花至灌浆期灌水2～3次。严格控制蚜虫、潜叶蝇和锈病。

【适宜地区】 适宜在云南省海拔1600～1900m的区域秋播蚕豆产区栽培，以及近似生境的区域种植生产。

撰稿人： 何玉华　吕梅媛　杨　峰　于海天　郑爱清

22 云豆690

【品种来源】 云南省农业科学院粮食作物研究所于1984年以K0285为母本、以叙利亚国际干旱地区农业研究中心优异种质8047为父本杂交选育而成，原品系代号：91-690，保存单位编号：K0746。2006年通过云南省农作物品种审定委员会审定，审定编号：滇审蚕豆200601。2020年通过农业农村部非主要农作物品种登记，登记编号：GPD蚕豆（2020）530005。全国统一编号：H08397。

【特征特性】 秋播型中熟中粒型品种。生育期190d，无限开花习性，幼苗分枝半匍匐，株高100.0cm。株型紧凑，幼茎绿色，成熟茎褐黄色，分枝力中等，主茎分枝3.7个，小叶卵圆形，叶绿色，花白色。单株荚数11.9个，单荚粒数1.9粒，荚长8.3cm、宽2.0cm。荚扁筒形，荚质软，鲜荚绿色，成熟荚黄褐色。种皮白色，种脐白色，子叶淡黄色，籽粒中厚形，百粒重116.3g，单株粒重28.9g。干籽粒淀粉含量40.04%，蛋白质含量28.90%。抗寒性中等。

【产量表现】 云南省区域试验干籽粒平均产量4195.9kg/hm^2，比对照（8010）增产9.8%。大田生产试验干籽粒产量3671.0～6910.0kg/hm^2，平均产量4290.0kg/hm^2，增产13.2%～21.3%。2013～2016年在昆明、曲靖、丽江等地示范推广面积累计230.0hm^2。

【利用价值】 食品加工及饲用。

【栽培要点】 秋播区域最佳播种期为9月25日至10月20日。中等肥力田地种植密度按23万株/hm^{2}计算，并据土壤肥力状况作增减调整。行距33～40cm，株距按播种量调整，选择开厢条播或者稻茬免耕直播，厢面宽度根据地块供水条件定。适当增施钾肥及农家肥，按普通过磷酸钙450kg/hm^2、按硫酸钾150kg/hm^{2}计算用量，作种肥或苗肥施用。开花期至灌浆期灌水1次。严格控制蚜虫及锈病。

【适宜地区】 适宜在云南省海拔1600～2400m的蚕豆产区及近似生境的区域种植。

撰稿人： 何玉华　吕梅媛　于海天　杨　峰　代正明

23 云豆853

【品种来源】 云南省农业科学院粮食作物研究所于1999年从云南省地方优异资源K0853中系统选育而成,原品系代号：K0853系。2009年通过云南省农作物品种审定委员会审定,审定编号：滇审蚕豆2009002号。全国统一编号：H08398。

【特征特性】 中熟品种,秋播生育期180~188d。无限结荚习性,幼苗分枝半直立,株型紧凑。幼茎绿色,成熟茎绿色,株高80.0~90.0cm。分枝力强,主茎分枝4.9个,小叶长圆形,叶深绿色,花白色。单株荚数11.1个,单荚粒数1.80粒,荚长9.2cm、宽2.1cm,荚质软,扁筒形,鲜荚绿色,成熟荚黑褐色。新收获干籽粒阔厚形,种皮白色,种脐黑色,子叶淡黄色,百粒重139.8g。干籽粒蛋白质含量27.30%,淀粉含量42.70%,脂肪含量2.14%,单宁含量0.52%。

【产量表现】 云南省区域试验平均产量达到4219.5kg/hm^2,比对照（地方大白豆）增产0.5%。大田生产试验产量3255.0~4475.4kg/hm^2,平均产量3603.0kg/hm^2,增产15.3%~24.1%。2009~2016年在昆明、曲靖、楚雄、大理、保山等地示范推广面积累计314.0hm^2。

【利用价值】 鲜荚菜用、干籽粒食品加工及饲用。

【栽培要点】 最适播种期为10月5~15日,可适当早播,适当稀播,中等肥力田块种植密度按18万株/hm^{2}计算,根据土壤肥力状况作增减调整。行距40~50cm,株距按播种量调整,采取稻后免耕直播或者旱地开厢条播,厢面宽度视土壤墒情定。施肥按普通过磷酸钙450kg/hm^2、硫酸钾225kg/hm^{2}计算用量,作种肥或苗肥施用。旱地种植在现蕾期中耕除草1次,使土壤疏松,促进根系发育及根瘤生长。开花至灌浆期灌水2~3次,延长生殖生长时间,保花保荚和增加百粒重。严格控制蚜虫、潜叶蝇和锈病。

【适宜地区】 适宜在云南省海拔1600~2200m的区域秋播蚕豆产区栽培,以及近似生境的区域种植生产。

撰稿人：吕梅媛　于海天　杨　峰　何玉华　王丽萍

24 云豆9224

【品种来源】 云南省农业科学院粮食作物研究所于1999年以育成品系8533为母本、优异地方种质K0393为父本杂交选育而成,原品系代号:92-24。2007年通过云南省农作物品种审定委员会审定,审定编号:滇审蚕豆200702号。全国统一编号:H08058。

【特征特性】 中熟、大粒型品种。秋播生育期179d。无限结荚习性,幼苗分枝半直立,株型紧凑。株高83.8cm,着荚节位低,始荚节位高26.0cm。主茎分枝2.6个,单株荚数10.7个,单荚粒数1.6粒,荚长8.2cm,宽1.9cm,荚质软,鲜荚绿色,成熟荚黄褐色,单株粒重18.8g。干籽粒百粒重126.1g,干籽粒种皮白色,种脐黑色,子叶淡黄色。干籽粒蛋白质含量27.54%,淀粉含量45.76%。耐热性、耐旱性强,在生育后期的高温(高于26℃)的环境中,植株不早衰,干籽粒产量增加显著。

【产量表现】 云南省区域试验平均产量达到2974.5kg/hm²,比对照(地方大白豆)增产4.1%。大田生产试验平均产量4014.0kg/hm²,增产10.0%。在昆明、曲靖、楚雄、大理、保山等地示范推广面积累计112.0hm²。

【利用价值】 鲜荚菜用、干籽粒食品加工及饲用。

【栽培要点】 最适播种期为10月5～15日,可适当早播,适当密植,按中等肥力田块种植密度25万～30万株/hm²计算,根据土壤肥力状况作增减调整。行距40～50cm,株距按播种量调整,采取稻后免耕直播或者旱地开厢条播,厢面宽度视土壤墒情定。施肥按普通过磷酸钙450kg/hm²、硫酸钾225kg/hm²计算用量,作种肥或苗肥施用。旱地种植在现蕾期中耕除草1次,使土壤疏松,促进根系发育及根瘤生长。为延长绿叶功能期,促进着荚数量和增加百粒重,在开花至灌浆期灌水2次。严格控制蚜虫、潜叶蝇和锈病。

【适宜地区】 适宜在云南省海拔1600～2200m的区域秋播蚕豆产区栽培,以及近似生境的区域种植生产。

撰稿人:吕梅媛　杨　峰　于海天　何玉华　王丽萍

25　云豆绿心1号

【品种来源】 云南省农业科学院粮食作物研究所于1993年以云南特有绿子叶地方资源K0088为母本、育成品种云豆8317为父本杂交选育而成，原品系代号：98-112。2012年获得植物新品种权，品种权号：CNA20070175.4。全国统一编号：H07406。

【特征特性】 中熟品种，秋播生育期190d。无限结荚习性，幼苗分枝半直立，小叶长圆形，叶深绿色，花白色，翼瓣无黑斑、短小。株型紧凑，株高80.0cm，分枝力中等，主茎分枝3.5个。单株荚数12.9个，单荚粒数2.2粒，荚长6.8cm、宽1.7cm，荚质软，扁筒形，鲜荚绿色，成熟荚黑褐色。干籽粒种皮浅绿色，种脐白色，子叶绿色，百粒重75.0g，籽粒均匀度好，粒厚。干籽粒蛋白质含量25.40%，淀粉含量43.71%。

【产量表现】 小区试验干籽粒平均产量达到2791.0kg/hm²，较对照增产44.6%。

【利用价值】 鲜荚菜用、速冻加工、干籽粒食品加工及饲用。

【栽培要点】 最适播种期为10月5～15日，按中等肥力田块种植密度25万～30万株/hm²计算，根据土壤肥力状况作增减调整。行距40～50cm，株距按播种量调整，采取稻后免耕直播或者旱地开厢条播，厢面宽度视土壤墒情定。施肥按普通过磷酸钙450kg/hm²、硫酸钾150kg/hm²计算用量，作种肥或苗肥施用。现蕾期中耕除草1次，使土壤疏松，促进根系发育及根瘤生长。开花至灌浆期灌水2～3次，有利延长绿叶功能期，促进着荚数量和增加百粒重。严格控制蚜虫、潜叶蝇和锈病。

【适宜地区】 适宜在云南省海拔1600～2400m的区域秋播蚕豆产区栽培，以及近似生境的区域种植生产。

撰稿人：于海天　吕梅媛　杨　峰　何玉华　王丽萍

26　云豆绿心2号

【品种来源】　云南省农业科学院粮食作物研究所于1998年以云南特有绿子叶地方资源K0088为母本、育成品种云豆8317为父本杂交选育而成，原品系代号：98-133。2012年获植物新品种权，品种权号：CNA20070176.2。全国统一编号：H07407。

【特征特性】　中熟品种，播种后90d左右开花，生育期190d。无限结荚习性，中矮秆株型，株高90.0cm。花白色，翼瓣无黑斑、短小。分枝力强，主茎分枝4.1个，单株荚数10.3个，单荚粒数1.7粒，荚长7.0cm、宽2.0cm，荚质软，鲜荚绿色，成熟荚黑褐色。大粒型，干籽粒百粒重127.4g，种皮浅绿色，种脐白色，子叶绿色。干籽粒蛋白质含量25.40%，单宁含量0.73%，淀粉含量43.71%。

【产量表现】　生产试验干籽粒平均产量达到3750.0kg/hm^2。

【利用价值】　由于子叶绿色的优异特性，可作为特色食品加工和用于鲜荚生产。

【栽培要点】　最适播种期为10月5～15日，按中等肥力田块种植密度20万～25万hm^{2}计算，根据土壤肥力状况作增减调整。行距40～50cm，株距按播种量调整，采取稻后免耕直播或者旱地开厢条播，厢面宽度视土壤墒情定。施肥按普通过磷酸钙450kg/hm^2、硫酸钾225.0kg/hm^{2}计算用量，作种肥或苗肥施用。现蕾期中耕除草1次，使土壤疏松，促进根系发育及根瘤生长。开花至灌浆期灌水2～3次，有利延长绿叶功能期，促进着荚数量和增加百粒重。严格控制蚜虫、潜叶蝇和锈病。

【适宜地区】　适宜在云南省海拔1600～2200m的区域秋播蚕豆产区栽培，以及近似生境的区域种植生产。

撰稿人：杨　峰　于海天　吕梅媛　何玉华　　　　王丽萍

27 云豆绿心3号

【品种来源】 云南省农业科学院粮食作物研究所于2001年以育成品种云豆825为母本、云南地方资源K0088/育成品种云豆8317的优异单株为父本杂交选育而成，原品系代号：06-979。2017年获植物新品种权，品种权号：CNA20130605.0。全国统一编号：H08381。

【特征特性】 中熟品种，秋播生育期190d。无限结荚习性，幼苗分枝半直立，株型紧凑。株高80.0cm，分枝力中等，主茎分枝3.3个。小叶长圆形，叶深绿色，花白色，翼瓣无黑斑、短小。单株荚数8.9个，单荚粒数1.4粒，荚长8.2cm、宽2.0cm。荚质软，扁筒形，鲜荚绿色，成熟荚黄褐色。干籽粒种皮浅绿色，种脐白色，子叶绿色，百粒重139.8g。干籽粒蛋白质含量31.10%，淀粉含量44.39%，总糖含量4.28%。

【产量表现】 品种比较试验干籽粒产量2220.0～3150.0kg/hm^2，较对照增产18.4%。

【利用价值】 鲜荚菜用、干籽粒食品加工及饲用。

【栽培要点】 最适播种期为10月5～15日，按中等肥力田块种植密度23万株/hm^{2}计算，根据土壤肥力状况作增减调整。行距40～50cm，株距按播种量调整，采取稻后免耕直播或者旱地开厢条播，厢面宽度视土壤墒情定。施肥按普通过磷酸钙450kg/hm^2、硫酸钾225kg/hm^{2}计算用量，作基肥或苗肥施用。现蕾期中耕除草1次，使土壤疏松，促进根系发育及根瘤生长。开花至灌浆期灌水2～3次，有利延长绿叶功能期，促进着荚数量和增加百粒重。严格控制蚜虫、潜叶蝇和锈病。

【适宜地区】 适宜在云南省海拔1600～2200m的区域秋播蚕豆产区栽培，以及近似生境的区域种植生产。

撰稿人：吕梅媛　杨　峰　于海天　王丽萍　何玉华

28 云豆早6

【品种来源】 云南省农业科学院粮食作物研究所于2010年从云南省地方品种中系统选育而成,单位保存编号:K1773。2017年申请植物新品种权保护。全国统一编号:H08089。

【特征特性】 秋播型早熟大粒型品种,生育期162d。无限结荚习性,早熟、大粒是其较为突出的优点,播种后46d开花,播后70d左右即可采收鲜荚。株高75.9cm,主茎分枝3.8个,有效分枝3.2个。单株荚数10.9个,单荚粒数1.7粒,荚长9.8cm、宽2.3cm,荚质软,鲜荚绿色,成熟荚黄褐色。种皮白色,种脐黑色,子叶淡黄色,干籽粒百粒重185.2g。由于特有的早熟性,云豆早6对锈病、潜叶蝇有较好的抗性。

【产量表现】 云南省区域内生产试验平均产量3901.5kg/hm²,鲜荚产量12 750.3~15 120.4kg/hm²。2013~2017年在昆明、蒙自、曲靖、楚雄、玉溪、保山等地示范推广面积累计500.0hm²。

【利用价值】 鲜食荚、籽粒或者干籽粒食品加工及饲用。

【栽培要点】 选择海拔1600m以下冬季无霜区域种植,于8月20日至9月15日播种,按中等肥力田块种植密度23万株/hm²计算,根据土壤肥力状况作增减调整。行距33~40cm,株距按播种量调整,采取稻后免耕直播或者旱地开厢条播,厢面宽度视土壤墒情定。施肥按普通过磷酸钙450kg/hm²、硫酸钾225kg/hm²计算用量,作种肥或苗肥施用。现蕾期中耕除草1次,使土壤疏松,促进根系发育及根瘤生长。开花至灌浆期灌水2~3次,花荚期喷施叶面肥一次。严格控制蚜虫、潜叶蝇和锈病。

【适宜地区】 适宜在云南省海拔1600m以下区域秋播种植,或者2200~2400m的区域夏季种植。

撰稿人:吕梅媛 杨 峰 于海天 王丽萍 何玉华

29 云豆早8

【品种来源】 云南省农业科学院粮食作物研究所于2003年从云南省地方优异资源K0729中系统选育而成，原品系代号：K0729系2。2017年获国家植物新品种权，品种权号：CNA20130607.8。2019年通过农业农村部非主要农作物品种登记，登记编号：GPD蚕豆（2019）530001。全国统一编号：H06958。

【特征特性】 秋播型早熟大粒型品种，生育期160～190d。播种后45～50d现蕾，70d左右开花，早秋种植在播种后110～120d即可采收鲜荚。无限结荚习性，株高89.5cm，主茎分枝3.8个。单株荚数11.9个，单荚粒数1.9粒，荚长9.9cm、宽2.0cm。荚质软，鲜荚绿色，成熟荚黄褐色。种皮绿色，种脐绿色，子叶淡黄色，干籽粒百粒重136.0～154.0g。干籽粒单宁含量0.31%，淀粉含量45.98%，蛋白质含量27.90%。生育期短，成熟早，对锈病、潜叶蝇有较好的抗性。

【产量表现】 大田生产试验干籽粒平均产量4725.0kg/hm^2，鲜荚产量15 000.0～27 000.0kg/hm^2。2015～2018年在昆明、曲靖、楚雄、丽江、保山等地示范推广面积累计3300.1hm^2。

【利用价值】 低单宁优质鲜食荚、鲜籽粒型蚕豆品种。

【栽培要点】 秋播最适播种期为9月25日至10月10日，可适当早播，早秋种植最佳播种期为8月15日至9月20日。按中等肥力田块种植密度20万～25万株/hm^{2}计算，根据土壤肥力状况作增减调整。行距33～40cm，株距按播种量调整，旱地开厢条播或者稻茬免耕直播，厢面宽度视土壤墒情定。施肥按普通过磷酸钙450kg/hm^2、硫酸钾225.0kg/hm^{2}计算用量，作种肥或苗肥施用。现蕾期中耕除草1次，使土壤疏松，促进根系发育及根瘤生长。开花至灌浆期灌水2～3次，有利延长绿叶功能期，促进着荚数量和增加百粒重。严格控制蚜虫和潜叶蝇。由于生育进程较快、熟期早，在栽培中应注意种植环境的选择，栽培中必须根据当地的小气候条件，严格选择区域和播种期，最好选择无霜冻或霜期较短的区域栽培种植。

【适宜地区】 适宜在云南省海拔低于1600～1800m的区域栽培种植或者海拔1500m以下无霜区域早秋种植。

撰稿人：吕梅媛　杨　峰　于海天　王丽萍　王玉宝

30 云豆1183

【品种来源】 云南省农业科学院粮食作物研究所于2001年以丰产优良品种云豆147为母本、优异法国种质法12为父本杂交选育而成,原品系代号:2003-1183。父本保存单位编号:K0856。2015年获国家植物新品种权,品种权号:CNA20090505.7。全国统一编号:H08399。

【特征特性】 早熟品种,播种后90~120d即可采收鲜荚,秋播生育期170~180d。无限结荚习性,幼苗分枝直立,叶小,茎秆细,株型紧凑,幼茎红色,株高80.0~90.0cm。分枝力中等,主茎分枝3.2个,小叶卵圆形,叶深绿色,花白色。单株荚数16.8个,单荚粒数1.9粒,荚长8.6cm、宽1.5cm,荚质硬,圆筒形,鲜荚绿色,成熟荚黄褐色。新收获干籽粒中厚形,种皮白色,种脐黑色,子叶淡黄色,百粒重64.5g。干籽粒蛋白质含量28.70%,淀粉含量41.46%,单宁含量0.70%。中抗锈病。

【产量表现】 大田生产试验产量3300.0~4200.0kg/hm^2,平均产量3585.0kg/hm^2,增产15.1%~32.4%。2014~2016年在昆明、曲靖、大理、保山等地示范推广面积累计200.1hm^2。

【利用价值】 鲜籽粒速冻加工外销菜用、干籽粒食品加工、饲用。

【栽培要点】 最适播种期为10月1~15日,可适当早播,按中等肥力田块种植密度45万株/hm^{2}计算,根据土壤肥力状况作增减调整。行距33~40cm,株距按播种量调整,开厢条播,厢面宽视土壤墒情定。施肥按普通过磷酸钙450kg/hm^2、硫酸钾150kg/hm^{2}计算用量,作种肥或苗肥施用。现蕾期中耕除草1次,使土壤疏松,促进根系发育及根瘤生长。开花至灌浆期灌水2~3次。严格控制蚜虫、潜叶蝇和赤斑病。

【适宜地区】 适宜在冬季冻害较轻的蚕豆产区,在云南省海拔低于1600m的区域正季种植,或海拔1600~2400m的区域早秋和夏季栽培种植,以及近似生境的区域种植生产。

撰稿人:吕梅媛 杨 峰 于海天 胡朝芹 何玉华

31 云豆2883

【品种来源】 云南省农业科学院粮食作物研究所于2020年以育成品种云豆147为母本、法国蚕豆资源为父本杂交选育而成，原品系代号：2007-2883。单位保存编号：K1236。全国统一编号：H07401。

【特征特性】 中熟、长荚、大粒型品种，秋播区域种植生育期191d。无限结荚习性，植株分枝角度大，株高中等，为90.0cm，分枝力强，主茎分枝4.5个。单株荚数8.9个，单荚粒数3.2粒，荚质软，鲜荚绿色，成熟荚黄褐色，荚长13.0cm、宽2.0cm。干籽粒阔厚形，种皮白色，种脐黑色，子叶淡黄色，百粒重142.2g。干籽粒蛋白质含量27.80%，淀粉含量45.41%，总糖含量5.04%。中抗锈病。

【产量表现】 大田生产试验干籽粒平均产量4200.0kg/hm^2。在昆明、曲靖、楚雄、大理、保山等地示范推广面积累计100.1hm^2。

【利用价值】 较为理想的鲜食籽粒、食荚类型专用品种。

【栽培要点】 最佳播种期为10月5～15日，按中等肥力田块种植密度15万～23万株/hm^{2}计算，根据土壤肥力状况作增减调整。行距40cm（也可以大小行种植，小行行距30cm、大行行距60cm），株距按播种量调整，采取稻后免耕直播或者旱地开厢条播，厢面宽视土壤墒情定。施肥按普通过磷酸钙750kg/hm^2、硫酸钾225kg/hm^{2}计算用量，作种肥或苗肥施用。旱地种植在现蕾期中耕除草1次，使土壤疏松，促进根系发育及根瘤生长。开花至灌浆期灌水2次。严格控制蚜虫、潜叶蝇。

【适宜地区】 适宜在云南省海拔1600～2400m的区域秋播蚕豆产区栽培，以及近似生境的区域种植生产。

撰稿人：吕梅媛　杨　峰　于海天　何玉华　代证明

32 凤豆6号

【品种来源】 云南省大理白族自治州农业科学推广研究院于1988年以凤豆一号为母本、82-2为父本杂交选育而成，原品系代号：8817-8-2。1999年通过云南省农业厅审定，审定编号：滇蚕豆10号。2019年通过农业农村部非主要农作物品种登记，登记编号：GPD蚕豆（2019）530017。全国统一编号：H07389。

【特征特性】 中早熟品种，生育期178～182d。株型紧凑，茎秆壮实，株高110.5～119.8cm，主茎分枝2.4～2.5个，苗期分枝半直立，茎秆淡紫色，复叶卵圆形、淡绿色，花紫红色，每簇4～5朵花，成熟时落叶。荚皮嫩薄，荚长7.8～8.3cm，单株荚数8.9～11.2个，单株粒数15.8～18.2粒。籽粒窄厚形，籽粒饱满，种皮白色，腰部有黑斑，种脐白色，商品性好，种皮破裂率为零，百粒重107.5～119.4g。干籽粒蛋白质含量26.70%，淀粉含量46.99%，脂肪含量0.71%。抗倒伏、抗寒性、耐渍性较好，中抗锈病，适宜于中等肥力田上种植。

【产量表现】 产量一般为4217.0～5436.2kg/hm^2，最高产量6321.8kg/hm^2。1995年参加蚕豆新品种比较试验，平均产量5022.5kg/hm^2，居试验第一位，比对照（凤豆一号）增产15.0%。1996～1997年参加云南省6个州（地、市）6个试点滇西北地区蚕豆丰产稳产性区域试验，两年试验平均产量3863.6kg/hm^2，居试验第二位，比对照（凤豆一号）增产2.7%，比各地推广种增产15.5%。1997～1998年参加8个州（地、市）12个县（市、区）的云南省蚕豆区域试验，两年试验平均产量3567.3kg/hm^2，居试验第二位，比高产良种凤豆一号增产4.0%。

【利用价值】 品质优良，粮饲兼用型，亦可鲜食。

【栽培要点】 适期播种，秋播最佳播种期为10月10～20日。基本苗27万～30万株/hm^2，要求播种株行距为13.5cm×26.0cm或16.0cm×20.0cm。播种后盖适量优质农家肥或稻草，豆苗2.5～5.0片叶期施普通过磷酸钙450kg/hm^2、硫酸钾225kg/hm^2，不施或慎施氮素化肥。及时防治蚜虫、潜叶蝇，防除田间杂草及鼠害。及时灌好现蕾初花水、盛花水、灌浆鼓粒水等，整个生育期一般要求灌水3～4次。适时收获，荚壳多数变黄、少数变黑为最佳收获期。

【适宜地区】 适宜云南省海拔1600～2100m的豆作区种植，又可在海拔2100～3000m的山区作鲜食蚕豆夏秋播。

撰稿人：陈国琛　尹雪芬　段银妹　李江

33 凤豆13号

【品种来源】 云南省大理白族自治州农业科学推广研究院于1996年以法国豆为母本、82-3为父本杂交选育而成，原品系代号：9669-3。2011年通过云南省农作物品种审定委员会审定，审定编号：滇审蚕豆2011001号。2020年通过农业农村部非主要农作物品种登记，登记编号：GPD蚕豆（2020）530015。全国统一编号：H06620。

【特征特性】 中早熟品种，生育期175～180d。生长特点为前期快、后期慢，花期长，株型紧凑，茎秆壮实。株高78.3～99.4cm，主茎分枝2.3～2.7个，苗期分枝直立，茎秆紫红色，复叶长椭圆形、淡绿色，花紫色，簇花4～6朵。成熟时不落叶，荚皮嫩薄，荚长8.0～10.0cm，单株荚数9.9～12.3个，单株粒数16.8～20.3粒。籽粒阔厚形，籽粒饱满，种皮白色，种脐白色，商品性较好，种皮破裂率为零。百粒重127.1～140.2g，干籽粒蛋白质含量30.40%，单宁含量0.54%，淀粉含量40.60%，脂肪含量1.62%。耐渍性、抗倒伏性较好，抗锈病性强，抗豆象，适宜于中上等肥力田块种植。

【产量表现】 产量一般为3979.8～5708.6kg/hm^2，最高产量6930.0kg/hm^2。2005年参加蚕豆新品种比较试验，平均产量5475.0kg/hm^2，居试验第一位，比对照（凤豆一号）增产29.7%。2007～2008两年参加云南省8个州（地、市）12个县（市、区）蚕豆新品种丰产稳产性区域试验，两年试验平均产量4419.5kg/hm^2，居试验第一位，比对照（凤豆一号）增产4.8%，比各地推广品种增产5.3%。

【利用价值】 品质优良，粮饲兼用型，亦可鲜食。

【栽培要点】 适期播种，最佳播种期为10月10～20日，播种株行距为13.5cm×26.0cm或16.0cm×20.0cm，基本苗27万～30万株/hm^2。播种后盖适量优质农家肥或稻草，豆苗2.5～5.0片叶期施普钙450kg/hm^2、硫酸钾225kg/hm^2，不施或慎施氮素化肥。及时灌好现蕾期初花水、盛花水、灌浆鼓粒水，整个生育期灌水3～4次。根据该品种生长发育的特点，在豆苗生长前期，应适当控制肥水，使其蹲苗，促进幼苗生长健壮，现蕾初花期进行田间整枝、间苗利于通风透光，终花散尖期摘除顶部嫩梢，促早熟、增粒重。注意防治蚜虫、潜叶蝇，防除田间杂草及鼠害等。荚壳多数变黄、少数变黑时一次性收获。

【适宜地区】 适宜在云南省、贵州省、四川省和重庆市海拔1600～2200m的豆作区种植。

撰稿人：陈国琛　尹雪芬　段银妹　李　江

34 凤豆15号

【品种来源】 云南省大理白族自治州农业科学推广研究院于1997年以8817-6为母本、加拿大豆为父本杂交选育而成，原品系代号：9738-2。2011年通过云南省农作物品种审定委员会审定，审定编号：滇审蚕豆2011002号。2018年通过农业农村部非主要农作物品种登记，登记编号：GPD蚕豆（2018）530027。全国统一编号：H07393。

【特征特性】 中早熟品种，生育期166~170d。株型紧凑，株高89.1~107.6cm，主茎分枝2.7~3.0个，苗期分枝半直立，茎秆浅紫红色，复叶长卵圆形、深绿色、花紫红色，簇花4~5朵。成熟时不落叶，不倒伏，荚皮嫩薄，荚长6.5~8.5cm，单株荚数9.6~12.4个，单株粒数16.5~20.2粒。籽粒中厚形，籽粒饱满，种皮白色，种脐白色，商品性较好，种皮破裂率为零。百粒重111.4~122.7g，干籽粒蛋白质含量28.20%，单宁含量0.27%，淀粉含量46.15%，总糖含量4.87%。耐寒、耐渍性、抗倒伏性较好，经鉴定为抗锈病、中抗褐斑病，适宜于中上等肥力田块种植。

【产量表现】 产量一般为3967.5~5988.8kg/hm^2，最高产量6573.8kg/hm^2。2004年参加蚕豆新品种比较试验，平均产量5988.8kg/hm^2，居试验第一位，比对照（凤豆一号）增产41.0%。2005~2006年两年参加云南省蚕豆新品种联合区域试验，9个品种8个试点两年平均产量4104.0kg/hm^2，居试验第一位，比对照（凤豆一号）增产15.6%，比各地对照增产11.0%。2009~2010年参加云南省8个州（地、市）12个县（市、区）蚕豆新品种丰产稳产性区域试验，两年试验平均产量4408.5kg/hm^2，居试验第二位，比对照（凤豆一号）增产8.7%。

【利用价值】 品质优良，粮饲兼用型，亦可鲜食。

【栽培要点】 适期播种，最佳播种期为10月5~20日，播种株行距为14cm×26cm或17cm×20cm，基本苗27万~30万株/hm^2。播种后盖适量优质农家肥或稻草，豆苗2.5~5.0片叶期施普钙450kg/hm^2、硫酸钾225kg/hm^2，不施或慎施氮素化肥。及时灌好现蕾期初花水、盛花水、灌浆鼓粒水，整个生育期灌水3~4次。根据该品种生长发育的特点，在豆苗生长前期应适当控制肥水，使其蹲苗，促进幼苗生长健壮，现蕾初花期进行田间整枝有利于通风透光，终花散尖期摘除顶部嫩梢，促早熟、增粒重。注意防治蚜虫、潜叶蝇，防除田间杂草及鼠害等。荚壳多数变黄、少数变黑时一次性收获。

【适宜地区】 适宜在云南省、贵州省、四川省和重庆市海拔1600~2400m的豆作区种植。

撰稿人：陈国琛 尹雪芬 段银妹 李江

35 蚕豆19号

【品种来源】 云南省大理白族自治州农业科学推广研究院于2004年以9102-1-1-1为母本、X7-1为父本杂交选育而成，原品系代号：04160-1。2016年通过云南省农作物品种审定委员会审定，审定编号：滇审蚕豆2016002号。2019年通过农业农村部非主要农作物品种登记，登记编号：GPD蚕豆（2019）530016。全国统一编号：H07395。

【特征特性】 中早熟品种，生育期175~180d。株型紧凑，株高88.4~103.6cm，主茎分枝2.5~2.8个，苗期分枝半直立，茎秆紫红色，复叶长椭圆形、淡绿色、花紫白色，簇花4~5朵。荚皮嫩薄，荚长8.0~11.0cm，单株荚数8.5~12.2个，单株粒数16.4~24.3粒。籽粒饱满，籽粒中厚形，种皮白色，种脐白色，商品性较好，种皮破裂率为零。百粒重125.4~144.9g，干籽粒蛋白质含量29.00%，单宁含量0.23%，淀粉含量29.45%，总糖含量6.08%。抗倒伏，经鉴定为中抗锈病、赤斑病、褐斑病，适宜于中上等肥力田块种植。

【产量表现】 产量一般为4010.9~6812.3kg/hm²，最高产量7294.4kg/hm²。2009年参加优质大粒型蚕豆新品系比较试验，平均产量5697.5kg/hm²，居试验第二位，比对照（凤豆一号）增产18.4%。2010年参加蚕豆新品种比较试验，平均产量5522.9kg/hm²，居试验第一位，比对照（凤豆一号）增产35.4%。2011~2012年参加云南省蚕豆新品种联合区域试验，9个品种8个试点两年平均产量3991.7kg/hm²，居试验第四位，比对照（凤豆一号）增产10.0%，比各地对照品种增产2.5%。2013~2014年参加云南省8个州（地、市）12个县（市、区）蚕豆新品种丰产稳产性区域试验，两年平均产量4080.0kg/hm²，居试验第一位，比对照（云豆690）增产31.4%。2015年参加云南省蚕豆新品种生产试验，在大理、保山、嵩明、陆良、楚雄5个试点平均产量3566.0kg/hm²，居试验第一位，比对照（云豆690）增产18.6%。

【利用价值】 品质优良，粮饲兼用，亦可鲜食。

【栽培要点】 适期播种，最佳播种期为9月10日至10月20日，播种株行距13.5cm×26cm或16cm×20cm，基本苗27万~30万株/hm²。播种后盖适量优质农家肥或稻草，豆苗2.5~5.0片叶期施普钙450kg/hm²、硫酸钾225kg/hm²，不施或慎施氮素化肥。及时灌好现蕾期初花水、盛花水、灌浆鼓粒水，整个生育期灌水3~4次。根据该品种生长发育的特点，在豆苗生长前期应适当控制肥水，使其蹲苗，促进幼苗生长健壮，现蕾初花期进行田间整枝、间苗利于通风透光，终花散尖期摘除顶部嫩梢，促早熟、增粒重。注意防治蚜虫、潜叶蝇，防除田间杂草及鼠害等。荚壳多数变黄、少数变黑时一次性收获。

【适宜地区】 适宜在云南省、贵州省、四川省和重庆市海拔1600~2300m的豆作区种植。

撰稿人：陈国琛　尹雪芬　段银妹　李江

36 凤豆20号

【品种来源】 云南省大理白族自治州农业科学推广研究院于2001年以凤豆八号为母本、2000-07为父本杂交选育而成，原品系代号：01137-1。2016年通过云南省农作物品种审定委员会审定，审定编号：滇审蚕豆2016003号。2019年通过农业农村部非主要农作物品种登记，登记编号：GPD蚕豆（2019）530020。全国统一编号：H07396。

【特征特性】 中早熟品种，生育期169~172d。株型紧凑，株高85.1~106.4cm，主茎分枝2.4~2.7个，苗期分枝半直立，茎秆紫红色，复叶椭圆形、深绿色，花紫黑色，簇花4~5朵。荚皮嫩薄，荚长7.0~10.0cm，单株荚数8.5~12.6个，单株粒数15.4~21.63粒。籽粒饱满，种皮白色，种脐白色，商品性较好，种皮破裂率为零。百粒重133.4~141.4g，干籽粒蛋白质含量27.50%，单宁含量0.26%，淀粉含量30.65%，总糖含量6.41%。抗倒伏、耐寒性、耐渍性好，经鉴定为中抗锈病、赤斑病和褐斑病，适宜于中上等肥力田块种植。

【产量表现】 产量一般为4044.2~5557.8kg/hm^2，最高产量7144.7kg/hm^2。2009年同时参加大理州蚕豆品种比较试验和云南省优质蚕豆新品种联合异地鉴定试验，联合异地鉴定试验平均产量4018.5kg/hm^2，居试验第五位，比对照（凤豆一号）增产16.5%，比各地对照种增产9.9%；品种比较试验平均产量5557.8kg/hm^2，居试验第三位，比对照（凤豆一号）增产11.7%。2013~2014年参加云南省8个州（地、市）12个县（市、区）蚕豆新品种丰产稳产性区域试验，两年试验平均产量3711.0kg/hm^2，居试验第三位，比对照（云豆690）增产19.5%。2015年参加云南省蚕豆新品种生产试验，在大理、保山、嵩明、陆良、楚雄5个试点平均产量3164.6kg/hm^2，居试验第三位，较对照增产5.2%。

【利用价值】 品质优良，粮饲兼用，亦可鲜食。

【栽培要点】 适期播种，最佳播种期为9月10日至10月25日，播种株行距为13.5cm×26cm或16cm×20cm，基本苗27万~30万株/hm^2。播种后盖适量优质农家肥或稻草，豆苗2.5~5.0片叶期施普钙450kg/hm^2、硫酸钾225kg/hm^2，不施或慎施氮素化肥。及时灌好现蕾期初花水、盛花水、灌浆鼓粒水，整个生育期灌水3~4次。根据该品种生长发育的特点，在豆苗生长前期应适当控制肥水，使其蹲苗，促进幼苗生长健壮，现蕾初花期进行田间整枝、间苗利于通风透光，终花散尖期摘除顶部嫩梢，促早熟、增粒重。注意防治蚜虫、潜叶蝇，防除田间杂草及鼠害等。荚壳多数变黄、少数变黑时一次性收获。

【适宜地区】 适宜在云南省、贵州省、四川省和重庆市海拔1600~2300m的豆作区种植。

撰稿人：陈国琛　尹雪芬　段银妹　李江

37 凤豆21号

【品种来源】 云南省大理白族自治州农业科学推广研究院于2004年以9102-1-1-1为母本、85173-30-6-2为父本杂交选育而成，原品系代号：04161-1。2016年通过云南省农作物品种审定委员会审定，审定编号：滇审蚕豆2016004号。2019年通过农业农村部非主要农作物品种登记，登记编号：GPD蚕豆（2019）530019。全国统一编号：H08368。

【特征特性】 中早熟品种，生育期161～213d。生长特点为前期快、后期慢，花期长，株型紧凑。株高70.0～129.6cm，主茎分枝2.8～7.8个，有效分枝2.4～4.5个，苗期分枝半直立，茎秆浅紫红，复叶椭圆形、深绿色，花浅紫黑色，簇花3～5朵，成熟时不落叶。荚皮嫩薄，荚长6.3～11.5cm，单株荚数5.6～13.5个，单株粒数9.7～25.4粒。籽粒饱满，种皮白色，种脐白色，粒形、粒色、商品性较好，种皮破裂率为零，百粒重122.6～141.5g，干籽粒蛋白质含量26.40%，单宁含量0.49%，淀粉含量48.30%，总糖含量4.60%。耐寒性、耐渍性、抗逆性较好，经鉴定为抗锈病、赤斑病和褐斑病，适宜于中上等肥力田块种植。

【产量表现】 产量一般为3231.6～6491.6kg/hm²。2011年参加优质蚕豆新品种比较试验，平均产量6956.1kg/hm²，居试验第一位，比对照（凤豆一号）增产35.8%。2015～2016年参加云南省8个州（地、市）12个县（市、区）蚕豆新品种丰产稳产性区域试验，2015年7个试点平均产量4351.5kg/hm²，比对照（凤豆13号）增产8.0%，比对照（云豆690）增产19.1%；2016年7个试点平均产量4592.6kg/hm²，比对照（凤豆13号）增产13.7%；两年平均产量4472.1kg/hm²，居试验第一位，比对照（凤豆13号）增产10.8%。

【利用价值】 品质优良，粮饲兼用，亦可鲜食。

【栽培要点】 适期播种，最佳播种期为10月10～20日，播种株行距为13.5cm×26cm或16cm×20cm，基本苗22.5万～30.0万株/hm²。播种后盖适量优质农家肥或稻草，豆苗2.5～5.0片叶期施普钙450kg/hm²、硫酸钾225kg/hm²，不施或慎施氮素化肥。及时灌好现蕾期初花水、盛花水、灌浆鼓粒水，整个生育期灌水3～4次。根据该品种生长发育的特点，在豆苗生长前期应适当控制肥水，使其蹲苗，促进幼苗生长健壮，现蕾初花期进行田间整枝、间苗利于通风透光，终花散尖期摘除顶部嫩梢，促早熟、增粒重。注意防治蚜虫、潜叶蝇，防除田间杂草及鼠害等。荚壳多数变黄、少数变黑时一次性收获。

【适宜地区】 适宜在云南省、贵州省、四川省和重庆市海拔1600～2200m的豆作区种植。

撰稿人：陈国琛 尹雪芬 段银妹 李江

38 凤豆22号

【品种来源】 云南省大理白族自治州农业科学推广研究院于2004年以SB010为母本、凤豆6号为父本杂交选育而成，原品系代号：04189-1。2016年通过云南省农作物品种审定委员会审定，审定编号：滇审蚕豆2016005号。2019年通过农业农村部非主要农作物品种登记，登记编号：GPD蚕豆（2019）530018。全国统一编号：H07397。

【特征特性】 生育期160～210d，株高60.0～121.0cm。株型紧凑，主茎分枝2.0～4.4个，苗期分枝匍匐，茎秆紫红色，复叶椭圆形、深绿色，花紫黑色。荚果平滑，荚皮嫩薄，着荚角度小，结荚性好，荚长6.8～9.84cm，单株荚数6.0～15.8个，单株粒数9.9～23.4粒。籽粒中厚形，种皮、种脐白色，籽粒饱满、不破裂。百粒重129.1～130.9g，干籽粒蛋白质含量28.20%，单宁含量0.47%，淀粉含量46.18%，总糖含量4.66%。抗倒伏，抗逆性强，经鉴定为中感锈病，抗赤斑病和褐斑病，适宜在中上等肥力田种植。

【产量表现】 产量一般为2104.5～5968.5kg/hm²。2010年参加优质大粒型蚕豆新品系比较试验，平均产量5043.2kg/hm²，居试验第二位，比对照（凤豆一号）增产14.1%。2011～2012年参加云南省蚕豆新品种联合区域试验，9个品种8个试点两年平均产量4081.1kg/hm²，居试验第三位，比对照（凤豆一号）增产12.4%，比各地对照品种增产4.8%。2015～2016年参加云南省8个州（地、市）12个县（市、区）蚕豆新品种丰产稳产性区域试验，2015年7个试点平均产量4140.0kg/hm²，比对照（凤豆13号）增产2.7%，比对照（云豆690）增产17.0%；两年平均产量4259.6kg/hm²，居试验第二位。

【利用价值】 品质优良，粮饲兼用，亦可鲜食。

【栽培要点】 适期播种，最佳播种期为10月10～20日，播种株行距为13.5cm×26cm或16cm×20cm，基本苗18万～30万株/hm²。播种后盖适量优质农家肥或稻草，豆苗2.5～5.0片叶期施普钙450kg/hm²，硫酸钾225kg/hm²，不施或慎施氮素化肥。及时灌好现蕾期初花水、盛花水、灌浆鼓粒水，整个生育期灌水3～4次。根据该品种生长发育的特点，在豆苗生长前期应适当控制肥水，使其蹲苗，促进幼苗生长健壮，现蕾初花期进行田间整枝、间苗利于通风透光，终花散尖期摘除顶部嫩梢，促早熟、增粒重。注意防治蚜虫、潜叶蝇，防除田间杂草及鼠害等。荚壳多数变黄、少数变黑时一次性收获。

【适宜地区】 适宜在云南省、贵州省、四川省和重庆市海拔1600～2300m的豆作区种植。

撰稿人：陈国琛 尹雪芬 段银妹 李江

39 凤豆十二号

【品种来源】 云南省大理白族自治州农业科学推广研究院于1990年以凤豆一号为母本、83102为父本杂交选育而成，原品系代号：99-01。2007年通过云南省农作物品种审定委员会审定，审定编号：滇审蚕豆200701号。2020年通过农业农村部非主要农作物品种登记，登记编号：GPD蚕豆（2020）530014。全国统一编号：H06619。

【特征特性】 中早熟品种，生育期172～176d。株型紧凑，茎秆壮实，株高89.5～106.2cm，主茎分枝2.4～2.8个，苗期分枝半直立，茎秆浅紫色，复叶长圆形、淡绿色，花紫白色，簇花4～5朵。荚皮嫩薄，荚长7.0～10.0cm，单株荚数8.5～13.8个，单株粒数17.0～22.1粒。籽粒中厚形，籽粒饱满，种皮白色，种脐白色，商品性较好，种皮破裂率为零。百粒重104.3～116.3g，干籽粒蛋白质含量27.50%，单宁含量0.35%，淀粉含量43.71%，脂肪含量2.25%。耐渍性、抗倒伏性较好，轻感锈病，适宜于中上等肥力田种植。

【产量表现】 产量一般为3920.3～5346.5kg/hm²，最高产量6534.2kg/hm²。2000年参加云南省联合异地鉴定试验，平均产量5409.0kg/hm²，居试验第一位，比对照（凤豆一号）增产24.7%，比本地对照增产40.1%。2000～2002年参加云南省5个州（地、市）7个县（市、区）优质蚕豆新品种联合区域试验，平均产量3938.7kg/hm²，居试验第二位，比对照（凤豆一号）增产7.6%，比各地对照品种增产14.6%。2004～2006年参加云南省蚕豆新育成品种区域试验，平均产量3377.3kg/hm²，居试验第一位，比对照（凤豆一号）增产2.2%，比各地推广品种增产3.0%。

【利用价值】 品质优良，粮饲兼用型，亦可鲜食。

【栽培要点】 适期播种，最佳播种期为10月10～20日，播种株行距为13.5cm×26cm或16cm×20cm，基本苗27万～30万株/hm²。播种后盖适量优质农家肥或稻草，豆苗2.5～5.0片叶期施普钙450kg/hm²、硫酸钾225kg/hm²，不施或慎施氮素化肥。及时灌好现蕾期初花水、盛花水、灌浆鼓粒水，整个生育期灌水3～4次。根据该品种生长发育的特点，在豆苗生长前期应适当控制肥水，使其蹲苗，促进幼苗生长健壮，现蕾初花期进行田间整枝、间苗利于通风透光，终花散尖期摘除顶部嫩梢，促早熟、增粒重。注意防治蚜虫、潜叶蝇，防除田间杂草及鼠害等。荚壳多数变黄、少数变黑时一次性收获。

【适宜地区】 适宜在云南省、贵州省、四川省和重庆市海拔1600～2300m的豆作区种植。

撰稿人：陈国琛　尹雪芬　段银妹　李　江

40 凤豆十四号

【品种来源】 云南省大理白族自治州农业科学推广研究院于1997年以8817-6为母本、洱源牛街豆为父本杂交选育而成，原品系代号：9739-2。2009年通过云南省农作物品种审定委员会审定，审定编号：滇审蚕豆2009001号。2019年通过农业农村部非主要农作物品种登记，登记编号：GPD蚕豆（2020）530016。全国统一编号：H07392。

【特征特性】 中早熟品种，生育期175～180d。生长特点为前期快、后期慢，花期长。株型紧凑，茎秆粗壮，株高105.7～118.7cm，主茎分枝2.3～2.7个，苗期分枝半直立，茎秆绿色，复叶长卵圆形、淡绿色，花紫白色，簇花5～6朵。成熟时不落叶，荚皮嫩薄，荚长8.0～10.0cm，单株荚数11.5～14.2个，单株粒数18.9～24.1粒。籽粒中厚形，籽粒饱满，种皮白色，种脐白色，商品性较好，种皮破裂率为零。百粒重102.6～117.2g，干籽粒蛋白质含量29.50%，单宁含量0.54%，淀粉含量42.20%，脂肪含量1.04%。耐寒性、耐渍性、抗倒伏性较好，弱耐旱，轻感锈病，但抗锈病性较好，适宜于中上等肥力田种植。

【产量表现】 产量一般为3809.4～5361.8kg/hm^2，最高产量6157.5kg/hm^2。2004年参加优质大粒型蚕豆新品种比较试验，平均产量4425.0kg/hm^2，居试验第三位，比对照（凤豆一号）增产10.3%。2005年参加蚕豆新品种比较试验，平均产量3554.3kg/hm^2，居试验第二位，比对照（凤豆一号）增产19.6%。2007～2008年参加云南省8个州（地、市）12个县（市、区）蚕豆新品种丰产稳产性区域试验，两年试验平均产量4203.0kg/hm^2，居试验第四位，比各地推广品种增产0.1%。

【利用价值】 品质优良，粮饲兼用型，亦可鲜食。

【栽培要点】 适期播种，最佳播种期为10月10～20日，播种株行距为13.5cm×26cm或16cm×20cm，基本苗27万～30万株/hm^2。播种后盖适量优质农家肥或稻草，豆苗2.5～5.0片叶期施普钙450kg/hm^2、硫酸钾225kg/hm^2，不施或慎施氮素化肥。及时灌好现蕾期初花水、盛花水、灌浆鼓粒水，整个生育期灌水3～4次。根据该品种生长发育的特点，在豆苗生长前期应适当控制肥水，使其蹲苗，促进幼苗生长健壮，现蕾初花期进行田间整枝、间苗利于通风透光，终花散尖期摘除顶部嫩梢，促早熟、增粒重。注意防治蚜虫、潜叶蝇，防除田间杂草及鼠害等。荚壳多数变黄、少数变黑时一次性收获。

【适宜地区】 适宜在云南省、贵州省、四川省和重庆市海拔1600～2300m的豆作区种植。

撰稿人：陈国琛　尹雪芬　段银妹　李　江

41 凤豆十六号

【品种来源】 云南省大理白族自治州农业科学推广研究院于1997年以8911-3为母本、法国豆为父本杂交选育而成，原品系代号：9745-1。2012年通过云南省农作物品种审定委员会审定，审定编号：滇审蚕豆2012002号。2018年通过农业农村部非主要农作物品种登记，登记编号：GPD蚕豆（2018）530028。全国统一编号：H07394。

【特征特性】 中熟品种，生育期170～178d。生长特点为前期快、后期慢，花期长。株型紧凑，株高98.3～103.7cm，主茎分枝2.3～2.6个，苗期分枝半直立，茎秆紫红色，复叶长卵圆形、深绿色，花紫红色，簇花4～5朵，成熟时不落叶。荚皮嫩薄，荚长6.3～8.5cm，单株荚数6.1～12.5个，单株粒数15.8～20.2粒。籽粒中厚形，籽粒饱满，种皮白色，种脐白色，商品性较好，种皮破裂率为零。百粒重109.5～117.5g，干籽粒蛋白质含量26.70%，单宁含量0.38%，淀粉含量47.09%。耐寒性、耐渍性、抗倒伏性较好，经鉴定为抗锈病、抗赤斑病、中抗褐斑病，适宜于中上等肥力田种植。

【产量表现】 产量一般为4025.6～5870.3kg/hm²，最高产量6800.3kg/hm²。2006年参加蚕豆新品种比较试验，平均产量5870.3kg/hm²，居试验第一位，比对照（凤豆一号）增产16.0%。2007～2008年参加云南省蚕豆新品种联合区域试验，9个品种8个试点两年平均产量4255.1kg/hm²，居试验第二位，比各地对照品种增产5.1%。2009～2010年参加云南省8个州（地、市）12个县（市、区）蚕豆新品种丰产稳产性区域试验，两年平均产量4654.5kg/hm²，居试验第一位，比对照（凤豆一号）增产14.8%。2011年参加云南省蚕豆新品种生产试验，大理、保山、嵩明、陆良、楚雄5个试点平均产量4286.3kg/hm²，居第三位，较对照增产5.8%。

【利用价值】 品质优良，粮饲兼用型，亦可鲜食。

【栽培要点】 适期播种，最佳播种期为10月5～25日，播种株行距为14cm×26cm或17cm×20cm，基本苗27万～30万株/hm²。播种后盖适量优质农家肥或稻草，豆苗2.5～5.0片叶期施普钙450kg/hm²、硫酸钾225kg/hm²，不施或慎施氮素化肥。及时灌好现蕾期初花水、盛花水、灌浆鼓粒水，整个生育期灌水3～4次。根据该品种生长发育的特点，在豆苗生长前期应适当控制肥水，使其蹲苗，促进幼苗生长健壮，现蕾初花期进行田间整枝、间苗利于通风透光，终花散尖期摘除顶部嫩梢，促早熟、增粒重。注意防治蚜虫、潜叶蝇，防除田间杂草及鼠害等。荚壳多数变黄、少数变黑时一次性收获。

【适宜地区】 适宜在云南省、贵州省、四川省和重庆市海拔1600～2400m的豆作区种植。

撰稿人：陈国琛　尹雪芬　段银妹　李江

42 凤豆十七号

【品种来源】 云南省大理白族自治州农业科学推广研究院于2001年以凤豆三号为母本、85173-11-935为父本杂交选育而成，原品系代号：01010-1。2014年通过云南省农作物品种审定委员会审定，审定编号：滇审蚕豆2014001号。2018年通过农业农村部非主要农作物品种登记，登记编号：GPD蚕豆（2018）530029。全国统一编号：H07356。

【特征特性】 中早熟品种，生育期167~170d。株型紧凑，茎秆粗壮，株高77.6~109.5cm，主茎分枝2.3~2.5个，苗期分枝半直立，茎秆紫红色，复叶椭圆形、淡绿色，花紫色，簇花3~4朵，成熟时不落叶。荚皮嫩薄，荚长9.0~11.0cm，单株荚数8.0个，单株粒数14.5~17.3粒。籽粒中厚形，籽粒饱满，种皮红色，种脐白色，商品性较好，种皮破裂率为零。百粒重124.2~149.7g，干籽粒蛋白质含量26.90%，单宁含量0.18%，淀粉含量36.69%。耐寒性、耐渍性、抗倒伏性较好，经鉴定为抗锈病、中抗赤斑病、中抗褐斑病，适宜于中上等肥力田种植。

【产量表现】 产量一般为3963.0~5737.5kg/hm^2，最高产量5737.5kg/hm^2。2008年参加蚕豆新品种比较试验，平均产量5737.5kg/hm^2，居试验第二位，比对照（凤豆一号）增产23.8%。2009~2010年参加云南省5个州（市）7个县（市、区）蚕豆新品种联合区域试验，平均产量3723.6kg/hm^2，居试验第一位，比对照（凤豆一号）增产15.6%，比当地主推品种增产6%。2011~2012年参加云南省8个州（地、市）12个县（市、区）蚕豆新品种丰产稳产性区域试验，两年平均产量4294.5kg/hm^2，比对照（凤豆一号）增产8.4%。2013年参加云南省蚕豆新品种生产试验，平均产量4021.2kg/hm^2。

【利用价值】 品质优良，鲜豆荚食味较好，是一个优质的菜用型蚕豆新品种，亦可作饲料。

【栽培要点】 适期播种，最佳播种期为10月5~25日，播种株行距为13.5cm×26cm或16cm×20cm，基本苗27万~30万株/hm^2。播种后盖适量优质农家肥或稻草，豆苗2.5~5.0片叶期施普钙450kg/hm^2、硫酸钾225kg/hm^2，不施或慎施氮素化肥。及时灌好现蕾期初花水、盛花水、灌浆鼓粒水，整个生育期灌水3~4次。根据该品种生长发育的特点，在豆苗生长前期应适当控制肥水，使其蹲苗，促进幼苗生长健壮；现蕾初花期进行田间整枝、间苗，利于通风透光；终花散尖期摘除顶部嫩梢，促早熟、增粒重。注意防治蚜虫、潜叶蝇，防除田间杂草及鼠害等。荚壳多数变黄、少数变黑时一次性收获。

【适宜地区】 适宜在云南省、贵州省、四川省和重庆市海拔1600~2400m的豆作区种植。

撰稿人：陈国琛 尹雪芬 段银妹 李江

43　凤蚕豆十八号

【品种来源】　云南省大理白族自治州农业科学推广研究院于2003年以85173-30-971为母本、保山464为父本杂交选育而成，原品系代号：03135-1。2015年通过云南省农作物品种审定委员会审定，审定编号：滇审蚕豆2015001号。2018年通过农业农村部非主要农作物品种登记，登记编号：GPD蚕豆（2018）530030。全国统一编号：H07357。

【特征特性】　中早熟品种，生育期172～179d。生长特点为前期快，后期慢，花期长。株型紧凑，茎秆粗壮，株高83.2～110.5cm，主茎分枝2.5～3.0个，苗期分枝半直立，茎秆紫红色，复叶长椭圆形、淡绿色，花紫红色，簇花4～5朵，成熟时不落叶。荚皮嫩薄，荚长8.0～12.0cm，单株荚数7.2～8.8个，单株粒数11.0～18.6粒。籽粒饱满，种皮白色，种脐白色，商品性较好，种皮破裂率为零。百粒重138.8～151.8g，干籽粒蛋白质含量28.10%，单宁含量0.15%，淀粉含量40.34%。耐寒性、耐渍性、抗逆性较好，经鉴定为抗锈病、中抗赤斑病、中抗褐斑病，适宜于中上等肥力田种植。

【产量表现】　产量一般为3231.6～6491.6kg/hm²，最高产量6491.6kg/hm²。2008年参加优质大粒型蚕豆新品系比较试验，平均产量6491.6kg/hm²，居试验第一位，比对照（凤豆一号）增产8.2%。2009～2010年参加云南省蚕豆新品种联合区域试验，两年平均产量3627.9kg/hm²，居试验第二位，比对照（凤豆一号）增产12.6%，比各地主推品种增产3.2%。2011～2012年参加云南省8个州（地、市）12个县（市、区）蚕豆新品种丰产稳产性区域试验，两年平均产量4380.0kg/hm²，居试验第一位，比对照（凤豆一号）增产10.6%。2013年参加云南省蚕豆新品种生产试验，大理、保山、嵩明、陆良、楚雄5个试点平均产量4077.5kg/hm²，居试验第一位，较对照增产20.2%。

【利用价值】　品质优良，鲜食口感好，是蔬菜专用型蚕豆，亦可作饲料。

【栽培要点】　适期播种，最佳播种期为9月10日至10月25日，播种株行距为13.5cm×26cm或16cm×20cm，基本苗27万～30万株/hm²。播种后盖适量优质农家肥或稻草，豆苗2.5～5.0片叶期施普钙450.0kg/hm²、硫酸钾225kg/hm²，不施或慎施氮素化肥。及时灌好现蕾期初花水、盛花水、灌浆鼓粒水，整个生育期灌水3～4次。根据该品种生长发育的特点，在豆苗生长前期应适当控制肥水，使其蹲苗，促进幼苗生长健壮；现蕾初花期进行田间整枝、间苗，利于通风透光；终花散尖期摘除顶部嫩梢，促早熟、增粒重。注意防治蚜虫、潜叶蝇，防除田间杂草及鼠害等。荚壳多数变黄、少数变黑时一次性收获。

【适宜地区】　适宜在云南省、贵州省、四川省和重庆市海拔1600～2400m的豆作区种植。

撰稿人：陈国琛　尹雪芬　段银妹　李　江

44 临蚕6号

【品种来源】 甘肃省临夏回族自治州农业科学院于1992年以英175为母本、荷兰168为父本杂交选育而成，原品系代号：9232-2-2-5。2008年4月通过甘肃省农作物品种审定委员会认定，认定编号：甘认豆2008001。全国统一编号：H06622。

【特征特性】 生育期125d，株高150.0cm，有效分枝1~2个，茎粗1.0cm。幼茎绿色，复叶椭圆形、浅绿色，花浅紫色。始荚高度30.0cm，结荚集中在中下部，荚长且较厚。单株荚数10~13个，单荚粒数2~3粒，荚长10.5cm、宽2.1cm，单株粒数25.0粒，粒长2.1cm、宽1.6cm，百粒重180.0~200.0g。籽粒饱满、整齐，种皮乳白色，种脐黑色。甘肃省农业科学院农业测试中心检验：干籽粒蛋白质含量30.14%，赖氨酸含量1.77%，淀粉含量47.75%，脂肪含量2.00%，灰分含量2.94%。

【产量表现】 2002~2003年参加甘肃省区域试验，两年平均折合产量4866.0kg/hm^2，比对照（临蚕2号）增产14.0%，比临蚕5号增产7.7%，居参试品种第一位。2003年临夏市、渭源县、和政县、康乐县生产对比试验，折合产量4003.0~5561.0kg/hm^2，平均折合产量4599.0kg/hm^2，比临蚕2号增产10.7%。

【利用价值】 适合淀粉及豆瓣加工。

【栽培要点】 宽窄行种植，保苗16.5万株/hm^2，适期早播，施足底肥，施过磷酸钙750kg/hm^2、硝酸铵75kg/hm^2、磷酸二铵375kg/hm^{2}作种肥。在水肥条件好的川塬灌区，应在10台花序出现时摘顶。

【适宜地区】 适宜在甘肃临夏、定西春蚕豆产区春季种植。

撰稿人：郭延平

45 临蚕7号

【品种来源】 甘肃省临夏回族自治州农业科学院于1992年以丰产优质品种加拿大673为母本、抗病大粒品种黎巴嫩876为父本杂交选育而成,原品系代号:9205-1-4。2009年1月通过甘肃省农作物品种审定委员会认定,认定编号:甘认豆2009001。全国统一编号:H06623。

【特征特性】 中熟大粒品种,春性强,生育期120d。株高140.0cm,主茎分枝1~3个,茎粗1.0cm,幼茎绿色,复叶椭圆形、浅绿色,花浅紫色。始荚高度25.0cm,结荚集中在中下部,单株荚数10~18个,单荚粒数2~3粒,单株粒数20~40粒,荚长11.0cm、宽2.1cm,粒长2.3cm、宽1.7cm,百粒重186.9g。籽粒饱满整齐,种皮乳白色,种脐黑色。干籽粒蛋白质含量29.04%,赖氨酸含量1.81%,淀粉含量42.70%,单宁含量0.59%。抗根腐病,喜肥水。

【产量表现】 2006年3月至2007年9月参加全省区域试验,6个参试品种在12点次上最高产量7611.0kg/hm^2,平均产量5077.5kg/hm^2,较对照(临蚕5号)增产11.0%,增幅6.8%~13.7%,川塬灌区增幅11.0%~13.9%。2007年3月至2008年9月参加生产试验,2007年在5个区域试验点平均产量4497.0kg/hm^2,较对照(临蚕5号,4002.0kg/hm^2)增产12.4%,增幅9.1%~14.3%;2008年在5个区域试验点上均增产,增幅9.4%~13.2%,5个点平均产量4891.5kg/hm^2,较对照(临蚕5号,4384.5kg/hm^2)增产11.6%。

【利用价值】 是饲料和淀粉加工的重要原料,也是豆乳制造、酱类酿造的重要原料。

【栽培要点】 一般在3月上旬播种为宜,川塬灌区保苗16.5万株/hm^2,播种量270~300kg/hm^2,山阴地区保苗18.0万~19.5万株/hm^2,播种量以330kg/hm^{2}左右为宜。保氮增磷补钾,施肥以基肥为主。灌水不宜过早,一般在开花结荚期灌水,全生育期一般灌水1~2次。雨水较多的年份,在10台花序时打顶摘心,防止倒伏,增加产量。在蚕豆开花期,喷洒农药2~3次,防治豆象为害。80%中上部荚变黑时要及时收获,避免种皮变色而使商品性降低。

【适宜地区】 根据区域试验及生产试验结果表明,该品种丰产稳产性能好、适应性广,在甘肃省蚕豆产区均可推广种植,以临夏的康乐县、和政县、积石山县、临夏县等同类型的高水肥川塬灌区为最佳适宜地区。

撰稿人:郭延平

46 临蚕8号

【品种来源】 甘肃省临夏回族自治州农业科学院于1992年以英175为母本、荷兰168为父本杂交选育而成,原品系代号:9232-1。2009年1月通过甘肃省农作物品种审定委员会认定,认定编号:甘认豆2009002。全国统一编号:H06624。

【特征特性】 株型紧凑,植株生长整齐,春性强,生育期118d。株高125.0cm,有效分枝1~2个,茎粗1.0cm,幼茎绿色,复叶椭圆形、浅绿色,花淡紫色。始荚高度26.0cm,结荚集中在中下部,单株荚数9~15个,单荚粒数2~3粒,单株粒数18~32粒,荚长10.0cm、宽2.1cm,粒长2.3cm、宽1.7cm,百粒重181.0g。籽粒饱满整齐,种皮乳白色,色泽鲜艳,商品性优良,属中早熟大粒品种。干籽粒蛋白质含量31.28%,赖氨酸含量1.89%,淀粉含量43.73%,脂肪含量1.32%,单宁含量0.64%,水分含量11.21%。

【产量表现】 2006年3月至2007年9月参加甘肃省区域试验,6个参试品种在12点次上最高产量7056.0kg/hm^2,平均产量5008.5kg/hm^2,较对照(临蚕5号)增产9.5%,增幅4.7%~18.8%。2007年3月至2008年9月参加生产试验,2007年产量3915.0~5130.0kg/hm^2,增幅7.7%~15.4%,5点平均产量4470.0kg/hm^2,较对照(临蚕5号,4002.0kg/hm^2)增产11.7%;2008年在5个试点上均增产,增幅6.9%~14.4%,5点平均产量4855.2kg/hm^2,较对照(临蚕5号,4384.5kg/hm^2)增产10.7%。

【利用价值】 是粮食、饲料的优质原料,也是鲜食加工的重要原料。

【栽培要点】 在3月上中旬播种为宜,一般播种量300.0kg/hm^2,保苗16.5万株/hm^{2}左右。多雨年份或种植密度较大的情况下,应在10台左右花序时进行摘顶,防止倒伏,提早成熟。在蚕豆开花期,喷洒农药2~3次,防治豆象为害。80%的中上部荚变黑时要及时收获,趁晴脱粒,防止淋雨,避免种皮变色而使商品性降低。

【适宜地区】 经甘肃省区域试验及生产试验结果分析,9232-1丰产性好、适应性强,在甘肃省蚕豆主产区均可推广种植,但以定西的渭源、岷县和天水的张家川等同类无灌溉条件的地区为最佳适宜地区。

撰稿人:郭延平

47 临蚕9号

【品种来源】 甘肃省临夏回族自治州农业科学院于1993年以临夏大蚕豆/慈溪大白蚕为母本、土耳其22-3为父本杂交选育而成,原品系代号：9317-1-7。2011年通过甘肃省农作物品种审定委员会认定,认定编号：甘认豆2011001。全国统一编号：H06625。

【特征特性】 中熟大粒品种,株型紧凑,植株生长整齐,春性强,生育期125d。株高125.0cm,有效分枝1～3个,茎粗1.0cm,幼茎绿色,复叶椭圆形、浅绿色,花浅紫色。始荚高度25.0cm,结荚集中在中下部,单株荚数10～18个,单荚粒数2～3粒,单株粒数20～40粒,荚长11.0cm、宽2.1cm,粒长2.2cm、宽1.7cm,百粒重178.3g。籽粒饱满整齐,种皮乳白色,种脐黑色。干籽粒蛋白质含量30.61%,赖氨酸含量1.15%,淀粉含量54.66%,脂肪含量1.17%,单宁含量0.58%。抗逆性强,抗根腐病。

【产量表现】 2008年3月至2009年9月甘肃省区域试验中6个品种14点次,平均产量5221.7kg/hm²,较对照（临蚕5号）增产11.7%。2009年生产试验5个试点平均产量6025.5kg/hm²,较对照（临蚕5号）增产11.5%。2010年生产试验中5个试点平均产量4594.5kg/hm²,较对照（临蚕5号）增产12.0%。

【利用价值】 蚕豆粉丝、干炒、油炸的加工原料。

【栽培要点】 3月上旬当土壤解冻10cm左右时顶凌播种,川源灌区保苗16.5万株/hm²,山阴地区保苗18.0万～19.5万株/hm²,采用宽窄行种植。施过磷酸钙750kg/hm²、磷酸二铵300kg/hm²、硝酸铵75kg/hm²作种肥。在开花结荚期灌水,全生育期一般灌水1～2次,10台花序时打顶摘心。花期喷洒农药2～3次,防治豆象为害。80%中上部荚变黑时要及时收获,趁晴脱粒,防止淋雨,避免种皮变色而使商品性降低。

【适宜地区】 甘肃省高寒阴湿区及国内其他春蚕豆产区。

撰稿人：郭延平

48　临蚕10号

【品种来源】　甘肃省临夏回族自治州农业科学院于1993年以临夏大蚕豆为母本、曲农白皮蚕/加拿大321-2为父本杂交选育而成的优质、高产稳产、抗旱耐瘠的春蚕豆新品种，原品系代号：9230-1-5。2013年1月通过甘肃省农作物品种审定委员会认定，认定编号：甘认豆2013002。全国统一编号：H08355。

【特征特性】　中熟大粒品种，株型紧凑，植株生长整齐，春性强，生育期120d。株高125.0cm，有效分枝1～3个，茎粗1.0cm，幼茎绿色，复叶椭圆形、浅绿色，花浅紫色。始荚高度25.0cm，结荚集中在中下部，单株荚数10～18个，单荚粒数2～3粒，单株粒数20～40粒，荚长11.5cm、宽2.2cm，粒长2.3cm、宽1.7cm，百粒重182.6g（两年甘肃省区域试验平均值）。籽粒饱满整齐，种皮乳白色，种脐白色。甘肃省农业科学院农业测试中心检验：干籽粒水分含量10.93%，蛋白质含量31.76%，赖氨酸含量1.01%，淀粉含量54.66%，脂肪含量0.86%，单宁含量0.60%。抗根腐病，耐旱，耐瘠。

【产量表现】　2010年3月至2011年9月参加甘肃省区域试验，7个参试品种在12点次上最高产量7489.5kg/hm^2，平均产量5556.0kg/hm^2，较对照（临蚕5号）增产11.5%，居试验首位。2011～2012年生产试验平均产量5982.0kg/hm^2，较对照（临蚕5号，5317.5kg/hm^2）增产12.5%，较大田生产品种（临蚕2号，4818.0kg/hm^2）增产24.2%。

【利用价值】　是粮食、饲料的优质原料，也是蔬菜、酱类制造的重要原料。

【栽培要点】　一般在3月上旬播种为宜，川源区保苗18万株/hm^2，播种量300kg/hm^2，山阴区保苗19.5万～21.0万株/hm^2，播种量以375kg/hm^{2}为宜。在蚕豆开花期，及时喷药防治豆象及后期叶部病害。在12台左右花序时进行摘顶，降低株高，防止倒伏。80%中上部荚变黑时要及时收获，避免种皮变色影响蚕豆籽粒的商品性。

【适宜地区】　根据甘肃省多点试验及生产试验结果表明，该品种丰产稳产性能好，适应性广，抗旱耐瘠性强，在甘肃省蚕豆产区及国内其他同类地区均可推广种植，但以岷县、积石山、临夏等同类雨养农业区的山旱地为最佳适宜地区。

撰稿人：郭延平

49 临蚕11号

【品种来源】 甘肃省临夏回族自治州农业科学院于2002年从青海省农林科学院引进的高代品系3416中系统选育而成,原品系代号:3416-1。2015年1月通过甘肃省农作物品种审定委员会认定,认定编号:甘认豆2015004。全国统一编号:H08356。

【特征特性】 早熟中粒品种,子叶翠绿色,株型紧凑,植株生长整齐,春性强,生育期110d。株高105.0cm,有效分枝1~2个,茎粗0.8cm。幼苗直立,幼茎深绿色,复叶椭圆形、深绿色,总状花序,花黑白色。始荚高度15.0cm,结荚集中在中下部,荚长7.5cm、宽1.7cm。单株荚数10~13个,单株粒数25.0粒,粒长1.8cm、宽1.3cm,百粒重145.0g。籽粒饱满整齐、中厚形,种皮乳白色,种脐白色。干籽粒蛋白质含量31.42%,赖氨酸含量1.60%,淀粉含量42.60%。抗根腐病。

【产量表现】 2011年3月至2012年9月两年多点试验平均产量3531.8kg/hm^2,较对照(当地尕蚕豆)增产17.8%。2013年3月至2014年9月两年生产试验平均产量3643.4kg/hm^2,较对照(当地尕蚕豆)增产12.1%。

【利用价值】 是鲜食加工的重要原料,也是豆乳制造、酱类酿造的重要原料。

【栽培要点】 2月下旬至3月初播种,施尿素112.5kg/hm^2、过磷酸钙1200kg/hm^2、氯化钾150kg/hm^{2}作种肥。种2行空2行,最佳播种量270kg/hm^2,保苗21万株/hm^2。初花期叶面喷施0.2%硼砂+0.2%钼酸铵混合液2~3次,结荚期叶面喷施0.2%硼砂+0.2%钼酸铵+0.5%磷酸二氢钾混合液2~3次。整个生长期注意防治豆象和叶部病害。80%中上部荚变黑时及时收获。

【适宜地区】 适宜在甘肃省蚕豆产区及国内其他同类地区推广种植,尤其适宜和政、渭源、临夏、岷县、青海等无霜期短的高海拔寒冷阴湿及农牧交错地区种植。

撰稿人:郭延平

50　临蚕12号

【品种来源】　甘肃省临夏回族自治州农业科学院于1997年以临夏大蚕豆为母本、中农2354选为父本杂交选育而成，原品系代号：9716-1。2015年4月通过甘肃省农作物品种审定委员会认定，认定编号：甘认豆2015005。全国统一编号：H08357。

【特征特性】　植株田间生长整齐，长势旺盛，春性强，株型紧凑，结荚部位低且集中，生育期适中，综合农艺性状优良。株高136.5cm，有效分枝1.1个，单株荚数10.2个，单株粒数21.3粒，茎粗1.0cm。幼茎浅绿色，花浅紫色，复叶长椭圆形、绿色。荚长10.9cm、宽2.1cm，粒长2.1cm、宽1.6cm，百粒重176.0g。籽粒饱满，种皮乳白色。干籽粒水分含量10.20%，蛋白质含量31.24%，脂肪含量0.95%，淀粉含量51.97%，赖氨酸含量1.65%。田间自然发生根腐病病株率4.40%、病情指数1.99，分别比对照低（临蚕9号）4.3%、1.1%，根腐病抗性好。

【产量表现】　2012年3月至2013年9月参加全省多点试验，2012年平均产量5429.7kg/hm^2，较对照（临蚕5号）增产10.5%；2013年平均产量5685.3kg/hm^2，较对照（临蚕5号）增产12.5%；综合两年试验结果，平均产量5557.5kg/hm^2，较对照（临蚕5号）增产11.5%。2012年生产试验平均产量5550.0kg/hm^2，较对照（临蚕9号）增产10.5%；2013年生产试验平均产量5535.0kg/hm^2，较对照（临蚕9号）增产11.5%。

【利用价值】　适合淀粉及油炸蚕豆加工。

【栽培要点】　精细整地，施足底肥，增氮补磷保钾，适期早播，合理密植，及时除草，适时灌水、摘心，合理防治病虫害，适时收获。

【适宜地区】　可在甘肃省蚕豆主产区推广种植，尤其以积石山、康乐、和政、渭源为最适种植地区。

撰稿人：郭延平

51 临蚕13号

【品种来源】 甘肃省临夏回族自治州农业科学院于2002年以和政尕蚕豆为母本、法国D为父本杂交而成，原品系代号：0208-3-2。2019年4月通过农业农村部非主要农作物品种登记，登记编号：GPD蚕豆（2019）620002。全国统一编号：H07367。

【特征特性】 植株田间生长整齐，长势旺盛，春性强，株型紧凑，结荚部位低且集中。株高110.0~116.0cm，有效分枝2.4~3.3个，单株荚数12.4~15.2个，单株粒数27.8~53.2粒，荚长8.0~9.5cm，宽0.6~0.9cm，粒长0.8~1.0cm，宽0.5~0.7cm，百粒重85.0~95.0g，种皮乳白色。农业农村部谷物及制品质量监督检验测试中心（哈尔滨）检测：干籽粒蛋白质含量30.44%，淀粉含量44.34%，脂肪含量2.87%，赖氨酸含量2.06%，单宁含量0.24%。经甘肃省农业科学院植物保护研究所曹世勤研究员在2018年7月17日现场鉴定，该品种田间自然发生赤斑病病叶率19.15%、病情指数7.41，对照（和政尕蚕豆）病叶率60.23%、病情指数38.72，显著低于对照；田间自然发生根腐病病株率7.94%、病情指数5.42，对照（和政尕蚕豆）病株率69.49%、病情指数66.63，显著低于对照。

【产量表现】 2017年3月至2018年9月参加全省多点试验，2017年平均产量3736.5kg/hm²，较对照（和政尕蚕豆，3166.5kg/hm²）增产18.0%。2017年6个生产试验点平均产量3648.0kg/hm²，较对照（和政尕蚕豆）增产15.0%~18.0%；2018年生产试验平均产量5034.0kg/hm²，较对照（和政尕蚕豆）增产13.0%~15.0%。

【利用价值】 适合炒货加工专用。

【栽培要点】 精细整地，施足底肥，增氮补磷保钾，适期早播，合理密植，及时除草，适时灌水、摘心，合理防治病虫害，适时收获。

【适宜地区】 适宜在甘肃和政、康乐、临夏、渭源高寒阴湿区、半干旱生态区的春蚕豆产区种植。

撰稿人：郭延平

52 临蚕14号

【品种来源】 甘肃省临夏回族自治州农业科学院于2001年以临蚕2号为母本、英国55-1为父本杂交而成，原品系代号：0189-3-6。2019年4月通过农业农村部非主要农作物品种登记，登记编号：GPD蚕豆（2019）620003。全国统一编号：H07368。

【特征特性】 植株田间生长整齐，长势旺盛，春性强，株型紧凑，结荚部位低且集中。生育期110~115d，株高132.0~143.9cm，有效分枝1.8~3.0个，单株荚数7.6~12.9个，单株粒数19.4~33.6粒，荚长14.0~18.0cm、宽1.9~2.4cm，粒长1.1~1.8cm、宽0.8~1.4cm，百粒重160.0~165.0g，种皮乳白色。农业农村部谷物及制品质量监督检验测试中心（哈尔滨）检测：干籽粒蛋白质含量29.19%，淀粉含量46.15%，脂肪含量2.84%，赖氨酸含量2.02%，单宁含量0.25%。经甘肃省农业科学院植物保护研究所曹世勤研究员现场鉴定，该品种田间自然发生赤斑病病叶率17.22%、病情指数7.66，对照（临蚕9号）病叶率45.47%、病情指数17.14，显著低于对照；田间自然发生根腐病病株率8.00%、病情指数5.20，对照（临蚕9号）病株率19.07%、病情指数17.37，显著低于对照。

【产量表现】 2016年3月至2017年9月参加全省多点试验，同时进行生产试验及示范，2016年平均产量5223.0kg/hm^2，较对照（临蚕9号，4681.5kg/hm^2）增产11.6%；2017年平均产量5086.5kg/hm^2，较对照（临蚕9号，4608.0kg/hm^2）增产10.4%。

【利用价值】 适合鲜食蚕豆生产。

【栽培要点】 适期早播，增施磷肥，合理密植，适时灌水、摘心，合理防治病虫害，适时收获。

【适宜地区】 适宜在甘肃和政、康乐、渭源、漳县、临夏高寒阴湿区、半干旱生态区的春蚕豆产区春季种植。

撰稿人： 郭延平

53 青海13号

【品种来源】 青海省农林科学院作物育种栽培研究所于1999年以马牙为母本、戴韦为父本杂交选育而成，原品系代号：FE5（9922-3-2-6），属 *Vicia faba* var. *equina*。2009年12月10日通过青海省第七届农作物品种审定委员会第四次会议审定，定名：青海13号，品种合格证号：青审豆200901，品种权号：CNA20100355.5。2017年12月20日通过农业农村部非主要农作物品种登记，登记编号：GPD蚕豆（2017）630007。全国统一编号：H07373。

【特征特性】 粒用型，春性。早熟品种，生育期100d。株高中等，株高100.0～120.0cm。花白色，基部粉红色。结荚低，单株双（多）荚数多、荚粒数多，单荚粒数3～4粒。成熟荚硬荚，适于机械收获或脱粒。种皮乳白色，种脐白色，籽粒中厚形，百粒重90.0g。干籽粒蛋白质含量30.19%，淀粉含量46.49%，脂肪含量1.01%，粗纤维含量8.54%。中抗褐斑病、轮纹病、赤斑病。

【产量表现】 一般肥力条件下产量3750.0～4500.0kg/hm²。地膜覆盖种植区产量可达6000.0kg/hm²以上。

【利用价值】 芽豆、淀粉和蛋白质加工，休闲食品加工利用。

【栽培要点】 选择中等或中上等麦茬为宜，忌轮作，注意前茬的除草剂危害。播前施适量农家肥，施化肥按纯氮37.5～45.0kg/hm²、五氧化二磷60kg/hm²要求配施。3月下旬至4月上中旬播种，播种深度7～8cm，播种量225.0～262.5kg/hm²，保苗24万～27万株/hm²。等行机械条播或撒播种植，平均行距35cm，株距10.5～12.0cm。播后及时覆土镇压。当苗高10.0cm时，及时中耕松土，并根据苗相追纯氮肥37.5kg/hm²。在生长期及时拔除行间杂草。5月底采用有效杀虫剂防治蚕豆根瘤蟓，视虫情连续防治2～3次，每隔7～10d防治一次。蚜虫发生初期，用杀虫剂喷施封闭带，蚜虫发生普遍时，全田喷雾防治。开花期采用高效低毒、广谱型杀菌剂对蚕豆赤斑病进行预防。遇到气温偏低、雨水过多年份或阴湿地块，视情况打顶。田间80%以上植株的下部荚变黑、中上部荚鼓硬时，及时收获。

【适宜地区】 适宜在海拔2800m左右的中、高位山旱地种植。现主要分布于青海、甘肃等地区。

撰稿人：刘玉皎

54 青蚕14号

【品种来源】 青海省农林科学院作物育种栽培研究所于1994年以72-45为母本、日本寸蚕为父本杂交选育而成,原品系代号:9402-2(132),属 *Vicia faba* var. *major*。2011年11月20日通过青海省第八届农作物品种审定委员会第五次会议审定,定名:青蚕14号,审定编号:青审豆2011001号。2017年12月20日通过农业农村部非主要农作物品种登记,登记编号:GPD蚕豆(2017)630004。全国统一编号:H07996。

【特征特性】 粮菜兼用型,春性。中晚熟品种,生育期120d。株型紧凑,植株较高,株高140.0~150.0cm。幼苗直立,幼茎浅绿色,主茎绿色、方形,主茎粗1.3cm±0.2cm,叶姿上举。总状花序,花白色,旗瓣白色,脉纹浅褐色,翼瓣白色,中央有一黑色圆斑。成熟荚黑色。籽粒中厚形,种皮乳白色,种脐黑色,百粒重190.0g。干籽粒蛋白质含量27.23%,淀粉含量41.19%,脂肪含量1.04%,粗纤维含量2.37%。

【产量表现】 一般肥力条件下产量4500.0~6000.0kg/hm²。在高水肥条件下,产量6000.0~6750.0kg/hm²。

【利用价值】 芽豆、淀粉和蛋白质加工,休闲食品加工、蔬菜化利用。

【栽培要点】 选择中等或中上等麦茬为宜,忌连作,注意前茬除草剂危害。及早秋耕深翻,耕深20cm以上,冬灌或春灌(旱作时不灌溉)。播前施适量农家肥、五氧化二磷60kg/hm²。水地条件下,3月中旬至4月上旬播种,播种深度7~8cm,基本苗15.0万~16.5万株/hm²,等行或宽窄行种植,等行种植行距40cm,宽窄行种植时3窄1宽方式,宽窄行距40~45cm,窄行行距30cm,株距14~15cm。蚕豆生长期灌水2~3次,初花期灌第一水。及时拔除田间杂草,当主茎开花至12台时及时打顶。

【适宜地区】 适宜在春播区海拔2600m以下的地区种植,主要分布在青海、甘肃、宁夏、新疆等。

撰稿人:刘玉皎

55　青蚕15号

【品种来源】 青海省农林科学院作物育种栽培研究所和青海鑫农科技有限公司于1999年以湟中落角为母本、96-49为父本杂交选育而成，原品系代号：9902-10-1，属 *Vicia faba* var. *major*。2013年12月4日通过青海省第七届农作物品种审定委员会第三次会议审定，定名：青蚕15号，品种合格证号：青审豆2013001号，品种权号：CNA20100356.4。2017年12月20日通过农业农村部非主要农作物品种登记，登记编号：GPD蚕豆（2017）630006。全国统一编号：H07410。

【特征特性】 粒用型，春性。中晚熟品种，生育期120～130d。植株较高，株型紧凑，株高130.0～140.0cm。幼苗直立，幼茎浅紫色，主茎浅紫色。花紫红色，旗瓣紫红色，脉纹浅褐色，翼瓣紫色，中央有一黑色圆斑，龙骨瓣浅紫色。成熟荚黄色。籽粒中厚形，种皮乳白色，种脐黑色，百粒重200.0g。干籽粒蛋白质含量31.19%，淀粉含量37.20%，脂肪含量0.96%，粗纤维含量8.10%。

【产量表现】 一般肥力条件下产量为4500.0～6000.0kg/hm²，高肥力水平下产量可以达到7500.0kg/hm²以上。

【利用价值】 芽豆、淀粉和蛋白加工，休闲食品加工、蔬菜化利用。

【栽培要点】 选择中等或中上等麦茬为宜，要求3年以上蚕豆轮作。及早秋耕深翻，耕深20cm以上，冬灌或春灌（旱作时不灌溉）。3月中旬至4月上旬播种，播种深度8～10cm，基本苗15.0万～16.5万株/hm²，等行或宽窄行种植，等行种植行距40cm，宽窄行种植时3窄1宽方式，宽行行距40～45cm，窄行行距30cm，株距14～15cm。当主茎开花至12台时及时打顶。苗期注意防治根瘤螨，花期注意防治蚜虫。

【适宜地区】 适宜在春播区海拔2600m以下的地区种植，主要分布在青海、甘肃、宁夏、新疆等。

撰稿人：刘玉皎

56　青蚕16号

【品种来源】 青海省农林科学院作物育种栽培研究所于1999年以马牙为母本、Lip88-243FB为父本杂交选育而成，原品系代号：Y4（9920-2-5），属 *Vicia faba* var. *major*。2019年5月31日通过农业农村部非主要农作物品种登记，定名：青蚕16号，登记编号：GPD蚕豆（2019）630005，品种权号：CNA20130685.3。全国统一编号：H07997。

【特征特性】 干籽粒型。春性，早熟品种，生育期110d。有限生长型，株型紧凑，株高50.0~60.0cm。复叶浅绿色，花白色，翼瓣有黑斑。结荚集中，成熟一致，适于机械化生产。主茎分枝4~5个，单株荚数10~15个，单荚粒数2~3粒。籽粒乳白色，百粒重110.0~120.0g。干籽粒蛋白质含量31.03%，淀粉含量45.35%。中抗赤斑病，耐旱性中等。

【产量表现】 一般肥力条件下产量为3300.0~3750.0kg/hm^2，高肥力条件下产量可以达到4500.0kg/hm^2。

【利用价值】 芽豆、淀粉和蛋白加工，休闲食品加工利用。

【栽培要点】 选择中等或中上等麦茬为宜，忌轮作，注意前茬的除草剂危害。播前按照纯氮37.5~45.0kg/hm^2、五氧化二磷60kg/hm^{2}要求配施。3月下旬至4月上中旬播种，播种深度7~8cm，基本苗19.5万~22.5万株/hm^2。等行机械条播，平均行距35cm，株距10.5~12.0cm。在生长期及时拔除行间杂草。初花期追纯氮肥37.5kg/hm^2。5月底采用有效杀虫剂防治蚕豆根瘤蟓，视虫情连续防治2~3次，每隔7~10d防治一次。蚜虫发生初期用杀虫剂喷施封闭带，蚜虫发生普遍时全田喷雾防治。开花期采用高效低毒、广谱型杀菌剂对蚕豆赤斑病进行预防。田间80%以上植株的下部荚变黑、中上部荚鼓硬时，及时收获。

【适宜地区】 适宜在北方春蚕豆区青海海东、西宁、海南、海西海拔2800m以下的地区春季种植。

撰稿人： 刘玉皎

57 青蚕18号

【品种来源】 青海省农林科学院作物育种栽培研究所与青海鑫农科技有限公司于2008年从引进品种3290中系统选育而成，原品系代号：200801，属 *Vicia faba* var. *major*。2019年5月31日通过农业农村部非主要农作物品种登记，定名：青蚕18号，登记编号：GPD蚕豆（2019）630004，品种权号：CNA20151083.7。全国统一编号：H07998。

【特征特性】 干籽粒型，种皮不变色蚕豆，春性。中熟品种，生育期110～120d。株型紧凑，株高90.0～100.0cm。复叶绿色，花白色，翼瓣无色斑，成熟荚黄褐色。主茎分枝2.5～3.3个，单株荚数15.0个以上，单株粒数35～45粒，单荚粒数3～4粒，单株粒重50.0～60.0g，籽粒白色，百粒重130.0～140.0g。干籽粒蛋白质含量28.10%，淀粉含量44.20%。中抗赤斑病，耐旱性中等。

【产量表现】 一般肥力条件下产量3000.0～3500.0kg/hm²，高肥力条件下产量可达4500.0kg/hm²以上。

【利用价值】 芽豆、淀粉和蛋白加工，休闲食品加工利用。

【栽培要点】 选择中等或中上等麦茬为宜，忌连作，注意前茬除草剂危害。及早秋耕深翻，耕深20cm以上，冬灌或春灌（旱作时不灌溉）。播前施适量农家肥、五氧化二磷60kg/hm²。在3月下旬至4月上中旬播种，播种深度7～8cm，基本苗18万～19万株/hm²。等行机械条播，平均行距35cm，株距10.5～12.0cm。在生长期及时拔除行间杂草。开花期采用高效低毒、广谱型杀菌剂对蚕豆赤斑病进行预防。田间80%以上植株的下部荚变黑、中上部荚鼓硬时，及时收获。

【适宜地区】 适宜在北方春蚕豆区青海海东、西宁、海南、海西海拔2800m以下的地区春季种植。

撰稿人：刘玉皎

58 青蚕19号

【品种来源】 青海省农林科学院作物育种栽培研究所和青海昆仑种业集团有限公司于2008年以3290为母本、云南新平绿豆为父本杂交选育而成，原品系代号：GF47，属 *Vicia faba* var. *major*。2019年5月31日通过农业农村部非主要农作物品种登记，定名：青蚕19号，登记编号：GPD蚕豆（2019）630007，品种权号：CNA20180809.9。全国统一编号：H07999。

【特征特性】 春性，粮用型，中早熟品种，春播区生育期110~120d。植株中等，株型紧凑，株高120.0~130.0cm，茎绿色，无限生长型。复叶绿色，旗瓣白色，翼瓣白色，成熟荚褐色，硬荚。主茎分枝2.5~3.3个，单株荚数15.0个以上，单株粒数35~45粒，单荚粒数3~4粒，单株粒重50.0~60.0g。籽粒褐色，子叶绿色，百粒重130.0g。干籽粒蛋白质含量30.72%，淀粉含量40.60%。中抗赤斑病，耐旱性中等。

【产量表现】 一般肥力条件下产量4500.0~5250.0kg/hm²，高肥力水平下产量达6000.0kg/hm²以上。

【利用价值】 休闲食品加工。

【栽培要点】 选择中等或中上等麦茬为宜，忌连作，注意前茬除草剂危害。及早秋耕深翻，耕深20cm以上，冬灌或春灌（旱作时不灌溉）。播前施适量农家肥、五氧化二磷60kg/hm²。3月下旬至4月上中旬播种，播种深度7~8cm，基本苗19.5万~21.0万株/hm²。等行机械条播，平均行距35cm，株距14~15cm。在生长期及时拔除行间杂草。开花期采用高效低毒、广谱型杀菌剂对蚕豆赤斑病进行预防。田间80%以上植株的下部荚变黑、中上部荚鼓硬时，及时收获。

【适宜地区】 适宜在北方春蚕豆区春季种植。

撰稿人：刘玉皎

第六章 普通菜豆

普通菜豆是豆科（Leguminosae）蝶形花亚科（Papilionoideae）菜豆族（Phaseoleae）菜豆属（*Phaseolus*）中的一个栽培豆种，属一年生草本、自花授粉植物。菜豆属有80多个种，其中5个为栽培种，其余多为野生种。菜豆属中5个栽培种分别是普通菜豆（*P. vulgaris*）、多花菜豆（*P. cocineus* 或 *P. multiflorus*）、利马豆（*P. lunatus*）、宽叶菜豆（*P. acutifolius*）和丛林菜豆（*P. dumosus* 或 *P. polyanthus*）。普通菜豆英文名 common bean 或 haricot bean，别名四季豆、芸豆、饭豆等。普通菜豆染色体数 $2n=2x=22$。普通菜豆出苗时子叶出土。

普通菜豆起源于美洲，其野生种分布广泛，从墨西哥北部到阿根廷北部，以及海拔500～2000m、年降水量500～1800mm的地区都有野生种分布。据研究，普通菜豆野生种与栽培种属同一物种，即栽培种由野生种进化而来。16世纪初普通菜豆由西班牙人传入欧洲，17世纪末才扩散至欧洲全境、非洲及世界其他地区。中国的普通菜豆是15世纪直接从美洲引进的，1654年归化僧隐元将普通菜豆从中国传到日本。

普通菜豆是世界上栽培面积较大的食用豆类作物，其分布几乎遍及各大洲。据联合国粮食及农业组织（FAO）统计，全球90多个国家和地区种植普通菜豆，主要分布在亚洲、美洲、非洲东部、欧洲西部及东南部，其中印度、巴西、中国、墨西哥、美国、坦桑尼亚等是普通菜豆主产国。普通菜豆在我国北起黑龙江及内蒙古，南至海南，东起沿海一带及台湾，西达云南、贵州及新疆等省份都有栽培。产区主要分布在我国的东北、华北、西北和西南等高寒、冷凉地区。其中，黑龙江、内蒙古、吉林、辽宁、河北、山西、甘肃、新疆、四川、云南、贵州等为主产省份。

据不完全统计，全世界普通菜豆种植面积约为2916万 hm^2，占全部食用豆类的39.5%；总产量为2200万 t，占全部食用豆类的28.8%。印度是世界上最大的普通菜豆生产国，种植面积为965万 hm^2，总产量在390万 t左右，平均单产约400kg/hm^2。我国普通菜豆种植面积约为70万 hm^2，总产量为120万 t。

普通菜豆适应冷凉气候、多种土壤条件和干旱环境，具有高蛋白质含量、易消化吸收、粮菜饲兼用等诸多特点，是种植业结构调整中重要的间作、套种、轮作作物，也是我国主要的原粮出口商品。因而，普通菜豆在我国的可持续农业发展、改善人民膳食结构和增加农民收入等方面都具有重要作用。

世界上许多国家都非常重视普通菜豆种质资源、品种改良和生产利用研究，目前我国已收集普通菜豆种质资源近7000份，国家作物种质库保存国内外普通菜豆种质资源6600多份，并对其进行了农艺性状及部分种质的抗病虫性、抗旱性和营养品质等初步鉴定，建立了数据库。同时，我国还筛选出一批高产、优质、抗病的优异种质直接应用于生产或作为育种亲本利用。我国保存的普通菜豆种质资源中95%是国内地方品种、育成品种和遗传稳定的高代品系，引进品种仅占5%左右。中国普通菜豆品种改良始于20世纪70年代，到2008年5月31日为止，已通过国家级农作物审（鉴）定的品种17个，通过省级农作物审（认、鉴）定、登记的品种10多个。2008年国家食用豆产业技术体系正式启动后，普通菜豆新品种选育进展很快。截至2020年，共培育出普通菜豆新品种21个，包括杂交选育17个（占80.9%），其他为系统选育品种。

现编入本志的普通菜豆品种共54个，包括育成品种49个、引进品种4个、地方品种提纯1个。在育成品种中，杂交选育25个、系统选育20个、诱变育种4个。通过有关品种管理部门审（认、鉴）定、登记的品种44个，其中，通过国家级农作物审（鉴）定的品种8个（含国外引进品种1个），通过省级农作物审（认、鉴）定、登记的品种36个（含国外引进品种3个）；高代品系13个。入志品种分布在13家育种单位，其中中国农业科学院作物科学研究所3个、河北省张家口市农业科学院2个、山西省农业科学院农作物品种资源研究所5个、山西省农业科学院高寒区作物研究所3个、内蒙古自治区农牧业科学院1个、吉林省农业科学院作物资源研究所（原吉林省农业科学院作物育种研究所）1个、吉林省白城市农业科学院3个、黑龙江省农业科学院作物资源研究所（原黑龙江省农业科学院作物育种研究所）21个、黑龙江省农业科学院克山分院1个、江苏省农业科学院4个、重庆市农业科学院2个、贵州省毕节市农业科学研究所6个、新疆维吾尔自治区农业科学院粮食作物研究所2个。

1 中芸3号

【品种来源】 中国农业科学院作物科学研究所于2004年从澳大利亚芸豆LRK333中系统选育而成，原品系代号：2004-14。2009年通过宁夏回族自治区农作物品种审定委员会审定，审定编号：宁审豆2009001。全国统一编号：F04335。

【特征特性】 中早熟品种，夏播生育期80～90d。有限结荚习性，植株矮生，株型直立，株高30.0～40.0cm，主茎分枝3～4个。复叶卵圆形，浅粉色。单株荚数20.0个，荚长10.5～11.5cm，圆棍形，成熟荚黄白色，单荚粒数4～5粒。种皮红色，百粒重50.0g。农业农村部食品质量监督检验测试中心（杨凌）检测：干籽粒蛋白质含量24.75%，淀粉含量44.53%，脂肪含量1.25%，水分含量11.82%。耐旱性强，抗倒伏，适播期长。除单种外，还可与玉米、马铃薯等间作套种。

【产量表现】 2007～2008年参加宁夏回族自治区区域试验，2007年平均产量3590.0kg/hm^2，2008年平均产量1544.0kg/hm^2，两年区域试验平均产量2567.0kg/hm^2。

【利用价值】 干籽粒食用或食品加工。

【栽培要点】 适期播种：宁夏地区春播在4月下旬，夏播在6月25日前，夏播越早越好，忌重茬。单作播种量75kg/hm^2，播种深度3～5cm，行距50cm，种植密度18万～22万株/hm^2。田间管理：及时中耕除草、培土，防病治虫。根据土壤肥力状况，如播种期前不施底肥，应结合整地施氮磷钾复合肥225～300kg/hm^2，并在分枝期追施尿素75kg/hm^2，如花期遇旱，应适当灌水，生长期间及时防治蚜虫、红蜘蛛等。收获：生长期长的地区，应实行分批采收，以提高产量和品质；收获后及时晾晒、脱粒，以防霉变发生。

【适宜地区】 适宜在宁南山区及相近生态类型旱区水地，半干旱区水、旱地及阴湿区旱地种植。

撰稿人：程须珍　王素华

2 中芸6号

【品种来源】 中国农业科学院作物科学研究所于2015年从巴西引进的Preto Catarinense中系统选育而成。2020年9月5日通过中国作物学会食用豆专业委员会鉴定,鉴定编号:国品鉴普通菜豆2020001。全国统一编号:F05540。

【特征特性】 直立型中熟品种,春播生育期100d。幼茎紫色,株高80.8cm,主茎分枝3.7个,主茎节数15.5节。复叶菱形,花紫色。单株荚数24.7个,荚剑形,荚黄色,单荚粒数5.6粒。籽粒椭圆形,种皮黑色,百粒重18.5g。干籽粒蛋白质含量25.70%,淀粉含量53.90%,脂肪含量7.20%。

【产量表现】 2016~2017年参加国家食用豆产业技术体系在黑龙江哈尔滨、山西榆次和大同、内蒙古呼和浩特、陕西榆林及新疆奇台等地的联合鉴定试验,两年17点次平均产量2380.7kg/hm^2,较对照(英国红芸豆)增产25.0%。2018年生产试验平均产量1885.2kg/hm^2,较对照(英国红芸豆)增产30.4%。

【利用价值】 适宜原粮出口、豆沙加工和粮用。

【栽培要点】 适宜坡地、岗地种植,忌低洼地块。播种:在春播区,一般10cm地温稳定在14℃时即可播种,在黑龙江地区适宜播种期为5月15~25日。播种量40~45kg/hm^2,种植密度20万~22万株/hm^2。采用垄作栽培模式,垄距60~65cm,垄上穴播或条播,穴播:穴距20cm,每穴留苗2~3株;条播:垄上单行或双行种植。田间管理:中耕除草2~3次。结合整地,施入化肥,N:P:K为2:5:3,使用纯氮20~30kg/hm^2、五氧化二磷40~50kg/hm^2、氧化钾20~30kg/hm^2。当田间80%豆荚变黄时,选晴天及时收获,当晾晒到茎秆完全褪绿干枯,籽粒呈现出固有形状时,进行脱粒,籽粒含水量在14%以下即可入库。

【适宜地区】 适宜在黑龙江、吉林、内蒙古、新疆、山西、陕西和贵州等省份种植。

撰稿人:王兰芬 武 晶 王述民

3　中芸8号

【品种来源】　中国农业科学院作物科学研究所于2015年从美国引进品种G0608中系统选育而成。2020年9月5日通过中国作物学会食用豆专业委员会品种鉴定，鉴定编号：国品鉴普通菜豆2020002。全国统一编号：F03370。

【特征特性】　直立型中熟品种，春播生育期95d。幼茎紫色，株高67.4cm，主茎分枝3.6个，主茎节数14.2节。复叶菱形，花紫色。单株荚数27.1个，荚剑形、黄色，单荚粒数5.7粒。籽粒肾形，种皮黑色，百粒重19.1g。干籽粒蛋白质含量26.00%，淀粉含量52.90%，脂肪含量7.20%。

【产量表现】　2016~2017年参加国家食用豆产业技术体系在黑龙江哈尔滨和齐齐哈尔、吉林公主岭、贵州毕节、陕西榆林、新疆奇台等地的联合鉴定试验，17点次区域试验平均产量2576.4kg/hm^2，较对照（英国红芸豆）增产44.4%。2018年生产试验平均产量1722.3kg/hm^2，较对照（英国红芸豆）增产52.2%。

【利用价值】　适宜原粮出口、豆沙加工和粮用。

【栽培要点】　适宜坡地、岗地种植，忌低洼地块。播种：在春播区，一般10cm地温稳定在14℃时即可播种，在黑龙江地区适宜播种期为5月15~25日。播种量40~45kg/hm^2，种植密度20万~22万株/hm^2。采用垄作栽培模式，垄距60~65cm，垄上穴播或条播，穴播：穴距20cm，每穴留苗2~3株；条播：垄上单行或双行种植。田间管理：中耕除草2~3次。结合整地，施入化肥，N：P：K为2：5：3，使用纯氮20~30kg/hm^2、五氧化二磷40~50kg/hm^2、氧化钾20~30kg/hm^2。当田间80%豆荚由绿变黄时，晴天及时收获，当晾晒的茎秆完全褪绿干枯、籽粒呈现出固有形状时，进行脱粒，籽粒含水量在14%以下入库。

【适宜地区】　适宜在黑龙江、吉林、内蒙古、新疆、山西、陕西和贵州等省份种植。

撰稿人：王兰芬　武　晶　王述民

4 冀张芸1号

【品种来源】 河北省张家口市农业科学院于1998年以美国芸豆91-6-4为母本、坝上红芸豆为父本杂交选育而成，原品系代号：9164B-34-11。2012年通过河北省科学技术厅登记，省级登记号：20120787。全国统一编号：F08031。

【特征特性】 中熟品种，春播生育期100d。无限结荚习性，植株半蔓生，株高88.0cm，主茎分枝2.6个。复叶卵圆形，花白色。单株荚数18.6个，荚长7.6~9.1cm，扁条形，成熟荚黄白色，单荚粒数4.0粒。籽粒扁圆形，种皮红色，白脐，百粒重30.3g。干籽粒蛋白质含量23.14%，淀粉含量51.51%，脂肪含量1.24%。结荚集中，成熟一致不炸荚。耐旱性、耐瘠性强，抗菜豆普通细菌性疫病。

【产量表现】 2004~2006年鉴定圃试验3年平均产量3478.5kg/hm^2，比对照（坝上红芸豆）增产18.1%。2007~2008年品种比较试验两年平均产量3039.0kg/hm^2，比对照（坝上红芸豆）增产17.5%。2009~2010年张家口市区域试验5个试点两年平均产量2432.3kg/hm^2，比对照（坝上红芸豆）增产23.4%。2011年张家口市生产试验在张北、崇礼、沽源、康保及张家口市农业科学院张北试验基地5个试点的平均产量2166.0kg/hm^2，比对照（坝上红芸豆）增产10.9%。

【利用价值】 适于粮用和食品加工。

【栽培要点】 冀北坝上地区春播在5月下旬末霜过后开始播种。播前应适当整地，施足底肥，结合整地施氮磷钾复合肥225~300kg/hm^2。播种量125kg/hm^{2}左右，播种深度5cm左右，行距50cm，株距20cm，每穴双株，种植密度16万~20万株/hm^2。选择中等肥力地块，忌重茬。一般中耕2次，拔大草1次。第一次中耕在出苗后6~7d进行，第二次在开花前除草并适当培土，后期拔大草1次。及时防治病虫害。如花期遇旱，应适当灌水。当叶片发黄凋落、荚果变黄白色时收获。

【适宜地区】 适宜在冀北及内蒙古、山西等类似生态区种植。

撰稿人：徐东旭　尚启兵　赵　芳

5 冀张芸2号

【品种来源】 河北省张家口市农业科学院于2008年以芸豆15-3-9为母本、坝上红芸豆为父本杂交选育而成,原品系代号:302-728-113-69-7。2021年通过河北省科学技术厅登记,省级登记号:20211876。全国统一编号:F08032。

【特征特性】 中熟品种,春播生育期100d。有限结荚习性,植株直立,株高45.5cm,主茎分枝2.2个。复叶卵圆形,花白色。单株荚数13.5个,荚长11.9cm,剑形,成熟荚黄白色,单荚粒数4.2粒。籽粒长方形,种皮红色,白脐,百粒重54.9g。干籽粒蛋白质含量28.64%,淀粉含量43.58%,脂肪含量1.21%。结荚集中,成熟一致不炸荚。耐旱性、耐瘠性强,抗菜豆普通细菌性疫病。

【产量表现】 2013~2015年品种比较试验3年平均产量1993.5kg/hm^2,比对照(英国红芸豆)增产7.9%。2016~2017年张家口市区域试验5个试点两年平均产量2049.3kg/hm^2,比对照(英国红芸豆)增产10.6%。2017年张家口市生产试验在张北、崇礼、康保3个试点的平均产量1903.8kg/hm^2,比对照(英国红芸豆)增产11.2%。

【利用价值】 适于粮用和食品加工。

【栽培要点】 冀北坝上地区春播在5月下旬末霜过后开始播种。播前应适当整地,施足底肥,结合整地施氮磷钾复合肥225~300kg/hm^2。播种量125kg/hm^{2}左右,播种深度5cm左右,行距50cm,株距20cm,每穴双株,种植密度20万株/hm^{2}左右。选择中等肥力地块,忌重茬。一般中耕2次,拔大草1次。第一次中耕在出苗后6~7d进行,第二次在开花前除草并适当培土,后期拔大草1次。及时防治病虫害。如花期遇旱,应适当灌水。当叶片发黄凋落、荚果变黄白色时收获。

【适宜地区】 适宜在冀北及内蒙古、山西等类似生态区种植。

撰稿人: 徐东旭　任红晓　李姝彤

6 品金芸1号

【品种来源】 山西省农业科学院农作物品种资源研究所于2003年从中国农业科学院作物科学研究所提供的普通菜豆核心种质F04357中系统选育而成。2011年通过山西省农作物品种审定委员会认定,认定编号:晋审芸(认)2011001。全国统一编号:F04357。

【特征特性】 中晚熟品种,生育期107d。有限结荚习性,直立生长,生长势强。幼茎紫色,茎上有灰色绒毛,株高41.7cm,主茎节数18.0节,主茎分枝3.9个,复叶卵圆形、较小、深绿色,花白色。单株荚数30.0个,硬荚,荚长10.0cm、宽0.8cm,短圆棍形,成熟荚浅红色,单荚粒数6.2粒。籽粒椭圆形,种皮紫红色,百粒重21.9g。干籽粒蛋白质含量23.83%,淀粉含量46.62%,脂肪含量1.05%。

【产量表现】 2009~2010年山西省区域试验两年平均产量2514kg/hm², 比对照(英国红芸豆)增产18.9%。

【利用价值】 干籽粒食用或食品加工。

【栽培要点】 选择中等水肥地种植,忌连作。适宜播种期为5月中旬至6月初,地温稳定在10℃以上时即可播种。采用机播或穴播,播种量60~75kg/hm²,种植密度18万株/hm²;行距40~45cm,株距30cm,每穴播3粒。结合春整地播前一次性施入基肥碳酸铵375~450kg/hm²、过磷酸钙300~450kg/hm²;苗期至封垄前中耕除草2~3次,如有病虫为害,及时喷药防治;当植株叶片发黄脱落、70%以上荚成熟时及时收获。

【适宜地区】 适宜在山西省芸豆产区及生态类型相似的区域种植。

撰稿人:畅建武　郝晓鹏　王　燕　董　雪　赵建栋

7　品金芸3号

【品种来源】　山西省农业科学院农作物品种资源研究所于2003年利用1989年从美国引进的英国红芸豆种子经 ^{60}Co-γ 射线100～300Gy辐射处理，从后代选择优良变异单株系统选育而成，原品系代号：K-68。2014年通过山西省农作物品种审定委员会认定，认定编号：晋审芸（认）2014001。全国统一编号：F07823。

【特征特性】　中早熟品种，生育期84d。有限结荚习性，直立生长。幼茎绿色，茎上有灰色绒毛，株高41.9cm，主茎节数7～8节，主茎分枝4.2个，复叶菱卵圆形，较大，绿色，花白色。单株荚数20.0个，硬荚，荚长12.6cm、宽1.1cm，长扁条形，成熟荚黄白色，单荚粒数5.1粒。籽粒肾形，种皮红色，百粒重47.8g。干籽粒蛋白质含量23.19%，脂肪含量1.40%。

【产量表现】　2011～2012年山西省区域试验平均产量2317.5kg/hm²，比对照（英国红芸豆）增产11.3%。

【利用价值】　干籽粒食用或食品加工、原粮出口。

【栽培要点】　选择中等以上水肥地种植，忌连作。适宜播种期为5月中下旬至6月初，地温稳定在10℃以上时即可播种。播前种子包衣；采用机器一次性完成覆膜和穴播，播种量90～105kg/hm²，种植密度12万～18万株/hm²；膜上行距约35cm，膜间行距60～65cm，株距约30cm，每穴播3粒。结合春整地播前一次性施入基肥尿素225～300kg/hm²、过磷酸钙300～450kg/hm²；出苗后及时放苗，封垄前中耕除草2～3次，花期前后及时喷药防治病害；当植株叶片发黄脱落、70%以上荚成熟时及时收获，之后晾晒和脱粒。

【适宜地区】　适宜在山西省芸豆产区及生态类型相似的区域种植。

撰稿人：畅建武　郝晓鹏　王　燕　董　雪　赵建栋

8　品金芸4号

【品种来源】　山西省农业科学院农作物品种资源研究所于2011年利用英国红芸豆种子经 ^{60}Co-γ射线300Gy辐射后系统选育而成，原品系代号：Y2014-68。2020年通过山西省农作物品种审定委员会认定，认定编号：晋认芸202001。全国统一编号：F07824。

【特征特性】　中熟品种，生育期99d。有限结荚习性，直立生长，幼茎绿色，株高40.0cm，主茎节数6～7节，主茎分枝3～5个。复叶菱卵圆形、较大、深绿色，花白色。单株荚数10.0个，多者可达20个以上，硬荚，荚长13.0cm、宽1.3cm，宽扁条形，成熟荚黄白色，单荚粒数4.5粒。籽粒宽肾形，种皮红色，百粒重51.3g。干籽粒蛋白质含量26.40%，淀粉含量54.66%，脂肪含量1.15%。中抗普通细菌性疫病。

【产量表现】　2015～2016年山西省芸豆新品种自主联合区域试验两年平均产量1734.0kg/hm²，比对照（英国红芸豆）增产15.3%。2016～2018年在岢岚、岚县等地生产示范产量1950.0～2550.0kg/hm²。

【利用价值】　适宜原粮出口、食用或食品加工。

【栽培要点】　选择前茬为燕麦或马铃薯、肥力中等以上的土地。秋深耕，早春及时耙耱。北部适宜播种期为5月下旬至6月上旬。地膜覆盖，宽窄行穴播，播种量97.5～105.0kg/hm²，种植密度约20万株/hm²；膜上窄行35cm，膜间宽行60cm，株距约30cm，每穴播3粒，播种深度5cm。一般结合春整地播前一次性施入适量农家肥，氮磷钾复合肥约600kg/hm²。出苗后及时放苗，封垄前中耕除草2～3次。播前种子晾晒和种衣剂包衣防治根腐病、地下害虫；花期前后施药防治普通细菌性疫病、晕疫病、双斑萤叶甲等病虫害。70%以上荚成熟变硬时收获，之后晾晒和脱粒。

【适宜地区】　适宜在山西吕梁、忻州、朔州、大同等西北部芸豆产区种植。

撰稿人：畅建武　王　燕　郝晓鹏　董　雪　赵建栋

9　品金芸5号

【品种来源】　山西省农业科学院农作物品种资源研究所于2014年从品金芸3号自然群体中的变异单株系统选育的高代材料，原品系代号：2014M-1-1-1。2020年通过山西省农作物品种审定委员会认定，认定编号：晋认杂粮202107。全国统一编号：F07825。

【特征特性】　中熟品种，生育期94d。有限结荚习性，直立生长，株型紧凑，幼茎绿色，株高40.0cm，主茎节数5～6节，主茎分枝3～4个。复叶菱卵圆形、较小、绿色，花淡紫色。单株荚数10.0个，硬荚，荚长12.0～14.0cm，宽1.0～1.2cm，圆棍形，即将成熟荚有紫色条纹，成熟荚黄白色，单荚粒数3～5粒。籽粒饱满，长肾形，种皮深红色，百粒重49.7g。干籽粒蛋白质含量21.74%，淀粉含量49.74%，脂肪含量1.27%。中抗普通细菌性疫病。

【产量表现】　2019～2020年山西省芸豆新品种自主联合区域试验两年平均产量1612.2kg/hm^2，比对照（英国红芸豆）增产8.2%。

【利用价值】　适宜原粮出口、食用和食品加工。

【栽培要点】　选择前茬为燕麦或马铃薯、肥力中等以上的土地。秋季深耕，早春播种前旋耕耙耱。适宜播种期为5月下旬至6月上旬。采用地膜覆盖、宽窄行穴播，播种量97.5kg/hm^2，种植密度约20万株/hm^2；膜上2窄行行距30～35cm，膜间2宽行行距60～65cm，株距约30cm，每穴播3粒，播种深度5～8cm。播前结合春整地一次性施入适量农家肥，氮磷钾复合肥约600kg/hm^2。出苗后及时放苗、补苗、拔除病苗，封垄前中耕除草2～3次或喷施除草剂1次。播前晒种和种衣剂包衣，防治根部病害和地下害虫。花期前后施药防治普通细菌性疫病、晕疫病、双斑萤叶甲等病虫害。70%以上荚成熟变硬时及时收获，之后及时晾晒和脱粒。

【适宜地区】　适宜在山西省包括朔州市城区周边、周围县，忻州市以岢岚县为中心的周围县及吕梁市岚县与周边区域种植。

撰稿人：畅建武　王　燕　郝晓鹏　董　雪　赵建栋

10　品架1号

【品种来源】 山西省农业科学院农作物品种资源研究所于2005年由从内蒙古赤峰引进的泰国架豆王中选育出的变异株，经过多年观察选育而成，原品系代号：2005-36-1。2013年通过山西省农作物品种审定委员会认定，认定编号：晋审菜（认）2013016。全国统一编号：F08045。

【特征特性】 晚熟品种，生育期140d。无限结荚习性，蔓生生长。幼茎绿色，株高305.0cm，主茎节数28.0节，主茎分枝数4.5个，复叶卵圆形、深绿，花白色。单株荚数80.0个，软荚，荚长30.0cm，荚宽0.8cm，长圆棍形，鲜荚绿色，成熟荚黄白色，单荚粒数6.2粒。籽粒椭圆形，种皮深褐色，百粒重35.5g。干籽粒蛋白质含量26.14%，淀粉含量54.02%，脂肪含量2.06%，粗纤维含量2.81%。

【产量表现】 2010~2011年山西省菜豆新品种区域试验，两年鲜荚平均产量33 192.0kg/hm²，比对照（泰国架豆王）增产13.6%。2011年在山西省盂县、忻州、榆次、平遥、运城进行试验示范，平均产量21 235.5kg/hm²，比当地种植的菜豆品种神牛1号和白不老增产14.0%。

【利用价值】 粮菜兼用。

【栽培要点】 选择土层深厚、排水良好、富含有机质的土壤种植，忌连作。适宜播种期为4月下旬至5月中旬，地温稳定在10℃以上时进行播种。采用地膜覆盖、宽窄行穴播，播种量60~75kg/hm²，种植密度9万~12万株/hm²，大行距70cm，小行距50cm，穴距25~30cm，每穴播2粒，播种深度5cm。秋深耕，翌年春季浅耕细耙，结合整地施入适量农家肥、氮磷钾复合肥450kg/hm²。苗期抽蔓后及时搭架，架高2m以上；开花前适量浇水，开花结荚期根据土壤干湿情况少量多次浇水；中耕除草2~3次，后期重点防治枯萎病。及时分批采摘荚果，荚长约25cm时即可采收。

【适宜地区】 适宜在山西省菜豆产区及生态类型相似的区域种植。

撰稿人：畅建武　王　燕　郝晓鹏　董　雪　赵建栋

11　同芸豆1号

【品种来源】　山西省农业科学院高寒区作物研究所于2010年以英国红芸豆为亲本材料，经过 ^{60}Co-γ 射线辐射处理，创建选择群体，采用系谱法选择育成，原品系代号：15-46。2021年通过山西省农作物品种审定委员会认定，认定编号：晋认杂粮202108。全国统一编号：F08033。

【特征特性】　中早熟品种，生育期90d。有限结荚习性，直立生长，幼茎绿色，株高36.3cm，主茎分枝2～3个，主茎节数4～5节，复叶卵圆形，花白色。单株荚数14～16个，荚长12.0cm，成熟荚黄白色，弯扁条形，单荚粒数5～6粒。籽粒肾形，种皮红色，百粒重47.1g。干籽粒蛋白质含量24.30%，淀粉含量37.78%，脂肪含量1.60%。

【产量表现】　产量一般为2253.1kg/hm²。2018～2019年参加山西省芸豆新品系自主联合区域试验，2018年平均产量2312.6kg/hm²，比对照（英国红芸豆）增产11.9%；2019年平均产量2184.8kg/hm²，比对照（英国红芸豆）增产11.8%；两年平均产量2248.7kg/hm²，比对照（英国红芸豆）增产11.9%。

【利用价值】　籽粒大，粒色鲜艳，品质优良，商品性好，可用于干籽粒食用或食品加工。

【栽培要点】　选用中等肥力以上地块的禾本科作物为前茬，实行3年以上的轮作。5月下旬到6月初播种，可以采用穴播，株距35cm左右，行距40～50cm，每穴留苗2～3株，种植密度15万～18万株/hm²，播种量40～45kg/hm²。播种时施氮磷钾复合肥225～300kg/hm²，全生育期中耕除草2～3次，在分枝期追施尿素75kg/hm²。如花期遇旱，应适当灌水。生长期间及时防治病虫害。

【适宜地区】　适宜在山西、内蒙古及东北三省种植。

撰稿人：邢宝龙　王桂梅

12 同芸豆2号

【品种来源】 山西省农业科学院高寒区作物研究所于2008年以龙芸豆3号为母本、小白芸豆为父本杂交选育而成，原品系代号：TY23-336149。2021年通过山西省农作物品种审定委员会认定，认定编号：晋认杂粮202109。全国统一编号：F08034。

【特征特性】 中早熟品种，生育期95d。有限结荚习性，直立生长，幼茎紫色，株高45.3cm，主茎分枝2~3个，主茎节数6~7节，复叶卵圆形，花淡紫色。单株荚数18~20个，荚长11.0cm，成熟荚黄白色，弯扁条形，单荚粒数5~6粒。籽粒肾形，种皮黄色，百粒重43.6g。干籽粒蛋白质含量24.10%，淀粉含量35.83%，脂肪含量0.90%。

【产量表现】 产量一般为2317.6kg/hm^2。2018~2019年参加山西省芸豆新品系自主联合区域试验，2018年平均产量2363.9kg/hm^2，比对照（英国红芸豆）增产14.4%；2019年平均产量2190.8kg/hm^2，比对照（英国红芸豆）增产11.89%；两年平均产量2214.2kg/hm^2，比对照（英国红芸豆）增产13.3%。

【利用价值】 籽粒大，产量较高，品质优良，可用于干籽粒食用或食品加工。

【栽培要点】 选用中等肥力以上地块的禾本科作物为前茬，实行3年以上的轮作。5月下旬到6月初播种，可以采用穴播，株距35cm左右，行距40~50cm，每穴留苗2~3株，种植密度15万~18万株/hm^2，播种量40~45kg/hm^2。播种时施氮磷钾复合肥225~300kg/hm^2，全生育期中耕除草2~3次，在分枝期追施尿素75kg/hm^2。如花期遇旱，应适当灌水。生长期间及时防治病虫害。

【适宜地区】 适宜在山西、内蒙古及东北地区种植。

撰稿人：邢宝龙　王桂梅

13 天镇黄芸豆

【品种来源】 山西省天镇县传统优良的地方品种，2012年由山西省农业科学院高寒区作物研究所引进，原品系代号：TZ-08-03。参加了2016~2017年国家食用豆产业技术体系芸豆新品种联合鉴定试验。全国统一编号：F08043。

【特征特性】 早熟品种，生育期96d。有限结荚习性，直立生长，幼茎绿色，株高31.6cm，主茎分枝3~4个，主茎节数11.0节，复叶卵圆形，花白色。单株荚数15.0个，荚长8.0cm，成熟荚黄白色，扁镰刀形，单荚粒数4~5粒。籽粒卵圆形，种皮深黄色，百粒重35.3g。干籽粒蛋白质含量23.39%，淀粉含量42.35%。

【产量表现】 产量一般为2211.1kg/hm^2。2016~2017年参加国家食用豆产业技术体系芸豆新品种联合鉴定试验，平均产量2236.7kg/hm^2。

【利用价值】 籽粒中等，粒色鲜艳，品质优良，商品性好，可用于丁籽粒食用或食品加工。

【栽培要点】 选用中等肥力以上地块的禾本科作物为前茬，实行3年以上的轮作。5月下旬到6月初播种，可以采用穴播，株距35cm左右，行距40~50cm，每穴留苗2~3株，种植密度15万~18万株/hm^2，播种量40~45kg/hm^2。播种时施氮磷钾复合肥225~300kg/hm^2，全生育期中耕除草2~3次，在分枝期追施尿素75kg/hm^2。如花期遇旱，应适当灌水，生长期间及时防治病虫害。

【适宜地区】 适宜在山西、内蒙古及东北三省种植。

撰稿人：邢宝龙　王桂梅

14　科芸1号

【品种来源】　内蒙古自治区农牧业科学院植物保护研究所于2011年从凉城县收集的地方品种资源中鉴定筛选而成，原品系代号：ly11-001。2016～2017年参加国家食用豆产业技术体系芸豆新品种联合鉴定试验。全国统一编号：F08035。

【特征特性】　直立型早熟品种。生育期85d。株高35.0cm，主茎分枝4～6个，主茎节数9.0节，花白色，单株荚数12～14个，荚长10.0cm，单荚粒数4～6粒，百粒重50.0g。籽粒肾形，种皮奶花色，外观品质好。

【产量表现】　2016～2017年国家食用豆产业技术体系联合鉴定试验平均产量2648.0kg/hm^2，较对照（英国红芸豆）增产20.4%。

【利用价值】　早熟性好，可用来补荒救灾，适宜原粮出口、豆沙加工和粮用。

【栽培要点】　适宜5月10日至6月10日播种。1～2片复叶时定苗。垄作垄上穴播或条播，穴播：穴距20cm，每穴留苗2～3株；条播：垄上单行或双行，垄距60～65cm。种植密度23万～25万株/hm^2，播种量100～150kg/hm^2。结合秋整地或春整地，一次性施入适量农家肥和化肥，一般化肥使用量为纯氮20～30kg/hm^2、五氧化二磷40～50kg/hm^2、氧化钾20～30kg/hm^2。中耕除草2～3次，生育后期拔除大草。成熟后选择晴天及时收获，以防影响商品质量，种子含水量在14%以下即可入库。

【适宜地区】　主要适宜在内蒙古自治区呼和浩特市、乌兰察布市、呼伦贝尔市等芸豆产区春播。

撰稿人：孔庆全　赵存虎　贺小勇　陈文晋　范雅芳

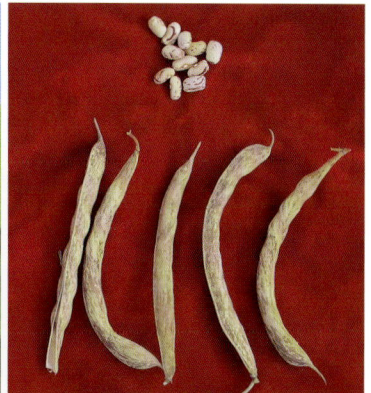

15　吉芸1号

【品种来源】 吉林省农业科学院作物育种研究所于1998年从农家品种中系统选育而成，原品系代号：TY26。2010年由吉林省农作物品种审定委员会登记，登记编号：吉登芸豆2010001。全国统一编号：F06645。

【特征特性】 早熟品种，春播出苗至成熟86d。有限结荚习性，直立生长。幼茎紫色，株高44.4cm，主茎分枝3～4个。花紫色。单株荚数17.8个，硬荚，荚长8.6cm，短圆棍形，成熟荚黄白色，单荚粒数5.6粒。籽粒肾形，种皮黑色，百粒重18.2g。干籽粒蛋白质含量20.86%，淀粉含量49.94%。

【产量表现】 2007～2009年吉林省区域试验平均产量1919.8kg/hm²，比对照增产35.8%。2009年吉林省生产试验平均产量1800.5kg/hm²，比对照增产16.7%。

【利用价值】 可用于原粮出口、淀粉提取及加工等。

【栽培要点】 5月中旬播种，种植密度14万～18万株/hm²。根据土壤肥力状况，施氮磷钾复合肥150～250kg/hm²作种肥。苗期以保墒为主，开花结荚盛期适当浇水，连雨天注意排水防涝。苗期一般中耕3次，中耕时结合培土。在整个生育期间，要注意防治蚜虫、红蜘蛛等。收获后及时熏蒸或冷藏处理以防止豆象为害。

【适宜地区】 适宜在吉林省及内蒙古自治区、黑龙江省等邻近产区种植。

撰稿人：郭中校　徐　宁

16 白芸1号

【品种来源】 吉林省白城市农业科学院于2006年从当地农家品种中选择优良变异单株，经过系统选育，于2009年选出稳定的品系，原品系代号：BY0708。2009~2010年参加吉林省食用豆品种联合区域试验和生产试验。2011年1月由吉林省农作物品种审定委员会登记，登记编号：吉登芸豆2011001。全国统一编号：F08036。

【特征特性】 从播种至成熟全生育日期81d，需有效积温2000℃。植株属直立型，有限结荚习性，幼茎绿色，花蕾色为绿带紫色。株高44.3cm，主茎分枝4.6个，单株荚数20.6个，复叶卵圆形，花紫色。成熟荚黄白色，荚圆筒形，荚长7.4cm，单荚粒数4~5粒。粒形长方柱形，种皮黑色，种脐白色，百粒重18.8g。干籽粒蛋白质含量23.20%。抗病毒病、叶斑病和霜霉病。

【产量表现】 2009~2010年吉林省芸豆联合区域试验平均产量1961.9kg/hm²，比对照（英国红芸豆）增产28.7%。2010年生产试验平均产量1829.2kg/hm²，比对照（英国红芸豆）增产11.6%。高产地块产量可达2300.0kg/hm²以上。

【利用价值】 籽粒饱满，整齐一致，品质优良，商品价值高。

【栽培要点】 适宜播种期为5月上旬至下旬，播种量50kg/hm²左右。可采用垄上开沟条播或点播的方式播种，覆土深度一般为3~5cm，稍晾后镇压保墒。行距60~70cm，株距10~15cm，种植密度16万~25万株/hm²。结合整地施适量农家肥，播种时施种肥磷酸二铵100~150kg/hm²、尿素30kg/hm²、硫酸钾50kg/hm²。生育期间，一般在开花结荚前中耕除草3次。开花期追施硝酸铵或尿素等氮肥45~65kg/hm²、硫酸钾50kg/hm²。在生育中后期，若遇到干旱要及时灌水，以防落花、落荚。在整个生育期间，尤其是前期要注意防治蚜虫、红蜘蛛等，可喷施高效低毒农药防治。

【适宜地区】 适宜在吉林省西部，内蒙古、黑龙江等邻近省份种植。

撰稿人：尹凤祥　梁　杰　尹智超　郭文云

17 白芸2号

【品种来源】 吉林省白城市农业科学院于2000年从当地农家品种小白芸豆中系统选育而成，原品系代号：BYB03769。全国统一编号：F08037。

【特征特性】 从播种至成熟全生育日期85d，需有效积温2050℃。植株属直立型，有限结荚习性，幼茎绿色，花蕾绿色。株高45.0cm，主茎分枝3～5个，单株荚数21.5个，复叶卵圆形，花白色。成熟荚黄白色，荚圆筒形，荚长8.0cm，单荚粒数6.0粒。籽粒卵圆形，种皮白色，种脐白色，百粒重16.6g。干籽粒蛋白质含量22.50%。抗病毒病、叶斑病。

【产量表现】 产量一般为1800.0kg/hm²，高产地块可达2700.0kg/hm²以上。

【利用价值】 适于原粮出口和食品加工。

【栽培要点】 适宜播种期为5月上旬至下旬，播种量40kg/hm²。可采用垄上开沟条播或点播的方式播种，覆土深度一般为3～5cm，稍晾后镇压保墒。行距60～70cm，株距10～15cm，种植密度18万～25万株/hm²。结合整地施适量农家肥，播种时施种肥磷酸二铵100～150kg/hm²、尿素30kg/hm²、硫酸钾50kg/hm²。生育期间，一般在开花结荚前中耕除草3次。开花期追施硝酸铵或尿素等氮肥45～65kg/hm²、硫酸钾50kg/hm²。在生育中后期，若遇到干旱要及时灌水，以防落花、落荚。在整个生育期间，尤其是前期要注意防治蚜虫、红蜘蛛等，可喷施高效低毒农药防治。

【适宜地区】 适宜在吉林省西部、内蒙古、黑龙江等邻近省份种植。

撰稿人：尹凤祥　梁　杰　尹智超　郭文云

18 白芸3号

【品种来源】 吉林省白城市农业科学院于2012年从美国引进的花芸豆中系统选育而成,原品系代号：BY2012157。全国统一编号：F08038。

【特征特性】 从播种至成熟全生育日期90d,需有效积温2200℃。植株属直立型,有限结荚习性。幼茎绿色,花蕾绿色。株高60.0cm,分枝3~4个,单株荚数23.0个,复叶卵圆形,花白色。成熟荚黄白色,荚扁圆形,荚长6.8cm,单荚粒数5~6粒。籽粒扁圆形,种皮白底棕斑纹,种脐白色,百粒重29.6g。干籽粒蛋白质含量22.90%。抗病毒病、细菌性叶斑病。

【产量表现】 产量一般为1900.0kg/hm²,高产地块可达2800.0kg/hm²以上。

【利用价值】 适于原粮出口和食品加工。

【栽培要点】 适宜播种期为5月上旬至下旬,播种量60kg/hm²左右。可采用垄上开沟条播或点播方式播种,覆土深度一般为3~5cm,稍晾后镇压保墒。行距60~70cm,株距10~15cm,种植密度18万~22万株/hm²。结合整地施适量农家肥,播种时施种肥磷酸二铵100~150kg/hm²、尿素30kg/hm²、硫酸钾60kg/hm²。生育期间,一般在开花结荚前中耕除草3次。在开花期追施硝酸铵或尿素等氮肥45~55kg/hm²、硫酸钾50kg/hm²。在生育中后期,若遇到干旱要及时灌水,以防落花、落荚。在整个生育期间,尤其是前期要注意防治蚜虫、红蜘蛛等,可喷施高效低毒农药防治。

【适宜地区】 适宜在吉林省西部,内蒙古、黑龙江等邻近省份种植。

撰稿人：尹凤祥 梁 杰 尹智超 郭文云

19　品芸2号

【品种来源】　黑龙江省农业科学院作物育种研究所于1981年从原中国农业科学院作物品种资源研究所引进,原品系代号:G0470,引进品种代号:龙81-2637。1987年通过黑龙江省农作物品种审定委员会审定,定名:品芸2号。1998年通过宁夏回族自治区农作物品种审定委员会审定,审定编号:宁审种9820。2010年通过国家小宗粮豆品种鉴定委员会鉴定,鉴定编号:国品鉴杂2010007。全国统一编号:F05033。

【特征特性】　早熟品种,生育期85d,需活动积温2000~2100℃。无限结荚习性,株高60.0cm。复叶心脏形、绿色。幼茎绿色,主茎分枝4.0个,主茎节数10.0节,半蔓生长。花白色。荚圆棍形,成熟荚黄白色,荚长8.0~10.0cm,单株荚数18~20个,单荚粒数5.0粒,百粒重20.0g。籽粒卵圆形,种皮白色。干籽粒蛋白质含量25.58%,淀粉含量46.60%,脂肪含量1.63%。

【产量表现】　2006~2008年参加国家小宗粮豆品种区域试验,平均产量2161.5kg/hm^2。2008年参加国家小宗粮豆品种生产试验,平均产量2512.5kg/hm^2。

【利用价值】　适宜淀粉提取、干籽粒食用或食品加工。

【栽培要点】　选用中等肥力以上地块的禾本科作物为前茬,实行3年以上的轮作。播种量40~45kg/hm^2,种植密度20万株/hm^2。第一对真叶展开时间苗,第一片复叶时定苗。中耕除草2~3次,生育后期拔除大草,成熟后选择晴天及时收获。氮、磷、钾和微量元素合理搭配,一般化肥使用量为纯氮20~30kg/hm^2、五氧化二磷50~75kg/hm^2、氧化钾20~30kg/hm^2。

【适宜地区】　适宜在黑龙江、吉林、河北、山西、内蒙古、宁夏、甘肃、新疆、四川、云南、贵州等省份种植。

撰稿人:魏淑红　王　强　孟宪欣　郭怡璠　尹振功

20 龙芸豆6号

【品种来源】 黑龙江省农业科学院作物育种研究所于2003年以澳大利亚品种004（白芸豆）为母本、美国红芸豆为父本杂交，经系统选育而成，原品系代号：龙23-338。2011年通过黑龙江省农作物品种审定委员会登记，登记编号：黑登记2011009。全国统一编号：F05860。

【特征特性】 早熟品种，生育期77d，需≥10℃活动积温1600℃。有限结荚习性，株型紧凑，植株直立、抗倒伏。幼茎绿色，株高35.0cm，主茎分枝3～4个。复叶心形，花浅紫色。单株荚数10～15个，荚长10.0cm，荚圆棍形，成熟荚黄白色，单荚粒数5～6粒。籽粒肾形，种皮白底红斑纹，百粒重50.0g。干籽粒蛋白质含量18.96%，淀粉含量44.70%，脂肪含量1.86%。

【产量表现】 2008～2009年参加黑龙江省区域试验，平均产量2447.8kg/hm^2，较对照（龙芸豆3号）增产11.2%。2010年参加黑龙江省生产试验，平均产量2602.7kg/hm^2，较对照（龙芸豆3号）增产12.2%。

【利用价值】 适宜原粮出口、豆沙加工和粮用。

【栽培要点】 适宜播种期5月15～25日。播种量45～50kg/hm^2。垄上穴播或条播，穴播：穴距20～30cm，每穴保留3～4株；条播：垄上单行或双行。种植密度15万～18万株/hm^2。结合秋整地或春整地，一般化肥使用量为纯氮20～30kg/hm^2、五氧化二磷40～50kg/hm^2、氧化钾20～30kg/hm^2。及时间苗、定苗，第一对真叶展开时间苗，第一片复叶时定苗。中耕除草2～3次，生育后期拔除大草。成熟后选择晴天及时收获，以防影响产品质量。

【适宜地区】 主要适宜在黑龙江省第三、四、五积温带等地春播。

撰稿人：魏淑红　王　强　孟宪欣　郭怡璠　尹振功

21　龙芸豆7号

【品种来源】　黑龙江省农业科学院作物育种研究所于2003年以法国品种F2179为母本、贵州品种F1870为父本杂交，经系统选育而成，原品系代号：龙23-0671。2012年通过黑龙江省农作物品种审定委员会登记，登记编号：黑登记2012011。全国统一编号：F05861。

【特征特性】　中早熟品种，生育期93d，需≥10℃活动积温1950℃。有限结荚习性，株型紧凑，植株直立、抗倒伏。幼茎绿色，株高60.0cm，主茎分枝4~5个。复叶心形，花紫色，单株荚数22~25个，荚长12.0~15.0cm，荚长圆棍形，成熟荚黄白色。籽粒椭圆形，种皮黑色，百粒重20.0g。干籽粒蛋白质含量24.21%，淀粉含量37.81%，脂肪含量2.49%。

【产量表现】　2009~2010年参加黑龙江省区域试验，平均产量2687.2kg/hm^2，较对照（龙芸豆3号）增产26.1%。2011年参加黑龙江省生产试验，平均产量2591.2kg/hm^2，较对照（龙芸豆3号）增产19.4%。

【利用价值】　适宜原粮出口、豆沙加工和粮用。

【栽培要点】　适宜播种期5月15~25日。垄上穴播或条播，穴播：穴距20~30cm，每穴保留3~4株；条播：垄上单行或双行。种植密度18万~22万株/hm^2。播种量35~45kg/hm^2。结合秋整地或春整地，测土施肥，一般化肥使用量为纯氮20~30kg/hm^2、五氧化二磷40~50kg/hm^2、氧化钾20~30kg/hm^2。及时间苗、定苗，第一对真叶展开时间苗，第一片复叶时定苗。中耕除草2~3次，生育后期拔除大草。成熟后选择晴天及时收获，以防影响产品质量。

【适宜地区】　主要适宜在黑龙江省第二、三、四积温带等地春播。

撰稿人：魏淑红　王　强　孟宪欣　郭怡璠　尹振功

22 龙芸豆8号

【品种来源】 黑龙江省农业科学院作物育种研究所于2003年以云南品种F0609为母本、澳大利亚品种F2153为父本杂交，经系统选育而成，原品系代号：龙23-0439。2012年通过黑龙江省农作物品种审定委员会登记，登记编号：黑登记2012012。全国统一编号：F05862。

【特征特性】 中熟品种，生育期96d，需≥10℃活动积温2000℃。有限结荚习性，植株直立。幼茎绿色，株高55.0cm，主茎分枝3～4个。复叶卵圆形，花白色。单株荚数13～15个，荚长15.0cm，荚长圆棍形，成熟荚黄白色。籽粒肾形，种皮白色，百粒重40.0g。干籽粒蛋白质含量21.13%，淀粉含量40.37%，脂肪含量2.44%。

【产量表现】 2009～2010年参加黑龙江省区域试验，平均产量2443.6kg/hm²，较对照（龙芸豆3号）增产15.0%。2011年参加黑龙江省生产试验，平均产量2477.0kg/hm²，较对照（龙芸豆3号）增产14.8%。

【利用价值】 适宜原粮出口、豆沙加工和粮用。

【栽培要点】 适宜播种期5月15～25日。垄上穴播或条播，穴播：穴距20～30cm，每穴留苗3～4株；条播：垄上单行或双行。种植密度18万～20万株/hm²，播种量45～50kg/hm²。结合秋整地或春整地，测土施肥，一般化肥使用量为纯氮20～30kg/hm²、五氧化二磷40～50kg/hm²、氧化钾20～30kg/hm²。及时间苗、定苗，第一对真叶展开时间苗，第一片复叶时定苗。中耕除草2～3次，生育后期拔除大草。成熟后选择晴天及时收获，以防影响产品质量。

【适宜地区】 主要适宜在黑龙江省第二、三、四积温带等地春播。

撰稿人：魏淑红　王　强　孟宪欣　郭怡璠　尹振功

23 龙芸豆9号

【品种来源】 黑龙江省农业科学院作物育种研究所于2003年以黑龙江品种龙芸豆6号为母本、云南品种F0637为父本杂交，经系统选育而成，原品系代号：龙26-003。2014年通过黑龙江省农作物品种审定委员会登记，登记编号：黑登记2014018。全国统一编号：F06533。

【特征特性】 早熟品种，生育期89d，需≥10℃活动积温1920℃。有限结荚习性，株型紧凑，植株直立、抗倒伏。幼茎绿色，株高40.0cm，主茎分枝3～4个。复叶心形，花紫色，单株荚数11～15个，荚长13.0～15.0cm，荚长圆棍形，成熟荚黄白色。籽粒椭圆形，种皮白底红斑纹，百粒重50.0g。干籽粒蛋白质含量22.50%～22.74%，淀粉含量39.84%～40.44%，脂肪含量1.41%～1.53%。

【产量表现】 2010～2011年参加黑龙江省区域试验，平均产量2585.7kg/hm^2，较对照（龙芸豆3号）增产13.1%。2012年参加黑龙江省生产试验，平均产量2527.5kg/hm^2，较对照（龙芸豆3号）增产13.5%。

【利用价值】 适宜原粮出口、豆沙加工和粮用。

【栽培要点】 适宜播种期5月15～25日。垄上穴播或条播，穴播：穴距15～20cm，每穴留苗2～3株；条播：垄上单行或双行。种植密度16万～20万株/hm^2，播种量45～55kg/hm^2。结合秋整地或春整地，测土施肥，一般化肥使用量为纯氮20～30kg/hm^2、五氧化二磷40～50kg/hm^2、氧化钾20～30kg/hm^2。及时间苗、定苗，第一对真叶展开时间苗，第一片复叶时定苗。中耕除草2～3次，生育后期拔除大草。成熟后选择晴天及时收获，以防影响产品质量。

【适宜地区】 主要适宜在黑龙江省第二、三、四积温带等地春播。

撰稿人：魏淑红　王　强　孟宪欣　郭怡璠　尹振功

24 龙芸豆10

【品种来源】 黑龙江省农业科学院作物育种研究所于2004年以澳大利亚品种F2153为母本、贵州品种F1870为父本杂交选育而成，原品系代号：龙24-0511。2014年通过黑龙江省农作物品种审定委员会登记，登记编号：黑登记2014017。全国统一编号：F06534。

【特征特性】 中熟品种，生育期92d，需≥10℃活动积温1945℃。有限结荚习性，株型紧凑，植株直立、抗倒伏。幼茎紫色，株高52.0cm，主茎分枝3~4个，主茎节数11.0节。复叶心形，花紫色。单株荚数25.0个，荚圆棍形，成熟荚黄白色，单荚粒数6.0粒。籽粒椭圆形，种皮黑色，百粒重21.0g。干籽粒蛋白质含量22.50%~24.38%，淀粉含量40.37%~40.60%，脂肪含量1.04%~1.86%。

【产量表现】 2011~2012年参加黑龙江省区域试验，平均产量2599.0kg/hm²，较对照（龙芸豆3号）增产20.1%。2013年参加黑龙江省生产试验，平均产量2555.6kg/hm²，较对照（龙芸豆3号）增产21.8%。

【利用价值】 适宜原粮出口、豆沙加工和粮用。

【栽培要点】 适宜播种期5月15~25日。垄上穴播或条播，穴播：穴距20~30cm，每穴留苗3~4株；条播：垄上单行或双行。种植密度20万~22万株/hm²，播种量40kg/hm²左右。结合秋整地或春整地，一次性施入底肥，一般化肥使用量为纯氮20~30kg/hm²、五氧化二磷40~50kg/hm²、氧化钾20~30kg/hm²。子叶展开时间苗，第一片复叶时定苗，中耕除草2~3次，生育后期拔除大草。成熟后选择晴天及时收获，以防影响商品质量，种子含水量在14%以下即可入库。

【适宜地区】 主要适宜在黑龙江省第二、三、四积温带等地春播。

撰稿人：魏淑红　王　强　孟宪欣　郭怡璠　尹振功

25 龙芸豆11

【品种来源】 黑龙江省农业科学院作物育种研究所于2005年以云南品种F0609为母本、澳大利亚品种F2153为父本杂交选育而成,原品系代号：龙25-1535。2015年通过黑龙江省农作物品种审定委员会登记,登记编号：黑登记2015019。全国统一编号：F06535。

【特征特性】 中熟品种。在适应区出苗至成熟生育日数99d,需≥10℃活动积温2050℃。有限结荚习性,株型紧凑,直立型品种。幼茎绿色,株高55.0cm,主茎分枝4.0个,主茎节数9.0节。复叶心形,花白色。单株荚数15～20个,荚圆棍形,成熟荚黄白色,单荚粒数4～5粒。籽粒肾形,种皮白色,百粒重44.0g。干籽粒蛋白质含量21.19%～22.40%,淀粉含量39.93%～43.21%,脂肪含量0.58%～1.39%。

【产量表现】 2011～2012年参加黑龙江省区域试验,平均产量2461.8kg/hm²,较对照（龙芸豆3号）增产14.4%。2013年参加黑龙江省生产试验,平均产量2326.9kg/hm²,较对照（龙芸豆3号）增产10.6%。

【利用价值】 适宜原粮出口、豆沙加工和粮用。

【栽培要点】 适宜播种期5月15～25日。垄上穴播或条播,穴播：穴距20～30cm,每穴留苗3～4株；条播：垄上单行或双行。种植密度18万～20万株/hm²,播种量55kg/hm²左右。结合秋整地或春整地,一次性施入底肥,一般化肥使用量为纯氮20～30kg/hm²、五氧化二磷40～50kg/hm²、氧化钾20～30kg/hm²。子叶展开时间苗,第一片复叶时定苗,中耕除草2～3次,生育后期拔除大草。成熟后选择晴天及时收获,以防影响商品质量,种子含水量在14%以下即可入库。

【适宜地区】 主要适宜在黑龙江省第二、三、四积温带等地春播。

撰稿人：魏淑红　王　强　孟宪欣　郭怡璠　尹振功

26 龙芸豆12

【品种来源】 黑龙江省农业科学院作物育种研究所于2008年以黑龙江品种龙270704为母本、黑龙江品种龙22-0579为父本杂交选育而成，原品系代号：龙28-0650。2015年通过黑龙江省农作物品种审定委员会登记，登记编号：黑登记2015018。全国统一编号：F06536。

【特征特性】 早熟品种，生育期83d，需≥10℃活动积温1780℃。半蔓生，株型紧凑。幼茎绿色，株高46.0cm，主茎分枝6.0个。复叶心形，花白色。单株荚数20.0个，荚圆棍形，成熟荚黄白色，单荚粒数7.0粒。籽粒卵圆形，种皮白色，百粒重20.0g。干籽粒蛋白质含量24.95%～25.75%，淀粉含量40.05%～40.24%，脂肪含量1.11%～1.24%。

【产量表现】 2012～2013年参加黑龙江省区域试验，平均产量2393.6kg/hm^2，较对照（龙芸豆3号）增产17.8%。2014年参加黑龙江省生产试验，平均产量2254.7kg/hm^2，较对照（龙芸豆3号）增产18.3%。

【利用价值】 适宜原粮出口、豆沙加工和粮用。

【栽培要点】 适宜播种期5月15～25日。于第一对真叶展开时间苗，1～2片复叶时定苗。垄上穴播或条播，穴播：穴距20cm，每穴留苗2～3株；条播：垄上单行或双行。种植密度20万～22万株/hm^2，播种量40kg/hm^{2}左右。结合秋整地或春整地，一次性施入底肥，一般化肥使用量为纯氮20～30kg/hm^2、五氧化二磷40～50kg/hm^2、氧化钾20～30kg/hm^2。中耕除草2～3次，生育后期拔除大草。成熟后选择晴天及时收获，以防影响商品质量，种子含水量在14%以下即可入库。

【适宜地区】 主要适宜在黑龙江省第二、三、四积温带等地春播。

撰稿人：魏淑红　王　强　孟宪欣　郭怡璠　尹振功

27 龙芸豆13

【品种来源】 黑龙江省农业科学院作物育种研究所于2008年以云南品种F0609为母本、英国红为父本杂交选育而成,原品系代号:龙28-0469。2015年通过黑龙江省农作物品种审定委员会登记,登记编号:黑登记2015017。全国统一编号:F06537。

【特征特性】 早熟品种,生育期81d,需≥10℃活动积温1775℃。直立生长,株型紧凑。幼茎绿色,株高44.0cm,主茎分枝3~4个。复叶心形,花浅紫色。单株荚数12~15个,荚圆棍形,成熟荚黄白色,单荚粒数5~6粒。籽粒肾形,种皮红色,百粒重42.0g。干籽粒蛋白质含量24.12%~24.58%,淀粉含量38.38%~39.51%,脂肪含量1.05%~1.67%。

【产量表现】 2012~2013年参加黑龙江省区域试验,平均产量2307.1kg/hm^2,较对照(龙芸豆3号)增产12.9%。2014年参加黑龙江省生产试验,平均产量2176.0kg/hm^2,较对照(龙芸豆3号)增产10.3%。

【利用价值】 适宜原粮出口、豆沙加工和粮用。

【栽培要点】 适宜播种期5月15~25日。于第一对真叶展开时间苗,1~2片复叶时定苗。条播:垄上单行或双行。种植密度18万株/hm^{2}左右,播种量75kg/hm^{2}左右。结合秋整地或春整地,一次性施入底肥,一般化肥使用量为纯氮20~30kg/hm^2、五氧化二磷40~50kg/hm^2、氧化钾20~30kg/hm^2。中耕除草2~3次,生育后期拔除大草。成熟后选择晴天及时收获,以防影响商品质量,种子含水量在14%以下即可入库。

【适宜地区】 主要适宜在黑龙江省第二、三、四积温带等地春播。

撰稿人: 魏淑红　王　强　孟宪欣　郭怡璠　尹振功

28 龙芸豆14

【品种来源】 黑龙江省农业科学院作物育种研究所于2011年以黑龙江品种龙芸豆4号为母本、黑龙江品种龙22-0579为父本杂交选育而成，原品系代号：龙11-2235。2016年通过黑龙江省农作物品种审定委员会登记，登记编号：黑登记2016015。全国统一编号：F06538。

【特征特性】 早熟品种，生育期85d，需≥10℃活动积温1850℃。有限结荚习性，直立生长。幼茎绿色，株高54.0cm，主茎分枝5.0个，主茎节数12.0节。复叶心形，花紫色。单株荚数20.0个，荚圆棍形，成熟荚黄色，单荚粒数6~8粒。籽粒柱形，种皮黑色，百粒重20.0g。干籽粒蛋白质含量21.66%~23.85%，淀粉含量40.57%~40.79%，脂肪含量1.37%~1.45%。

【产量表现】 2013~2014年参加黑龙江省区域试验，平均产量2241.9kg/hm^2，较对照（龙芸豆3号）增产9.6%。2015年参加黑龙江省生产试验，平均产量2088.8kg/hm^2，较对照（龙芸豆3号）增产9.3%。

【利用价值】 适宜原粮出口、豆沙加工和粮用。

【栽培要点】 适宜播种期5月15~25日。于第一对真叶展开时间苗，1~2片复叶时定苗。垄上穴播或条播，穴播：穴距20cm，每穴保苗2~3株；条播：垄上单行或双行。种植密度20万~22万株/hm^2，播种量40~45kg/hm^2。结合秋整地或春整地，一次性施入底肥，一般化肥使用量为纯氮20~30kg/hm^2、五氧化二磷40~50kg/hm^2、氧化钾20~30kg/hm^2。中耕除草2~3次，生育后期拔除大草。成熟后选择晴天及时收获，以防影响商品质量，种子含水量在14%以下即可入库。

【适宜地区】 主要适宜在黑龙江省第二、三、四积温带等地春播。

撰稿人： 魏淑红　王　强　孟宪欣　郭怡璠　尹振功

29 龙芸豆15

【品种来源】 黑龙江省农业科学院作物育种研究所于2003年以云南品种F0637为母本、贵州品种F1870为父本进行杂交,经系统选育而成,原品系代号:龙23-0846。2015年通过国家小宗粮豆品种鉴定委员会鉴定,鉴定编号:国品鉴杂2015022。全国统一编号:F06539。

【特征特性】 中熟品种,生育期89~92d。株高43.0~47.0cm,主茎分枝3~4个,主茎节数6~8节,单株荚数14~18个,荚长10.0cm,单荚粒数4~5粒,百粒重40.4~44.3g。直立生长,幼茎绿色。复叶心脏形,绿色,花白色。荚圆棍形,成熟荚黄白色,籽粒肾形,种皮白色。干籽粒蛋白质含量22.05%,淀粉含量59.61%,脂肪含量1.57%,水分含量9.72%。

【产量表现】 2012~2014年参加国家小宗粮豆品种区域试验,平均产量2102.6kg/hm²。

【利用价值】 适宜原粮出口、豆沙加工和粮用。

【栽培要点】 适宜播种期5月中下旬,垄距65cm,垄上双行,株距10~12cm,单粒种植,播种量65~75kg/hm²,种植密度18万~22万株/hm²。一般化肥使用量为纯氮20~30kg/hm²、五氧化二磷50~75kg/hm²、氧化钾20~30kg/hm²,结合秋整地或春整地,在播种前一次施入。第一对真叶展开时间苗,第一片复叶时定苗。中耕除草2~3次,生育后期拔除大草。田间植株80%以上荚变成黄白色,即可选择晴天及时收获,要避开雨水天,以免籽粒出现水浸粒或变黑,影响种子质量。种子含水量降至14%以下即可入库。

【适宜地区】 适宜在内蒙古赤峰、黑龙江哈尔滨和引龙河、河北张家口、陕西榆林、云南富源、新疆阿勒泰、贵州威宁、山西忻州、山西大同等地种植。

撰稿人: 魏淑红 王 强 孟宪欣 郭怡璠 尹振功

30 龙芸豆16

【品种来源】 黑龙江省农业科学院作物育种研究所于2011年以黑龙江品种龙芸豆5号为母本、黑龙江品种龙22-0579为父本杂交选育而成，原品系代号：龙11-2650。2016年通过黑龙江省农作物品种审定委员会登记，登记编号：黑登记2016016。全国统一编号：F07817。

【特征特性】 中熟品种，生育期92d，需≥10℃活动积温1944℃。无限结荚习性，半蔓生。幼茎绿色，株高61.0cm，主茎分枝4.0个，主茎节数13.0节。复叶心形，花白色。单株荚数20～25个，荚圆棍形，成熟荚黄白色，单荚粒数6～8粒。籽粒椭圆形，种皮白色，百粒重19.0g。干籽粒蛋白质含量26.19%～28.54%，淀粉含量36.97%～37.24%，脂肪含量1.13%～1.53%。

【产量表现】 2013～2014年参加黑龙江省区域试验，平均产量2215.0kg/hm²，较对照（龙芸豆3号）增产12.9%。2015年参加黑龙江省生产试验，平均产量2158.3kg/hm²，较对照（龙芸豆3号）增产11.7%。

【利用价值】 适宜原粮出口、豆沙加工和粮用。

【栽培要点】 适宜播种期5月15～25日。于第一对真叶展开时间苗，1～2片复叶时定苗。垄上穴播或条播，穴播：穴距20cm，每穴留苗2～3株；条播：垄上单行或双行。种植密度20万～22万株/hm²，播种量40～45kg/hm²。结合秋整地或春整地，一次性施入底肥，一般化肥使用量为纯氮20～30kg/hm²、五氧化二磷40～50kg/hm²、氧化钾20～30kg/hm²。中耕除草2～3次，生育后期拔除大草。成熟后选择晴天及时收获，以防影响商品质量，种子含水量在14%以下即可入库。

【适宜地区】 主要适宜在黑龙江省第二、三、四积温带等地春播。

撰稿人：魏淑红　王　强　孟宪欣　郭怡璠　尹振功

31 Nary ROG

【品种来源】 黑龙江省农业科学院作物育种研究所于2003年从美国引进,原品种名Nary ROG。2008年通过黑龙江省农作物品种审定委员会登记,登记编号:黑登记2008010。全国统一编号:F05028。

【特征特性】 中早熟品种,生育期80～85d,需活动积温1744～1781℃。无限结荚习性,半蔓生。幼茎绿色,株高70.0～80.0cm。主茎分枝3～5个,复叶心脏形,花白色。单株荚数25～35个,荚长9.0～10.0cm,荚长圆棍形,成熟荚黄白色,单荚粒数5～7粒。籽粒卵圆形,种皮白色,百粒重18.0g。干籽粒蛋白质含量24.14%,淀粉含量40.98%,脂肪含量1.62%。

【产量表现】 2004年在黑龙江省农业科学院试验地进行产量鉴定试验,平均产量2973.0kg/hm²,比对照(龙芸豆3号)增产24.0%。2005～2006年参加黑龙江省区域试验,平均产量2107.0kg/hm²,比对照(龙芸豆3号)增产20.7%。2006年参加黑龙江省生产试验,平均产量2131.9kg/hm²,比对照(龙芸豆3号)增产17.0%。

【利用价值】 适宜淀粉提取、干籽粒食用或食品加工。

【栽培要点】 适宜播种期5月中下旬。选用中等肥力以上地块的禾本科作物为前茬,实行3年以上的轮作。垄距65cm,垄上双行,株距8～10cm,单粒种植,播种量40～45kg/hm²,种植密度20万株/hm²。第一对真叶展开时间苗,第一片复叶时定苗。中耕除草2～3次,生育后期拔除大草,成熟后选择晴天及时收获。要测土平衡施肥,氮、磷、钾和微量元素合理搭配。化肥使用量为纯氮20～30kg/hm²、五氧化二磷50～75kg/hm²、氧化钾20～30kg/hm²,作种肥。

【适宜地区】 适宜在黑龙江省第二、三、四积温带等地春播。

撰稿人: 魏淑红　王　强　孟宪欣　郭怡璠　尹振功

32 恩威

【品种来源】 黑龙江省农业科学院作物育种研究所于2003年从美国引进，原品种名Nary Vayager。2009年通过黑龙江省农作物品种审定委员会登记，登记编号：黑登记2009011。全国统一编号：F05242。

【特征特性】 早熟品种，生育期80d，需活动积温1650~1750℃。无限结荚习性，半蔓生。幼茎绿色，株高75.0cm。主茎分枝3~4个，复叶心脏形，花白色。单株荚数20~30个，荚长9.0~10.0cm，荚长圆棍形，成熟荚黄白色，单荚粒数4~6粒。籽粒椭圆形，种皮白色，百粒重18.0~20.0g。干籽粒蛋白质含量26.14%，淀粉含量37.78%，脂肪含量1.53%。

【产量表现】 2005~2006年参加黑龙江省区域试验，平均产量2502.2kg/hm^2，比对照（龙芸豆3号）增产19.3%。2007年参加黑龙江省生产试验，平均产量2582.3kg/hm^2，比对照（龙芸豆3号）增产20.8%。

【利用价值】 适宜淀粉提取、干籽粒食用或食品加工。

【栽培要点】 适宜播种期5月中下旬。选用中等肥力以上地块的禾本科作物为前茬，实行3年以上的轮作。垄距65cm，垄上双行，株距8~10cm，单粒种植，播种量37.5~45.0kg/hm^2，种植密度15万~20万株/hm^2。第一对真叶展开时间苗，第一片复叶时定苗。中耕除草2~3次，生育后期拔除大草，成熟后选择晴天及时收获。结合秋整地或春整地，在播种前一次施入适量农家肥。要测土平衡施肥，氮、磷、钾和微量元素合理搭配。化肥使用量为纯氮20~30kg/hm^2、五氧化二磷50~75kg/hm^2、氧化钾20~30kg/hm^2，作种肥。

【适宜地区】 适宜在黑龙江省第三、四、五积温带等地春播。

撰稿人： 魏淑红　王　强　孟宪欣　郭怡璠　尹振功

33 海鹰豆

【品种来源】 黑龙江省农业科学院作物育种研究所于2005年从美国引进，原品种名Seahawk。原品系代号：龙引25-001。2013年通过黑龙江省农作物品种审定委员会登记，登记编号：黑登记2013011。全国统一编号：F05863。

【特征特性】 中熟品种，生育期99d，需≥10℃活动积温2090℃。幼茎绿色，株高65.0cm，主茎分枝3~4个。复叶心形，花白色，单株荚数20~30个，荚长12.0~14.0cm，荚圆棍形，成熟荚黄白色。籽粒椭圆形，种皮白色，百粒重20.0g。干籽粒蛋白质含量24.50%~25.71%，淀粉含量39.10%~39.36%，脂肪含量1.37%~1.50%。

【产量表现】 2010~2011年参加黑龙江省区域试验，平均产量2778.9kg/hm^2，较对照（龙芸豆3号）增产21.2%。2012年参加黑龙江省生产试验，平均产量2688.3kg/hm^2，较对照（龙芸豆3号）增产20.9%。

【利用价值】 适宜原粮出口、豆沙加工和粮用。

【栽培要点】 适宜播种期5月15~25日。垄上穴播或条播，穴播：穴距15~20cm，每穴留苗2~3株；条播：垄上单行或双行。种植密度18万~22万株/hm^2，播种量40~45kg/hm^2。要测土平衡施肥，结合秋整地或春整地，一般化肥使用量为纯氮20~30kg/hm^2、五氧化二磷40~50kg/hm^2、氧化钾20~30kg/hm^2。及时间苗、定苗，第一对真叶展开时间苗，第一片复叶时定苗。中耕除草2~3次，生育后期拔除大草。成熟后选择晴天及时收获，以防影响产品质量。

【适宜地区】 主要适宜在黑龙江省第二、三、四积温带等地春播。

撰稿人：魏淑红　王　强　孟宪欣　郭怡璠　尹振功

34 龙芸豆17

【品种来源】 黑龙江省农业科学院作物资源研究所于2012年以龙芸豆4号为母本、龙芸豆5号为父本杂交选育而成,原品系代号:龙12-2614。2020年通过中国作物学会食用豆专业委员会品种鉴定,鉴定编号:国品鉴普通菜豆2020003。全国统一编号:F07818。

【特征特性】 直立型中熟品种。在适应区出苗至成熟生育日数94d,需≥10℃活动积温1896℃。幼茎绿色,株高46.0cm,主茎分枝3.0个,主茎节数14.0节。复叶心形,花白色。单株荚数18~20个,荚圆棍形,成熟荚褐色,单荚粒数5~6粒。籽粒椭圆形,种皮白色,百粒重18.0g。干籽粒蛋白质含量23.89%,淀粉含量38.18%,脂肪含量1.24%。

【产量表现】 2015~2016年参加黑龙江省区域试验,平均产量2156.0kg/hm^2,较对照(品芸2号)增产18.8%。2017年参加黑龙江省生产试验,平均产量2323.4kg/hm^2,较对照(品芸2号)增9.1%。

【利用价值】 适宜原粮出口、豆沙加工和粮用。

【栽培要点】 适宜播种期5月15~25日。于第一对真叶展开时间苗,1~2片复叶时定苗。垄上穴播或条播,穴播:穴距20cm,每穴留苗2~3株;条播:垄上单行或双行。种植密度20万~22万株/hm^2,播种量40~45kg/hm^2。结合秋整地或春整地,一次性施入底肥,一般化肥使用量为纯氮20~30kg/hm^2、五氧化二磷40~50kg/hm^2、氧化钾20~30kg/hm^2。中耕除草2~3次,生育后期拔除大草。成熟后选择晴天及时收获,以防影响商品质量,种子含水量在14%以下即可入库。

【适宜地区】 主要适宜在黑龙江省第二、三、四积温带等地春播。

撰稿人: 魏淑红 王 强 孟宪欣 郭怡璠 尹振功

35 龙芸豆18

【品种来源】 黑龙江省农业科学院作物资源研究所于2012年以黑龙江地方品种175为母本、龙芸豆4号为父本杂交选育而成，原品系代号：龙12-2578。2020年通过中国作物学会食用豆专业委员会品种鉴定，鉴定编号：国品鉴普通菜豆2020004。全国统一编号：F07819。

【特征特性】 直立型中熟品种。在适应区出苗至成熟生育日数93d，需≥10℃活动积温1875℃。株高48.0cm，主茎分枝3.0个，主茎节数11.0节。复叶心形，花紫色。单株荚数15~20个，荚圆棍形，成熟荚黄白色，单荚粒数5~6粒。籽粒柱形，种皮黑色，百粒重16.3g。干籽粒蛋白质含量24.91%，淀粉含量37.77%，脂肪含量1.28%。

【产量表现】 2015~2016年参加黑龙江省区域试验，平均产量2065.1kg/hm^2，较对照（龙芸豆4号）增产16.3%。2017年参加黑龙江省生产试验，平均产量2458.2kg/hm^2，较对照（龙芸豆4号）增产12.1%。

【利用价值】 适宜原粮出口、豆沙加工和粮用。

【栽培要点】 适宜播种期5月15~25日。于第一对真叶展开时间苗，1~2片复叶时定苗。垄上穴播或条播，穴播：穴距20cm，每穴留苗2~3株；条播：垄上单行或双行。种植密度20万~22万株/hm^2，播种量40kg/hm^2。结合秋整地或春整地，一次性施入底肥，一般化肥使用量为纯氮20~30kg/hm^2、五氧化二磷40~50kg/hm^2、氧化钾20~30kg/hm^2。中耕除草2~3次，生育后期拔除大草。成熟后选择晴天及时收获，以防影响商品质量，种子含水量在14%以下即可入库。

【适宜地区】 主要适宜在黑龙江省第二、三、四积温带等地春播。

撰稿人：魏淑红　王　强　孟宪欣　郭怡璠　尹振功

36　龙15-1554

【品种来源】　黑龙江省农业科学院作物资源研究所于2015年以黑龙江品种龙芸豆7号为母本、黑龙江品种龙22-0579为父本杂交选育而成，原品系代号：龙15-1554。2019～2021年参加国家食用豆产业技术体系新品种联合鉴定试验。全国统一编号：F07820。

【特征特性】　直立型中熟品种。在适应区出苗至成熟生育日数92d，需≥10℃活动积温1890℃。株高50.0cm，主茎分枝4.0个，主茎节数10～12节。复叶心形，花紫色。单株荚数20～25个，成熟荚黄白色，单荚粒数5～6粒。籽粒柱形，种皮黑色，百粒重20.0g。干籽粒蛋白质含量25.06%，淀粉含量40.01%，脂肪含量1.20%。

【产量表现】　2019～2020年参加国家食用豆产业技术体系新品种联合鉴定区域试验，平均产量2494.0kg/hm²，较对照（龙芸豆3号）增产22.0%。2021年参加国家食用豆产业技术体系新品种联合鉴定生产试验，平均产量2233.5kg/hm²，较对照（龙芸豆3号）增产13.0%。

【利用价值】　适宜原粮出口、豆沙加工和粮用。

【栽培要点】　适宜播种期5月15～25日。于第一对真叶展开时间苗，1～2片复叶时定苗。垄上穴播或条播，穴播：穴距20cm，每穴留苗2～3株；条播：垄上单行或双行。种植密度20万～22万株/hm²，播种量40～45kg/hm²。结合秋整地或春整地，一次性施入底肥，一般化肥使用量为纯氮20～30kg/hm²、五氧化二磷40～50kg/hm²、氧化钾20～30kg/hm²。中耕除草2～3次，生育后期拔除大草。成熟后选择晴天及时收获，以防影响商品质量，种子含水量在14%以下即可入库。

【适宜地区】　主要适宜在黑龙江省第二、三、四积温带等地春播。

撰稿人：魏淑红　王　强　孟宪欣　郭怡璠　尹振功

37 龙15-1694

【品种来源】 黑龙江省农业科学院作物资源研究所于2015年以黑龙江品种品芸2号为母本、黑龙江品种龙芸豆8号为父本杂交选育而成，原品系代号：龙15-1694。2019～2021年参加国家食用豆产业技术体系新品种联合鉴定试验。全国统一编号：F07821。

【特征特性】 直立型中熟品种。在适应区出苗至成熟生育日数96d，需≥10℃活动积温1930℃。株高55.0cm，主茎分枝4.0个，主茎节数12.0节。复叶心形，花白色。单株荚数20～25个，成熟荚黄白色，单荚粒数5～6粒。籽粒椭圆形，种皮白色，百粒重20.0g。干籽粒蛋白质含量25.09%，淀粉含量40.03%，脂肪含量1.30%。

【产量表现】 2019～2020年参加国家食用豆产业技术体系新品种联合鉴定区域试验，平均产量2165.9kg/hm^2，较对照（龙芸豆3号）增产6.0%。2021年参加国家食用豆产业技术体系新品种联合鉴定生产试验，平均产量2187.0kg/hm^2，较对照（龙芸豆3号）增产23.8%。

【利用价值】 适宜原粮出口、豆沙加工和粮用。

【栽培要点】 适宜播种期5月15～25日。于第一对真叶展开时间苗，1～2片复叶时定苗。垄上穴播或条播，穴播：穴距20cm，每穴留苗2～3株；条播：垄上单行或双行。种植密度20万～22万株/hm^2，播种量40kg/hm^{2}左右。结合秋整地或春整地，一次性施入底肥，一般化肥使用量为纯氮20～30kg/hm^2、五氧化二磷40～50kg/hm^2、氧化钾20～30kg/hm^2。中耕除草2～3次，生育后期拔除大草。成熟后选择晴天及时收获，以防影响商品质量，种子含水量在14%以下即可入库。

【适宜地区】 主要适宜在黑龙江省第二、三、四积温带等地春播。

撰稿人：魏淑红　王　强　孟宪欣　郭怡璠　尹振功

38　龙15-1858

【品种来源】 黑龙江省农业科学院作物资源研究所于2015年以黑龙江品种龙070633为母本、黑龙江地方品种奶花芸豆为父本杂交选育而成，原品系代号：龙15-1858。2019～2021年参加国家食用豆产业技术体系新品种联合鉴定试验。全国统一编号：F07822。

【特征特性】 直立型中熟品种。在适应区出苗至成熟生育日数95d，需≥10℃活动积温1910℃。幼茎绿色，株高48.0cm，主茎分枝3～4个，主茎节数10.0节。复叶心形，花浅紫色。单株荚数15.0个，成熟荚黄白色，单荚粒数5～6粒。籽粒肾形，种皮白底红斑纹，百粒重42.0g。干籽粒蛋白质含量23.06%，淀粉含量42.02%，脂肪含量1.23%。

【产量表现】 2019～2020年参加国家食用豆产业技术体系新品种联合鉴定区域试验，平均产量2062.6kg/hm^2，较对照（龙芸豆3号）增产0.9%。2021年参加国家食用豆产业技术体系新品种联合鉴定生产试验，平均产量2311.5kg/hm^2，较对照（龙芸豆3号）增产29.6%。

【利用价值】 适宜原粮出口、豆沙加工和粮用。

【栽培要点】 适宜播种期5月15～25日。于第一对真叶展开时间苗，1～2片复叶时定苗。垄上穴播或条播，穴播：穴距20cm，每穴留苗2～3株；条播：垄上单行或双行。种植密度18万～20万株/hm^2，播种量50～60kg/hm^2。结合秋整地或春整地，一次性施入底肥，一般化肥使用量为纯氮20～30kg/hm^2、五氧化二磷40～50kg/hm^2、氧化钾20～30kg/hm^2。中耕除草2～3次，生育后期拔除大草。成熟后选择晴天及时收获，以防影响商品质量，种子含水量在14%以下即可入库。

【适宜地区】 主要适宜在黑龙江省第二、三、四积温带等地春播。

撰稿人： 魏淑红　王　强　孟宪欣　郭怡璠　尹振功

39 龙29-1260

【品种来源】 黑龙江省农业科学院作物育种研究所于2009年以龙芸豆4号为母本、龙22-0579为父本杂交选育而成，原品系代号：龙29-1260。2013～2014年参加国家食用豆产业技术体系新品种联合鉴定试验。全国统一编号：F06135。

【特征特性】 直立型中熟品种。在适应区出苗至成熟生育日数94d，需≥10℃活动积温1900℃。幼茎绿色，株高45.0cm，主茎分枝3～4个，主茎节数10.0节。复叶心形，花紫色。单株荚数25～30个，成熟荚黄褐色，单荚粒数5～6粒。籽粒椭圆形，种皮黑色，有光泽，百粒重18.0g。干籽粒蛋白质含量24.56%，淀粉含量39.02%，脂肪含量1.21%。

【产量表现】 2013～2014年参加国家食用豆产业技术体系新品种联合鉴定试验，平均产量2283.9kg/hm²，较对照（龙芸豆3号）增产9.2%。

【利用价值】 适宜原粮出口、豆沙加工和粮用。

【栽培要点】 适宜播种期5月15～25日。于第一对真叶展开时间苗，1～2片复叶时定苗。垄上穴播或条播，穴播：穴距20cm，每穴留苗2～3株；条播：垄上单行或双行。种植密度20万～22万株/hm²，播种量40～45kg/hm²。结合秋整地或春整地，一次性施入底肥，一般化肥使用量为纯氮20～30kg/hm²、五氧化二磷40～50kg/hm²、氧化钾20～30kg/hm²。中耕除草2～3次，生育后期拔除大草。成熟后选择晴天及时收获，以防影响商品质量，种子含水量在14%以下即可入库。

【适宜地区】 主要适宜在黑龙江省第二、三、四积温带等地春播。

撰稿人： 魏淑红　王　强　孟宪欣　郭怡璠　尹振功

40 克芸1号

【品种来源】 黑龙江省农业科学院克山分院于2003年利用嫩江县农家品种经提纯复壮、系统选择而成，原品系代号：克52。2020年通过中国作物学会食用豆专业委员会品种鉴定，鉴定编号：国品鉴普通菜豆2020005。全国统一编号：F08039。

【特征特性】 直立型中熟品种。在适应区出苗至成熟生育日数95d，需≥10℃活动积温1900℃。株高65.0cm，主茎分枝3～4个，主茎节数12～14节。复叶心形，花白色。单株荚数25～30个，荚圆棍形，成熟荚黄白色，单荚粒数5～6粒。籽粒椭圆形，种皮白色，百粒重19.0～20.0g。干籽粒蛋白质含量24.05%，淀粉含量41.08%，脂肪含量1.56%。

【产量表现】 2016～2017年参加国家食用豆产业技术体系新品种联合鉴定区域试验，平均产量2355.9kg/hm²，较对照（英国红芸豆）增产31.5%。2018年参加国家食用豆产业技术体系新品种联合鉴定生产试验，平均产量2076.5kg/hm²，较对照（英国红芸豆）增产53.6%。

【利用价值】 适宜原粮出口、豆沙加工和粮用。

【栽培要点】 适宜播种期5月15～25日。于第一对真叶展开时间苗，1～2片复叶时定苗。垄上穴播或条播，穴播：穴距20cm，每穴留苗2～3株；条播：垄上单行或双行。种植密度20万～22万株/hm²，播种量40～45kg/hm²。结合秋整地或春整地，一次性施入底肥，一般化肥使用量为纯氮20～30kg/hm²、五氧化二磷40～50kg/hm²、氧化钾20～30kg/hm²。中耕除草2～3次，生育后期拔除大草。成熟后选择晴天及时收获，以防影响商品质量，种子含水量在14%以下即可入库。

【适宜地区】 主要适宜在黑龙江省第二、三、四积温带等地春播。

撰稿人：魏淑红　杨广东　王　强　孟宪欣　郭怡璠

41 苏菜豆1号

【品种来源】 江苏省农业科学院于2001年以浙芸3号为母本、红花青荚为父本杂交选育而成，原品系代号：苏菜豆06-10。2009年通过江苏省农作物品种审定委员会鉴定，鉴定编号：苏鉴菜豆200901。全国统一编号：F08046。

【特征特性】 播种至采收嫩荚55d，采收期25～30d，生育期86d。株高3.5m，荚长20.0～22.0cm、宽1.3cm、厚1.1cm，结荚节位5～7节，结荚率高，单株荚数23.4个，单荚鲜重7.3g，干籽粒百粒重26.7g。复叶浅绿色，花紫红色，荚扁圆形，籽粒褐色。品质优良，耐热性强。

【产量表现】 2007～2008年区域试验两年鲜荚平均产量41 580.0kg/hm^2，比对照（78-209）增产24.6%，呈极显著水平。2009年生产试验鲜荚平均产量45 360.0kg/hm^2，比对照（78-209）增产30.6%。

【利用价值】 粮菜兼用。

【栽培要点】 大棚栽培可在3月中下旬播种，秋播在7月中旬左右，播种量60～75kg/hm^2。栽培密度11.4万～13.5万株/hm^2。要求施足基肥，用适量腐熟农家肥和过磷酸钙375kg/hm^2。结荚后2周，追施纯氮105～135kg/hm^{2}及硫酸钾225～300kg/hm^2，追肥时视墒情浇水。病虫害防治要遵循"预防为主、农业防治与药剂防治相结合"的原则。选准对口农药，并注意交替使用农药。选择在晴天下午太阳下山后或阴天打药。严禁使用剧（高）毒农药，并注意农药使用间隔期。

【适宜地区】 适合在江苏省在内的长江中下游地区春季和秋季露地、大棚栽培。

撰稿人： 陈　新　刘晓庆

42 苏菜豆2号

【品种来源】 江苏省农业科学院于2005年以法国四季豆为母本、红花青荚为父本杂交选育而成，原品系代号：苏菜豆10-08。2012年通过江苏省农作物品种审定委员会鉴定，鉴定编号：苏鉴菜豆201201。全国统一编号：F08047。

【特征特性】 播种至采收嫩荚约60d，采收期25～30d，生育期90d。幼苗绿色，苗期长势强，植株蔓生。复叶卵圆形、绿色，花紫红色，荚绿白色，籽粒白色。株高3.5m，荚长18.0～20.0cm、宽1.3cm、厚1.1cm，结荚节位5～7节，结荚率高，单株结荚44.6个，单荚鲜重12.0g，干籽粒百粒重25.4g。耐热性强，抗叶霉病和锈病。

【产量表现】 2010～2011年区域试验两年鲜荚平均产量30 450.0kg/hm^2，比对照（78-209）增产10.1%，呈极显著水平。2011年生产试验鲜荚平均产量43 260.0kg/hm^2，比对照（78-209）增产29.9%，达极显著水平。

【利用价值】 粮菜兼用。

【栽培要点】 大棚栽培可在3月中下旬播种，秋播在7月中旬，播种量60～75kg/hm^2。种植密度11.4万～13.5万株/hm^2。要求施足基肥，用适量腐熟农家肥和过磷酸钙375kg/hm^2。结荚后2周，追施纯氮105～135kg/hm^2、硫酸钾225～300kg/hm^2，追肥时视墒情浇水。病虫害防治要遵循"预防为主、农业防治与药剂防治相结合"的原则。选准对口农药，并注意交替使用农药。选择在晴天下午太阳下山后或阴天打药。严禁使用剧（高）毒农药，并注意农药使用间隔期。

【适宜地区】 适宜在江苏省在内的长江中下游地区春季和秋季露地、大棚栽培。

撰稿人：陈 新 刘晓庆

43 苏菜豆3号

【品种来源】 江苏省农业科学院于2005年以81-6为母本、苏地豆1号为父本杂交选育而成，原品系代号：苏菜豆11-23。2015年通过江苏省农作物品种审定委员会鉴定，鉴定编号：苏鉴菜豆201501。全国统一编号：F08048。

【特征特性】 播种至采收嫩荚60d，采收期20~25d，生育期80d。幼苗绿色、苗期长势强，植株蔓生。复叶卵圆形、绿色，花白色，荚绿白色，籽粒黄白色。株高3.5m，荚长22.0~30.0cm、宽1.0cm、厚1.0cm，结荚节位5~7节，结荚率高，单株结荚38.5个，单荚鲜重12.5g，干籽粒百粒重24.8g。耐采性好，品质优良。耐热性强，抗叶霉病和锈病。

【产量表现】 2010~2011年区域试验两年鲜荚平均产量30 320.0kg/hm^2，比对照（78-209）增产14.1%，呈极显著水平。2011年生产试验鲜荚平均产量29 580.0kg/hm^2，比对照（78-209）增产10.9%，达极显著水平。

【利用价值】 粮菜兼用。

【栽培要点】 大棚栽培可在3月中下旬播种，秋播在7月中旬，播种量60~75kg/hm^2。种植密度11.4万~13.5万株/hm^2。要求施足基肥，用适量腐熟农家肥和过磷酸钙375kg/hm^2。结荚后2周，追施纯氮105~135kg/hm^2、硫酸钾225~300kg/hm^2，追肥时视墒情浇水。病虫害防治要遵循"预防为主、农业防治与药剂防治相结合"的原则。选准对口农药，并注意交替使用农药。选择在晴天下午太阳下山后或阴天打药。严禁使用剧（高）毒农药，并注意农药使用间隔期。

【适宜地区】 适宜在江苏省在内的长江中下游地区春季和秋季露地、大棚栽培。

撰稿人：陈　新　刘晓庆

44 苏菜豆4号

【品种来源】 江苏省农业科学院于2001年以苏菜豆1号为母本、78-209为父本杂交选育而成，原品系代号：苏菜豆12-9。2015年通过江苏省农作物品种审定委员会鉴定，鉴定编号：苏鉴菜豆201504。全国统一编号：F08049。

【特征特性】 播种至采收嫩荚56d，采收期24d，生育期80d，属早熟菜豆品种。出苗势强，生长稳健，植株直立，有限结荚习性。复叶绿色，花紫色，荚绿白色，籽粒深黄色。主蔓始花节位为4.0节，单株荚数24.5个，单荚粒数6.0个，荚长13.4cm，干籽粒百粒重33.3g。耐旱性好，抗病性强，耐热性较强，耐低温、弱光，对叶霉病、病毒病抗性强。耐瘠性、耐盐碱性较强。

【产量表现】 2014～2015年区域试验两年鲜荚平均产量14 391.0kg/hm²，比对照（81-6）增产13.0%，达极显著水平。

【利用价值】 粮菜兼用。

【栽培要点】 大棚栽培可在3月中下旬播种，秋播在7月中旬，播种量60～75kg/hm²。种植密度11.4万～13.5万株/hm²。要求施足基肥，用适量腐熟农家肥和过磷酸钙375kg/hm²。结荚后2周，追施纯氮105～135kg/hm²、硫酸钾225～300kg/hm²，追肥时视墒情浇水。病虫害防治要遵循"预防为主、农业防治与药剂防治相结合"的原则。选准对口农药，并注意交替使用农药。选择在晴天下午太阳下山后或阴天打药。严禁使用剧（高）毒农药，并注意农药使用间隔期。

【适宜地区】 适宜在江苏省在内的长江中下游地区春季和秋季露地、大棚栽培。

撰稿人：陈　新　刘晓庆

45 渝城芸豆1号

【品种来源】 重庆市农业科学院于2015年从重庆市城口县收集的优异地方品种中系统选育而成，原品系代号：2016-11。2018年通过重庆市农作物品种审定委员会鉴定，鉴定编号：渝品审鉴2018033。全国统一编号：H08192。

【特征特性】 生育期93d。株高46.9cm，主茎分枝4.4个，单株荚数9.6个，单荚粒数3.9粒，百粒重42.8g。干籽粒蛋白质含量20.80%，淀粉含量45.10%，脂肪含量3.80%，膳食纤维含量17.00%，种皮黄底红斑纹。该品种株型直立、抗倒伏、色泽优、抗性好，成熟期集中，适于一次性收获。

【产量表现】 2017~2018年重庆市芸豆区域试验平均产量2161.5kg/hm^2，居第二位，较对照（渝城芸豆6号，平均产量1443.0kg/hm^2）增产49.8%，4个参试点全部增产，试点增产率100.0%。

【利用价值】 干籽粒食用。

【栽培要点】 忌重茬连作，以小麦、玉米、马铃薯等茬口为宜；选择通透性好、肥力中上等的壤土。当5~10cm地温稳定在12℃以上时即可播种，种植密度16万株/hm^2；机械条播行距50~60cm，株距10cm；人工穴播穴距25~30cm，每穴4~5粒种子。及早间苗、定苗，每穴留苗2~3株；及时防治病虫害。选择晴天早晚进行收获，防止炸荚；收获后晾晒7~10d，再进行脱粒。

【适宜地区】 重庆海拔800m以上的地区。

撰稿人：张继君　杜成章　龙珏臣

46　渝城芸豆5号

【品种来源】　重庆市农业科学院于2015年从重庆市城口县收集的优异地方品种中系统选育而成，原品系代号：2016-15。2018年通过重庆市农作物品种审定委员会鉴定，鉴定编号：渝品审鉴2018032。全国统一编号：H08193。

【特征特性】　生育期90d。株高46.4cm，主茎分枝4.3个，单株荚数10.5个，单荚粒数3.9粒，百粒重33.6g。干籽粒蛋白质含量20.60%，淀粉含量42.80%，脂肪含量2.50%，膳食纤维含量18.30%。种皮黄色。该品种株型直立、抗倒伏、色泽优、抗性好，成熟期集中，适于一次性收获。

【产量表现】　2017～2018年重庆市芸豆区域试验平均产量2236.5kg/hm²，居第一位，较对照（渝城芸豆6号，平均产量1443.0kg/hm²）增产55.0%，达极显著水平，4个参试点全部增产，试点增产率100.0%。

【利用价值】　干籽粒食用。

【栽培要点】　忌重茬连作，以小麦、玉米、马铃薯等茬口为宜；选择通透性好、肥力中上等的壤土。当5～10cm地温稳定在12℃以上时即可播种，种植密度16万株/hm²；机械条播行距50～60cm，株距10cm；人工穴播穴距25～30cm，每穴4～5粒种子。及早间苗、定苗，每穴留苗2～3株；及时防治病虫害。选择晴天早晚进行收获，防止炸荚；收获后晾晒7～10d，再进行脱粒。

【适宜地区】　重庆海拔800m以上的地区。

撰稿人：龙珏臣　杜成章　张继君

47　毕芸3号

【品种来源】 贵州省毕节市农业科学研究所从毕节地方芸豆品种硬壳鸡腰豆（国家作物种质库保存号F0003082）的变异株中系统选育而成，原品系代号：BY1203。2016年通过贵州省农作物品种审定委员会审定，审定编号：黔审芸2016001号。全国统一编号：F08040。

【特征特性】 生育期104d。株高85.3cm。半蔓生，有限结荚习性，根系发达，幼茎绿色，花白色，叶脉、小叶基部、幼荚均为绿色，成熟荚具条状纹紫红色，荚平直稍圆，荚质硬。主茎节数13.4节，单株荚数28.1个，荚长8.5cm，单荚粒数4.8粒，百粒重26.0g。干籽粒蛋白质含量26.90%，淀粉含量60.70%，脂肪含量0.90%。籽粒短柱形，种皮黑色。抗病性强，抗倒伏，耐旱，综合性状好。

【产量表现】 2014年贵州省区域试验平均产量2584.5kg/hm^2，比对照（英国红芸豆）增产24.2%；2015年贵州省区域试验平均产量2857.5kg/hm^2，比对照（英国红芸豆）增产43.5%；两年平均产量2721kg/hm^2，比对照（英国红芸豆）增产33.6%，试点增产率100%。2015年贵州省生产试验平均产量2716.5kg/hm^2，比对照（英国红芸豆）增产21.6%，试点增产率100.0%。

【利用价值】 适宜原粮出口、加工和粮用。

【栽培要点】 选择籽粒饱满、颜色一致、大小均匀、发芽力强、无机械损伤和无病虫蛀食的种子。选择排水良好、肥力中等以上的地块。合理轮作，选择玉米、高粱等禾谷类作物及马铃薯为前茬。切忌选择豆科作物作前茬导致重茬、迎茬。一般播种期在4月中下旬。以"肥地宜稀、薄地宜密"为原则确定适宜密度，一般行距50cm，穴距30～35cm，每穴留苗2株，种植密度12万株/hm^{2}左右。在土壤肥力中等的条件下，播种的同时，施磷酸二铵75kg/hm^{2}作底肥即可。在开花初期，追施氮磷钾复合肥150～225kg/hm^2；在缺锌或缺钼的土壤中，花期叶面喷施1.5%～2.0%硫酸锌或钼酸铵溶液，增产效果将很明显。

【适宜地区】 贵州省毕节市、安顺市、遵义市、六盘水市等芸豆种植区。

撰稿人：王昭礼　张时龙　赵　龙

48 毕芸4号

【品种来源】 贵州省毕节市农业科学研究所从南美洲危地马拉芸豆品种YJ009958的变异株中系统选育而成,原品系代号:BY1401。2016年通过贵州省农作物品种审定委员会审定,审定编号:黔审芸2016002号。全国统一编号:F05950。

【特征特性】 生育期101d。株高82.7cm。植株直立,有限结荚习性,幼茎绿色,花紫红色,叶脉、小叶基部、幼荚均为绿色,成熟荚黑褐色,荚短扁条形,荚质硬。主茎节数14.1节,单株荚数29.3个,荚长10.1cm,单荚粒数5.3粒,百粒重23.2g。干籽粒蛋白质含量25.80%,淀粉含量64.00%,脂肪含量0.90%。籽粒肾形,种皮黑色。抗倒伏,耐旱。

【产量表现】 2014年贵州省区域试验平均产量2623.5kg/hm², 比对照(英国红芸豆)增产26.1%;2015年贵州省区域试验平均产量2863.5kg/hm², 比对照(英国红芸豆)增产43.8%;两年平均产量2743.5kg/hm², 比对照(英国红芸豆)增产34.8%,8个点次均增产,试点增产率100.0%。2015年贵州省生产试验平均产量2668.5kg/hm², 比对照(英国红芸豆)增产19.5%,试点增产率100.0%。

【利用价值】 适宜原粮出口、加工和粮用。

【栽培要点】 选择籽粒饱满、颜色一致、大小均匀、发芽力强、无机械损伤和无病虫蛀食的种子。选择排水良好、肥力中等以上的地块。合理轮作,避免重茬。播种期与密度:一般播种期在4月中下旬;以"肥地宜稀、薄地宜密"为原则确定适宜密度,种植密度12万株/hm²左右。合理施肥,在缺锌或缺钼的土壤中,花期叶面喷施1.5%~2.0%硫酸锌或钼酸铵溶液,增产效果将很明显。

【适宜地区】 贵州省毕节市、安顺市、遵义市、六盘水市等芸豆种植区。

撰稿人:张时龙 赵 龙 王昭礼

49 毕芸5号

【品种来源】 贵州省毕节市农业科学研究所从墨西哥的芸豆品种YJ009779的变异株中系统选育而成,原品系代号:BY1404。2016年通过贵州省农作物品种审定委员会审定,审定编号:黔审芸2016003号。全国统一编号:F05924。

【特征特性】 生育期103d。株高91.7cm。植株直立,有限结荚习性。根系发达,茎秆粗壮,幼茎绿色,花紫红色,叶脉、小叶基部、幼荚均为绿色,成熟荚黄色,荚短扁条形,荚质硬。主茎节数12.9节,单株荚数30.3个,荚长9.1cm,单荚粒数4.5粒,百粒重24.7g。干籽粒蛋白质含量26.30%,淀粉含量56.90%,脂肪含量0.90%。籽粒长方形,种皮黑色。抗病性强,抗倒伏,综合性状好。

【产量表现】 2014年贵州省区域试验平均产量3111.0kg/hm^2,比对照(英国红芸豆)增产49.6%;2015年贵州省区域试验平均产量2743.5kg/hm^2,比对照(英国红芸豆)增产37.8%;两年平均产量2927.7kg/hm^2,比对照增产43.8%,8个点次全部增产,试点增产率100.0%。2015年贵州省生产试验平均产量2991.0kg/hm^2,比对照(英国红芸豆)增产33.9%,试点增产率100.0%。

【利用价值】 适宜原粮出口、加工和粮用。

【栽培要点】 选择籽粒饱满、颜色一致、大小均匀、发芽力强、无机械损伤和无病虫蛀食的种子。选择排水良好、肥力中等以上的地块。合理轮作,避免重茬。播种期与密度:一般播种期在4月中下旬;以"肥地宜稀、薄地宜密"为原则确定适宜密度,一般行距50cm,穴距30~35cm,每穴留苗2株,种植密度12万株/hm^{2}左右。合理施肥,在缺锌或缺钼的土壤中,花期叶面喷施1.5%~2.0%硫酸锌或钼酸铵溶液,增产效果将很明显。注意防治病虫害。

【适宜地区】 贵州省毕节市、安顺市、遵义市、六盘水市等芸豆种植区。

撰稿人:余 莉 吴宪志 杨 珊

50 黔芸豆1号

【品种来源】 贵州省毕节市农业科学研究所以京小黑为母本、贵州省地方芸豆品种二红花芸豆为父本杂交选育而成，原品系代号：BY2015-1。2020年通过中国作物学会食用豆专业委员会品种鉴定，鉴定编号：国品鉴普通菜豆2020006。全国统一编号：F08041。

【特征特性】 生育期87d。株高95.0cm，植株直立，有限结荚习性。茎秆粗壮，幼茎绿色，花白色，叶脉、小叶基部、幼荚均为绿色，成熟荚黄色，荚短扁条形，荚质硬。主茎节数11.0节，单株荚数32.7个，荚长10.0cm，单荚粒数4.5粒，百粒重28.0g。干籽粒蛋白质含量25.40%，淀粉含量61.60%，脂肪含量1.30%。籽粒椭圆形，种皮深红色。抗病性强，抗倒伏，综合性状好。

【产量表现】 2016年国家食用豆产业技术体系芸豆新品系联合鉴定试验平均产量3100.6kg/hm^2，比对照（英国红芸豆）增产11.3%；2017年试验平均产量2704.4kg/hm^2，比对照增产25.7%。2018年国家食用豆产业技术体系芸豆生产试验平均产量2674.8kg/hm^2，比对照（英国红芸豆）增产21.2%。

【利用价值】 适宜原粮出口、加工和粮用。

【栽培要点】 精选种子，合理轮作，避免重茬。播种期与密度：4月中下旬播种；一般行距50cm，穴距30～35cm，每穴留苗2株，种植密度12万株/hm^{2}左右。合理施肥，注意防治病虫害。

【适宜地区】 贵州省毕节、安顺、遵义、六盘水、贵阳等芸豆种植区。

撰稿人：余 莉 王昭礼 何友勋

51 毕芸豆2号

【品种来源】 贵州省毕节市农业科学研究所从地方红芸豆品种中系统选育而成，原品系代号：BY12-02。全国统一编号：F05762。

【特征特性】 中熟品种，生育期95～102d。植株直立，有限结荚习性。根系发达，茎秆粗壮，幼茎紫色，花紫红色，叶脉、小叶基部、幼荚均为绿色，成熟荚白色，荚扁平稍圆，荚质硬。株高47.0～52.0cm，主茎分枝5.2个，主茎节数6.0节，单株荚数12.4个，单荚粒数4.0粒，单株粒数49.6粒，单株粒重29.5g，百粒重59.5g，属大粒型品种。荚长12.4cm、宽1.3cm，籽粒肾形，种皮紫红色。

【产量表现】 单作条件下产量一般为2900.0～3750.0kg/hm^2，间作套种条件下产量一般为2000.0～2500.0kg/hm^2。

【利用价值】 适宜加工、粮用和菜用。

【栽培要点】 精选种子，合理轮作，避免重茬。播种期与密度：4月中下旬播种；一般行距50cm，穴距30～35cm，每穴留苗2株，种植密度12万株/hm^{2}左右。合理施肥，注意防治病虫害。

【适宜地区】 适宜在贵州省海拔800～2200m地区种植。

撰稿人：王昭礼　余　莉　张时龙

52 雀蛋芸豆

【品种来源】 贵州省织金县地方品种。全国统一编号：F08042。

【特征特性】 中熟品种，生育期94～100d。植株直立，有限结荚习性。幼茎淡绿色，花白色，叶脉、小叶基部、幼荚均为绿色，成熟荚具条状纹红色，荚短扁平形，荚质硬。株高39.0～45.0cm，主茎分枝5.6个，主茎节数5.8节，单株荚数15.4个，单荚粒数5.2粒，单株粒数80.0粒，单株粒重36.2g，百粒重45.2g。荚长10.2cm，宽1.4cm，籽粒卵圆形，种皮红色带条纹。

【产量表现】 间作套种条件下产量一般为1350.0～2000.0kg/hm²。

【利用价值】 适宜加工、粮用和菜用。

【栽培要点】 精选种子，合理轮作，避免重茬。播种期与密度：4月中下旬播种；一般行距50cm，穴距30～35cm，每穴留苗2株，种植密度12万株/hm²左右。合理施肥，注意防治炭疽病、根腐病及豆荚螟等病虫害。

【适宜地区】 贵州省毕节、安顺、遵义、六盘水、贵阳及黔西南等芸豆种植区。

撰稿人：王昭礼 余莉 张时龙

53 新芸豆6号

【品种来源】 新疆农业科学院粮食作物研究所于1999年从阿勒泰市农家品种中系统选育而成，原品系代号：LS126-2。2009年通过新疆维吾尔自治区非主要农作物品种登记办公室登记，登记编号：新登芸豆2009年06号。全国统一编号：F06147。

【特征特性】 中早熟品种，生育期111d。无限结荚习性，植株半蔓生，顶部茎具缠绕特性。幼茎绿色，株高60.3cm，底荚高15.7cm，主茎分枝2.2个。复叶卵圆形、浅绿色，花紫色。单株荚数14.9个，荚长8.0cm，荚直而扁平或略弯曲，荚上有红斑，成熟荚黄白色，单荚粒数3.0粒。籽粒卵圆形，大而饱满，表皮光滑，乳白底红斑纹，脐白色，有褐色脐环，百粒重62.7g。干籽粒蛋白质含量24.00%，脂肪含量2.00%。结荚部位集中，非标准色粒在1.0%以下。

【产量表现】 产量一般为2700.0~2900.0kg/hm²。2005~2006年新疆芸豆区域试验平均产量2908.7kg/hm²，比对照（阿芸2号）增产52.9%。2008年新疆芸豆生产试验平均产量3365.0kg/hm²，比对照（阿芸2号）增产25.8%。

【利用价值】 粒用型，粒大、粒色鲜艳、皮薄，主要出口到欧洲制作食品和菜肴。

【栽培要点】 选择中等肥力地块，施足底肥。播种期在4月下旬至5月上中旬，播种量120~135kg/hm²，宜采用45cm等行距或40~50cm宽窄行起垄点播。底肥150kg/hm²过磷酸钙，叶面追肥75mL/hm²喷施宝和1500kg/hm²磷酸二氢钾。苗期中耕除草2~3次。生育期灌水4~5次，分别于开花期、结荚期和鼓粒期进行，并应采用起垄方式进行细流沟灌。生育期内于红蜘蛛点片发生时，采用高效低毒农药喷施叶背2~3次，对其进行有效防治。宜在植株和荚均表现出本品种的特征时及时进行收获，但不宜过早。

【适宜地区】 适宜在新疆北部冷凉地区种植，包括昌吉州东部、塔城盆地、伊犁河谷西部、阿勒泰地区等。

撰稿人：季　良　彭　琳

54 新芸豆7号

【品种来源】 新疆农业科学院粮食作物研究所于2000年从哈巴河县农家品种中选育的株系通过 ^{60}Co-γ 射线处理得到的变异单株，原品系代号：LS141-1。2010年从通过新疆维吾尔自治区非主要农作物品种登记办公室登记，登记编号：新登芸豆2010年28号。全国统一编号：F08044。

【特征特性】 中早熟品种，生育期109d。无限结荚习性，植株半蔓生，顶部茎具缠绕特性。幼茎绿色，株高73.4cm，主茎分枝3.3个。复叶卵圆形、浅绿色，花紫色。单株荚数19.0个，荚长7.6cm，荚直而扁平或略弯曲，绿色荚上有红斑，成熟荚黄白色，单荚粒数3.2粒。籽粒卵圆形，大而饱满，表皮光滑，乳白底红斑纹，种脐白色，有褐色脐环，百粒重61.5g。干籽粒蛋白质含量25.60%，脂肪含量1.30%。结荚部位集中，非标准色粒在1.0%以下。

【产量表现】 产量一般为2700.0~2900.0kg/hm²。2006~2008年国家芸豆区域试验新疆点平均产量3124.4kg/hm²，比对照（小黑芸豆）增产2.6%，比对照（英国红芸豆）增产26.2%。2009年新疆芸豆生产试验平均产量达到2912.0kg/hm²，比对照（阿芸2号）增产14.0%。

【利用价值】 粒用型，粒大、粒色鲜艳、皮薄，主要出口到欧洲制作食品和菜肴。

【栽培要点】 选择中等肥力地块，施足底肥。播种期在4月下旬至5月上中旬，播种量120~135kg/hm²，宜采用45cm等行距或40~50cm宽窄行起垄点播。种肥150kg/hm²过磷酸钙，叶面追肥75mL/hm²喷施宝和1500kg/hm²磷酸二氢钾。苗期中耕除草2~3次。生育期灌水4~5次，分别于开花期、结荚期和鼓粒期进行，并应采用起垄方式进行细流沟灌。生育期内于红蜘蛛点片发生时，采用高效低毒农药喷施叶背2~3次，对其进行有效防治。宜在植株和荚均表现出本品种的特征时及时进行收获，但不宜过早。

【适宜地区】 适宜在新疆北部冷凉地区种植，包括昌吉州东部、塔城盆地、伊犁河谷西部、阿勒泰地区等。

撰稿人：季 良 彭 琳

第七章 豇豆

　　豇豆是豆科（Leguminosae）蝶形花亚科（Papilionoideae）菜豆族（Phaseoleae）豇豆属（Vigna）中的一个栽培豆种，属一年生草本、自花授粉植物。豇豆学名 Vigna unguiculata，种下有3个亚种：①普通豇豆（V. unguiculata subsp. unguiculata），英文名cowpea或blackeyed pea，广泛分布于非洲、亚洲和南美洲，以食用干籽粒为主；②短荚豇豆（V. unguiculata subsp. cylindrica），英文名catjang bean，主要栽培于印度、斯里兰卡和东南亚各国，以收获干豆和饲草为主；③长豇豆（V. unguiculata subsp. sesquipedalis），英文名yard-long bean或asparagus bean，是一种重要的蔬菜，广泛种植于中国、印度及东南亚各国和澳大利亚。豇豆别名豆角、角豆、长豆、裙带豆、饭豆、蔓豆、泼豇豆、黑脐豆等。豇豆染色体数$2n=22$。豇豆出苗时子叶出土。

　　豇豆已有数千年的栽培历史，起源地至今说法不一。有人认为其起源于非洲，最早在西非和中非被驯化，因为非洲有大量的古老栽培种和野生豇豆。1939年，瓦维洛夫（Vavilov）认为印度是豇豆的主要起源中心，而非洲和中国是次级起源中心。在作物种质资源考察中发现，我国云南西北部与湖北神农架及三峡地区等广泛分布着野生豇豆。尤其长豇豆在我国种植面积较大，年均33万hm^2以上，变异类型也极为丰富。因此，中国被认为是长豇豆的起源中心或豇豆的次级起源中心之一。

　　豇豆生产主要分布于热带和亚热带，其中非洲种植面积占全球种植面积的90%以上。主产国有尼日利亚、尼日尔、埃塞俄比亚、中国、印度、菲律宾等。中国种植的豇豆主要是普通豇豆及长豇豆，短荚豇豆很少，仅云南与广西有少量分布。普通豇豆的产区主要有河北、山西、内蒙古、辽宁、吉林、山东、河南、湖北、广西、陕西等省份；长豇豆的产区主要有辽宁、江苏、浙江、江西、山东、广东、广西、海南、重庆、四川、云南等省份。

　　目前，中国已收集保存国内外普通豇豆种质资源5000多份、长豇豆种质资源1000多份。经过40余年的研究，已将近5000份豇豆种质资源送交国家作物种质库长期保存，部分交国家中期库保存，并对其农艺性状、抗逆性、抗病虫性及品质等性状进行了多年多点联合鉴定试验，筛选出了一批早熟、矮生、粒大、抗旱、抗病及高蛋白等优良种质，均编入《中国食用豆类品种资源目录》及《中国食用豆类优异资源》。

　　中国豇豆品种改良始于20世纪70年代，到2008年5月31日为止，已通过省级农作物审（认、鉴）定、登记的普通豇豆品种有10多个。2008年国家食用豆产业技术体系正式启动后，豇豆新品种培育进展良好。截至2020年，共培育出普通豇豆新品种35个，包括杂交选育23个（占65.7%），辐射诱变育种1个，其他为系统选育品种。

　　现编入本志的豇豆品种共26个，均为育成品种，包括杂交选育15个、系统选育11个。通过有关品种管理部门审（认、鉴）定、登记的品种17个，其中，通过国家级农作物审（鉴）定的品种6个，通过省级农作物审（认、鉴）定、登记的品种11个。入志品种分布在6家育种单位，其中中国农业科学院作物科学研究所10个、河北省农林科学院粮油作物研究所2个、辽宁省经济作物研究所1个、吉林省白城市农业科学院3个、江苏省农业科学院7个、广西壮族自治区农业科学院水稻研究所3个。

1 中豇1号

【品种来源】 中国农业科学院作物科学研究所于1987年从尼日利亚国际热带农业研究所（IITA）豇豆IT82D-889的矮生早熟抗病变异单株中选育而成，原品系代号：F0753-1。1999年通过河北省农作物品种审定委员会审定，审定编号：冀审豆99004号。1999年被认定为河北省农业名优产品。2001年被评为"九五"国家科技攻关计划重大科技成果一级优异种质。2010年通过国家小宗粮豆品种鉴定委员会鉴定，鉴定编号：国品鉴杂2010001。全国统一编号：I01338。

【特征特性】 极早熟品种，春播生育期85d，夏播60～70d。矮生直立，株高一般在50.0cm以下，株型紧凑，适宜密植。单株荚数8～20个，单荚粒数12～17粒，荚长18.0～23.0cm，花紫色。籽粒肾形，种皮紫红色，百粒重14.0～17.0g。2008年农业部食品质量监督检验测试中心（杨凌）检测：干籽粒蛋白质含量23.31%，淀粉含量50.30%，脂肪含量1.39%。田间自然鉴定：耐旱、耐瘠、耐热，高抗锈病，抗花叶病毒病。

【产量表现】 一般产量1500.0～3000.0kg/hm²。1992～1993年区域试验，在河北、河南、安徽、陕西平均产量1439.0kg/hm²，比对照（豫豇1号）增产30.1%。2006～2008年参加国家豇豆品种区域试验，3年27个试点平均产量1578.0kg/hm²。2008年参加国家联合鉴定生产试验，3个试验点平均产量2002.5kg/hm²。其中，山西大同1702.0kg/hm²；内蒙古达拉特旗1716.0kg/hm²，比当地对照（1215.0kg/hm²）增产41.2%；陕西榆林2589.0kg/hm²，比当地对照（2445.0kg/hm²）增产5.9%。

【利用价值】 籽粒粮用，适作豆芽、豆苗菜用，加工制作豆沙、罐头及各式糕点等。还可作育种亲本间接利用，改造地方品种的蔓生、低产特性。

【栽培要点】 4月中旬至7月中旬播种，可单作，也可与玉米、高粱、谷子、甘薯、棉花、果树等间作套种。播种量30～45kg/hm²，行距50cm，株距10～20cm，种植密度10万～20万株/hm²。结合整地施入适量农家肥和450～750kg/hm²过磷酸钙作基肥。苗期需中耕除草2～4次，注意雨季排水防涝。生长期间注意防治蚜虫、豆荚螟、红蜘蛛为害。当田间豆荚有75%变黄时尽早收获，收获后及时熏蒸或冷藏处理以防止豆象为害。

【适宜地区】 适宜在北京、陕西、山西、内蒙古、河北、广西等豇豆产区种植。

撰稿人：程须珍　王素华　王丽侠

2　中豇2号

【品种来源】　中国农业科学院作物科学研究所于1986年从尼日利亚国际热带农业研究所（IITA）豇豆IT82D-789中系统选育而成，原品系代号：F0751-1。2000年通过河南省农作物品种审定委员会审定，审定编号：2000-47。2009年通过国家小宗粮豆品种鉴定委员会鉴定，鉴定编号：国品鉴杂2010002。全国统一编号：I01335。

【特征特性】　较早熟品种，春播生育期95～101d，夏播61～75d。直立或半直立型，一般株高70.0～80.0cm。单株荚数8～24个，单荚粒数10～15粒，荚长13.0～19.0cm，花紫色，籽粒肾形，种皮橙色，百粒重13.0～16.0g。2008年农业部食品质量监督检验测试中心（杨凌）检测：干籽粒蛋白质含量20.81%，淀粉含量49.63%，脂肪含量1.50%。田间自然鉴定：耐旱，耐瘠，耐热，抗花叶病毒病。

【产量表现】　一般产量1500.0～2700.0kg/hm²。1992～1993年区域试验，在河北、河南、安徽、陕西平均产量1467.0kg/hm²，比对照（豫豇1号）增产32.7%。2006～2008年参加国家豇豆品种区域试验，3年27个试点平均产量1674.0kg/hm²。2008年参加国家联合鉴定生产试验，3个试验点平均产量2191.0kg/hm²，较统一对照增产8.6%，较当地对照品种增产33.1%。其中，山西大同1854.0kg/hm²，比统一对照（1702.0kg/hm²）增产8.9%；内蒙古达拉特旗1767.0kg/hm²，比统一对照（1716.0kg/hm²）增产3.0%，比当地对照（1215.0kg/hm²）增产45.4%；陕西榆林2952.0kg/hm²，比统一对照（2589.0kg/hm²）增产14.2%，比当地对照（2445.0kg/hm²）增产20.7%。

【利用价值】　籽粒粮用，适作豆芽、豆苗菜用，加工制作豆沙、罐头及各式糕点等，还是一种良好的饲料、绿肥及覆盖作物。

【栽培要点】　4月中旬至7月中旬播种，可单作，也可与玉米、高粱、谷子、甘薯、棉花、果树等间作套种。播种量30～45kg/hm²，行距50cm，株距10～20cm，种植密度10万～20万株/hm²。结合整地施入适量农家肥和450～750kg/hm²过磷酸钙作基肥。苗期需中耕除草2～4次，注意雨季排水防涝。生长期间注意防治蚜虫、豆荚螟、红蜘蛛为害。当田间豆荚有75%变黄时尽早收获，收获后及时熏蒸或冷藏处理以防止豆象为害。

【适宜地区】　适宜在北京、陕西、山西、内蒙古、河北、广西等豇豆产区种植。

撰稿人：程须珍　王素华　王丽侠

3　中豇3号

【品种来源】　中国农业科学院作物科学研究所于2004年从IT82D-889（I01321）中系统选育而成，原品系代号：F0753-2。2012年通过国家小宗粮豆品种鉴定委员会鉴定，鉴定编号：国品鉴杂2012006。全国统一编号：I05017。

【特征特性】　早熟品种，夏播生育期80d。有限结荚习性，株型紧凑，直立生长，幼茎绿色，株高56.0cm。主茎分枝3～4个，复叶卵菱形，花紫色。单株荚数15.0个，荚长19.0cm，圆筒形，成熟荚黄白色，单荚粒数13～14粒。籽粒肾形，种皮紫红色，百粒重15.9g。2012年农业部食品质量监督检验测试中心（杨凌）测定：干籽粒蛋白质含量26.40%，淀粉含量58.50%，脂肪含量1.40%。田间自然鉴定：耐旱、耐瘠、耐热，抗锈病和花叶病毒病。

【产量表现】　产量一般为1916.0kg/hm^2，最高可达3620.0kg/hm^2。国家联合鉴定试验，2009年10个试点平均产量1728.0kg/hm^2，2010年10个试点平均产量2047.0kg/hm^2，均居参试品种第二位；2011年平均产量1972.0kg/hm^2，居第一位。2011年国家联合鉴定生产试验平均产量2036.0kg/hm^2，居参试品种第一位。

【利用价值】　籽粒粮用，适作芽苗菜用，加工制作豆沙、罐头及各式糕点等。还可作育种亲本间接利用，改造地方品种的蔓生、低产特性。

【栽培要点】　不宜连作，注意轮作倒茬。播前及时深耕整地。北方春播区，要深秋耕，播前浅耕细耙；南方要早耕整地。一般可结合整地施入适量农家肥和450～750kg/hm^{2}过磷酸钙作基肥。4月中旬至7月中旬播种，播种量30～45kg/hm^2，行距50cm，株距10～20cm，种植密度10万～20万株/hm^2。苗期需中耕除草2～4次。生长期间注意防治蚜虫、豆荚螟、豆野螟和红蜘蛛。田间豆荚有75%变黄时尽早收获，及时晾晒、脱粒、熏蒸或冷藏处理、包装、入库。

【适宜地区】　适宜在北京、河北、内蒙古、吉林、江苏、陕西等豇豆产区种植。

撰稿人：程须珍　王素华　王丽侠

4 中豇4号

【品种来源】 中国农业科学院作物科学研究所于2007年从F0505中系统选育而成的早熟矮生豇豆品种,原品系代号:品豇10503。2012年通过北京市种子管理站鉴定,鉴定编号:京品鉴杂2012031。全国统一编号:I03479。

【特征特性】 特早熟品种,夏播区生育期65d。有限结荚习性,株型紧凑,直立生长,幼茎绿色,株高50.0cm。主茎分枝2~5个,复叶卵菱形,花紫色。单株荚数25.0个,荚长15.0cm,圆筒形,成熟荚黄橙色,单荚粒数8~13粒。籽粒肾形,种皮橙色,脐环黑色,百粒重15.0g。2012年10月,农业部谷物品质监督检验测试中心(北京)测定:干籽粒蛋白质含量20.43%,淀粉含量47.81%。田间自然鉴定:耐旱,耐瘠,抗病毒病。

【产量表现】 一般产量1350.0kg/hm^2。2008~2010年参加北京市品种比较试验,平均产量1336.0kg/hm^2,比对照增产4.8%。2012年北京市品种鉴定试验平均产量1620.0kg/hm^2,比对照(中豇1号)增产13.6%。2012年北京市生产试验平均产量1511.0kg/hm^2,比对照(中豇1号)增产9.4%。

【利用价值】 籽粒粮用,适作豆芽、豆苗菜用,加工制作豆沙、罐头及各式糕点等。适应性广,可救灾填闲。也可作育种亲本间接利用,改造地方品种的蔓生特性。

【栽培要点】 不宜连作,注意轮作倒茬。播前及时深耕整地。北方春播区,要深秋耕,播前浅耕细耕;南方要早耕整地。一般可结合整地施入适量农家肥和450~750kg/hm^{2}过磷酸钙作基肥。4月中旬至7月中旬播种,播种量30~45kg/hm^2,行距50cm,株距10~20cm,种植密度10万~20万株/hm^2。苗期需中耕除草2~4次。生长期间注意防治蚜虫、豆荚螟、豆野螟和红蜘蛛。田间豆荚有75%变黄时尽早收获,及时晾晒、脱粒、熏蒸或冷藏处理、包装、入库。

【适宜地区】 适应性广,可在干旱瘠薄地区种植。在北京、河北、内蒙古、吉林、江苏、陕西等豇豆产区种植表现良好。

撰稿人:程须珍 王素华 王丽侠

5 中豇5号

【品种来源】 中国农业科学院作物科学研究所于2007年以F0743为母本、F0505为父本杂交选育而成，原品系代号：品豇13-106。2016年通过北京市种子管理站鉴定，鉴定编号：京品鉴杂2016079。全国统一编号：I05018。

【特征特性】 早熟品种，夏播区生育期80d。有限结荚习性，株型紧凑，直立生长，幼茎绿色，株高50.0cm。主茎分枝3～5个，复叶卵菱形，花紫色。单株荚数25.0个，荚长19.0cm，圆筒形，成熟荚黄白色，单荚粒数12.0粒。籽粒肾形，种皮红色，百粒重19.0g。干籽粒蛋白质含量26.40%，淀粉含量46.30%，脂肪含量1.50%。田间自然鉴定：耐旱，耐瘠，抗病毒病。

【产量表现】 2012～2015年北京市品种比较试验平均产量1799.0kg/hm²，比对照增产7.8%。2016年北京市豇豆品种生产试验平均产量1766.0kg/hm²，比对照（中豇1号）增产6.1%。

【利用价值】 籽粒粮用，适作芽苗菜用，加工制作豆沙、罐头及各式糕点等。

【栽培要点】 不宜连作，注意轮作倒茬。播前及时深耕整地。北方春播区，要深秋耕，播前浅耕细耕；南方要早耕整地。一般可结合整地施入适量农家肥和450～750kg/hm²过磷酸钙作基肥。4月中旬至7月中旬播种，播种量30～45kg/hm²，行距50cm，株距10～20cm，种植密度10万～20万株/hm²。苗期需中耕除草2～4次。生长期间注意防治蚜虫、豆荚螟、豆野螟和红蜘蛛。田间豆荚有75%变黄时尽早收获，及时晾晒、脱粒、熏蒸或冷藏处理、包装、入库。

【适宜地区】 适应性广，可在干旱瘠薄地区种植。在北京、河北、内蒙古、吉林、江苏、陕西等豇豆产区种植表现良好。

撰稿人：程须珍　王素华　王丽侠　陈红霖

6 中豇6号

【品种来源】 中国农业科学院作物科学研究所于2011年从I1938中系统选育而成的中早熟高产豇豆品种,原品系代号:品豇13-107。2016年通过北京市种子管理站鉴定,鉴定编号:京品鉴杂2016080。全国统一编号:I05019。

【特征特性】 中早熟品种,夏播区生育期85d。有限结荚习性,株型紧凑,直立生长,幼茎绿色,株高100.0cm。主茎分枝3~4个,复叶卵菱形,花紫色。单株荚数20.0个,荚长13.0cm,圆筒形,成熟荚黄白色,单荚粒数11.0粒。种皮橙底褐花纹,百粒重18.0g。干籽粒蛋白质含量26.10%,淀粉含量45.60%,脂肪含量1.20%。田间自然鉴定:耐旱,耐瘠,抗病毒病。

【产量表现】 2012~2015年北京市品种比较试验平均产量1859.0kg/hm², 比对照增产11.4%。2016年北京市豇豆品种生产试验平均产量1886.0kg/hm², 比对照(中豇1号)增产13.3%。

【利用价值】 籽粒粮用,适作芽苗菜用,加工制作豆沙、罐头及各式糕点等。

【栽培要点】 不宜连作,注意轮作倒茬。播前及时深耕整地。北方春播区,要深秋耕,播前浅耕细耕;南方要早耕整地。一般可结合整地施入适量农家肥和450~750kg/hm²过磷酸钙作基肥。4月中旬至7月中旬播种,播种量30~45kg/hm²,行距50cm,株距10~20cm,种植密度10万~20万株/hm²。苗期需中耕除草2~4次。生长期间注意防治蚜虫、豆荚螟、豆野螟和红蜘蛛。田间豆荚有75%变黄时尽早收获,及时晾晒、脱粒、熏蒸或冷藏处理、包装、入库。

【适宜地区】 适应性广,可在干旱瘠薄地区种植。在北京、河北、内蒙古、吉林、江苏、陕西等豇豆产区种植表现良好。

撰稿人:程须珍　王素华　王丽侠　陈红霖

7　中豇7号

【品种来源】　中国农业科学院作物科学研究所于2007年以F0743为母本、F0753为父本杂交选育而成，原品系代号：品豇13-109。2016年通过北京市种子管理站鉴定，鉴定编号：京品鉴杂2016081。全国统一编号：I05020。

【特征特性】　早熟品种，夏播区生育期80d。有限结荚习性，株型紧凑，直立生长，幼茎绿色，株高50.0cm。主茎分枝2~3个，复叶卵菱形，花紫色。单株荚数20.0个，荚长15.0cm，圆筒形，成熟荚黄橙色，单荚粒数12.0粒。籽粒肾形，种皮红色，百粒重16.0g。干籽粒蛋白质含量26.80%，淀粉含量46.10%，脂肪含量1.60%。田间自然鉴定：耐旱，耐瘠，抗病毒病。

【产量表现】　2012~2015年北京市品种比较试验平均产量1668.0kg/hm²，比对照增产9.0%。2016年北京市豇豆品种生产试验平均产量1811.0kg/hm²，比对照（中豇1号）增产8.8%。

【利用价值】　籽粒粮用，适作芽苗菜用，加工制作豆沙、罐头及各式糕点等。

【栽培要点】　不宜连作，注意轮作倒茬。播前及时深耕整地。北方春播区，要深秋耕，播前浅耕细耙；南方要早耕整地。一般可结合整地施入适量农家肥和450~750kg/hm²过磷酸钙作基肥。4月中旬至7月中旬播种，播种量30~45kg/hm²，行距50cm，株距10~20cm，种植密度10万~20万株/hm²。苗期需中耕除草2~4次。生长期间注意防治蚜虫、豆荚螟、豆野螟和红蜘蛛。田间豆荚有75%变黄时尽早收获，及时晾晒、脱粒、熏蒸或冷藏处理、包装、入库。

【适宜地区】　适应性广，可在干旱瘠薄地区种植。在北京、河北、内蒙古、吉林、江苏、陕西等豇豆产区种植表现良好。

撰稿人：程须珍　王素华　王丽侠　陈红霖

8 中豇8号

【品种来源】 中国农业科学院作物科学研究所于2006年从IT82D-889中系统选育而成,原品系代号:2011-09。2020年通过中国作物学会品种鉴定,鉴定编号:国品鉴豇豆2020001。全国统一编号:I05021。

【特征特性】 早熟品种,夏播区生育期80d。有限结荚习性,株型紧凑,直立生长,幼茎绿色,株高58.0cm。主茎分枝4.0个,复叶卵菱形,花紫色。单株荚数14.0个,荚长19.0cm,圆筒形,成熟荚黄褐色,单荚粒数15.0粒。籽粒肾形,种皮紫红色,百粒重16.2g。干籽粒蛋白质含量17.70%,淀粉含量58.25%,脂肪含量0.84%。田间自然鉴定:耐旱,耐瘠,抗病毒病、叶斑病和锈病。

【产量表现】 产量一般为2163.0kg/hm²,最高可达2906.0kg/hm²。2016~2017年豇豆新品种联合鉴定试验平均产量1649.0kg/hm²,比总平均值(1552.0kg/hm²)增加6.3%,试点增产率53.9%。2018年豇豆联合鉴定生产试验平均产量2164.0kg/hm²,较对照增产10.2%,试点增产率100.0%。

【利用价值】 籽粒粮用,适作豆芽、豆苗菜用,加工制作豆沙、罐头及各式糕点等。

【栽培要点】 不宜连作,应注意轮作倒茬。播种前及时深耕整地。北方春播地区,要做到深秋耕,播前浅耕细耕;南方要求早耕整地。一般可结合整地施入适量农家肥和450~750kg/hm²过磷酸钙作基肥。4月中旬至7月中旬播种,播种量30~45kg/hm²,行距50cm,株距10~20cm,种植密度10万~20万株/hm²。苗期需中耕除草2~4次。生长期间注意防治蚜虫、豆荚螟、豆野螟和红蜘蛛。当田间豆荚有75%变黄时尽早收获,及时晾晒、脱粒、熏蒸或冷藏处理、包装、入库。

【适宜地区】 适宜在北京、河北、内蒙古、吉林、江苏、陕西等豇豆产区种植。

撰稿人:程须珍　王素华　王丽侠　陈红霖

9 品豇 2013-25-44

【品种来源】 中国农业科学院作物科学研究所于2012年以中豇1号为母本、豇豆502为父本杂交选育而成，原品系代号：2013-25-44。全国统一编号：I05022。

【特征特性】 早熟品种，夏播生育期70d。有限结荚习性，株高60.0cm，主茎分枝2～5个，直立生长，耐旱、耐瘠，株型紧凑，幼茎绿色，复叶绿色、卵圆形，花白色。结荚集中，成熟一致不炸荚，单株荚数10～15个，成熟荚黄白色，荚长15.0cm，单荚粒数11～17粒，圆筒形。籽粒肾形，种皮黄白色，百粒重13.0g。2021年北京清析技术研究院检测：干籽粒蛋白质含量20.10%，淀粉含量48.58%，脂肪含量0.89%。

【产量表现】 籽粒产量一般为1500.0kg/hm², 高者可达2800.0kg/hm²以上。2017～2018年南宁鉴定试验平均产量1581.0kg/hm²。

【利用价值】 籽粒粮用，也可加工制作豆沙、罐头及各式糕点等。还可作育种亲本间接利用，改造地方品种的蔓生、低产特性。

【栽培要点】 北方春播在4月下旬至5月上中旬，麦茬播种越早越好。在华北地区，夏播以5月下旬至6月中下旬为宜。播前应适当整地，施足底肥。一般播种量23～30kg/hm²，播种深度3～4cm，行距40～50cm，株距15cm，种植密度12万～18万株/hm²。选择中等肥力地块，忌重茬。第一片复叶展开后间苗，第二片复叶展开后定苗。及时中耕除草，并在开花前适当培土。适时喷药，防治蚜虫、红蜘蛛、豆荚螟等为害。夏播地块，如播种前未施基肥，应结合整地施氮磷钾复合肥225～300kg/hm²，或在分枝期追施尿素75kg/hm²。如花期遇旱，应适当灌水。及时收获，在生长期较长的地区可实行分批采收，并结合打药进行叶面喷肥，以提高产量和品质。

【适宜地区】 适宜在华北、西北等干旱地区及南方各省份种植。

撰稿人：王丽侠　程须珍　王素华　陈红霖

10 品豇2013-25-124

【品种来源】 中国农业科学院作物科学研究所于2012年以中豇1号为母本、豇豆502为父本杂交选育而成，原品系代号：2013-25-124。全国统一编号：I05023。

【特征特性】 早熟品种，夏播生育期70d。有限结荚习性，株高65.0cm，主茎分枝3～5个，直立生长、耐旱、耐瘠，株型紧凑，幼茎绿色，复叶绿色、卵圆形，花紫色。结荚集中，成熟一致不炸荚，单株荚数10～23个，成熟荚黄橙色，荚长18.0cm，单荚粒数11～15粒，圆筒形。籽粒肾形，种皮红色，百粒重13.0g。2021年北京清析技术研究院检测：干籽粒蛋白质含量19.65%，淀粉含量47.93%，脂肪含量1.14%。

【产量表现】 籽粒产量一般为1500.0kg/hm², 高者可达2800.0kg/hm²以上。2017～2018年南宁鉴定试验平均产量1836.0kg/hm²。

【利用价值】 籽粒粮用，也可加工制作豆沙、罐头及各式糕点等。还可作育种亲本间接利用，改造地方品种的蔓生、低产特性。

【栽培要点】 北方春播在4月下旬至5月上中旬，麦茬播种越早越好。在华北地区，夏播以5月下旬至6月中下旬为宜。播前应适当整地，施足底肥。一般播种量22.5～30.0kg/hm²，播种深度3～4cm，行距40～50cm，株距15cm，种植密度12万～18万株/hm²。选择中等肥力地块，忌重茬。第一片复叶展开后间苗，第二片复叶展开后定苗。及时中耕除草，并在开花前适当培土。适时喷药，防治蚜虫、红蜘蛛、豆荚螟等为害。夏播地块，如播种前未施基肥，应结合整地施氮磷钾复合肥225～300kg/hm²，或在分枝期追施尿素75kg/hm²。如花期遇旱，应适当灌水。及时收获，在生长期较长的地区可实行分批采收，并结合打药进行叶面喷肥，以提高产量和品质。

【适宜地区】 适宜在华北、西北等干旱地区及南方各省份种植。

撰稿人：王丽侠　程须珍　王素华　陈红霖

11 冀豇0401

【品种来源】 河北省农林科学院粮油作物研究所于2004年以中豇1号为母本、豇豆资源白爬豆为父本杂交选育而成，原品系代号：0401。全国统一编号：I05024。

【特征特性】 早熟品种，夏播生育期68d。有限结荚习性，株型紧凑，直立生长。幼茎绿色，株高53.0cm，主茎分枝4.0个，复叶卵圆形、绿色，花紫色。单株结荚15.0个，荚圆筒形，成熟荚黄白色，单荚粒数6~7粒。籽粒肾形，种皮白色，脐环褐色，百粒重13.4g。河北省农作物品种品质检测中心检测：干籽粒蛋白质含量23.51%，淀粉含量47.78%，脂肪含量0.74%。田间自然鉴定：抗病毒病、根腐病。

【产量表现】 2016年豇豆新品系产量比较鉴定试验平均产量1775.0kg/hm²，居所有参试品种第二位。

【利用价值】 适宜粮用。

【栽培要点】 夏播播种期在6月15~25日，最迟不晚于7月25日，春播播种期在4月10日至5月20日。播种量30~37kg/hm²，播种深度3~5cm，行距40~50cm。种植密度：高水肥地12万~15万株/hm²，干旱贫瘠地可增至16万株/hm²。苗期间苗后、现蕾期和盛花期及时防治蚜虫、地老虎、棉铃虫、红蜘蛛、豆荚螟、造桥虫和豆天蛾等。苗期不旱不浇水，花荚期视苗情、墒情和气候情况及时浇水。80%豆荚成熟时收获。收获后及时晾晒、脱粒及清选，籽粒含水量低于13%时可入库贮藏，并及时熏蒸或冷藏处理以防止豆象为害。同一地块连续种植2~3年后注意倒茬。

【适宜地区】 适宜在北京、山东、河南、河北等地种植。

撰稿人：范保杰　田　静

12 冀豇0402

【品种来源】 河北省农林科学院粮油作物研究所于2004年以豇豆资源黑豇豆为母本、中豇1号为父本杂交选育而成，原品系代号：0402。全国统一编号：I05025。

【特征特性】 早熟品种，生育期64d。有限结荚习性，株型紧凑，直立生长。幼茎绿色，株高57.3cm，主茎分枝3.2个，复叶卵圆形、绿色，花紫色。单株荚数23.5个，荚圆筒形，成熟荚黄白色，单荚粒数11.1粒。籽粒肾形，种皮红色，白脐，百粒重14.2g。河北省农作物品种品质检测中心检测：干籽粒蛋白质含量24.70%，淀粉含量46.88%，脂肪含量0.78%。田间自然鉴定：抗病毒病、根腐病。

【产量表现】 2016年豇豆新品系产量比较鉴定试验平均产量1809.0kg/hm²。2021年国家食用豆产业技术体系豇豆新品种联合鉴定试验平均产量1546.5～1989.0kg/hm²，较对照增产12.2%～33.1%。

【利用价值】 适宜豆沙加工和粮用。

【栽培要点】 夏播播种期在6月15～25日，最迟不晚于7月25日，春播播种期为4月10日至5月20日，夏播区播种期在5月中旬。播种量30～37kg/hm²，播种深度3～5cm，行距40～50cm。种植密度：高水肥地12万～15万株/hm²，干旱贫瘠地可增至16万株/hm²。苗期间苗后、现蕾期和盛花期及时防治蚜虫、地老虎、棉铃虫、红蜘蛛、豆荚螟、造桥虫和豆天蛾等害虫。苗期不旱不浇水，花荚期视苗情、墒情和气候情况及时浇水。80%荚成熟时收获。收获后及时晾晒、脱粒及清选，籽粒含水量低于13%时可入库贮藏，并及时熏蒸或冷藏处理以防止豆象为害。同一地块连续种植2～3年后注意倒茬。

【适宜地区】 适宜在北京、山东、河南、河北等地种植。

撰稿人：范保杰　田　静

13　辽地豇2号

【品种来源】　辽宁省经济作物研究所于2005年从当地推广的农家品种地花豇豆中系统选育而成，原品系代号：05-6-4。2010年通过辽宁省非主要农作物品种审定委员会审定备案，备案编号：辽备杂粮［2010］60号。全国统一编号：I05026。

【特征特性】　早熟品种，生育期82d。有限结荚习性，株型紧凑，植株直立、抗倒伏。幼茎绿色，株高85.0cm，主茎分枝2~4个。复叶卵圆形，花紫色。单株荚数22.0个，多者可达30个以上，荚长14.0cm，荚圆筒形，成熟时荚为黄白色，单荚粒数14~16粒。籽粒长圆柱形，种皮红白双色，百粒重14.0g。农业农村部农产品质量监督检验测试中心（沈阳）测定：干籽粒蛋白质含量26.00%，淀粉含量54.40%，脂肪含量1.30%，结荚集中，成熟一致不炸荚，适于机械统一收获。田间自然鉴定：抗叶斑病、白粉病，耐旱，耐瘠，适应性广，适播期较长。

【产量表现】　产量一般为2000.0~2500.0kg/hm²，高者可达3000.0kg/hm²以上。2008~2009年辽宁省区域试验平均产量2181.0kg/hm²，比对照（地花豇豆）增产13.6%。2008~2009年生产试验两年平均产量2096.2kg/hm²，比对照增产10.3%。

【利用价值】　适于淀粉、豆沙和糕点加工，煮粥煮饭等。

【栽培要点】　在平地、坡地均可种植，还可与禾本科作物及幼龄果树间复套种，在辽宁西北部地区种植一茬豇豆，播种期为5月20日至6月20日。在辽宁东南部地区作为小麦下茬，播种期为6月25日至7月2日，不能晚于7月10日，播种深度为3~4cm，播种量20~25kg/hm²。行距40~50cm，株距8~12cm，种植密度15万~20万株/hm²，忌重茬。机械播种后1~2d，可用除草剂封垄防治杂草。生长发育前期注意防治蚜虫、红蜘蛛等。当田间豆荚90%以上变黄白色时及时收获。

【适宜地区】　适宜在辽宁、吉林、河北及内蒙古等地区种植。

撰稿人：赵　秋　何伟锋　王洪皓　乔　辉

14 吉豇1号

【品种来源】 吉林省白城市农业科学院于1994年从地方农家品种白城黑豇豆中系统选育而成，原品系代号：黑豇豆JD9801。2009年1月通过吉林省农作物品种审定委员会登记，登记编号：吉登豇豆2009001。全国统一编号：I05027。

【特征特性】 从播种至成熟生育日数83d，需有效积温2100℃。直立生长，幼茎绿色，复叶卵圆形，花紫色，株高68.0cm，单株荚数12.0个，单荚粒数11.0粒，荚长12.0cm。籽粒肾形，种皮黑色，百粒重12.0g。干籽粒蛋白质含量24.30%。田间自然鉴定：高抗病毒病，抗叶斑病和霜霉病，耐旱性强，适应性广。

【产量表现】 2007年吉林省食用豆品种联合区域试验3个点次平均产量1993.0kg/hm²，比对照（白豇豆）增产46.1%；2008年吉林省食用豆品种联合区域试验6个点次平均产量1942.0kg/hm²，比对照（白豇豆）增产24.6%；两年吉林省区域试验平均产量1967.0kg/hm²，比对照（白豇豆）增产33.2%。2008年生产试验5个点次平均产量1916.0kg/hm²，比对照（白豇豆）增产21.8%，居第一位。水肥条件好的情况下产量可达2500.0kg/hm²以上。

【利用价值】 适于淀粉、豆沙和糕点加工及煮粥煮饭等。

【栽培要点】 播种期：5月中旬至6月上旬，播种量45～50kg/hm²。按照"肥地宜稀、薄地宜密"的原则，行距60～70cm，株距10～20cm，种植密度16万～21万株/hm²。增施适量农家肥作底肥。播种的同时施入磷酸二铵100～200kg/hm²、磷酸钾50kg/hm²。在开花期结合封垄追施硝酸铵、尿素等氮肥45～65kg/hm²。

【适宜地区】 适宜在吉林省各地区和内蒙古兴安盟、赤峰，以及黑龙江省西南部等地区种植。

撰稿人：尹凤祥　梁　杰　尹智超　郭文云

15 吉豇2号

【品种来源】 吉林省白城市农业科学院于2010年从豇豆地方农家品种双色豇豆中系统选育而成，原品系代号：JDH2010-123。2020年9月通过中国作物学会食用豆专业委员会品种鉴定，鉴定编号：国品鉴豇豆2020002。全国统一编号：I05028。

【特征特性】 从播种至成熟生育日数87d，需有效积温2150℃。直立生长，幼茎绿色，复叶卵圆形，花紫色，株高58.0cm，单株荚数22.0个，单荚粒数12.0粒，荚长15.0cm。籽粒肾形，种皮红白双色，百粒重15.6g，干籽粒蛋白质含量23.70%。田间自然鉴定：抗病毒病、叶斑病和霜霉病，耐旱性强，适应性广。

【产量表现】 2016~2017年参加国家食用豆产业技术体系豇豆品种联合鉴定试验，平均产量1893.0kg/hm^2，比对照（中豇1号）增产26.1%。2018年进行国家食用豆产业技术体系豇豆品种联合鉴定生产试验，东北区4个试验点平均产量1952.0kg/hm^2，比对照（中豇1号）增产17.3%。水肥条件好的情况下产量可达2800.0kg/hm^{2}以上。

【利用价值】 适于淀粉、豆沙和糕点加工及煮粥煮饭等。

【栽培要点】 5月中旬至6月上旬播种，播种量45~50kg/hm^2。种植密度18万~23万株/hm^2，行距60~70cm，株距10~20cm。播种的同时施入磷酸二铵100~200kg/hm^2、磷酸钾30~50kg/hm^2。开花前期喷施磷酸二氢钾及微肥等叶面肥2~3次。

【适宜地区】 适宜在吉林省各地区和内蒙古兴安盟、赤峰，以及黑龙江省西南部、辽宁西部等地区种植。

撰稿人：尹凤祥　梁　杰　尹智超　郭文云

16　吉豇3号

【品种来源】　吉林省白城市农业科学院于2012年从豇豆地方农家品种红豇豆中系统选育而成，原品系代号：JDH2012-166。2019～2021年参加国家食用豆产业技术体系豇豆品种联合鉴定试验。全国统一编号：I05029。

【特征特性】　从播种至成熟生育日数90d，需有效积温2200℃。直立生长，幼茎绿色，成熟茎紫色，复叶卵圆形，花浅紫色。株高66.0cm，单株荚数25.0个，单荚粒数14.0粒，荚长18.0cm。籽粒肾形，种皮红色，百粒重17.5g，干籽粒蛋白质含量23.90%。田间自然鉴定：抗病毒病、叶斑病和霜霉病，耐旱性强，适应性广。

【产量表现】　2017～2018年产量比较试验平均产量1960.0kg/hm^2，比对照（吉豇1号）增产26.7%。水肥条件好的情况下产量可达3000.0kg/hm^{2}以上。

【利用价值】　适于淀粉、豆沙和糕点加工及煮粥煮饭等。

【栽培要点】　5月中旬至6月上旬播种，播种量50～60kg/hm^2，种植密度17万～25万株/hm^2，行距60～70cm，株距10～15cm。播种的同时施入磷酸二铵100～200kg/hm^2、磷酸钾35～45kg/hm^2。开花前期喷施磷酸二氢钾及微肥等叶面肥2～3次。

【适宜地区】　适宜在吉林，内蒙古兴安盟、赤峰，以及黑龙江西南部、辽宁西部等地区种植。

撰稿人：尹凤祥　梁　杰　尹智超　郭文云

17　苏豇1号

【品种来源】　江苏省农业科学院于1999年以宁豇3号为母本、镇豇1号为父本杂交选育而成，原品系代号：苏豇05-2。2009年通过江苏省农作物品种审定委员会鉴定，鉴定编号：苏鉴豇豆200901。全国统一编号：I05030。

【特征特性】　播种至采收嫩荚55d，采收期25～30d，生育期88d，株高3.0～4.0m，荚长70.0～75.0cm，单荚鲜重27.0g。干籽粒百粒重20.7g，种皮红色。复叶浅绿色，花紫色，荚扁圆形。品质优良，耐热性强。

【产量表现】　2007～2008年区域试验两年鲜荚平均产量45 765.0kg/hm²，比对照（早豇1号）增产27.2%。2009年生产试验鲜荚平均产量45 934.0kg/hm²，比对照（早豇1号）增产29.6%。

【利用价值】　粮菜兼用。

【栽培要点】　夏秋栽培宜采取大小行种植，大行距65～85cm，小行距50cm左右，穴距25～30cm，每穴2～3株，种植密度5万～11万株/hm²，播种量30kg/hm²左右。播后40d左右采收。开花结荚前要控水控肥，防止徒长。开花结荚后要重肥重水管理，防止早衰。

【适宜地区】　适宜在江苏、安徽等长江流域春、夏、秋三季种植。

撰稿人：陈　新　张红梅

18　苏豇2号

【品种来源】　江苏省农业科学院于2002年以早豇1号为母本、苏豇78-29为父本杂交选育而成，原品系代号：苏豇07-18。2012年通过江苏省农作物品种审定委员会鉴定，鉴定编号：苏鉴豇豆201203。全国统一编号：I05031。

【特征特性】　播种至采收嫩荚65d，采收期35～40d，生育期105d。株高3.0～4.0m，荚长60.0～65.0cm，单荚鲜重23.6g。干籽粒百粒重22.3g，种皮浅褐色。品质优良。该品种耐热性强，耐低温、弱光，对锈病、叶霉病抗性强。

【产量表现】　2010年江苏省豇豆区域试验鲜荚平均产量44 698.0kg/hm², 比对照（早豇1号）增产11.0%，达极显著水平。2011年江苏省豇豆区域试验鲜荚平均产量42 373.0kg/hm², 比对照（早豇1号）增产8.2%，达极显著水平。

【利用价值】　粮菜兼用。

【栽培要点】　夏秋栽培宜采取大小行种植，大行距65～85cm，小行距50cm左右，穴距25～30cm，每穴2～3株，种植密度5万～11万株/hm²，播种量30kg/hm²左右。播后40d左右采收。开花结荚前要控水控肥，防止徒长。开花结荚后要重肥重水管理，防止早衰。

【适宜地区】　适宜在江苏、安徽、山东等长江流域春、夏、秋三季种植。

撰稿人：陈　新　张红梅

19　苏豇3号

【品种来源】 江苏省农业科学院于2005年以早豇1号为母本、镇豇1号为父本杂交选育而成，原品系代号：苏豇11-8。2015年通过江苏省农作物品种审定委员会鉴定，鉴定编号：苏鉴豇豆201501。全国统一编号：I05032。

【特征特性】 株高3.0m，侧蔓始花节位5.0节，荚长61.0cm，单荚鲜重20.0g。干籽粒百粒重24.6g，种皮红色。播种至采收嫩荚70d，采收期30～35d，生育期97d。耐采性好，品质优良。该品种耐热性强，耐低温、弱光，对锈病、叶霉病、病毒病抗性强。

【产量表现】 2013～2014年江苏省豇豆区域试验鲜荚平均产量41 454.0kg/hm^2，比对照（早豇4号）增产12.1%，达极显著水平。

【利用价值】 粮菜兼用。

【栽培要点】 夏秋栽培宜采取大小行种植，大行距65～85cm，小行距50cm左右，穴距25～30cm，每穴2～3株，种植密度5万～11万株/hm^2，播种量30kg/hm^{2}左右。播后40d左右采收。开花结荚前要控水控肥，防止徒长。开花结荚后要重肥重水管理，防止早衰。

【适宜地区】 适宜在江苏、安徽、山东等长江流域春、夏、秋三季种植。

撰稿人：陈　新　张红梅

20 苏豇8号

【品种来源】 江苏省农业科学院于2002年以T28-2-1为母本、六月豇为父本杂交选育而成，原品系代号：苏豇07-28。2012年通过国家小宗粮豆品种鉴定委员会鉴定，鉴定编号：国品鉴杂2012005。全国统一编号：I05033。

【特征特性】 早熟品种，生育期73～83d。无限结荚习性，长势健旺。矮生直立生长，株高51.0～64.0cm。幼茎绿色，成熟茎枯黄色，花紫色，主茎分枝3～4个，主茎节数12.0节，单株荚数16～21个，荚长14.0～16.0cm，单荚粒数12～13粒，百粒重14.8～15.3g。种皮白色，商品性好。田间自然鉴定：耐旱，耐瘠薄，耐热，适应性广。

【产量表现】 2009年区域试验平均产量29 565kg/hm^2，比对照（中豇1号）增产3.7%；2010年区域试验平均产量31 665.0kg/hm^2，比对照（中豇1号）增产10.8%；2011年区域试验平均产量28 950.0kg/hm^2，比对照（中豇1号）增产5.8%；3年平均产量29 160.0kg/hm^2，比对照（中豇1号）增产7.2%。

【利用价值】 籽粒生产。

【栽培要点】 播种量30～45kg/hm^2，种植密度10万～20万株/hm^2。开花结荚前要控水控肥，防止徒长。开花结荚后要重肥重水管理，防止早衰。

【适宜地区】 适应性广，可在干旱、瘠薄地区种植，在吉林、辽宁、内蒙古、河北、陕西、江苏等地表现优。可在长江流域春、夏、秋三季栽培。

撰稿人：陈 新 张红梅

21　早豇4号

【品种来源】　江苏省农业科学院于1999年以早豇1号为母本、扬豇40为父本杂交选育而成,原品系代号:早豇06-7。2009年通过江苏省农作物品种审定委员会鉴定,鉴定编号:苏鉴豇豆200902。全国统一编号:I05034。

【特征特性】　播种至采收嫩荚55d,采收期25~30d,生育期85d。株高3.0~4.0m,荚长75.0~80.0cm,结荚节位6~7节,结荚率高,单荚鲜重28.0g。干籽粒百粒重18.5g,种皮红色。复叶浅绿色,花紫色,荚扁圆形。品质优良,耐热性强。

【产量表现】　2007年参加江苏省区域试验,鲜荚平均产量45 180.0kg/hm^2,比对照(早豇1号)增产26.4%;2008年参加江苏省区域试验,鲜荚平均产量47 505.0kg/hm^2,比对照(早豇1号)增产31.1%。2009年生产试验鲜荚平均产量48 360.0kg/hm^2,比对照(早豇1号)增产36.4%。

【利用价值】　粮菜兼用。

【栽培要点】　夏秋栽培宜采取大小行种植,大行距65~85cm,小行距50cm左右,穴距25~30cm,每穴2~3株,种植密度5万~11万株/hm^2,播种量30kg/hm^{2}左右。播后40d左右采收。开花结荚前要控水控肥,防止徒长。开花结荚后要重肥重水管理,防止早衰。

【适宜地区】　适宜在江苏、安徽、山东等长江流域春、夏、秋三季种植。

撰稿人:陈　新　张红梅

22 早豇5号

【品种来源】 江苏省农业科学院于2004年以江西春秋红1号为母本、秋豇6号为父本杂交选育而成，原品系代号：早豇07-13。2012年通过江苏省农作物品种审定委员会鉴定，鉴定编号：苏鉴豇豆201201。全国统一编号：I05035。

【特征特性】 播种至采收嫩荚65d，采收期55d，生育期100d。株高3.0~4.0m，荚长65.0~70.0cm，单荚鲜重26.0g。干籽粒百粒重20.4g，种皮红色。品质优良，耐热性强，抗叶霉病和锈病。

【产量表现】 2010年江苏省豇豆区域试验鲜荚平均产量45 020.0kg/hm^2，比对照（早豇1号）增产11.8%，达极显著水平。2011年江苏省豇豆区域试验鲜荚平均产量44 862.0kg/hm^2，比对照（早豇1号）增产9.5%，达极显著水平。

【利用价值】 粮菜兼用。

【栽培要点】 夏秋栽培宜采取大小行种植，大行距65~85cm，小行距50cm左右，穴距25~30cm，每穴2~3株，种植密度5万~11万株/hm^2，播种量30kg/hm^{2}左右。播后40d左右采收。开花结荚前要控水控肥，防止徒长。开花结荚后要重肥重水管理，防止早衰。

【适宜地区】 适宜在江苏、安徽、山东等长江流域春、夏、秋三季种植。

撰稿人：陈　新　张红梅

23 苏豇18075

【品种来源】 江苏省农业科学院于2006年以苏豇2号为母本、扬豇8-2为父本杂交选育而成。2016年参加国家食用豆产业技术体系豇豆联合鉴定。全国统一编号：I05036。

【特征特性】 早熟品种，生育期83d。无限结荚习性，长势健旺。矮生直立生长，株高45.0~50.0cm。幼茎绿色，成熟茎枯黄色，花紫红色，主茎分枝3~4个，主茎节数14.0节，单株荚数29.0个，荚长14.0cm，单荚粒数13.0粒，百粒重21.0g。种皮白色，脐环褐色，商品性好。田间自然鉴定：耐旱，耐瘠薄，耐热，适应性广。

【产量表现】 平均产量30 000.0kg/hm²。

【利用价值】 籽粒生产。

【栽培要点】 播种量30~45kg/hm²，种植密度10万~20万株/hm²。开花结荚前要控水控肥，防止徒长。开花结荚后要重肥重水管理，防止早衰。

【适宜地区】 适应性广，可在干旱、瘠薄地区种植，可在长江流域春、夏、秋三季栽培。

撰稿人：陈　新　张红梅

24　桂豇豆18-11

【品种来源】 广西壮族自治区农业科学院水稻研究所与中国农业科学院作物科学研究所合作，于2011年以中豇1号为母本、豇豆502为父本杂交选育而成，原品系代号：JD17-30。全国统一编号：I05037。

【特征特性】 早熟品种，夏播生育期60d。有限结荚习性，株高65.0cm，主茎分枝3～5个，直立生长、耐旱、耐瘠，株型紧凑，幼茎绿色，复叶卵菱形、绿色，花紫色。结荚集中，成熟一致不炸荚，单株荚数12～23个。成熟荚黄橙色，荚长18.0cm，圆筒形，单荚粒数12～15粒。籽粒肾形，种皮红色，百粒重10.0g。

【产量表现】 籽粒产量一般为1800.0kg/hm^2，高者可达2800.0kg/hm^{2}以上。2016～2017年品种比较试验平均产量2041.0kg/hm^2，比对照（早豇1号）增产9.2%。2018～2019年广西南宁市、崇左市和合浦县开展的豇豆与甘蔗、木薯、龙眼及柑橘等间套种试验，籽粒平均产量1850.0kg/hm^2，比对照（早豇1号）增产12.4%。

【利用价值】 籽粒可作菜用、粮用及制作粽子、糕点等。

【栽培要点】 可以春播或夏播。春播在3月上旬到5月中旬，夏播在6～8月。足墒播种，穴播每穴播3～4粒，穴深4～6cm，定苗时留1～2株，穴距15～20cm，行距约50cm，播种量45～60kg/hm^2；条播行距约50cm，开沟深4～6cm，播种量约90kg/hm^2，定苗时每15～20cm留1～2株。一般施入适量腐熟农家肥，并混施过磷酸钙450～750kg/hm^{2}作基肥，或施氮磷钾复合肥75～150kg/hm^{2}作基肥或种肥。苗期及时防治地老虎、红蜘蛛、菜青虫及根腐病、病毒病，花荚期及时防治蚜虫、豆荚螟及叶斑病、白粉病、锈病等病虫害，可以在发生初期使用高效低毒农药，每隔7d喷施一次。在70%豆荚干枯成熟时进行第一批收获，分1～2批收获。晒干的豇豆种子放在干燥、通风、低温环境中贮藏。

【适宜地区】 适宜在广西各地区种植，春播、夏播种植均可，适宜纯种和间套种，在呼和浩特、沈阳、南宁、长春、南京等地表现良好。

撰稿人：罗高玲　李经成　陈燕华

25 桂豇豆18-21

【品种来源】 广西壮族自治区农业科学院水稻研究所与中国农业科学院作物科学研究所合作，于2011年以Lobia1为母本、PGCP-12为父本杂交选育而成，原品系代号：JD17-5。全国统一编号：I05038。

【特征特性】 早熟品种，夏播生育期70d。有限结荚习性，株高65.0cm，主茎分枝3~5个，直立生长，耐旱、耐瘠，株型紧凑。幼茎绿色，复叶卵菱形、绿色，小叶基部紫色，花紫色。结荚集中，成熟一致不炸荚，单株荚数12~25个。成熟荚紫红色，荚长14.0cm，圆筒形，单荚粒数10~14粒。籽粒矩圆形，种皮黑色，百粒重16.5g。

【产量表现】 籽粒产量一般为1875.0kg/hm²，高者可达3000.0kg/hm²以上。2016~2017年品种比较试验平均产量2202.0kg/hm²，比对照（早豇1号）增产20.1%。2018~2019年广西南宁市、崇左市和合浦县开展的豇豆与甘蔗、木薯、龙眼及柑橘等间套种试验，籽粒平均产量2021.0kg/hm²，比对照（早豇1号）增产23.9%。

【利用价值】 植株可作饲料和绿肥，籽粒可作菜用、粮用及制作粽子、糕点等。

【栽培要点】 可以春播或夏播。春播在3月上旬到5月中旬，夏播在6~8月。足墒播种，穴播每穴播3~4粒，穴深4~6cm，定苗时留1~2苗，穴距15~20cm，行距约50cm，播种量45~60kg/hm²；条播行距约50cm，开沟深4~6cm，播种量约90kg/hm²，定苗时每15~20cm留1~2苗。一般施入适量腐熟农家肥，并混施过磷酸钙450~750kg/hm²作基肥，或施氮磷钾复合肥75~150kg/hm²作基肥或种肥。苗期及时防治地老虎、红蜘蛛、菜青虫及根腐病、病毒病，花荚期及时防治蚜虫、豆荚螟及叶斑病、白粉病、锈病等病虫害，可以在发生初期使用高效低毒农药，每隔7d喷施一次。在70%豆荚干枯成熟时进行第一批收获，分1~2批收获。晒干的豇豆种子放在干燥、通风、低温环境中贮藏。

【适宜地区】 适宜在广西各地区种植，春播、夏播种植均可，适宜纯种和间套种，在南京、南宁、南阳、南通等地表现良好。

撰稿人：罗高玲　李经成　陈燕华

26 桂豇豆2013-171

【品种来源】 广西壮族自治区农业科学院水稻研究所于2013年从广西合浦县地方品种中系统选育而成，原品系代号：JD2013-171。全国统一编号：I05039。

【特征特性】 早熟品种，夏播生育期70d。无限结荚习性，主茎分枝2～3个，植株蔓生，耐旱、耐瘠，生长势强，复叶卵菱形，花白色。单株荚数15～27个，成熟荚黄白色，荚长18.0cm，圆筒形，单荚粒数12～15粒。籽粒肾形，种皮白色，百粒重14.0～17.0g。

【产量表现】 籽粒产量一般为2250.0kg/hm^2，高者可达3750.0kg/hm^{2}以上。2016～2018年在广西南宁、崇左、合浦及都安适应性试验中，籽粒平均产量3191.0kg/hm^2，比对照（早豇1号）增产18.6%。2016～2017年参加豇豆新品种联合鉴定试验，南方区试点包括毕节、南宁、南京，在9个参试品种中排名第二位，籽粒平均产量2420.0kg/hm^2，比对照（早豇1号）增产28.9%。在保定、北京、南宁、南京、白城等试点表现较好。

【利用价值】 植株可用作饲料、绿肥；籽粒可作菜用、粮用及制作粽子、糕点等。

【栽培要点】 可以春播或夏播。春播在3月上旬到5月中旬，夏播在6～7月。足墒播种，穴播每穴播3～4粒，穴深4～6cm，定苗时留1～2苗，穴距15～20cm，行距约50cm，播种量45～60kg/hm^2；条播行距约50cm，开沟深4～6cm，播种量约90kg/hm^2，定苗时每15～20cm留1～2苗。一般施入适量腐熟农家肥，并混施过磷酸钙450～750kg/hm^{2}作基肥，或施氮磷钾复合肥75～150kg/hm^{2}作基肥或种肥。苗高25～50cm开始抽蔓时用长2～3m的竹竿搭人字架进行引蔓，与春玉米套种时可以把玉米秆当攀援物引蔓。苗期及时防治地老虎、红蜘蛛、菜青虫及根腐病、病毒病，花荚期及时防治蚜虫、豆荚螟及叶斑病、白粉病、锈病等病虫害，可以在发生初期使用高效低毒农药，每隔7d喷施一次。70%左右豆荚成熟后开始采收，隔1周左右再采收1次，收获后应及时晾晒、脱粒、清选，熏蒸后贮藏。

【适宜地区】 适应性广，可在干旱、瘠薄地区种植。在广西、河南、保定、北京、南京、白城等地表现良好。

撰稿人：罗高玲　李经成　陈燕华

第八章
其他豆种

  鹰嘴豆是豆科（Leguminosae）蝶形花亚科（Papilionoideae）野豌豆族（Vicieae）鹰嘴豆属（Cicer）的一个栽培豆种，属一年生（春播）或越年生（秋播）草本、自花授粉植物。鹰嘴豆学名Cicer arietinum，种下有地中海亚种（C. arietinum ssp. mediterraneum）、欧亚亚种（C. arietinum ssp. eurasiaticum）、东方亚种（C.arietinum ssp. orientale）和亚洲亚种（C. arietinum ssp. asiatinum）4个亚种，其中前两个亚种的种子较大，种皮白色，通常称为"卡布里"（kabuli）类型，后两个亚种的种子较小，种皮色有红色、褐色、黑色或浅红色，通常称为"迪西"（desi）类型。鹰嘴豆英文名chickpea或gram，别名桃豆、鸡头豆、羊头豆、脑豆子等。鹰嘴豆染色体数$2n=2x=16$。鹰嘴豆出苗时子叶不出土。鹰嘴豆的遗传多样性中心在西亚和地中海沿岸，据研究表明鹰嘴豆极有可能是在距今7000年前在其起源地被驯化成功的。在公元前2000多年，尼罗河流域已有鹰嘴豆栽培。鹰嘴豆传入中国的时间不详，20世纪80年代中国从国际干旱地区农业研究中心（International Center for Agricultural Research in the Dry Areas，ICARDA）和国际半干旱热带地区作物研究所（International Crops Research Institute for the Semi-Arid Tropics，ICRISAT）引入了数百份鹰嘴豆品种，在甘肃、新疆、青海等地试种。全世界生产鹰嘴豆的国家约40个，种植面积最大的国家是印度，土耳其、巴基斯坦、缅甸、墨西哥、埃塞俄比亚、西班牙、摩洛哥、孟加拉国等国种植较多。中国鹰嘴豆产区主要分布在甘肃、青海、陕西、云南、新疆、宁夏、内蒙古等省份，年种植面积约为5万hm^2，单产为1000～1500kg/hm^2。现编入本志的鹰嘴豆品种共2个，均为国外引进品种，由云南省农业科学院粮食作物研究所提供。

  羽扇豆是豆科（Leguminosae）蝶形花亚科（Papilionoideae）羽扇豆属（Lupinus）植物的通称，属于一年生或多年生草本、自花授粉植物。羽扇豆属有300多个种，大多数为野生种。栽培的羽扇豆主要有以下5个种：白羽扇豆（Lupinus albus，染色体数$2n=50$）、黄羽扇豆（Lupinus luteus，染色体数$2n=52$）、狭叶羽扇豆（Lupinus angustifolius，染色体数$2n=40$）、砂质平原羽扇豆（Lupinus cosentinii，染色体数$2n=32$）、南美羽扇豆（Lupinus mutabilis，染色体数$2n=48$）。羽扇豆英文名lupin或lupine，别名鲁冰花。羽扇豆出苗时子叶出土。最早研究羽扇豆起源和进化的是俄国育种学家，研究表明羽扇豆原产于墨西哥高原地区、地中海沿岸及北美安第斯山脉地区。在西半球，从阿拉斯加海岸、太平洋、大西洋到海拔4800m的阿尔卑斯山脉都有羽扇豆分布。其中，起源于地中海地区的有白羽扇豆、蓝羽扇豆和黄羽扇豆，起源于安第斯山脉的有安第斯羽扇豆。羽扇豆在地中海地区的栽培已有3000多年的历史，是一种优良绿肥和饲料作物，其内含有生物碱，植株有的有苦味并含有毒素，可用作绿肥。无毒质的品种，其茎、叶和种子也可作牲畜饲料。20世纪50年代初，我国从苏联引进羽扇豆，在东北和华北作为饲草饲料种植，目前国内仅有少量作为花卉栽培。现编入本志的羽扇豆品种共2个，均为国外引进品种，由云南省农业科学院粮食作物研究所提供。

利马豆是豆科（Leguminosae）蝶形花亚科（Papilionoideae）菜豆族（Phaseoleae）菜豆属（*Phaseolus*）中的一个栽培豆种，属一年生或多年生、丛生或蔓生草本、常异花授粉植物。利马豆学名*Phaseolus lunatus*，异名*Phaseolus limensis*，英文名lima bean，别名雪豆、莱豆、荷包豆、金甲豆、洋扁豆等。利马豆染色体数$2n=22$。利马豆出苗时子叶不出土。利马豆起源于墨西哥南部和南美洲，在哥伦布发现美洲前，印第安人已广泛栽培。在整个南美洲、中美洲和美国及加拿大南部都有种植。利马豆由西班牙人带到菲律宾后传入亚洲，以缅甸种植较多。利马豆何时传入中国不详，据考证记载在中国有200~300年的栽培历史，产区主要分布在广东、福建、江西、广西、云南、台湾、江苏、安徽、上海等省份。现编入本志的利马豆品种共1个，为地方品种提纯，由云南省农业科学院粮食作物研究所提供。

1 云鹰1号

【品种来源】 云南省农业科学院粮食作物研究所于2006年从国际干旱地区农业研究中心引进的种质资源中系统选育而成，原品系代号：2014Y-Lcus。云南省保存单位编号：Y00116。

【特征特性】 中晚熟品种，生育期198d。矮生直立，株高59.0cm，无限开花结荚习性。分枝力中等，主茎分枝3.0个。花白色，荚椭圆形，硬荚，鲜荚绿色，成熟荚浅黄色。干籽粒种皮白色，子叶白色，籽粒凹凸不平，鹰头形，干籽粒百粒重43.8g。干籽粒蛋白质含量14.80%，淀粉含量46.67%，总糖含量3.94%。

【产量表现】 云南省区域试验干籽粒平均产量7223.0kg/hm^2，增产21.5%。生产试验干籽粒平均产量4650.0kg/hm^2。

【利用价值】 鲜食菜用或者干籽粒加工。

【栽培要点】 秋播区域以9月中旬为最佳播种期。中等肥力田块按30万～38万株/hm^{2}计算播种量。用普通过磷酸钙+硫酸钾作为种肥或苗肥施用，施用量按普通过磷酸钙450kg/hm^2+硫酸钾150kg/hm^{2}计算。结荚期根据田间情况灌水1次，同时追施氮素化肥（按75～90kg/hm^{2}计算，将氮素化肥溶于水中，浇在植株根部）。花荚期及时防治叶斑病和蚜虫，结荚期严格防治螟虫。

【适宜地区】 适宜在云南省海拔1200～1700m的旱作区域秋季栽培种植。

撰稿人： 何玉华　王丽萍　吕梅媛　郑爱清

2 云鹰2号

【品种来源】 云南省农业科学院粮食作物研究所于2006年从国际干旱地区农业研究中心引进的种质资源中系统选育而成，原品系代号：2014Y-085。云南省保存单位编号：Y00124。

【特征特性】 中晚熟品种，生育期195d。矮生直立，株高55.0cm，有限开花结荚习性。主茎分枝3.0个。花白色，多花花序。干籽粒种皮白色，子叶白色，籽粒凹凸不平，鹰头形，干籽粒百粒重53.0g。耐旱，耐寒。

【产量表现】 云南省区域试验干籽粒平均产量2667.0kg/hm^2，增产10.2%。生产试验干籽粒平均产量2460.0kg/hm^2。

【利用价值】 鲜食菜用或者干籽粒加工。

【栽培要点】 秋播区域以9月中旬为最佳播种期。中等肥力田块按48万～55万株/hm^{2}计算播种量。用普通过磷酸钙+硫酸钾作为种肥或苗肥施用，施用量按普通过磷酸钙450kg/hm^2+硫酸钾150kg/hm^{2}计算。结荚期根据田间情况灌水1次，同时追施氮素化肥（按75～90kg/hm^{2}计算，将氮素化肥溶于水中，浇在植株根部）。花荚期及时防治叶斑病和蚜虫，结荚期严格防治螟虫。

【适宜地区】 适宜在云南省海拔1200～1700m的旱作区域秋季栽培种植。

撰稿人：何玉华　王丽萍　吕梅媛　杨　峰

3 羽扇豆631

【品种来源】 云南省农业科学院粮食作物研究所于2006年从美国农业部农业研究服务中心引进的种质资源中系统选育而成，原品系代号：2016YS-421。云南省保存单位编号：P00631。

【特征特性】 晚熟、大粒型羽扇豆，秋播生育期208d。花白色，总状花序顶生，有限结荚习性，株型紧凑，株高154.0cm。主茎无分枝，单株荚数24.0个，单株粒数75.0粒。百粒重41.1g，干籽粒种皮乳白色，种脐白色。抗白粉病。

【产量表现】 云南省试验区平均产量4110.0kg/hm²。

【利用价值】 干籽粒食品加工、油料生产及饲用。

【栽培要点】 秋播区域最适播种期为9月上旬至10月上旬，无霜区域可适当早播、适当稀播，选择壤土土质旱地种植，按中等肥力15万株/hm²计算，根据土壤肥力状况作增减调整。播种时行距按照50～60cm，株距按播种量调整。在翻犁整地之前施入适量农家肥作底肥，或者按普通过磷酸钙750kg/hm²、硫酸钾225kg/hm²计算用量，播种厢面宽视土壤墒情定，用发酵充分的农家肥盖种。现蕾期中耕除草1次，使土壤疏松，促进根系发育及根瘤生长。开花至灌浆期灌水2次。严格控制蚜虫、潜叶蝇。

【适宜地区】 适宜在云南省海拔1400～1700m的秋播蚕豆产区栽培，以及近似生境的区域种植生产。

撰稿人： 何玉华　王丽萍　吕梅媛　于海天

4 羽扇豆688

【品种来源】 云南省农业科学院粮食作物研究所于2006年从美国农业部农业研究服务中心引进的种质资源中系统选育而成，原品系代号：2016YS-728。云南省保存单位编号：P00688。

【特征特性】 中晚熟、大粒型羽扇豆，秋播生育期215d。花深紫色，总状花序顶生，有限结荚习性，株型松散，株高75.0cm。主茎分枝6.0个，单株荚数51.0个，单株粒数149.0粒，百粒重61.1g，干籽粒种皮青褐色带黑斑纹，种脐黑色。抗白粉病。

【产量表现】 云南省试验区平均产量3560.0kg/hm²。

【利用价值】 干籽粒饲用、园艺观赏栽培用。

【栽培要点】 秋播区域最适播种期为9月上旬至10月上旬，无霜区域可适当早播、适当稀播，选择砂壤土质旱地种植，按中等肥力15万株/hm²计算，根据土壤肥力状况作增减调整。播种时行距按照40～50cm，株距按播种量调整。在翻犁整地之前施入适量农家肥作底肥，或者按普通过磷酸钙750kg/hm²、硫酸钾225kg/hm²计算用量，播种厢面宽视土壤墒情定，用发酵充分的农家肥盖种。现蕾期中耕除草1次，使土壤疏松，促进根系发育及根瘤生长。开花至灌浆期灌水2次。严格控制蚜虫、潜叶蝇。

【适宜地区】 适宜在云南省海拔1400～1700m的秋播蚕豆产区栽培，以及近似生境的区域种植生产。

撰稿人：何玉华　王丽萍　吕梅媛　胡朝芹

5　洱源荷包豆

【品种来源】 云南省利马豆传统优良地方品种，品种名称：洱源荷包豆。云南省保存单位编号：N00027。

【特征特性】 中晚熟型品种。生育期178d，蔓生，无限开花习性。幼茎绿色，成熟茎褐黄色，主茎分枝3.0个，小叶宽卵圆形，花白色，多花花序。荚质硬，荚短宽扁形，荚长9.0cm，鲜荚绿色，成熟荚浅黄褐色，籽粒白底红花纹，子叶白色，籽粒扁宽、肾形，单株荚数102.0个，单荚粒数2～3粒，百粒重165.2g。

【产量表现】 大田生产干籽粒产量3170.0～4400.0kg/hm^2，平均产量3860.0kg/hm^2，比当地同类品种平均增产15.3%。

【利用价值】 鲜籽粒、干籽粒生产，粒形、粒色外观及吃味品质好，属优异外贸商品。

【栽培要点】 4月至5月中旬播种均可。按中等肥力田地10.5万株/hm^{2}播种，双粒播种，根据土肥力状况作增减调整；行距80～100cm，株距按播种量调整，选择开厢条播，出苗后15～20d，采用双行交叉撑杆搭架构成稳定藤蔓攀援结构，一般撑杆高2.5～3.0m。厢面宽视土壤供水条件定，一般为1.5～2.0m；施用氮磷钾复合肥及农家肥，根据土壤肥力状况决定用量，以尿素用量不超过225kg/hm^{2}计算氮肥用量，作种肥和苗肥分2次施用。严格控制真菌病和病毒病，以及刺吸式口器和咀嚼式口器的害虫。

【适宜地区】 适宜在云南省海拔900～1800m的区域，或者生境条件近似的菜豆产区栽培种植。

撰稿人：何玉华　王丽萍　吕梅媛　杨　新

参 考 文 献

白鹏，程须珍，王丽侠，等. 2014. 小豆种质资源农艺性状综合鉴定与评价. 植物遗传资源学报，15(6)：1209-1215.

包世英. 2016. 蚕豆生产技术. 北京：北京教育出版社.

陈红霖，胡亮亮，杨勇，等. 2020. 481份国内外绿豆种质农艺性状及豆象抗性鉴定评价及遗传多样性分析. 植物遗传资源学报，21(3)：549-559.

陈红霖，田静，朱振东，等. 2021. 中国食用豆产业和种业发展现状与未来展望. 中国农业科学，54(3)：493-503.

陈新. 2016. 豇豆生产技术. 北京：北京教育出版社.

程须珍. 2016. 绿豆生产技术. 北京：北京教育出版社.

程须珍，王述民. 2009. 中国食用豆类品种志. 北京：中国农业科学技术出版社.

程须珍，王素华，王丽侠，等. 2006a. 绿豆种质资源描述规范和数据标准. 北京：中国农业出版社.

程须珍，王素华，王丽侠，等. 2006b. 小豆种质资源描述规范和数据标准. 北京：中国农业出版社.

公丹，王素华，程须珍，等. 2020. 普通豇豆应用核心种质的SSR指纹图谱构建及多样性分析. 作物杂志，(4)：79-83.

姜俊烨，杨涛，王芳，等. 2014. 国内外蚕豆核心种质SSR遗传多样性对比及微核心种质构建. 作物学报，40(7)：1311-1319.

林汝法. 2012. 中国食用豆类的历史和现状//吉林省农特产品加工协会. 第五届全国杂粮产业大会论文集：12-14.

刘玉皎，侯万伟. 2011. 青海蚕豆种质资源AFLP多样性分析和核心资源构建. 甘肃农业大学学报，46(4)：62-68.

刘长友，王素华，王丽侠，等. 2008. 中国绿豆种质资源初选核心种质构建. 作物学报，34(4)：700-705.

龙珏臣，张继君，龚万灼，等. 2019. 重庆地区豌豆（ *Pisum sativum* L.）种质资源收集与多样性分析. 植物遗传资源学报，20(1)：137-145.

田静. 2016. 小豆生产技术. 北京：北京教育出版社.

王兰芬，武晶，王昭礼，等. 2016. 普通菜豆种质资源表型鉴定及多样性分析. 植物遗传资源学报，17(6)：976-983.

王丽侠，程须珍，王素华，等. 2013. 我国小豆应用核心种质的生态适应性及评价利用. 植物遗传资源学报，14(5)：794-799.

王佩芝，李锡香，等. 2006. 豇豆种质资源描述规范和数据标准. 北京：中国农业出版社.

王述民. 2016. 普通菜豆生产技术. 北京：北京教育出版社.

王述民，张亚芝，魏淑红，等. 2006. 普通菜豆种质资源描述规范和数据标准. 北京：中国农业出版社.

郑卓杰. 1997. 中国食用豆类学. 北京：中国农业出版社.

宗绪晓. 2016. 豌豆生产技术. 北京：北京教育出版社.

宗绪晓, 包世英, 关建平, 等. 2006. 蚕豆种质资源描述规范和数据标准. 北京：中国农业出版社.

宗绪晓, 关建平, 顾竟, 等. 2009. 中国和国际豌豆核心种质群体结构与遗传多样性差异分析. 植物遗传资源学报, 10(3): 347-353.

宗绪晓, 王志刚, 关建平, 等. 2005. 豌豆种质资源描述规范和数据标准. 北京：中国农业出版社.

Chen H L, Chen H, Hu L L, et al. 2017a. Genetic diversity a population structure analysis of an accessions in the Chinese cowpea [*Vigna unguiculata* (L.) Walp.] germplasm collection. The Crop Journal, 5(5): 363-372.

Chen H L, Liu L P, Wang L X, et al. 2015b. Development of SSR markers and assessment of genetic diversity of adzuki bean in the Chinese germplasm collection. Molecular Breeding, 35: 191.

Chen H L, Liu L P, Wang L X, et al. 2016. VrDREB2A, a DREB-binding transcription factor from *Vigna radiata*, increased drought and high-salt tolerance in transgenic *Arabidopsis thaliana*. Journal of Plant Research, 129(2): 263-273.

Chen H L, Qiao L, Wang L X, et al. 2015a. Assessment of genetic diversity and population structure of mung bean (*Vigna radiata*) germplasm using EST-based and genomic SSR markers. Gene, 566: 175-183.

Chen J B, Wang S M, Jing R L, et al. 2009. Cloning the *PvP5CS* gene from common bean (*Phaseolus vulgaris*) and its expression patterns under abiotic stresses. Journal of Plant Physiology, 166(1): 12-19.

Chen M L, Wu J, Wang L F, et al. 2017b. Mapping and genetic structure analysis of the anthracnose resistance locus *Co-1HY* in the common bean (*Phaseolus vulgaris* L.). PLOS ONE, 12(1): e0169954.

Chotechung S, Somta P, Chen J B, et al. 2016. A gene encoding a polygalacturonase-inhibiting protein (PGIP) is a candidate gene for bruchid (Coleoptera: Bruchidae) resistance in mungbean (*Vigna radiata*). Theoretical and Applied Genetics, 129(9): 1673-1683.

Kaewwongwal A, Chen J B, Somta P, et al. 2017. Novel alleles of two tightly linked genes encoding polygalacturonase-inhibiting proteins (VrPGIP1 and VrPGIP2) associated with the *Br* locus that confer bruchid (*Callosobruchus* spp.) resistance to mungbean (*Vigna radiata*) accession V2709. Frontier in Plant Science, 8: 1692.

Sun S L, Deng D, Wang Z Y, et al. 2016. A novel *er1* allele and the development and validation of its functional marker for breeding pea (*Pisum sativum* L.) resistance to powdery mildew. Theoretical and Applicd Genetics, 129(5): 909-919.

Wang H F, Zong X X, Guan J P, et al. 2012. Genetic diversity and relationship of global faba bean (*Vicia faba* L.) germplasm revealed by ISSR markers. Theoretical and Applied Genetics, 124(5): 789-797.

Wu J, Wang L F, Fu J J, et al. 2020. Resequencing of 683 common bean genotypes identifies yield component trait associations across a north-south cline. Nature Genetics, 52(1): 118-125.

Xue R F, Wu X N, Wang Y J, et al. 2017. Hairy root transgene expression analysis of a secretory peroxidase (*PvPOX1*) from common bean infected by *Fusarium* wilt. Plant Science, 260: 1-7.

Yundaeng C, Somta P, Chen J B, et al. 2020. Candidate gene mapping reveals *VrMLO12* (*MLO* Clade Ⅱ) is associated with powdery mildew resistance in mungbean [*Vigna radiata* (L.) Wilczek]. Plant Science, 298: 110594.

Yundaeng C, Somta P, Chen J B, et al. 2021. Fine mapping of QTL conferring Cercospora leaf spot disease resistance in mungbean revealed TAF5 as candidate gene for the resistance. Theoretical and Applied Genetics, 134(2): 701-714.

Zhang X Y, Blair M W, Wang S M. 2008. Genetic diversity of Chinese common bean (*Phaseolus vulgaris* L.) landraces assessed with simple sequence repeat markers. Theoretical and Applied Genetics, 117(4): 629-640.

Zong X X, Redden R J, Liu Q C, et al. 2009. Analysis of a diverse global *Pisum* sp. collection and comparison to a Chinese local *P. sativum* collection with microsatellite markers. Theoretical and Applied Genetics, 118(2): 193-204.

附 表

豆种	序号	品种名称	品种来源	育种单位	全国统一编号	品种审（认、鉴）定、登记编号	种皮颜色	百粒重/g
绿豆	1	中绿6号	品绿5558/中绿2号	中国农业科学院作物科学研究所	C06560	京品鉴杂2009001	绿（光）	6.5~7.0
绿豆	2	中绿7号	品绿5558/中绿2号	中国农业科学院作物科学研究所	C06561	京品鉴杂2013020	绿（光）	6.5
绿豆	3	中绿8号	CN36航天诱变育种	中国农业科学院作物科学研究所	C06562	京品鉴杂2011027	绿（光）	7.2
绿豆	4	中绿9号	中绿2号/CN60	中国农业科学院作物科学研究所	C06563	京品鉴杂2011028	绿（光）	7.5
绿豆	5	中绿10号	冀绿2号/VC2917A	中国农业科学院作物科学研究所	C06564	京品鉴杂2009002、豫品鉴绿2012002	绿（光）	6.5
绿豆	6	中绿11号	D0245-1/VC2917A	中国农业科学院作物科学研究所	C06565	黑登记2010004	绿（光）	6.5
绿豆	7	中绿12号	中绿2号航天诱变育种	中国农业科学院作物科学研究所	C06566	京品鉴杂2010022	绿（光）	6.5
绿豆	8	中绿13号	黑珍珠航天诱变育种	中国农业科学院作物科学研究所	C06567	京品鉴杂2010023	黑（光）	6.5
绿豆	9	中绿14	明绿245/中绿2号	中国农业科学院作物科学研究所	C06568	京品鉴杂2012032	绿（光）	7.0
绿豆	10	中绿15	中绿2号航天诱变育种	中国农业科学院作物科学研究所	C07472	渝品审鉴2014009	绿（光）	6.3
绿豆	11	中绿16号	中绿1号/山西绿豆	中国农业科学院作物科学研究所	C07473	京品鉴杂2014026	黄（光）	7.3
绿豆	12	中绿17号	中绿1号/河南黑绿豆	中国农业科学院作物科学研究所	C07474	京品鉴杂2014027	黑（光）	7.5
绿豆	13	中绿18号	河南汝阳绿豆系统选育	中国农业科学院作物科学研究所	C07475	京品鉴杂2014028	蓝青（光）	6.5
绿豆	14	中绿19号	宁夏陶乐绿豆系统选育	中国农业科学院作物科学研究所	C07476	京品鉴杂2014029	褐（光）	6.5
绿豆	15	中绿20	冀绿2号/D0992	中国农业科学院作物科学研究所	C07477	京品鉴杂2016076	绿（光）	6.0
绿豆	16	中绿21	冀绿7号/D0811	中国农业科学院作物科学研究所	C07478	京品鉴杂2016077	绿（光）	6.2
绿豆	17	中绿22	C1799/中绿1号//C2914	中国农业科学院作物科学研究所	C07479	京品鉴杂2016078	蓝青（光）	5.8
绿豆	18	中绿23	冀绿2号/VC2917A	中国农业科学院作物科学研究所	C07480	国品鉴绿豆2020001	绿（光）	6.5
绿豆	19	品绿08106	VC1973A/VC1628A	中国农业科学院作物科学研究所	C07481		绿（光）	6.4
绿豆	20	品绿08116	CN36航天诱变育种	中国农业科学院作物科学研究所	C07482		绿（光）	6.6

续表

豆种	序号	品种名称	品种来源	育种单位	全国统一编号	品种审（认、鉴）定、登记编号	种皮颜色	百粒重/g
绿豆	21	冀绿7号	河南优资92-53/冀绿2号	河北省农林科学院粮油作物研究所	C06383	省级登记号：20070220，蒙认豆2012002号，渝品审鉴2013004，新农登字（2013）第30号	绿（光）	6.8
绿豆	22	冀绿9号	冀绿2号/河南黑绿豆	河北省农林科学院粮油作物研究所	C06385	省级登记号：20070219，新农登字（2013）第31号	黑（光）	5.2
绿豆	23	冀绿10号	冀绿2号/优资92-53	河北省农林科学院粮油作物研究所	C06639	国品鉴绿2012002	绿（光）	6.0
绿豆	24	冀黑绿12号	冀绿9号/冀绿7号	河北省农林科学院粮油作物研究所	C07483	渝品审鉴2013003	黑（光）	5.8
绿豆	25	冀绿13号	冀绿9901/豫绿87-238	河北省农林科学院粮油作物研究所	C07466	国品鉴绿2015024	绿（光）	5.7～6.3
绿豆	26	冀绿15号	抗豆象绿豆资源4/保942-34	河北省农林科学院粮油作物研究所	C07467	省级登记号：20180062	绿（光）	5.6
绿豆	27	冀绿17号	V1128/冀绿7号	河北省农林科学院粮油作物研究所	C07468	省级登记号：20191695	绿（光）	5.9
绿豆	28	冀绿19号	品系9814-4-3/豫绿2号//保942-34/优资92-53	河北省农林科学院粮油作物研究所	C07469	省级登记号：20200564	绿（光）	7.1
绿豆	29	冀绿20号	保942-34/潍9002-341	河北省农林科学院粮油作物研究所	C07470	国品鉴绿豆2020002	绿（毛）	7.7
绿豆	30	冀绿0204	品系9802反-10/冀绿2号	河北省农林科学院粮油作物研究所	C07484		绿（光）	5.8
绿豆	31	冀绿0514	V1128/品系9802-19-2	河北省农林科学院粮油作物研究所	C07485		绿（光）	6.8
绿豆	32	冀绿0713-4	品系0504-1/冀绿7号	河北省农林科学院粮油作物研究所	C07486		绿（光）	5.5
绿豆	33	冀绿0802	品系9820-14-4/冀绿2号	河北省农林科学院粮油作物研究所	C07487		绿（光）	5.6
绿豆	34	冀绿1023	品系9803-1-3-5-1/优资92-53	河北省农林科学院粮油作物研究所	C07488		绿（光）	6.5
绿豆	35	宝绿1号	冀绿2号/绿丰3号//保M887-1	河北省保定市农业科学院	C06443	陕绿登字2013001号	绿（光）	5.9
绿豆	36	宝绿2号	冀绿2号/C225	河北省保定市农业科学院	C06439	陕绿登字2013002号	绿（光）	5.6
绿豆	37	冀绿11号	冀绿2号/郑90-1	河北省保定市农业科学院	C06638	省级登记号：20113041	绿（光）	5.8
绿豆	38	冀绿14号	保865-18-9/冀绿2号	河北省保定市农业科学院	C07489	国品鉴绿2015026	绿（光）	5.6～6.0
绿豆	39	冀绿16号	保绿200143-10/保绿942	河北省保定市农业科学院	C07490	省级登记号：20180817	绿（光）	5.9
绿豆	40	冀绿21号	保绿200153-7/冀绿2号	河北省保定市农业科学院	C06743	省级登记号：20210704	黑（光）	6.8
绿豆	41	保绿200621-18	保绿200143-10/保绿942	河北省保定市农业科学院	C06742		绿（光）	6.6

续表

豆种	序号	保绿名称	品种来源	育种单位	全国统一编号	品种审（认、鉴）定、登记编号	种皮颜色	百粒重/g
绿豆	42	保绿201321-7	冀绿0514/冀绿11号	河北省保定市农业科学院	C07491		绿（光）	6.5
绿豆	43	冀绿22号	保绿200409-16/保绿200143-10	河北省保定市农业科学院	C06738	省级登记号：20210705	绿（光）	6.6
绿豆	44	保绿201012-7	保绿200143-10//保绿942/安07-3B	河北省保定市农业科学院	C06739		绿（光）	6.0
绿豆	45	保绿201323-3	冀绿0514/冀绿2号	河北省保定市农业科学院	C07492		绿（光）	6.6
绿豆	46	保绿201323-3	冀绿0514/冀绿7号	河北省保定市农业科学院	C07493		绿（光）	6.7
绿豆	47	张绿1号	绿豆92-9/张家口鹦哥绿豆	河北省张家口市农业科学院	C07494	省级登记号：20133148	绿（光）	6.5
绿豆	48	冀张绿2号	张家农家种系统选育	河北省张家口市农业科学院	C07495	省级登记号：20161134	绿（光）	5.6
绿豆	49	鹦哥1号	C0377/蔚县绿豆	河北省张家口市农业科学院	C07496	省级登记号：20192573	绿（光）	4.2
绿豆	50	鹦哥2号	品系9910-5-1-86-27-33/白绿豆8号	河北省张家口市农业科学院	C07497	省级登记号：20192574	绿（光）	7.3
绿豆	51	晋绿豆7号	NM92/VC1973A/TC1966	山西省农业科学院作物科学研究所	C07498	晋审绿（认）2011001	绿（光）	6.5
绿豆	52	晋绿豆8号	串稻-1/VC1973A	山西省农业科学院作物科学研究所	C07499	晋审绿（认）2014001	绿（光）	6.5
绿豆	53	晋绿1009-2	晋绿豆1号/早绿1号	山西省农业科学院作物科学研究所	C07500		绿（光）	6.5
绿豆	54	晋绿9号	灵丘小明绿豆系统选育	山西省农业科学院作物科学研究所	C07501	晋审绿（认）2015001	绿（光）	5.2～6.2
绿豆	55	同绿5号	9911-4/冀绿1号	山西省农业科学院高寒区作物研究所	C07502	晋杂粮202105	绿（毛）	5.3
绿豆	56	同绿6号	LD23/绿豆9239-8	山西省农业科学院高寒区作物研究所	C07503	晋杂粮202106	绿（光）	6.2
绿豆	57	黄美绿	LD18/冀绿9239-8	山西省农业科学院高寒区作物研究所	C07504	晋认杂粮202104	绿（光）	5.2
绿豆	58	科绿1号	包头大明绿豆（C04786）系统选育	内蒙古自治区农牧业科学院植物保护研究所	C06653	蒙认豆2012001号	绿（光）	6.4
绿豆	59	科绿2号	土城绿豆（C04795）系统选育	内蒙古自治区农牧业科学院植物保护研究所	C07505	国品鉴绿豆2020003	绿（光）	5.5
绿豆	60	辽绿9号	大明绿系统选育	辽宁省农业科学院作物研究所	C07506	辽备杂粮[2011]67号	绿（光）	6.2
绿豆	61	辽绿10号	辽绿6号60Co-γ射线辐射诱变育种	辽宁省农业科学院作物研究所	C06651	辽备杂粮[2011]68号	绿（光）	6.3
绿豆	62	辽绿11	辽绿6号60Co-γ射线辐射诱变育种	辽宁省农业科学院作物研究所	C06678	辽备杂粮2013002	绿（光）	5.9
绿豆	63	辽绿29	阜绿2号/保绿942-34	辽宁省经济作物研究所	C06679	辽备杂粮2013003	绿（光）	6.2
绿豆	64	吉绿5号	大鹦哥绿/绿豆103	吉林省农业科学院作物育种研究所	C06507	吉登绿2009003	绿（光）	6.6

续表

豆种	序号	品种名称	品种来源	育种单位	全国统一编号	品种审（认、鉴）定、登记编号	种皮颜色	百粒重/g
绿豆	65	吉绿6号	农家品种7008/白绿522	吉林省农业科学院作物育种研究所	C06508	吉登绿豆2010002	绿（光）	7.1
绿豆	66	吉绿7号	白925/高阳绿豆	吉林省农业科学院作物育种研究所	C06509	吉登绿豆2010003	绿（光）	6.7
绿豆	67	吉绿8号	内蒙古农家品种系选育	吉林省农业科学院作物育种研究所	C06510	吉登绿豆2011003	绿（光）	3.8
绿豆	68	吉绿9号	白绿522/自选材料T62-2	吉林省农业科学院作物育种研究所	C07507	吉登绿豆2013002	绿（光）	6.8
绿豆	69	吉绿10号	河北省农家种系选育	吉林省农业科学院作物资源研究所	C07508	吉登绿豆2014002	绿（光）	5.1
绿豆	70	吉绿11号	农家品种5号/白绿522	吉林省农业科学院作物资源研究所	C07509	吉登绿豆2014001	绿（光）	6.2
绿豆	71	吉绿12号	自选材料T62-2/白绿522	吉林省农业科学院作物资源研究所	C07510	吉登绿豆2015003	绿（光）	6.3
绿豆	72	吉绿13号	河北省农家品种JLE/WY.MR-1	吉林省农业科学院作物资源研究所	C07511	吉登绿豆2016001	绿（光）	5.7
绿豆	73	白绿8号	外引材料88012/大鹦哥绿925	吉林省白城市农业科学院	C05787	国品鉴绿豆2013005	绿（光）	6.4~6.8
绿豆	74	白绿9号	鹦哥绿925/外引材料88071	吉林省白城市农业科学院	C06396	国品鉴绿豆2020006	绿（光）	6.9
绿豆	75	白绿10号	大鹦哥绿/中绿1号	吉林省白城市农业科学院	C05724	吉登绿豆2010001	绿（光）	6.6
绿豆	76	白绿11号	农家品种88071/中绿1号	吉林省白城市农业科学院	C06646	吉登绿豆2011001	绿（光）	4.8
绿豆	77	白绿12号	白绿522/VC1978A	吉林省白城市农业科学院	C05247	吉登绿豆2012001	绿（光）	5.2
绿豆	78	白绿13	大鹦哥绿925/外引材料88071-2	吉林省白城市农业科学院	C05784	吉登绿豆2013001	绿（光）	5.4
绿豆	79	白绿14号	白绿522/中绿2号	吉林省白城市农业科学院	C07512	吉登绿豆2015001	绿（光）	6.7
绿豆	80	白绿15号	白绿6号/中绿2号	吉林省白城市农业科学院	C07513	吉登绿豆2016002	绿（光）	7.3
绿豆	81	大鹦哥绿985	外引材料88071-2/大鹦哥绿925	吉林省白城市农业科学院	C07514	吉登绿豆2009001	绿（光）	6.6
绿豆	82	嫩绿1号	8302/82101	黑龙江省农业科学院齐齐哈尔分院	C05633	国品鉴绿豆2006018	绿（光）	6.3~6.7
绿豆	83	嫩绿2号	绿丰1号/JD0809	黑龙江省农业科学院齐齐哈尔分院	C06645	黑登记2012004	绿（光）	6.5
绿豆	84	嫩绿3号	012-96/中绿11号	黑龙江省农业科学院齐齐哈尔分院	C07515	国品鉴绿豆2020007	绿（毛）	7.2
绿豆	85	嫩绿4号	012-96/中绿11号	黑龙江省农业科学院齐齐哈尔分院	C07516		绿（光）	6.4
绿豆	86	嫩绿7号	白绿8号系统选育	黑龙江省农业科学院齐齐哈尔分院	C07517		绿（光）	6.8
绿豆	87	嫩绿8号	绿丰3号/3737A	黑龙江省农业科学院齐齐哈尔分院	C07518		绿（光）	6.4
绿豆	88	苏绿2号	中绿1号/VC2709	江苏省农业科学院	C06649	苏鉴绿豆201101	黄（光）	6.2
绿豆	89	苏绿3号	Korea7/中绿1号	江苏省农业科学院	C07519	苏鉴绿豆201102	绿（光）	6.3

续表

豆种	序号	品种名称	品种来源	育种单位	全国统一编号	品种审（认、鉴）定、登记编号	种皮颜色	百粒重/g
绿豆	90	苏绿4号	黑绿1号/中绿1号	江苏省农业科学院	C07520	苏鉴绿豆201501	黑（光）	5.2
绿豆	91	苏绿6号	苏绿1号/抗豆象泰抗1号	江苏省农业科学院	C07521	苏鉴绿豆201502	绿（光）	6.8
绿豆	92	苏绿7号	苏绿1号/泰引6号	江苏省农业科学院	C07522	苏鉴绿豆201503	绿（光）	6.4
绿豆	93	苏绿11-3	苏绿1号/泰抗1号	江苏省农业科学院	C07523		绿（光）	6.8
绿豆	94	苏绿11-4	苏绿1号/泰抗1号	江苏省农业科学院	C07524		绿（光）	6.0
绿豆	95	苏绿12-5	苏绿2号/泰引2号	江苏省农业科学院	C07525		绿（光）	6.0
绿豆	96	苏绿15-11	苏绿2号/中绿2号	江苏省农业科学院	C07526		绿（光）	5.8
绿豆	97	苏绿16-10	苏绿2号/泰引3号	江苏省农业科学院	C07527		绿（光）	5.5
绿豆	98	苏绿19-013	苏绿1号/晋绿4号	江苏省农业科学院	C07528		绿（光）	6.5
绿豆	99	苏绿19-118	苏绿1号/苏绿11-23	江苏省农业科学院	C07529		绿（光）	6.2
绿豆	100	通绿1号	V3726/苏绿1号	江苏沿江地区农业科学研究所	C07530	苏鉴绿豆201103	绿（光）	6.2
绿豆	101	皖科绿1号	安徽省地方资源系统选育	安徽省农业科学院作物研究所	C07531	皖品鉴登字第1211001	绿（光）	6.6
绿豆	102	皖科绿2号	安徽省地方资源系统选育	安徽省农业科学院作物研究所	C07532	皖品鉴登字第1211002	绿（光）	5.8
绿豆	103	皖科绿3号	安徽省地方资源系统选育	安徽省农业科学院作物研究所	C07533	皖品鉴登字第1211003	绿（光）	6.9
绿豆	104	潍绿8号	潍绿32-1/潍绿1号	山东省潍坊市农业科学院	C07534	鲁农审2010045号	绿（毛）	6.0
绿豆	105	潍绿9号	潍绿371/潍绿32-1	山东省潍坊市农业科学院	C07535	鲁农审2010046号	绿（光）	5.5
绿豆	106	潍绿12	潍绿371/潍绿32-1	山东省潍坊市农业科学院	C07536	国鉴绿豆2012003	绿（光）	6.5
绿豆	107	潍科绿05-8	潍绿4号/LD05-07	山东省潍坊市农业科学院	C07537	国品鉴绿豆2020008	绿（光）	5.7
绿豆	108	潍绿12	潍绿371/潍绿341	山东省潍坊市农业科学院	C07538		绿（光）	7.1
绿豆	109	潍绿50934	潍绿8号/LD05-01	山东省潍坊市农业科学院	C07539		绿（光）	4.5
绿豆	110	潍绿52500	潍绿4号/LD05-07	山东省潍坊市农业科学院	C07540		绿（光）	5.8
绿豆	111	宛绿2号	冀绿7号/苏90-6	河南省南阳市农业科学院	C07542	国品鉴绿豆2020009	绿（光）	5.2
绿豆	112	宛绿7号	中绿9号/郑绿8号	河南省南阳市农业科学院	C07545	豫品鉴绿豆2021003	绿（光）	5.0
绿豆	113	宛黑绿1号	苏绿1号/国绿8号	河南省南阳市农业科学院	C07541		黑（光）	5.1
绿豆	114	宛绿5号	中绿9号/郑绿8号	河南省南阳市农业科学院	C07543		绿（光）	4.8

续表

豆种	序号	品种名称	品种来源	育种单位	全国统一编号	品种审（认、鉴）定、登记编号	种皮颜色	百粒重/g
绿豆	115	宛绿6号	冀绿7号/苏90-6	河南省南阳市农业科学院	C07544		绿（光）	4.6
绿豆	116	鄂绿4号	鄂绿2号/蔓绿豆	湖北省农业科学院粮食作物研究所	C07546	鄂审杂2009001	黑	5.1
绿豆	117	鄂绿5号	中绿5号/竹溪绿豆	湖北省农业科学院粮食作物研究所	C07547	鄂审杂2014001	绿（光）	6.1
绿豆	118	桂绿豆L74号	XLD04-07-1/XLD04-06-7	广西壮族自治区农业科学院水稻研究所	C07548	桂审豆2015006号	绿（光）	6.8
绿豆	119	桂绿豆18-98	广西地方品种黄荚绿豆系统选育	广西壮族自治区农业科学院水稻研究所	C07549		绿	6.5
绿豆	120	渝绿1号	中绿5号/冀黑绿12号	重庆市农业科学院	C07550	渝品审鉴2017005	绿（光）	6.6
绿豆	121	渝绿2号	中绿5号/冀黑绿12号	重庆市农业科学院	C07551	渝品审鉴2017006	绿（光）	4.8
绿豆	122	渝黑绿豆3号	中绿5号/冀黑绿12号	重庆市农业科学院	C07552	渝品审鉴2018031	黑	5.4
绿豆	123	榆绿1号	横山大明绿豆系统选育	山西省榆林市横山区农业技术推广中心	C07553	陕豆登字2010001号	绿（光）	7.0～8.5
小豆	1	中红6号	冀红3号/宝清红	中国农业科学院作物科学研究所	B05437	京品鉴杂2010021	红色	18.0～23.0
小豆	2	中红7号	日本红小豆/京小豆3号	中国农业科学院作物科学研究所	B05438	黑登记2011007	红色	21.0
小豆	3	中红8号	冀红4号/宝清红	中国农业科学院作物科学研究所	B05439	京品鉴杂2011029	红色	18.0～21.0
小豆	4	中红9号	冀红4号/日本大纳言	中国农业科学院作物科学研究所	B05440	京品鉴杂2011030	红色	18.0
小豆	5	中红10号	冀红4号/E0944	中国农业科学院作物科学研究所	B05441	京品鉴杂2012033	红色	17.0
小豆	6	中红11	密云红小豆/天津红	中国农业科学院作物科学研究所	B05442	京品鉴杂2012034	红色	19.0
小豆	7	中红12	冀红4号/E1154	中国农业科学院作物科学研究所	B05443	京品鉴杂2013021，苏鉴小豆201506	红色	18.0
小豆	8	中红13	E0744/冀8956	中国农业科学院作物科学研究所	B05444	京品鉴杂2013022	红色	17.6
小豆	9	中红14	保M908-15/品红962	中国农业科学院作物科学研究所	B06220	京品鉴杂2016073	红色	17.5
小豆	10	中红15	冀红8937/品红961	中国农业科学院作物科学研究所	B06221	京品鉴杂2016074	红色	14.3
小豆	11	中红16	冀红4号/密云红小豆	中国农业科学院作物科学研究所	B06222	京品鉴杂2016075	红色	11.5
小豆	12	中红21	2000-89/冀红4号	中国农业科学院作物科学研究所	B06223	国品鉴豆2020001	红色	13.1
小豆	13	中农白小豆1号	山西临县小豆系统选育	中国农业科学院作物科学研究所	B06224	京品鉴杂2015040	黄白色	14.0

续表

豆种	序号	品种名称	品种来源	育种单位	全国统一编号	品种审（认、鉴）定、登记编号	种皮颜色	百粒重/g
小豆	14	中农黑小豆1号	河南汝阳黑小豆系统选育	中国农业科学院作物科学研究所	B06225	京品鉴杂2015041	黑色	13.0
小豆	15	中农黄小豆1号	山西隰县小豆系统选育	中国农业科学院作物科学研究所	B06226	京品鉴杂2015042	杏黄色	15.5
小豆	16	中农绿小豆1号	山西隰县小豆系统选育	中国农业科学院作物科学研究所	B06227	京品鉴杂2015043	绿色	15.0
小豆	17	品红2011-20	冀红4号/京农5号	中国农业科学院作物科学研究所	B06229		红色	12.4
小豆	18	品红2013-161	冀红4号/京农5号	中国农业科学院作物科学研究所	B06228		红色	20.0
小豆	19	冀红15号	冀红9218/保8824-17	河北省农林科学院粮油作物研究所	B06216	国品鉴杂2015032	红色	16.8～17.7
小豆	20	冀红16号	冀红8936-6211/保M908	河北省农林科学院粮油作物研究所	B06217	国品鉴杂2015033	红色	18.6～19.1
小豆	21	冀红17	冀红8936-621/保M908-5	河北省农林科学院粮油作物研究所	B06230	省级登记号：2018063	红色	18.2
小豆	22	冀红20	山西大粒/小豆品系9901-1-1-2	河北省农林科学院粮油作物研究所	B06218	省级登记号：2019694	红色	17.6
小豆	23	冀红22号	冀红9218-816/冀红3号	河北省农林科学院粮油作物研究所	B06219	国品鉴小豆2020002	红色	16.2
小豆	24	冀红0001-15	品系8936-6211/保M908-5	河北省农林科学院粮油作物研究所	B06231		红色	17.4
小豆	25	冀红0007	品红8710-3/保M908-5	河北省农林科学院粮油作物研究所	B06232		红色	16.4
小豆	26	冀黑小豆-4	白红5号/黑小豆	河北省农林科学院粮油作物研究所	B06233		黑色	13.3
小豆	27	冀红19	唐红28/保M951-12	河北省唐山市农业科学研究院	B06234	省级登记号：2018596	红色	17.1
小豆	28	冀红21号	保M951-12/京农2号	河北省唐山市农业科学研究院	B06235	省级登记号：2019929	红色	16.9
小豆	29	唐红201210-42	唐红70-11/冀红0001	河北省唐山市农业科学研究院	B06236		红色	16.3
小豆	30	THM2011-28	唐山地方品种TH28	河北省唐山市农业科学研究院	B06237		红色	15.7
小豆	31	冀红12号	保9326-16/保8824-17	河北省保定市农业科学院	B05449	国品鉴杂2012004	红色	14.4～15.9
小豆	32	冀红13号	保876-16/保9326-16	河北省保定市农业科学院	B06238	国品鉴杂2015030	红色	16.8～17.6
小豆	33	冀红14号	保876-16/白红3号	河北省保定市农业科学院	B06239	国品鉴杂2015031	红色	13.3～16.3
小豆	34	冀红18号	红小豆B1668/保红9817-16	河北省保定市农业科学院	B05486	省级登记号：2018818	红色	17.0
小豆	35	保红200617-5	辽红2号/保红947	河北省保定市农业科学院	B06240		红色	16.6

续表

豆种	序号	品种名称	品种来源	育种单位	全国统一编号	品种审（认、鉴）定、登记编号	种皮颜色	百粒重/g
小豆	36	保红200624-2	保红947/保8824-17	河北省保定市农业科学院	B06241		红色	14.5~15.7
小豆	37	保红200831-2	保9326-16/冀红9218	河北省保定市农业科学院	B05484		红色	16.9
小豆	38	保红201014-20	台7红小豆/京农6号/保200502	河北省保定市农业科学院	B05485		红色	18.5
小豆	39	保红201206-5	宝清红小豆/保红947	河北省保定市农业科学院	B06242		红色	18.7
小豆	40	保红201219-1	冀红9218/日本荒々早生	河北省保定市农业科学院	B06243		红色	16.2
小豆	41	张红1号	张家口市本地红小豆/98-3-17	河北省张家口市农业科学院	B06244	省级登记号：20133149	红色	16.0
小豆	42	晋小豆3号	辐射材料89006/辐射材料89013	山西省农业科学院作物科学研究所	B06245	晋审小豆（认）2007001	红色	13.0
小豆	43	晋小豆5号	小豆资源B4810/日本红小豆	山西省农业科学院作物科学研究所	B06246	晋审小豆（认）2012001	红色	17.0
小豆	44	品金红3号	金红1号系统选育	山西省农业科学院农作物品种资源研究所	B06247	晋审小豆（认）2010001	红色	13.8
小豆	45	晋小豆6号	天镇红小豆/红301品系	山西省农业科学院高寒区作物研究所	B06248	晋审小豆（认）2013002	红色	16.0~19.0
小豆	46	京农8号	京农2号/⁶⁰Co-γ射线辐射诱变育种	山西省农业科学院高寒区作物研究所	B05254	晋审小豆（认）2013001	红色	14.0~16.0
小豆	47	同红2号	保8824-17/天镇红小豆	山西省农业科学院高寒区作物研究所	B06249		红色	12.0
小豆	48	同红1133911	小丰2号/本地连庄小豆	山西省农业科学院高寒区作物研究所	B06250		红色	11.0
小豆	49	同红杂-6	龙小豆3号/本地连庄小豆	山西省农业科学院高寒区作物研究所	B06251		红色	12.0
小豆	50	辽红小豆3号	JN001系统选育	辽宁省农业科学院作物研究所	B06252	辽备杂粮［2007］24号	红色	16.5
小豆	51	辽红小豆5号	大红袍混杂群体系统选育	辽宁省农业科学院作物研究所	B06253	辽备杂粮［2011］64号	红色	24.1
小豆	52	辽红小豆6号	辽V8/⁶⁰Co-γ射线辐射诱变育种	辽宁省农业科学院作物研究所	B06254	辽备杂粮［2011］65号	红色	19.9
小豆	53	辽引红小豆4号	国家区试材料8937-6325系统选育	辽宁省农业科学院作物研究所	B06256	辽备杂粮［2008］41号	红色	15.2
小豆	54	辽红小豆7号	辽V8/⁶⁰Co-γ射线辐射诱变育种	辽宁省农业科学院作物研究所	B06255	辽备杂粮2013006	红色	14.9
小豆	55	辽红小豆8号	河北杂交育种材料系统选育	辽宁省经济作物研究所	B05461	辽备杂粮［2010］62号	红色	26.8
小豆	56	吉红8号	小豆178/小豆5076	吉林省农业科学院作物育种研究所	B06257	国品鉴杂2015028，吉登小豆2009001	红色	12.2
小豆	57	吉红9号	河北省农家品种大粒红小豆系统选育	吉林省农业科学院作物育种研究所	B06258	吉登小豆2011001	红色	15.6

续表

豆种	序号	品种名称	品种来源	育种单位	全国统一编号	品种审（认、鉴）定、登记编号	种皮颜色	百粒重/g
小豆	58	吉红10号	红11-4/京农5号	吉林省农业科学院作物育种研究所	B06259	吉登小豆2011002	红色	15.7
小豆	59	吉红11号	8802-12104/红11-2	吉林省农业科学院作物育种研究所	B05452	吉登小豆2012002	红色	11.5
小豆	60	吉红12号	大粒红小豆/京农5号	吉林省农业科学院作物育种研究所	B06260	吉登小豆2014002	红色	14.9
小豆	61	吉红13号	大粒红小豆/京农5号	吉林省农业科学院作物资源研究所	B06261	吉登小豆2015002	红色	11.5
小豆	62	吉红14号	大粒红小豆/自选材料156-12	吉林省农业科学院作物资源研究所	B06262	吉登小豆2016003	红色	16.3
小豆	63	白红7号	白红2号/日本大正红	吉林省白城市农业科学院	B04976	国品鉴杂2015029,吉登小豆2010001	红色	14.4
小豆	64	白红8号	白红2号/冀红4号	吉林省白城市农业科学院	B04977	吉登小豆2012001	红色	11.7
小豆	65	白红9号	珍珠小豆/白红3号	吉林省白城市农业科学院	B04978	国品鉴小豆2020007,吉登小豆2013001	红色	10.5
小豆	66	白红10号	白红3号/日本疾风小豆	吉林省白城市农业科学院	B06263	吉登小豆2014001	红色	12.1
小豆	67	白红11号	白红1号/日本疾风小豆	吉林省白城市农业科学院	B06264	吉登小豆2015001	红色	10.8
小豆	68	白红12号	小豆白红2号/日本疾风小豆	吉林省白城市农业科学院	B06265	吉登小豆2016002	红色	12.7
小豆	69	龙小豆3号	龙26-81/京农7号	黑龙江省农业科学院作物育种研究所	B05450	黑登记2009012	红色	13.0～15.0
小豆	70	龙小豆4号	日本红小豆/京农7号	黑龙江省农业科学院作物育种研究所	B06266	黑登记2015016	红色	18.0
小豆	71	龙小豆5号	日本红小豆/龙小豆3号	黑龙江省农业科学院作物育种研究所	B06267	黑登记2016014	红色	15.0
小豆	72	齐红1号	小丰2号/宝清红	黑龙江省农业科学院齐齐哈尔分院	B06268		红色	15.4
小豆	73	齐红2号	小丰2号/宝清红	黑龙江省农业科学院齐齐哈尔分院	B06269		红色	15.8
小豆	74	齐红3号	宝清红/小丰2号	黑龙江省农业科学院齐齐哈尔分院	B06270		红色	10.2
小豆	75	齐红4号	宝清红/小丰2号	黑龙江省农业科学院齐齐哈尔分院	B06271		红色	14.8
小豆	76	苏红1号	中红4号/盐城红小豆1号	江苏省农业科学院	B06272	苏鉴小豆201101	红色	14.9
小豆	77	苏红2号	盐城红小豆1号/淮安大粒	江苏省农业科学院	B05454	苏鉴小豆201102	红色	13.5
小豆	78	苏红3号	苏小豆1号/苏红2号	江苏省农业科学院	B06273	苏鉴小豆201501	红色	15.6
小豆	79	苏红4号	苏红1号/盐城红小豆1号	江苏省农业科学院	B06274	苏鉴小豆201502	红色	16.0
小豆	80	苏红5号	苏黑小豆1号/苏黑小豆资源33	江苏省农业科学院	B06275	苏鉴小豆201503	黑色	9.9

续表

豆种	序号	品种名称	品种来源	育种单位	全国统一编号	品种审（认、鉴）定、登记编号	种皮颜色	百粒重/g
小豆	81	苏红11-1	苏红1号/启东大红袍	江苏省农业科学院	B06276		红色	13.6
小豆	82	苏红11-2	苏红1号/盐城红小豆	江苏省农业科学院	B06277		红色	14.6
小豆	83	苏红15-8	苏红2号/盐城红小豆	江苏省农业科学院	B06278		红色	18.7
小豆	84	苏红16-3	苏红2号/启东大红袍	江苏省农业科学院	B06279		红色	16.4
小豆	85	苏小豆1706	苏红1号/盐城大红袍	江苏省农业科学院	B06280		红色	16.3
小豆	86	通红2号	天津红/启东大红袍	江苏沿江地区农业科学研究所	B06281	苏鉴小豆201103	红色	13.8
小豆	87	通红3号	海门大红袍/大纳言	江苏沿江地区农业科学研究所	B06282	苏鉴小豆201504	红色	19.2
小豆	88	通红4号	新选大红袍/大纳言	江苏沿江地区农业科学研究所	B06283	苏鉴小豆201505	红色	19.9
小豆	89	桂红20-11-3	白红2号/安徽小豆	广西壮族自治区农业科学院水稻研究所	B06284		红色	7.5~11.5
小豆	90	桂红20-21-1	开封红小豆/北海大纳言B	广西壮族自治区农业科学院水稻研究所	B06285		红色	8.5~12.1
小豆	91	渝红豆1号	京农2号/S5033	重庆市农业科学院	B06286	渝审鉴2017007	黑红色	14.9
小豆	92	渝豆2号	农林8号/京农2号	重庆市农业科学院	B06287	国品鉴2020008，渝品审鉴2017008	红色	14.0
豌豆	1	坝豌1号	生食荷兰豆/Azur	河北省张家口市农业科学院	G05657	国品鉴2010004	绿色	23.9
豌豆	2	冀张豌豆2号	ATC3387/八架豌豆	河北省张家口市农业科学院	G06554	省级登记号：20120786	淡黄色	24.4
豌豆	3	品协豌1号	Celeste系统选育	山西壮族自治区农业科学院农作物品种资源研究所	G08018	晋审豌（认）2010002	白色	26.0~28.0
豌豆	4	晋豌豆5号	Y-22/保加利亚豌豆	山西省农业科学院高寒区作物研究所	G07973	晋审豌（认）2011001，GPD豌豆（2018）140013	白色	25.0
豌豆	5	晋豌豆7号	y-57/右玉麻豌豆	山西省农业科学院高寒区作物研究所	G07974	晋审豌（认）2015002，GPD豌豆（2018）140012	麻紫色	24.2
豌豆	6	同豌8号	y-55/汾豌1号	山西省农业科学院高寒区作物研究所	G07972	GPD豌豆（2021）140027	白色	17.7
豌豆	7	科豌2号	豌豆资源1428-63系统选育	辽宁省经济作物研究所	G06548	辽备菜[2007]332号	黄白色	25.0~27.0
豌豆	8	科豌嫩荚3号	豌豆资源G04441系统选育	辽宁省经济作物研究所	G05989	辽备菜[2009]375号	褐色	23.0
豌豆	9	科豌4号	美国大粒豌豆/G2181	辽宁省经济作物研究所	G07630	辽备菜[2009]376号	绿色	23.0

续表

豆种	序号	品种名称	品种来源	育种单位	全国统一编号	品种审（认、鉴）定、登记编号	种皮颜色	百粒重/g
豌豆	10	科豌5号	豌豆资源G0866系统选育	辽宁省经济作物研究所	G06549	辽备菜2013041	绿色	19.0
豌豆	11	科豌6号	韩国超级甜豌豆/辽豌4号	辽宁省经济作物研究所	G06550	辽备菜2013042	淡绿色	25.2
豌豆	12	科豌7号	豌豆资源G0835系统选育	辽宁省经济作物研究所	G06551	辽备菜2015045	绿色	22.0
豌豆	13	苏豌2号	法国半无叶豌豆/白豌豆	江苏沿江地区农业科学研究所	G05268	国品鉴菜2012008，苏鉴豌201201	白色	23.5
豌豆	14	苏豌3号	法国半无叶豌豆/白玉豌豆	江苏沿江地区农业科学研究所	G05270	国品鉴菜2010003，宁审豆2009004	白色	24.0~27.0
豌豆	15	苏豌4号	半无叶豌豆OWD2/如皋扁豆豌	江苏沿江地区农业科学研究所	G05274	苏鉴豌201202	白色	23.8
豌豆	16	苏豌5号	半无叶豌豆OWD1/改良奇珍76	江苏沿江地区农业科学研究所	G07746	苏鉴菜201203	白色	24.2
豌豆	17	苏豌7号	半无叶豌豆OWD3/美国甜豌豆-1	江苏沿江地区农业科学研究所	G07790	国品鉴菜2016001	白色	21.5
豌豆	18	皖豌1号	蒙城白豌豆/中豌4号	安徽省农业科学院作物研究所	G07969	皖品鉴登字第1014001	绿色	23.1
豌豆	19	皖甜豌1号	地方资源蒙城白豌豆系统选育	安徽省农业科学院作物研究所	G07970	皖品鉴登字1014003	绿色	23.0
豌豆	20	科豌8号	加拿大半无叶豌豆系统选育	山东省青岛市农业科学研究院	G06530	辽备菜2015046	绿色	19.0
豌豆	21	鄂豌1号	当阳铁子/科豌1号	湖北省农业科学院粮食作物研究所	G07739	鄂审菜2015001	淡黄色	17.6
豌豆	22	桂豌豆1号	广西柳州本地豌豆系统选育	广西壮族自治区农业科学院水稻研究所	G07959		褐色	35.0
豌豆	23	渝豌豆1号	古浪麻豌豆/Afila	重庆市农业科学院	G08017	渝品审鉴2019039	褐色	19.9
豌豆	24	成豌10号	9257-1-1/白豌豆	四川省农业科学院作物研究所	G07520	川审豆2015007	白色	17.3
豌豆	25	食荚大菜豌6号	麦斯爱/川1194	四川省农业科学院作物研究所	G07731	川审疏2010006	白色	27.7
豌豆	26	食荚甜脆豌3号	食荚大菜豌1号/中山青	四川省农业科学院作物研究所	G07102	川审疏2009016	浅绿色	25.4
豌豆	27	云豌1号	L0307/L0298	云南省农业科学院粮食作物研究所	G07628	GPD豌豆（2020）530022	淡绿色	21.0
豌豆	28	云豌4号	法国农业科学院优异种质系统选育	云南省农业科学院粮食作物研究所	G08077	滇登记豌豆2012001号	白色	21.3
豌豆	29	云豌8号	法国农业科学院优异种质系统选育	云南省农业科学院粮食作物研究所	G07439	滇登记豌豆2012002号	浅绿色	23.4
豌豆	30	云豌18号	澳大利亚豌豆L1413系统选育	云南省农业科学院粮食作物研究所	G07441	滇登记豌豆2014011，GPD豌豆（2018）530031	绿色	21.0

续表

豆种	序号	品种名称	品种来源	育种单位	全国统一编号	品种审（认、鉴）定、登记编号	种皮颜色	百粒重/g
豌豆	31	云豌20号	澳大利亚优异种质L1417系统选育	云南省农业科学院粮食作物研究所	G08078	滇登记豌豆2014012号	浅绿色	21.7
豌豆	32	云豌21号	澳大利亚优异种质L1332系统选育	云南省农业科学院粮食作物研究所	G07442	国品鉴杂2015036，GPD豌豆（2020）530016	白色	19.6
豌豆	33	云豌50号	L1335/L1414	云南省农业科学院粮食作物研究所	G08081	GPD豌豆（2021）530068	绿色	21.7
豌豆	34	云豌33号	澳大利亚优异种质L1335系统选育	云南省农业科学院粮食作物研究所	G08082	滇登记豌豆2014013号，GPD豌豆（2020）530034	白色	20.0
豌豆	35	云豌35号	西班牙优异种质L2340系统选育	云南省农业科学院粮食作物研究所	G08083	云种鉴定20150032号，GPD豌豆（2021）530029	浅褐色	19.7
豌豆	36	云豌36号	L0313/L0318	云南省农业科学院粮食作物研究所	G08079	云种鉴定20150033号，GPD豌豆（2021）530030	浅绿色	25.9
豌豆	37	云豌37号	DHN62系统选育	云南省农业科学院粮食作物研究所	G07682	云种鉴定20150029号，GPD豌豆（2021）530031	白色	26.7
豌豆	38	云豌38号	澳大利亚优异种质L1413/L0148	云南省农业科学院粮食作物研究所	G08080	云种鉴定20150030号，GPD豌豆（2022）530027	白色	27.2
豌豆	39	云豌26号	澳大利亚优异种质L1414系统选育	云南省农业科学院粮食作物研究所	G08016		黄绿色	23.0
豌豆	40	云豌17号	L0368系统选育	云南省曲靖市农业科学院，云南省农业科学院粮食作物研究所	G07440	滇登记豌豆2014003号，GPD豌豆（2019）530057	白色	24.8
豌豆	41	靖豌2号	C929系统选育	云南省曲靖市农业科学院	G07971	云种鉴定20150031号，GPD豌豆（2019）530056	乳白色	22.0
豌豆	42	陇豌1号	加拿大半无叶豌豆品种系统选育	甘肃省农业科学院作物研究所	G07657	甘认豆2009004，GPD豌豆（2018）620005	白色	25.0
豌豆	43	陇豌3号	加拿大半无叶豌豆Mp1835/蔓生豌豆Hahdl	甘肃省农业科学院作物研究所	G07658	甘认豆2012002，GPD豌豆（2018）620006	白色	22.8
豌豆	44	陇豌4号	加拿大豌豆Marrowfat/豌豆Progeta	甘肃省农业科学院作物研究所	G07659	甘认豆2014002，GPD豌豆（2018）620007	绿色	27.0
豌豆	45	陇豌5号	新西兰双花101/宝峰3号	甘肃省农业科学院作物研究所	G07660	甘认豆2015002，GPD豌豆（2018）620008	绿色	19.8

续表

豆种	序号	品种名称	品种来源	育种单位	全国统一编号	品种审（认、鉴）定、登记编号	种皮颜色	百粒重/g
豌豆	46	陇豌6号	加拿大抗白粉病豌豆Mp1807/绿子叶品种Graf	甘肃省农业科学院作物研究所	G07661	国品鉴杂2015035，GPD豌豆（2018）620009	白色	24.8
豌豆	47	定豌6号	81-5-12-4-7-9/天山1号豌豆	甘肃省定西市农业科学研究院	G07711	甘认豆2009003，宁审豆2009006	绿色	19.5
豌豆	48	定豌7号	天山白豌豆/8707-15	甘肃省定西市农业科学研究院	G06272	甘认豆2010003	浅褐色	21.2
豌豆	49	定豌8号	A909/7345	甘肃省定西市农业科学研究院	G07104	甘认豆2014001	浅褐色	21.3
豌豆	50	定豌9号	S9107/草原12号	甘肃省定西市农业科学研究院	G07783	GPD豌豆（2019）620019	白色	20.5
豌豆	51	定豌10号	S9107/草原31号	甘肃省定西市农业科学研究院	G07966	GPD豌豆（2020）620035	浅褐色	21.4
豌豆	52	定豌新品系2001	9441/A404	甘肃省定西市农业科学研究院	G07967		浅褐色	23.7
豌豆	53	定豌新品系9617	S9107/草原224号	甘肃省定西市农业科学研究院	G07530		白色	20.0
豌豆	54	定豌豆DNX-2006	木地麻豌豆变异单株系统选育	甘肃省定西市农业科学研究院	G07968		浅褐色	22.0
豌豆	55	银豌1号	青海省高代品系系统选育	甘肃省白银市农业科学研究所	G05665	甘审豆2008005	白色	26.5
豌豆	56	银豌2号	银豌1号/Hafila	甘肃省白银市农业科学研究所	G07963	甘认豆2013001	白色	26.5
豌豆	57	银豌3号	银豌1号/秦选1号	甘肃省白银市农业科学研究所	G07964	甘认豆2015001	白色	25.9
豌豆	58	银豌4号	秦选1号/宁豌2号	甘肃省白银市农业科学研究所	G07965	甘认豆2016001	白色	24.6
豌豆	59	草原28号	草原224/Ay737	青海省农林科学院	G07444	青审豆2011002	紫红色	30.1～32.7
豌豆	60	草原29号	Ay737/422	青海省农林科学院	G07445	国品鉴杂2012009	白色	17.5～21.1
蚕豆	1	冀张蚕2号	崇礼蚕豆D-1	河北省张家口市农业科学院	H06598	省级登记号：20093065	乳白色	127.3
蚕豆	2	苏蚕1号	陵西一寸/日本大白皮	江苏省农业科学院	H08113	苏鉴蚕201201	白色	鲜248.3
蚕豆	3	苏蚕2号	蚕豆品种大青皮系统选育	江苏省农业科学院	H08371	苏鉴蚕201202	青绿色	鲜265.0
蚕豆	4	通蚕鲜6号	紫皮蚕豆/日本大白皮	江苏沿江地区农业科学研究所	H07380	黔审蚕豆2016002号	浅紫色	195.0
蚕豆	5	通蚕鲜7号	93009/97021F₄/97021	江苏沿江地区农业科学研究所	H08382	苏鉴蚕豆201205，黔审蚕豆2016003号	浅绿色	205.0

续表

豆种	序号	品种名称	品种来源	育种单位	全国统一编号	品种审（认、鉴）定、登记编号	种皮颜色	百粒重/g
蚕豆	6	通蚕鲜8号	97035/Jla-7	江苏沿江地区农业科学研究所	H07333	苏鉴蚕201206，渝品审鉴2013002	浅褐色	195.0
蚕豆	7	通蚕9号	93017/Jla	江苏沿江地区农业科学研究所	H08383	国品审鉴2012011	浅绿色	170.0
蚕豆	8	皖蚕1号	合肥蚕豆/五河大蚕豆	安徽省农业科学院作物研究所	H08372	皖品审鉴字第1311001	青绿色	124.7
蚕豆	9	鄂蚕豆1号	黄白小籽/启豆1号	湖北省农业科学院粮食作物研究所，谷城县农业科学研究所	H08369	鄂审杂2015002	青绿色	85.1
蚕豆	10	渝蚕1号	云豆147系统选育	重庆市农业科学院特色作物研究所	H08400	渝品审鉴2019037	白色	84.0
蚕豆	11	渝蚕2号	云豆147系统选育	重庆市农业科学院特色作物研究所	H08401	渝品审鉴2019038	绿色	73.4
蚕豆	12	成胡15号	英国蚕豆41207-1系统选育	四川省农业科学院作物研究所	H04123	国品鉴蚕2013008，川审豆48号	浅绿色	90.7
蚕豆	13	成胡18号	江苏89027/拉兴-4-1	四川省农业科学院作物研究所	H06367	川审豆2009004	浅绿色	108.3
蚕豆	14	成胡19号	84-233系统选育	四川省农业科学院作物研究所	H06368	川审豆2010008	浅绿色	112.5
蚕豆	15	成胡20号	万县米胡豆/H8096-3	四川省农业科学院作物研究所	H06369	川审豆2014004	浅绿色	108.1
蚕豆	16	成胡21号	成胡10号/86-119	四川省农业科学院作物研究所	H06708	川审豆2016004	浅绿色	110.5
蚕豆	17	织金小蚕豆	织金青蚕豆系统选育	贵州省毕节市乌蒙粮杂粮科技有限公司，毕节市农业科学研究所	H08367	黔审蚕豆2016001号	白色	71.7
蚕豆	18	云豆06	大庄豆系统选育	云南省农业科学院粮食作物研究所	H07359	滇审蚕豆2015002号，GPD蚕豆（2018）530032	白色	121.0
蚕豆	19	云豆95	8462/云豆825	云南省农业科学院粮食作物研究所	H08380	滇审蚕豆2012001号，GPD蚕豆（2019）530028	白色	137.0
蚕豆	20	云豆459	89147/9829	云南省农业科学院粮食作物研究所	H07358	滇审蚕豆2016006号，GPD蚕豆（2018）530031	白色	143.0
蚕豆	21	云豆470	8462/8137	云南省农业科学院粮食作物研究所	H08396	滇审蚕豆2014002号，GPD蚕豆（2018）530033	白色	97.3
蚕豆	22	云豆690	K0285/8047	云南省农业科学院粮食作物研究所	H08397	滇审蚕豆200601，GPD蚕豆（2020）530005	白色	116.3
蚕豆	23	云豆853	K0853系统选育	云南省农业科学院粮食作物研究所	H08398	滇审蚕豆2009002号	白色	139.8

续表

豆种	序号	品种名称	品种来源	育种单位	全国统一编号	品种审（认、鉴）定、登记编号	种皮颜色	百粒重/g
蚕豆	24	云豆9224	8533/K0393	云南省农业科学院粮食作物研究所	H08058	滇审蚕豆200702号	白色	126.1
蚕豆	25	云豆绿心1号	云南绿子叶资源/8317	云南省农业科学院粮食作物研究所	H07406		浅绿色	75.0
蚕豆	26	云豆绿心2号	K0088/K0013	云南省农业科学院粮食作物研究所	H07407		浅绿色	127.4
蚕豆	27	云豆绿心3号	云豆825/K0088/云豆8317	云南省农业科学院粮食作物研究所	H08381		浅绿色	139.8
蚕豆	28	云豆早6	云南地方品种系统选育	云南省农业科学院粮食作物研究所	H08089		白色	185.2
蚕豆	29	云豆早8	云南地方资源K0729系统选育	云南省农业科学院粮食作物研究所	H06958	GPD蚕豆（2019）530001	绿色	136.0～154.0
蚕豆	30	云豆1183	云豆147/法12	云南省农业科学院粮食作物研究所	H08399		白色	64.5
蚕豆	31	云豆2883	云豆147/法国蚕豆资源	云南省农业科学院粮食作物研究所	H07401		白色	142.2
蚕豆	32	凤豆6号	凤豆一号/82-2	云南省大理白族自治州农业科学推广研究院	H07389	滇蚕豆10号，GPD蚕豆（2019）530017	白色	107.5～119.4
蚕豆	33	凤豆13号	法国蚕豆/82-3	云南省大理白族自治州农业科学推广研究院	H06620	滇审蚕豆2011001号，GPD蚕豆（2020）530015	白色	127.1～140.2
蚕豆	34	凤豆15号	8817-6/加拿大豆	云南省大理白族自治州农业科学推广研究院	H07393	滇审蚕豆2011002号，GPD蚕豆（2018）530027	白色	111.4～122.7
蚕豆	35	凤豆19号	9102-1-1/X7-1	云南省大理白族自治州农业科学推广研究院	H07395	滇审蚕豆2016002号，GPD蚕豆（2019）530016	白色	125.4～144.9
蚕豆	36	凤豆20号	凤豆八号/2000-07	云南省大理白族自治州农业科学推广研究院	H07396	滇审蚕豆2016003号，GPD蚕豆（2019）530020	白色	133.4～141.4
蚕豆	37	凤豆21号	9102-1-1-1/85173-30-6-2	云南省大理白族自治州农业科学推广研究院	H08368	滇审蚕豆2016004号，GPD蚕豆（2019）530019	白色	122.6～141.5
蚕豆	38	凤豆22号	SB010/凤豆6号	云南省大理白族自治州农业科学推广研究院	H07397	滇审蚕豆2016005号，GPD蚕豆（2019）530018	白色	129.1～130.9
蚕豆	39	凤豆十二号	凤豆一号/83102	云南省大理白族自治州农业科学推广研究院	H06619	滇审蚕豆200701号，GPD蚕豆（2020）530014	白色	104.3～116.3
蚕豆	40	凤豆十四号	8817-6/洱源牛街豆	云南省大理白族自治州农业科学推广研究院	H07392	滇审蚕豆2009001号，GPD蚕豆（2020）530016	白色	102.6～117.2

续表

豆种	序号	品种名称	品种来源	育种单位	全国统一编号	品种审（认、鉴）定、登记编号	种皮颜色	百粒重/g
蚕豆	41	凤豆十六号	8911-3/法国蚕豆	云南省大理白族自治州农业科学推广研究院	H07355	滇审蚕豆2012002号，GPD蚕豆（2018）530028	白色	109.5～117.5
蚕豆	42	凤豆十七号	凤豆三号/85173-11-935	云南省大理白族自治州农业科学推广研究院	H07356	滇审蚕豆2014001号，GPD蚕豆（2018）530029	红色	124.2～149.7
蚕豆	43	凤豆十八号	85173-30-971/保山464	云南省大理白族自治州农业科学推广研究院	H07357	滇审蚕豆2015001号，GPD蚕豆（2018）530030	白色	138.8～151.8
蚕豆	44	临蚕6号	英175/荷兰168	甘肃省临夏回族自治州农业科学院	H06622	甘认豆2008001	乳白色	180.0～200.0
蚕豆	45	临蚕7号	加拿大673/黎巴嫩876	甘肃省临夏回族自治州农业科学院	H06623	甘认豆2009001	乳白色	186.9
蚕豆	46	临蚕8号	英175/荷兰168	甘肃省临夏回族自治州农业科学院	H06624	甘认豆2009002	乳白色	181.0
蚕豆	47	临蚕9号	临夏大蚕豆/慈溪大白蚕	甘肃省临夏回族自治州农业科学院	H06625	甘认豆2011001	乳白色	178.3
蚕豆	48	临蚕10号	临夏大蚕豆//曲农大皮蚕/加拿大321-2	甘肃省临夏回族自治州农业科学院	H08355	甘认豆2013002	乳白色	182.6
蚕豆	49	临蚕11号	保山透心绿/青海11号	甘肃省临夏回族自治州农业科学院	H08356	甘认豆2015004	乳白色	145.0
蚕豆	50	临蚕12号	临夏大蚕豆/中农2354	甘肃省临夏回族自治州农业科学院	H08357	甘认豆2015005	乳白色	176.0
蚕豆	51	临蚕13号	和政尕蚕豆/法国D	甘肃省临夏回族自治州农业科学院	H07367	GPD蚕豆（2019）620002	乳白色	85.0～95.0
蚕豆	52	临蚕14号	临蚕2号/英国55-1	甘肃省临夏回族自治州农业科学院	H07368	GPD蚕豆（2019）620003	乳白色	160.0～165.0
蚕豆	53	青海13号	马牙/藏韦	青海省农林科学院	H07373	青审蚕豆200901，GPD蚕豆（2017）630007	乳白色	90.0
蚕豆	54	青海14号	72-45/日本寸蚕	青海省农林科学院	H07996	青审蚕豆2011001号，GPD蚕豆（2017）630004	乳白色	190.0
蚕豆	55	青蚕15号	湟中落角/96-49	青海省农林科学院，青海鑫农科技有限公司	H07410	青审豆2013001号，GPD蚕豆（2017）630006	乳白色	200.0
蚕豆	56	青蚕16号	马牙/Lip88-243FB	青海省农林科学院	H07997	GPD蚕豆（2019）630005	乳白色	110.0～120.0
蚕豆	57	青蚕18号	引进种3290系统选育	青海省农林科学院，青海鑫农科技有限公司	H07998	GPD蚕豆（2019）630004	白色	130.0～140.0
蚕豆	58	青蚕19号	云南新平绿豆/3290	青海省农林科学院，青海昆仑种业集团有限公司	H07999	GPD蚕豆（2019）630007	褐色	130.0

续表

豆种	序号	品种名称	品种来源	育种单位	全国统一编号	品种审（认、鉴）定、登记编号	种皮颜色	百粒重/g
普通菜豆	1	中芸3号	澳大利亚芸豆 LRK333 系统选育	中国农业科学院作物科学研究所	F04335	宁审豆2009001	红色	50.0
普通菜豆	2	中芸6号	巴西芸豆 Preto Catarinense 系统选育	中国农业科学院作物科学研究所	F05540	国品鉴普通菜豆2020001	黑色	18.5
普通菜豆	3	中芸8号	美国芸豆 G0608 系统选育	中国农业科学院作物科学研究所	F03370	国品鉴普通菜豆2020002	黑色	19.1
普通菜豆	4	冀张芸1号	美国芸豆 91-6-4/坝上红芸豆	河北省张家口市农业科学院	F08031	省级登记号：20120787	红色	30.3
普通菜豆	5	冀张芸2号	芸豆15-3-9/坝上红芸豆	河北省张家口市农业科学院	F08032	省级登记号：20211876	红色	54.9
普通菜豆	6	品金芸1号	F04357 系统选育	山西省农业科学院农作物品种资源研究所	F04357	晋审芸（认）2011001	紫红色	21.9
普通菜豆	7	品金芸3号	英国红芸豆 ^{60}Co-γ 射线辐射诱变育种	山西省农业科学院农作物品种资源研究所	F07823	晋审芸（认）2014001	红色	47.8
普通菜豆	8	品金芸4号	英国红芸豆 ^{60}Co-γ 射线辐射诱变育种	山西省农业科学院农作物品种资源研究所	F07824	晋认芸202001	红色	51.3
普通菜豆	9	品金芸5号	品金芸3号系统选育	山西省农业科学院农作物品种资源研究所	F07825	晋认杂粮202107	深红色	49.7
普通菜豆	10	品架1号	内蒙古赤峰架国桀豆王系统选育	山西省农业科学院农作物品种资源研究所	F08045	晋审芸（认）2013016	深褐色	35.5
普通菜豆	11	同芸1号	英国红芸豆 ^{60}Co-γ 射线辐射诱变育种	山西省农业科学院高寒区作物研究所	F08033	晋认杂粮202108	红色	47.1
普通菜豆	12	同芸2号	龙芸3号/小白芸豆	山西省农业科学院高寒区作物研究所	F08034	晋认杂粮202109	黄色	43.6
普通菜豆	13	天镇黄芸豆	天镇县地方品种系统选育	山西省农业科学院高寒区作物研究所	F08043		深黄色	35.3
普通菜豆	14	科芸1号	凉城县地方品种系统选育	内蒙古自治区农牧业科学院植物保护研究所	F08035		奶花色	50.0
普通菜豆	15	吉芸1号	农家品种系统选育	吉林省农业科学院作物育种研究所	F06645	吉登芸豆2010001	黑色	18.2
普通菜豆	16	白芸1号	农家品种系统选育	吉林省白城市农业科学院	F08036	吉登芸豆2011001	黑色	18.8
普通菜豆	17	白芸2号	农家品种小白芸豆系统选育	吉林省白城市农业科学院	F08037		白色	16.6
普通菜豆	18	白芸3号	美国花芸豆系统选育	吉林省白城市农业科学院	F08038		白底棕斑纹	29.6

续表

豆种	序号	品种名称	品种来源	育种单位	全国统一编号	品种审（认、鉴）定、登记编号	种皮颜色	百粒重/g
普通菜豆	19	品芸2号	外引资源G0470	黑龙江省农业科学院作物育种研究所	F05033	国品鉴杂2010007	白色	20.0
普通菜豆	20	龙芸豆6号	澳大利亚品种004/美国红芸豆	黑龙江省农业科学院作物育种研究所	F05860	黑登记2011009	白底红斑纹	50.0
普通菜豆	21	龙芸豆7号	法国种F2179/贵州品种F1870	黑龙江省农业科学院作物育种研究所	F05861	黑登记2012011	黑	20.0
普通菜豆	22	龙芸豆8号	云南品种F0609/澳大利亚品种F2153	黑龙江省农业科学院作物育种研究所	F05862	黑登记2012012	白色	40.0
普通菜豆	23	龙芸豆9号	龙芸豆6号/云南品种F0637	黑龙江省农业科学院作物育种研究所	F06533	黑登记2014018	白底红斑纹	50.0
普通菜豆	24	龙芸豆10	澳大利亚品种F2153/贵州品种F1870	黑龙江省农业科学院作物育种研究所	F06534	黑登记2014017	黑	21.0
普通菜豆	25	龙芸豆11	云南品种F0609/澳大利亚品种F2153	黑龙江省农业科学院作物育种研究所	F06535	黑登记2015019	白色	44.0
普通菜豆	26	龙芸豆12	龙270704/龙22-0579	黑龙江省农业科学院作物育种研究所	F06536	黑登记2015018	白色	20.0
普通菜豆	27	龙芸豆13	云南品种F0609/英国红	黑龙江省农业科学院作物育种研究所	F06537	黑登记2015017	红色	42.0
普通菜豆	28	龙芸豆14	龙芸豆4号/龙22-0579	黑龙江省农业科学院作物育种研究所	F06538	黑登记2016015	黑	20.0
普通菜豆	29	龙芸豆15	云南F0637/贵州F1870	黑龙江省农业科学院作物育种研究所	F06539	国品鉴杂2015022	白色	40.4～44.3
普通菜豆	30	龙芸豆16	龙芸豆5号/龙22-0579	黑龙江省农业科学院作物育种研究所	F07817	黑登记2016016	白色	19.0
普通菜豆	31	Nary ROG	引进美国芸豆Nary Vayager	黑龙江省农业科学院作物育种研究所	F05028	黑登记2008010	白色	18.0
普通菜豆	32	恩威	引进美国芸豆Nary Vayager	黑龙江省农业科学院作物育种研究所	F05242	黑登记2009011	白色	18.0～20.0
普通菜豆	33	海鹰豆	引进美国芸豆Seahawk	黑龙江省农业科学院作物育种研究所	F05863	黑登记2013011	白色	20.0
普通菜豆	34	龙芸豆17	龙芸豆4号/龙芸豆5号	黑龙江省农业科学院作物资源研究所	F07818	国品鉴普通菜豆2020003	白色	18.0
普通菜豆	35	龙芸豆18	黑龙江品种175/龙芸豆4号	黑龙江省农业科学院作物资源研究所	F07819	国品鉴普通菜豆2020004	黑	16.3
普通菜豆	36	龙15-1554	龙芸豆7号/龙22-0579	黑龙江省农业科学院作物资源研究所	F07820		黑	20.0
普通菜豆	37	龙15-1694	品芸2号/龙芸豆8号	黑龙江省农业科学院作物资源研究所	F07821		白色	20.0
普通菜豆	38	龙15-1858	龙070633/奶花豆	黑龙江省农业科学院作物资源研究所	F07822		白底红斑纹	42.0

续表

豆种	序号	品种名称	品种来源	育种单位	全国统一编号	品种审（认、鉴）定、登记编号	种皮颜色	百粒重/g
普通菜豆	39	龙29-1260	龙豆4号/龙22-0579	黑龙江省农业科学院作物资源研究所	F06135		黑色	18.0
普通菜豆	40	克芸1号	嫩江农家品种系统选育	黑龙江省农业科学院克山分院	F08039	国品鉴普通菜豆2020005	白色	19.0~20.0
普通菜豆	41	苏芸豆1号	浙芸3号/红花青荚	江苏省农业科学院	F08046	苏鉴菜豆200901	褐色	26.7
普通菜豆	42	苏菜豆2号	法国四季豆/红花青荚	江苏省农业科学院	F08047	苏鉴菜豆201201	白色	25.4
普通菜豆	43	苏菜豆3号	81-6/苏地1号	江苏省农业科学院	F08048	苏鉴菜豆201501	黄白色	24.8
普通菜豆	44	苏菜豆4号	苏菜豆1号/78-209	江苏省农业科学院	F08049	苏鉴菜豆201504	深黄色	33.3
普通菜豆	45	渝城芸豆1号	城口县地方品种系统选育	重庆市农业科学院	H08192	渝品审鉴2018033	黄底红斑纹	42.8
普通菜豆	46	渝城芸豆5号	城口县地方品种系统选育	重庆市农业科学院	H08193	渝品审鉴2018032	黄色	33.6
普通菜豆	47	毕芸豆3号	毕节地方品种系统选育	贵州省毕节市农业科学研究所	F08040	黔审芸2016001号	黑色	26.0
普通菜豆	48	毕芸豆4号	危地马拉YJ009958系统选育	贵州省毕节市农业科学研究所	F05950	黔审芸2016002号	黑色	23.2
普通菜豆	49	毕芸豆5号	墨西哥YJ009779系统选育	贵州省毕节市农业科学研究所	F05924	黔审芸2016003号	黑色	24.7
普通菜豆	50	黔芸豆1号	京小黑/二红花芸豆	贵州省毕节市农业科学研究所	F08041	国品鉴普通菜豆2020006	深红色	28.0
普通菜豆	51	毕芸豆2号	地方红芸豆品种系统选育	贵州省毕节市农业科学研究所	F05762		紫红色	59.5
普通菜豆	52	雀蛋豆	织金县地方品种	贵州省毕节市农业科学院粮食作物研究所	F08042		红色带条纹	45.2
普通菜豆	53	新芸豆6号	阿勒泰农家品种系统选育	新疆农业科学院粮食作物研究所	F06147	新登芸豆2009年06号	乳白底红斑纹	62.7
普通菜豆	54	新芸豆7号	哈巴河农家品种60Co-γ射线辐射诱变育种	新疆农业科学院粮食作物研究所	F08044	新登芸豆2010年28号	乳白底红斑纹	61.5
豇豆	1	中豇1号	IT82D-889系统选育	中国农业科学院作物科学研究所	I01338	国品鉴豇国品鉴2010001	紫红色	14.0~17.0
豇豆	2	中豇2号	IT82D-789系统选育	中国农业科学院作物科学研究所	I01335	国品鉴豇国品鉴2010002	橙	13.0~16.0
豇豆	3	中豇3号	IT82D-889系统选育	中国农业科学院作物科学研究所	I05017	国品鉴豇2012006	紫红色	15.9
豇豆	4	中豇4号	F0505系统选育	中国农业科学院作物科学研究所	I03479	京品鉴杂2012031	橙色	15.0
豇豆	5	中豇5号	F0743/F0505	中国农业科学院作物科学研究所	I05018	京品鉴杂2016079	红色	19.0

续表

豆种	序号	品种名称	品种来源	育种单位	全国统一编号	品种审（认、鉴）定、登记编号	种皮颜色	百粒重/g
豇豆	6	中豇6号	I1938系统选育	中国农业科学院作物科学研究所	I05019	京品鉴杂2016080	橙底褐花纹	18.0
豇豆	7	中豇7号	F0743/F0753	中国农业科学院作物科学研究所	I05020	京品鉴杂2016081	红色	16.0
豇豆	8	中豇8号	IT82D-889系统选育	中国农业科学院作物科学研究所	I05021	国品鉴豇豆2020001	紫红色	16.2
豇豆	9	品豇2013-25-44	中豇1号/豇豆502	中国农业科学院作物科学研究所	I05022		黄色	13.0
豇豆	10	品豇2013-25-124	中豇1号/豇豆502	中国农业科学院作物科学研究所	I05023		红色	13.0
豇豆	11	冀豇0401	中豇1号/白爬豆	河北省农林科学院粮油作物研究所	I05024		白色	13.4
豇豆	12	冀豇0402	黑豇豆/中豇1号	河北省农林科学院粮油作物研究所	I05025		红色	14.2
豇豆	13	辽地豇2号	地花豇豆系统选育	辽宁省经济作物研究所	I05026	辽备杂粮［2010］60号	红白双色	14.0
豇豆	14	吉豇1号	白城黑豇豆系统选育	吉林省白城市农业科学院	I05027	黑豇豆JD9801	黑色	12.0
豇豆	15	吉豇2号	双色豇豆系统选育	吉林省白城市农业科学院	I05028	国品鉴豇豆2020002	红白双色	15.6
豇豆	16	吉豇3号	红豇豆系统选育	吉林省白城市农业科学院	I05029		红色	17.5
豇豆	17	苏豇1号	宁豇3号/镇豇1号	江苏省农业科学院	I05030	苏鉴豇豆200901	橙色	20.7
豇豆	18	苏豇2号	早豇1号/苏豇78-29	江苏省农业科学院	I05031	苏鉴豇豆201203	浅褐色	22.3
豇豆	19	苏豇3号	早豇1号/镇豇1号	江苏省农业科学院	I05032	苏鉴豇豆201501	红色	24.6
豇豆	20	苏豇8号	T28-2-1/六月豇	江苏省农业科学院	I05033	国品鉴杂2012005	白色	14.8～15.3
豇豆	21	早豇4号	早豇1号/扬豇40	江苏省农业科学院	I05034	苏鉴豇豆200902	红色	18.5
豇豆	22	早豇5号	江西春秋红1号/秋豇6号	江苏省农业科学院	I05035	苏鉴豇豆201201	红色	20.4
豇豆	23	苏豇18075	苏豇2号/扬豇8-2	江苏省农业科学院	I05036		白色	21.0
豇豆	24	桂豇豆18-11	中豇1号/豇豆502	广西壮族自治区农业科学院作物研究所、中国农业科学院水稻研究所	I05037		红色	10.0
豇豆	25	桂豇豆18-21	Lobia1/PGCP-12	广西壮族自治区农业科学院作物研究所、中国农业科学院水稻研究所	I05038		黑色	16.5
豇豆	26	桂豇豆2013-171	合浦地方品种系统选育	广西壮族自治区农业科学院水稻研究所	I05039		白色	14.0～17.0

续表

豆种	序号	品种名称	品种来源	育种单位	全国统一编号	品种审（认、鉴）定、登记编号	种皮颜色	百粒重/g
鹰嘴豆	1	云鹰1号	国际干旱地区农业研究中心资源系统选育	云南省农业科学院粮食作物研究所	Y00116		白色	43.8
鹰嘴豆	2	云鹰2号	国际干旱地区农业研究中心资源系统选育	云南省农业科学院粮食作物研究所	Y00124		白色	53.0
羽扇豆	3	羽扇豆631	美国农业部农业研究服务中心资源系统选育	云南省农业科学院粮食作物研究所	P00631		乳白色	41.1
羽扇豆	4	羽扇豆688	美国农业部农业研究服务中心资源系统选育	云南省农业科学院粮食作物研究所	P00688		青褐色带黑斑纹	61.1
利马豆	5	洱源荷包豆	云南地方品种	云南省农业科学院粮食作物研究所	N00027		白底红花纹	165.2

索 引

B

坝豌1号　234
白红7号　202
白红8号　203
白红9号　204
白红10号　205
白红11号　206
白红12号　207
白绿8号　87
白绿9号　88
白绿10号　89
白绿11号　90
白绿12号　91
白绿13　92
白绿14号　93
白绿15号　94
白芸1号　371
白芸2号　372
白芸3号　373
宝绿1号　49
宝绿2号　50
保红200617-5　174
保红200624-2　175
保红200831-2　176
保红201014-20　177
保红201206-5　178
保红201219-1　179
保绿200621-18　55

保绿201012-7　58
保绿201321-7　56
保绿201322-3　59
保绿201323-3　60
毕芸豆2号　406
毕芸3号　402
毕芸4号　403
毕芸5号　404

C

草原28号　292
草原29号　293
成胡15号　307
成胡18号　308
成胡19号　309
成胡20号　310
成胡21号　311
成豌10号　257

D

大鹦哥绿985　95
定豌豆DNX-2006　287
定豌新品系2001　285
定豌新品系9617　286
定豌6号　280
定豌7号　281
定豌8号　282
定豌9号　283
定豌10号　284

E

鄂蚕豆1号　304
鄂绿4号　130
鄂绿5号　131
鄂豌1号　254
恩威　387
洱源荷包豆　443

F

凤蚕豆十八号　338
凤豆十二号　334
凤豆十六号　336
凤豆十七号　337
凤豆十四号　335
凤豆6号　327
凤豆13号　328
凤豆15号　329
凤豆19号　330
凤豆20号　331
凤豆21号　332
凤豆22号　333

G

桂红20-11-3　228
桂红20-21-1　229
桂豇豆18-11　434
桂豇豆18-21　435
桂豇豆2013-171　436

桂绿豆18-98　133

桂绿豆L74号　132

桂豌豆1号　255

H

海鹰吉　388

黄荚绿　71

J

吉红8号　195

吉红9号　196

吉红10号　197

吉红11号　198

吉红12号　199

吉红13号　200

吉红14号　201

吉豇1号　424

吉豇2号　425

吉豇3号　426

吉绿5号　78

吉绿6号　79

吉绿7号　80

吉绿8号　81

吉绿9号　82

吉绿10号　83

吉绿11号　84

吉绿12号　85

吉绿13号　86

吉芸1号　370

冀黑绿12号　38

冀黑小豆-4　165

冀红0001-15　163

冀红0007　164

冀红12号　170

冀红13号　171

冀红14号　172

冀红15号　158

冀红16号　159

冀红17　160

冀红18号　173

冀红19　166

冀红20　161

冀红21号　167

冀红22号　162

冀豇0401　421

冀豇0402　422

冀绿0204　44

冀绿0514　45

冀绿0713-4　46

冀绿0802　47

冀绿7号　35

冀绿9号　36

冀绿10号　37

冀绿11号　51

冀绿13号　39

冀绿14号　52

冀绿15号　40

冀绿16号　53

冀绿17号　41

冀绿19号　42

冀绿20号　43

冀绿21号　54

冀绿22号　57

冀绿1023　48

冀张蚕2号　296

冀张绿2号　62

冀张豌2号　235

冀张芸1号　359

冀张芸2号　360

晋豆7号　65

晋绿豆8号　66

晋绿豆9号　68

晋绿1009-2　67

晋豌豆5号　237

晋豌豆7号　238

晋小豆3号　181

晋小豆5号　182

晋小豆6号　184

京农8号　185

靖豌2号　274

K

科绿1号　72

科绿2号　73

科豌嫩荚3号　241

科豌2号　240

科豌4号　242

科豌5号　243

科豌6号　244

科豌7号　245

科豌8号　253

科芸1号　369

克芸1号　395

L

辽地豇2号　423

辽红小豆3号　189

辽红小豆5号　190

辽红小豆6号　191

辽红小豆7号　193

辽红小豆8号　194

辽绿9号　74

辽绿10号　75
辽绿11　76
辽绿29　77
辽引红小豆4号　192
临蚕6号　339
临蚕7号　340
临蚕8号　341
临蚕9号　342
临蚕10号　343
临蚕11号　344
临蚕12号　345
临蚕13号　346
临蚕14号　347
龙15-1554　391
龙15-1694　392
龙15-1858　393
龙29-1260　394
龙小豆3号　208
龙小豆4号　209
龙小豆5号　210
龙芸豆6号　375
龙芸豆7号　376
龙芸豆8号　377
龙芸豆9号　378
龙芸豆10　379
龙芸豆11　380
龙芸豆12　381
龙芸豆13　382
龙芸豆14　383
龙芸豆15　384
龙芸豆16　385
龙芸豆17　389
龙芸豆18　390
陇豌1号　275

陇豌3号　276
陇豌4号　277
陇豌5号　278
陇豌6号　279

N

嫩绿1号　96
嫩绿2号　97
嫩绿3号　98
嫩绿4号　99
嫩绿7号　100
嫩绿8号　101

P

品红2011-20　156
品红2013-161　157
品架1号　365
品豇2013-25-44　419
品豇2013-25-124　420
品金红3号　183
品金芸1号　361
品金芸3号　362
品金芸4号　363
品金芸5号　364
品绿08106　33
品绿08116　34
品协豌1号　236
品芸2号　374

Q

齐红1号　211
齐红2号　212
齐红3号　213
齐红4号　214

黔芸豆1号　405
青蚕14号　349
青蚕15号　350
青蚕16号　351
青蚕18号　352
青蚕19号　353
青海13号　348
雀蛋芸豆　407

S

食荚大菜豌6号　258
食荚甜脆豌3号　259
苏菜豆1号　396
苏菜豆2号　397
苏菜豆3号　398
苏菜豆4号　399
苏蚕豆1号　297
苏蚕豆2号　298
苏红1号　215
苏红2号　216
苏红3号　217
苏红4号　218
苏红5号　219
苏红11-1　220
苏红11-2　221
苏红15-8　222
苏红16-3　223
苏豇1号　427
苏豇2号　428
苏豇3号　429
苏豇8号　430
苏豇18075　433
苏绿2号　102
苏绿3号　103

苏绿4号　104	同芸豆1号　366	渝蚕1号　305
苏绿6号　105	同芸豆2号　367	渝蚕2号　306
苏绿7号　106		渝城芸豆1号　400
苏绿11-3　107	**W**	渝城芸豆5号　401
苏绿11-4　108	宛黑绿1号　127	渝黑绿豆3号　136
苏绿12-5　109	宛绿2号　125	渝红豆1号　230
苏绿15-11　110	宛绿5号　128	渝红豆2号　231
苏绿16-10　111	宛绿6号　129	渝绿1号　134
苏绿19-013　112	宛绿7号　126	渝绿2号　135
苏绿19-118　113	皖蚕1号　303	渝豌1号　256
苏豌2号　246	皖科绿1号　115	榆绿1号　137
苏豌3号　247	皖科绿2号　116	羽扇豆631　441
苏豌4号　248	皖科绿3号　117	羽扇豆688　442
苏豌5号　249	皖甜豌1号　252	云豆06　313
苏豌7号　250	皖豌1号　251	云豆95　314
苏小豆1706　224	潍绿05-8　122	云豆459　315
	潍绿7号　118	云豆470　316
T	潍绿8号　119	云豆690　317
唐红201210-42　168	潍绿9号　120	云豆853　318
天镇黄芸豆　368	潍绿12　121	云豆1183　325
通蚕鲜6号　299	潍绿50934　123	云豆2883　326
通蚕鲜7号　300	潍绿52500　124	云豆9224　319
通蚕鲜8号　301		云豆绿心1号　320
通蚕9号　302	**X**	云豆绿心2号　321
通红2号　225	新芸豆6号　408	云豆绿心3号　322
通红3号　226	新芸豆7号　409	云豆早6　323
通红4号　227		云豆早8　324
通绿1号　114	**Y**	云豌1号　260
同红杂-6　188	银豌1号　288	云豌4号　261
同红2号　186	银豌2号　289	云豌8号　262
同红1133911　187	银豌3号　290	云豌17号　273
同绿5号　69	银豌4号　291	云豌18号　263
同绿6号　70	鹦哥1号　63	云豌20号　264
同豌8号　239	鹦哥2号　64	云豌21号　265

云豌26号 272	中红11 145	中绿12号 21
云豌33号 267	中红12 146	中绿13号 22
云豌35号 268	中红13 147	中绿14 23
云豌36号 269	中红14 148	中绿15 24
云豌37号 270	中红15 149	中绿16号 25
云豌38号 271	中红16 150	中绿17号 26
云豌50号 266	中红21 151	中绿18号 27
云鹰1号 439	中豇1号 411	中绿19号 28
云鹰2号 440	中豇2号 412	中绿20 29
	中豇3号 413	中绿21 30
Z	中豇4号 414	中绿22 31
	中豇5号 415	中绿23 32
早豇4号 431	中豇6号 416	中农白小豆1号 152
早豇5号 432	中豇7号 417	中农黑小豆1号 153
张红1号 180	中豇8号 418	中农黄小豆1号 154
张绿1号 61	中绿6号 15	中农绿小豆1号 155
织金小蚕豆 312	中绿7号 16	中芸3号 356
中红6号 140	中绿8号 17	中芸6号 357
中红7号 141	中绿9号 18	中芸8号 358
中红8号 142	中绿10号 19	
中红9号 143	中绿11号 20	
中红10号 144		

Nary ROG 386

THM2011-28 169